桩基工程

(第三版)

段新胜 顾 湘 编著

中国地质大学出版社

内 容 提 要

《桩基工程》(第三版)对桩基的设计、施工、检测、施工预算四个方面的内容进行了较全面、系统介绍,该书反映了桩基工程方面的最新成果和最新的设计、施工、验收规范,既具有很强的实用性,又具有一定的理论性,既可作为大、中专教材和成人教育的培训教材,又可作为广大工程技术人员参考书。

前　言(第一版)

　　随着我国工程建设事业的蓬勃发展,在高层建筑、重型厂房、桥梁、港口码头、海上采油平台以及核电站等工程中大量采用桩基础,桩基已成为我国工程建设中最重要的一种基础型式,桩基工程造价通常占土建工程总造价的1/4以上,由于建设单位与施工单位要求降低工程造价,促进了桩基工程的设计理论、施工技术和质量检测方法的发展和完善。本书作者根据自己多年从事桩基工程教学、科研、生产成果,并广泛参阅了大量的文献资料,系统地介绍了桩基工程的基本理论、施工工艺和工程预算。全书主要包括四部分内容：一是桩基的设计,主要介绍桩基类型与选型,各种型式的单桩承载力及群桩承载力的计算；二是桩基施工,这是桩基工程的主要内容,介绍了预制桩、钻孔灌注桩、沉管灌注桩、夯扩灌注桩、爆扩灌注桩、地下连续墙、深层搅拌桩的施工方法,还系统地介绍了灌注桩混凝土的配制技术；三是桩基工程检测,主要介绍预留混凝土试件检验、抽芯验桩、超声波验桩和桩的动力测试等主要内容；四是桩基工程预算,这部分内容也是从事桩基工程施工与管理人员必须掌握的重要内容。

　　本书由段新胜和顾湘合编,具体分工如下：第一、二、四、五、六、八章由段新胜编写,第三、七、九章由顾湘编写。

　　由于作者的理论水平和实践经验有限,系统全面地介绍桩基工程的各个方面实属尝试,错误及不妥之处在所难免,恳请读者批评指正。

作　者
于中国地质大学汉
口岩土工程研究所
1994年5月

前　言（第二版）

《桩基工程》（第一版）1994年8月出版后，收到不少读者来信，给予了很大鼓励，很多桩基工程设计、施工、检测单位将该书作为工程技术人员的参考书和继续工程教育教材，并希望进一步补充、完善、再版，以满足桩基工程不断发展的需要。

本书第二版除对桩基类型及选型、桩基承载力的确定等内容进一步系统化以外，重点补充了目前应用较广泛的夯扩桩的桩身构造设计，深层搅拌桩作为基坑开挖工程中的挡土防渗墙的施工设计，干冲碎石桩、高压旋喷桩、人工挖孔桩的设计、施工及质检等内容。本书第二版还结合新的建筑工程预算定额对桩基工程预算内容进行了全面修订，便于读者应用。

本书第二版的第一、二、四、五、六、八章及第七章的第六、七、八节的修订工作由段新胜负责，第三、九章及第七章的第一至第五节由顾湘修订。

在此，对给予支持、提供意见及资料的单位和同志们表示衷心感谢。

由于作者水平有限，虽然花了不少精力修改书稿，力求使其质量进一步提高，肯定还有很多缺点及不足之处，恳请读者批评指正。

作　者
于中国地质大学汉口岩土工程研究所
1995年5月

前　言（第三版）

《桩基工程》第二版自 1995 年 8 月出版以来，已有两年多了。在这两年多的时间内，桩基工程中的各种新技术、新方法、新工艺、新规范不断涌现，为了更全面地向广大读者介绍桩基工程方面的新成果，现编写出版了第三版。

本书再版编写的原则是：

1. 我国《建筑桩基技术规范》（JGJ 94—94）已于 1995 年 7 月施行，本书介绍了该规范的内容，同时作了新、老规范的对比，以使读者在工作中参考使用时较为方便。

2. 本书包括了桩基工程设计、施工、检验、预算四个方面的内容，重点补充了桩基工程设计方面的内容，使该书包括的内容体系趋于完整，便于读者了解和掌握桩基工程全貌。

3. 本次再版编写时，为反映最新技术成果，对各章都进行了补充；在内容编排上，既考虑工程技术人员参考时的实用性，又考虑了该书作为教材时应符合教学规律性。

本书第三版第一、二、四、五、六、八章由段新胜编写，第三、七、九章由顾湘编写。全书由段新胜统稿。

与前两版一样，本书在编写过程中，得到了一些单位和同志的帮助，并引用了很多单位的成果和资料，一并在此表示衷心的感谢。限于作者水平，错误之处在所难免，敬请读者批评指正。

作　者

1997 年 12 月

目 录

第一章 桩基类型与选型 …………………………………………………………… (1)
    第一节 概述 ……………………………………………………………………… (1)
    第二节 基桩的分类 ……………………………………………………………… (2)
    第三节 桩的选型及布置原则 …………………………………………………… (6)

第二章 桩基设计计算 …………………………………………………………… (9)
    第一节 单桩竖向抗压承载力 …………………………………………………… (9)
    第二节 嵌岩灌注桩的承载力 …………………………………………………… (24)
    第三节 抗拔桩的承载力 ………………………………………………………… (27)
    第四节 单桩沉降计算 …………………………………………………………… (29)
    第五节 群桩承载力与群桩沉降计算 …………………………………………… (32)
    第六节 桩基水平承载力与位移计算 …………………………………………… (42)
    第七节 桩承台 …………………………………………………………………… (48)
    第八节 桩基设计计算例题 ……………………………………………………… (55)

第三章 预制桩施工 ……………………………………………………………… (63)
    第一节 桩的预制、起吊、运输与堆放 ………………………………………… (64)
    第二节 沉桩前的准备工作 ……………………………………………………… (67)
    第三节 锤击沉桩 ………………………………………………………………… (68)
    第四节 静力压桩 ………………………………………………………………… (76)

第四章 灌注桩混凝土配合比设计 ……………………………………………… (85)
    第一节 混凝土的原材料 ………………………………………………………… (85)
    第二节 对灌注桩混凝土的基本要求 …………………………………………… (94)
    第三节 灌注桩混凝土配合比设计 ……………………………………………… (96)

第五章 泥浆护壁成孔灌注桩成孔及成桩工艺 ………………………………… (103)
    第一节 泥浆护壁成孔灌注桩施工组织设计与施工准备 ……………………… (103)
    第二节 正循环回转成孔 ………………………………………………………… (114)
    第三节 反循环成孔技术 ………………………………………………………… (122)
    第四节 潜水钻机成孔 …………………………………………………………… (143)
    第五节 冲抓成孔 ………………………………………………………………… (147)
    第六节 泥浆护壁成孔灌注桩清孔工艺 ………………………………………… (152)
    第七节 钢筋笼的制作与吊放 …………………………………………………… (155)
    第八节 灌注机具与灌注工艺 …………………………………………………… (159)
    第九节 灌注事故的预防与处理 ………………………………………………… (168)

第六章 挤土灌注桩与干作业法非挤土灌注桩 ………………………………… (172)
    第一节 沉管灌注桩 ……………………………………………………………… (172)
    第二节 夯扩灌注桩 ……………………………………………………………… (186)

第三节　爆扩灌注桩（爆扩桩）···(195)
　　第四节　干作业螺旋钻孔灌注桩···(198)
　　第五节　人工挖（扩）孔灌注桩···(204)
第七章　桩、土复合地基··(212)
　　第一节　深层搅拌桩··(212)
　　第二节　干冲碎石桩··(226)
　　第三节　高压喷射注浆法（旋喷桩）··(234)
第八章　桩基工程检测与验收··(248)
　　第一节　预留混凝土试件检验与抽芯验桩·····································(248)
　　第二节　超声波验桩··(252)
　　第三节　基桩低应变动力检测··(258)
　　第四节　锤击贯入法··(271)
　　第五节　桩的竖向静载荷试验··(273)
　　第六节　桩基工程验收···(276)
第九章　桩基工程预算··(278)
　　第一节　桩基工程费用组成···(278)
　　第二节　桩基工程预算定额基价···(285)
　　第三节　桩基工程施工图预算的编制··(297)
　　第四节　桩基工程预算方法···(301)
主要参考文献···(309)

第一章 桩基类型与选型

第一节 概 述

一、桩基及其安全等级

桩基础简称桩基,是由基桩和连接于基桩桩顶的承台共同组成,承台与承台之间一般用承台梁相互联接,如图1-1。若桩身全部埋入土中,承台底面与土体接触,则称为低承台桩基;当桩身上部露出地面而承台底面位于地面以上,则称为高承台桩基。若承台下只用一根桩(通常为大直径桩)来承受和传递上部结构(通常为柱)荷载,这样的桩基础称为单桩基础;承台下有2根及2根以上基桩组成的桩基础为群桩基础。

根据桩基损坏造成建筑物的破坏后果(危及人的生命、造成经济损失、产生社会影响)的严重性,建筑桩基分为表1-1所示的三个安全等级。

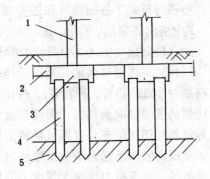

图1-1 桩基础组成
1—柱;2—承台梁;3—承台;
4—基桩;5—桩基持力层

表1-1 建筑桩基安全等级

安全等级	破坏后果	建 筑 物 类 型
一级	很严重	重要的工业与民用建筑;20层以上的高层建筑;体型复杂的14层以上的高层建筑;单桩承受的荷载在4 000 kN以上的建筑物;对地基变形有特殊要求的工业建筑
二级	严重	一般的工业与民用建筑物
三级	不严重	次要的建筑物

桩基础的作用是将上部结构的荷载,通过上部较软弱地层传递到深部较坚硬的、压缩性较小的土层或岩层。

在一般房屋基础工程中,桩基主要承受竖向荷载,但在河港、桥梁、高耸塔型建筑、近海钻采平台、支护结构以及抗震等工程中,桩基还需承受来自侧向的风力、波浪力、土压力和地震力等水平荷载。

基桩通过作用于桩尖(或称桩端、桩底)的地层阻力(或称桩端阻力)及作用于桩侧面的桩周土层的摩阻力(或称桩侧阻力)来支承竖向荷载,依靠桩侧土层的侧向阻力来支承水平荷载。

二、桩基承载力的影响因素

影响桩基承载力的因素甚多,主要有以下几方面:

(1) 桩身所穿越土层的强度、变形性质和应力特征。基桩的竖向承载力受桩身所穿越的全部土层的影响，而横向承载力主要受靠近地面的上部土层的影响。桩侧土层若处于欠固结状态，在后期固结过程中所产生的压缩变形可能对桩身产生负摩阻力。

(2) 桩端持力土层的强度和变形性质。桩端持力土层对竖向承载力的影响程度，随桩的长径比（l/d）的增大而减小，随桩土刚度比（E_p/E_s）的增大而提高，随持力土层与桩侧土层的刚度比（E_b/E_s）的增大而增大。

(3) 桩身与桩底的几何特征。桩身的比表面积（侧表面积与体积之比，F_s/V_p）愈大，桩侧摩阻力所提供的承载力就愈高。因此，为提高桩的竖向承载力，可将桩身截面做成如图 1-2 所示的三角形、六边形、环形、十字形、H 形等异形断面桩，或做成楔形、螺旋形、"糖葫芦"形等变断面桩。为提高桩端总阻力，常将桩端做成扩大头。桩身的横向刚度愈大，对于减小横向荷载下桩的位移和桩身内力的效果愈明显。因而，受横向荷载桩的桩身可做成如图 1-3 中所示的矩形、T 形、工字形、8 字形（二圆桩相切）、十字形等异形桩，或将承受弯矩较大的上段做成如图 1-3 中所示的异形断面桩。

(4) 桩体材料强度。当桩端持力层的承载力很高时（如砂卵石、基岩等），桩体材料的强度可能制约桩的竖向承载力，因而合适的混凝土强度等级和配筋对于充分发挥桩端持力层的承载性能以及提高竖向承载力十分重要。对于承受横向荷载的桩，其承载力在很大程度上受桩体材料强度制约。因此，选择合适的混凝土强度等级和在受弯的桩段配置适量的钢筋，对提高其横向承载力同样十分重要。

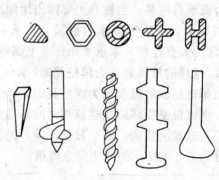

(5) 群桩的几何参数。桩的排列、桩距、桩的长径比、桩长与承台宽度之比等几何参数对承台、桩、土的相互作用和群桩承载力影响较大，设计时上述几何参数应根据荷载、土质与土层分布、上部结构特点等进行综合分析，优化确定。

图 1-2　受竖向荷载的异形断面桩和变断面桩

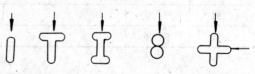

(6) 成桩方法。成桩方法和工艺对桩侧摩阻力和桩端阻力都有一定影响。非饱和土特别是粉土、砂土中的打入式桩，其侧摩阻力和端阻力将因沉桩挤土效应而提高。采用泥浆护壁成孔的灌注桩，因泥浆稠度过大而形成桩侧表面的"泥膏"会降低摩阻力；泥浆在孔底沉淤过厚会导致端阻力明显降低。

图 1-3　受横向荷载的异形桩断面

第二节　基桩的分类

群桩基础中的单桩称为基桩。基桩可按功能、荷载传递机理、截面形状、尺寸、材料、施工方法等进行分类。

一、按桩的使用功能分类

1. 竖向抗压桩

各类建筑物、构筑物的桩基础大都以承受竖向荷载为主，故基桩桩顶以轴向压力荷载为主，如图 1-4a 所示。

2. 竖向抗拔桩

水下建筑抗浮力桩基、牵缆桩基、输电塔和微波发射塔桩基等，其主要功能以抵抗拔力为主，故基桩桩顶以轴向拔力荷载为主，如图 1-4b。

3. 水平受荷桩

外荷载以力或力矩形式作用于与桩身轴线相垂直的方向（横向）时，为水平受荷桩或称为横向荷载桩，如图 1-4c、d。

4. 复合受荷桩

所受竖向、水平荷载均较大的基桩为复合受荷桩。

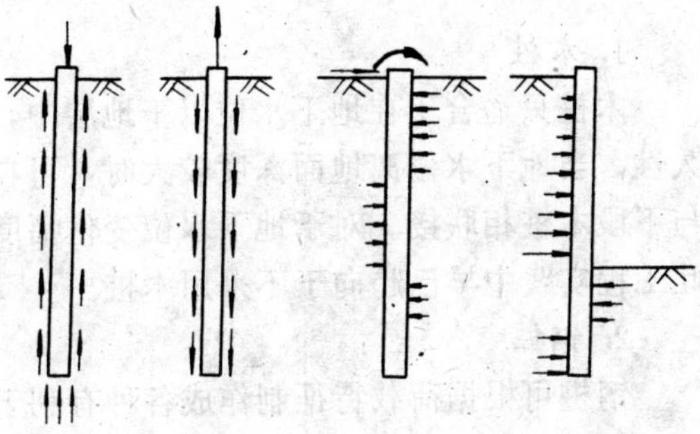

图 1-4 不同功能的桩
(a) 抗压桩；(b) 抗拔桩；(c) 横向荷载主动桩；
(d) 横向荷载被动桩

二、按承载性状分类

1. 竖向荷载桩

竖向荷载桩按承载性状可分为摩擦桩、端承摩擦桩、摩擦端承桩和端承桩四种，但有的文献或规范仅把竖向荷载桩简单地分为摩擦桩和端承桩两种，即从设计角度考虑，只考虑桩端承载力的桩为端承桩；即考虑桩端承载力又考虑桩身摩阻力的桩为摩擦桩。笔者认为从承载性状分析，《建筑桩基技术规范》（JGJ 94—94）把竖向荷载桩分为上述四种类型比较合理。

桩顶作用的竖向荷载 Q 由桩侧摩阻力 Q_s 和桩端阻力 Q_p 承担，如图 1-5 所示，即

$$Q = Q_s + Q_p \text{ 或 } Q_u = Q_{su} + Q_{pu} \tag{1-1}$$

式中：Q_u——桩的竖向极限荷载；

Q_{su}——桩侧总极限摩阻力；

Q_{pu}——极端总极限端阻力。

摩擦桩是指在极限承载力状态下，竖向荷载主要由桩侧摩阻力承受，即 $Q_{su} \geq 0.9 Q_u$；端承桩是指在极限承载力状态下，竖向荷载主要由桩端阻力承受，即 $Q_{pu} \geq 0.9 Q_u$；端承摩擦桩和摩擦端承桩是介于摩擦桩和端承桩之间的中间桩型，竖向荷载由桩侧摩阻力和桩端阻力共同承受，只是对于端承摩擦桩而言，$Q_{su} > Q_{pu}$；对于摩擦端承桩而言，$Q_{su} \leq Q_{pu}$。

2. 横向荷载桩

（1）主动桩。桩顶受横向荷载或力矩作用，桩身轴线偏离初始位置，桩身所受土压力是由于桩主动变位而产生的。风力、地震力、车辆制动力等作用下的建筑物基桩属于主动桩，如图 1-4c。

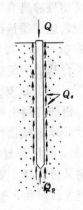

图 1-5 单桩的荷载传递

显然，在主动桩中，桩上的荷载是因，而它相对于土的变形或运动是果。

（2）被动桩。沿桩身一定范围内承受侧向土压力，桩身轴线由于该土压力作用而偏离初始位置。深基坑支护桩、坡体抗滑桩、堤岸支护桩等均属于被动桩，如图1-4（d）所示。显然，在被动桩中，土体运动是因，而它在桩身上引起的荷载是果。

三、按桩身材料分类

1. 木桩

木桩只适合于在地下水位以下地层中，因在这种条件下木桩能抵抗真菌的腐蚀而保持耐久性。当地下水位离地面深度较大时，可在地下水位以上部分以钢筋混凝土代之桩身，将其与下段木桩相联接。对于地下水位变化幅度大的地区不宜使用木桩。我国木材资源不中，因此工程实践中早已趋向于不采用木桩。

2. 钢桩

钢桩可根据荷载特征制作成各种有利于提高承载力的断面，如图1-2所示。管形和箱形断面桩的桩端常做成敞口式，以减小沉桩过程中的挤土效应。H形钢桩沉桩过程的排土量较小，沉桩贯入性能好，此外H形桩的比表面积大，用于承受竖向荷载时能提供较大的摩阻力。为增大桩的摩阻力，还可在H型钢桩的翼缘或腹板上加焊钢板或型钢。对于承受横向荷载的钢桩，可根据弯矩沿桩身的变化情况局部加强其断面刚度和强度。用于工程基桩的钢桩主要是钢管桩和H形钢桩，钢管桩的分段长度一般不宜超过12～15 m，常用截面尺寸见表1-2。

表 1-2 钢管桩截面尺寸（mm）

钢管桩截面外径尺寸	壁		厚	
400	9	12		
500	9	12	14	
600	9	12	14	16
700	9	12	14	16
800	9	12	14	16
900	12	14	16	18
1 000	12	14	16	18

钢桩除具有上述断面可变及挤土效应小外，还具有抗冲击性能好、节头易于处理、运输方便、施工质量稳定等优点。钢桩的最大缺点是造价高，按我国价格，约相当于钢筋混凝土桩的3～4倍。按照当前国情，钢桩还只能在极少数深厚软土层上的高层建筑物或海洋石油钻采平台基础中使用。

3. 钢筋混凝土桩

钢筋混凝土桩的配筋率较低（除对于受水平荷载特别大的桩、抗拔桩和嵌岩端承桩应根据计算确定截面配筋率外，对于一般的灌注桩，截面配筋率为0.20%～0.65%，预制桩≥0.8%，静压预制桩≥0.4%），而混凝土取材方便、价格便宜、耐久性好。钢筋混凝土桩既可预制又可现浇（灌注桩），还可采用预制与现浇组合，适用于各种地层，成桩直径和长度可变范围大。因此，桩基工程中的绝大部分基桩是钢筋混凝土桩，现在桩基工程的主要研究对象和主要发展方向也是钢筋混凝土桩。

四、按成桩方法分类

按成桩方法可分为两大类：预制桩和灌注桩。

1. 预制桩

这里所指的预制桩是钢筋混凝土预制桩，主要有普通钢筋混凝土预制桩和预应力钢筋混凝土桩两大类。

(1) 普通钢筋混凝土预制桩。这是一种传统桩型，其截面多为方形（实心方形 250×250～550×550 mm）。这种桩宜在工厂预制，高温蒸气养护。蒸养可大大加速其强度增长，但动强度的增长速度较慢，因此蒸养后达到了设计强度的桩，一般仍需放置一个月左右待混凝土碳化后再使用。

(2) 预应力钢筋混凝土桩。对桩身主筋施加预拉应力（采用冷拉Ⅲ级、Ⅳ级钢筋，用先张法），混凝土受预压应力，从而提高起吊时桩身的抗弯能力和冲击沉桩时的抗拉能力，改善抗裂性能，节约钢材。

这种桩的制作方法有离心法和捣注法（可制成方形截面）两种。离心法一般制成环形断面。为了减少沉桩时的排土量和提高沉桩贯入能力，往往将空心预应力管桩桩端制成敞口式。

预应力管桩在我国多数采用室内离心成型、高压蒸养法生产。其混凝土强度等级可达 C60～C80。规格有 $\phi 400$ mm、$\phi 500$ mm、$\phi 600$ mm 三种，管壁厚度分别为 90 mm、100 mm、130 mm，每节标准长度有 8 m、10 m，也可按需要确定节长。

2. 灌注桩

当前灌注桩在我国已形成多种成桩工艺，多类桩形，使用范围已扩及到土木工程的各个领域。从国际上的情况看，灌注桩正朝两个方向迅速发展，即大直径巨型桩和小直径（d≤250 mm）微型桩。前者桩身直径大至 9 m，扩底直径达 9 m，其设计承载力，桩端支承于硬粘土层者高达 40 000 kN，并多采用一柱一桩。80 年代以来，随着高层建筑的迅速增多，大直径桩在我国建筑工程中已获得很大发展。微型桩则多用于地基的浅层处理，形成复合地基，或用于旧建筑基础的托换加固。微型桩在我国近年来也已开始发展起来。

灌注桩的成桩技术日新月异，就其成桩过程中桩、土的相互影响特点大体可分为三大基本类型：非挤土灌注桩、部分挤土灌注桩、挤土灌注桩。每一基本类型又包含多种成桩方法（工法），现粗略归纳如下：

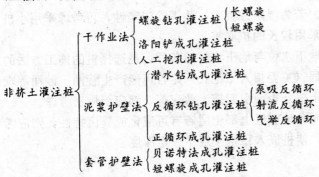

五、按桩径大小分类

根据桩身设计直径 d 的大小可将桩分为小桩、中等直径桩和大直径桩：

1. 小桩：$d \leqslant 250$ mm；
2. 中等直径桩：250 mm $< d < 800$ mm；
3. 大直径桩：$d \geqslant 800$ mm。

第三节 桩的选型及布置原则

一、桩的选型原则

1. **考虑建筑物的性质与荷载**

(1) 建筑物对不均匀沉降的敏感程度。对于重要的建筑物和对不均匀沉降敏感的建筑物，要选择成桩质量稳定性好的桩型，且应尽量使桩端进入较好的持力层，以减少桩基沉降。

(2) 建筑物的荷载大小。对于荷载大的高层建筑物，首先要考虑选择单桩承载力足够大的桩型，并在有限的平面范围内合理布置桩距、桩数。在有坚硬持力层的地区优先选用大直径桩；深厚软弱土层地区优先选用长摩擦桩。

(3) 荷载的性质。对于地震设防区或受其他动荷载的桩基，要考虑选用既能满足竖向承载力又有利于提高横向承载力的桩型，还应考虑动荷载可能对桩基的影响。

2. **考虑工程地质、水文地质条件**

(1) 持力层的埋置深度与性质。对坚实持力层，当埋深较浅时，应优先采用端承桩（包括扩底桩）；当埋深较深时，则应根据单桩承载力的要求，选择恰当的长径比。持力层的土性也是桩型选择的重要依据，对于砂、砾层，采用挤土桩更为有利；当存在粉、细砂等夹层时，采用预制桩则应慎重，以免沉桩发生困难。

(2) 土层中的空穴和障碍物。土层中是否有古墓、土洞、孤石，基岩中是否有岩溶、破碎带等，对于选择桩型和成桩方法是重要的参考因素。

(3) 土层是否具有湿陷性、膨胀性。若为湿陷性黄土，为消除湿陷性，可考虑采用小桩距挤土桩；若为膨胀土，一般情况下可采用较长的扩底桩。

(4) 地下水位、地下水补给条件。地下水位与地下水补给条件，是选择桩的施工方法的主要因素。土体在水的作用下，成孔过程（主要指人工挖孔）是否可能产生管涌、砂涌等现象；对于低渗透性的饱和软土，采用挤土桩是否会引起挤土效应等，都应予周密考虑。

(5) 土层是否具有可液化、震沉性质。地震区上部土层若有可液化或震沉特性，则应考虑桩承受因液化、震沉产生的负摩擦力，使桩嵌入稳定土层中一定深度。

3. **考虑施工环境**

(1) 与相邻建筑物、道路、地下管线、堤坝等的距离。挤土桩施工过程中引起的挤土、振动等次生效应，可能导致邻近建筑物的损坏，这是必须加以考虑的。如某大城市，在不采取设防措施条件下打预制桩，因损坏邻近建筑物所付的赔偿费比桩基础本身造价还高，还曾发生因挤土而折断煤气管道引起爆炸的事故等。由于打桩振动和引起的超孔隙水压力，可能导致坝体、陡坡产生滑动失稳。

(2) 施工现场的泥浆处理条件。采用泥浆护壁成孔时，要具备设置泥浆沉淀池的足够大的现场，若现场面积小，泥浆无法沉淀处理，则不能采用泥浆护壁法施工，因为泥浆不经处理是不能直接排泄于下水道的。目前，我国尚不具备泥浆分离的成熟技术，若具备这种技术，则不受上述条件限制。

（3）现场设备进出场和运转条件。成桩设备进出场和成孔成桩过程所需空间尺寸，与建筑物的净距等各有不同要求，选择成桩方法时必须予以考虑。

4. 考虑材料供应与施工技术条件

（1）灌注桩所需砂、石料相对于预制桩要多，对于砂、石供应困难的大城市，采用灌注桩时要考虑这一因素。

（2）预制桩的制作特别是预应力桩的制作，要求有一定的场地和设备，选择预制桩时应予考虑。

（3）各种类型桩要求相应的施工设备和技术，选择成桩方法时不要盲目追求施工进度，忽视现实可能性。

5. 考虑经济指标、施工工期

（1）不同类型桩的材料、人力、设备、能源等的消耗各有不同，应综合核算各项经济指标，包括单方混凝土所提供的承载力、单方混凝土的造价、三材消耗等。

（2）施工工期。某些条件下，施工工期是经济效益和社会效益的主导制约因素，此时选择桩型和成桩方法时要优先考虑工期。

二、桩的布置原则与要求

1. 桩的中心距

桩的最小中心距应符合表 1-3 的规定。对于大面积群桩，尤其是挤土桩，桩的最小中心距宜按表 1-3 所列值适当加大。

表 1-3 桩的最小中心距

土类及成桩工艺		排数不少于 3 排且桩数不少于 9 根的摩擦型桩基	其他情况
非挤土和部分挤土灌注桩		$3.0d$	$2.5d$
挤土灌注桩	穿越非饱和土	$3.5d$	$3.0d$
	穿越饱和软土	$4.0d$	$3.5d$
挤土预制桩		$3.5d$	$3.0d$
打入式敞口管桩和 H 型钢桩		$3.5d$	$3.0d$

注：d—圆桩直径或方桩边长。

扩底灌注桩除应符合表 1-3 的要求外，尚应满足表 1-4 的规定。

表 1-4 灌注桩扩底端最小中心距

成桩方法	钻、挖孔灌注桩	沉管夯扩灌注桩
最小中心距	$1.5D$ 或 $D+1$m（当 $D>2$m 时）	$2.0D$

注：D—扩大端设计直径。

2. 柱下独立基础的桩应采用对称布置，常采用三桩承台、四桩承台、六桩承台等。柱下条基及墙下条基，桩可采用一排或多排布置，多排布置时可采用行列式或交叉式（图 1-6）。整片基础下的桩也可采用行列式或交叉式布置。

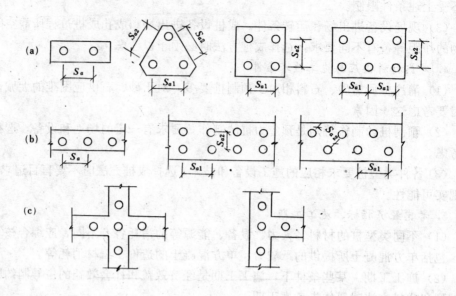

图 1-6 桩位布置
(a) 柱下桩基；(b) 条形桩基；(c) 纵横墙交接处

3. 排列基桩时，宜使群桩承载力合力点与长期荷载重心重合，并使桩基受水平力和力矩较大方向有较大的截面模量。

4. 对于桩箱基础，宜将桩布置于墙下；对于带梁(肋)桩筏基础，宜将桩布置于梁(肋)下；对于大直径桩宜采用一柱一桩。

5. 同一结构单元宜避免采用不同类型的桩。同一基础相邻桩的桩底标高差，对于非嵌岩端承型桩，不宜超过相邻桩的中心距；对于摩擦型桩，在相同土层中不宜超过桩长的 1/10。

6. 一般应选择较硬土层作为桩端持力层。桩端全断面进入持力层的深度，对于粘性土、粉土不宜小于 $2d$，砂土不宜小于 $1.5d$，碎石土类不宜小于 $1d$。当存在软弱下卧层时，桩基以下硬持力层厚度不宜小于 $4d$。

第二章 桩基设计计算

第一节 单桩竖向抗压承载力

一、桩土体系的荷载传递

1. 荷载传递机理

当竖向下压荷载逐步施加于单桩桩顶,桩身上部受到压缩而产生相对于土的向下位移时,桩侧表面就会受到土的向上摩阻力(或称侧阻力)。桩顶荷载通过所发挥出来的桩侧摩阻力传递到桩周土层中去,致使桩身轴力和桩身压缩变形随深度递减。在桩土相对位移等于零处,其摩阻力尚未开始发挥作用而等于零。随着荷载增加,桩身压缩量和位移量增大,桩身下部的摩阻力随之逐步调动起来,桩底土层也因受到压缩而产生桩端阻力。桩端土层的压缩加大了桩土相对位移,从而使桩身摩阻力进一步发挥出来。当桩身摩阻力全部发挥出来达到极限后,若继续增加荷载,其荷载增量将全部由桩端阻力承担。由于桩端持力层的大量压缩和塑性挤出,位移增长速度显著加大,直至桩端阻力达到极限,使位移迅速增大而破坏。此时,桩所受到的荷载就是桩的极限承载力。

在竖向下压荷载作用下,单桩桩顶的沉降 s 由以下三部分组成:

(1)桩身在轴向压力作用下的压缩变形 s_s,其 $s_s = \frac{1}{EA}\int_0^l N(l)\mathrm{d}l$。其中:$E$ 为桩身材料弹性模量;A 为桩身横截面面积;l 为桩长;$N(l)$ 为桩身轴力,桩身轴力随深度变化而变化。

(2)桩侧及桩端荷载传递到桩端平面以下引起桩端平面以下的土体压缩,桩端随土体压缩而沉降 s_b。

(3)当桩端荷载较大时,桩端土产生剪切破坏或刺入破坏而引起的沉降 s_c。

$$s = s_s + s_b + s_c \tag{2-1}$$

要计算以上三部分沉降都必须知道桩侧、桩端各自分担的荷载,以及桩侧阻力沿桩身的分布。

2. 影响荷载传递的因素

马特斯(N. S. Mattes)和波洛斯(H. G. Poulos)运用线弹性理论进行分析的结果表明,影响桩土体系(图 2-1)荷载传递的因素主要有:

(1)桩端土与桩周土的刚度比 E_b/E_s。当 $E_b/E_s = 0$ 时,荷载全部由桩侧摩阻力所承担,属纯摩擦桩。

当 $E_b/E_s = 1$ 时,属均匀土层中的摩擦桩,荷载传递曲线与纯摩擦桩的相近。当 $E_b/E_s = \infty$ 且为中长桩($l/d \approx 25$)时,桩身轴力上段随深度减小,下段近乎沿深度不变,即桩侧摩阻力上段可得到发挥,下段由于桩土相对位移很小(桩端无位移)而没法发挥出来。桩端由于土的刚度大,可分担 60% 以上荷载,属端承型桩。

(2)桩与桩周土的刚度比 E_p/E_s。E_p/E_s 愈大,桩端阻力所分担的荷载比例愈大;反之,桩端阻力分担的荷载比例降低,桩侧阻力分担的荷载比例增大。对于 $E_p/E_s \leq 10$ 的中长桩($l/d \approx 25$),其桩端阻力接近于零。这说明对于砂桩、碎石桩、灰土桩等低刚度桩组成的基础,应按复合地基工作原理进行设计。

(3)桩底扩大头与桩身直径之比 D/d。D/d 愈大,桩端阻力分担的荷载比例愈大。

(4)桩的长径比 l/d。l/d 对荷载传递的影响较大,在均匀土层中的钢筋混凝土桩,其荷载传递性状主要受 l/d 的影响,l/d 越大,桩身压缩变形量 s_c 越大,允许桩端以下的地基土的压缩变形量就越小,受桩顶总沉降量的限制,桩端土所能发挥的端承力就越小。当 $l/d \geqslant 100$ 时,桩端土的性质对荷载传递的影响几乎可以忽略。可见,长径比很大的桩都属于摩擦型桩,在此情况下扩底对提高单桩承载力的作用不大。

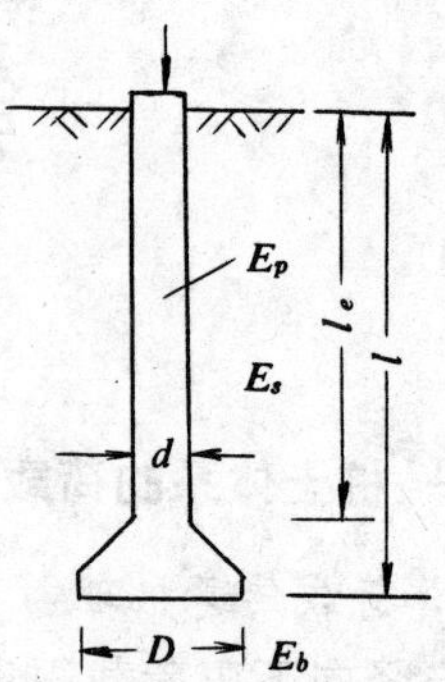

二、单桩破坏模式与极限承载力

1. 单桩破坏模式与强度的关系

单桩在竖向荷载下的破坏由以下两种强度破坏之一而引起:地基土强度破坏或桩身材料强度破坏。通常桩的破坏是由于地基土强度破坏而引起。

图 2-1 桩土体系图

与桩的承载力相联系的地基土强度包含桩侧阻力和桩端阻力。桩侧阻力 q_s 达到极限值 q_{su} 所需的桩土相对极限位移 s_u 与土的类别有关,而与桩径大小无关。如图 2-2a 所示,对于粘性土 s_u 约为 5~7 mm,对于砂类土 s_u 约为 10 mm。但是,对于加工软化型土(图 2-2b),所需 s_u 值较小,而且 q_s 达到最大值后又随位移的增大有所减小;对于加工硬化型土,所需 s_u 值比一般土大(见图 2-2c),而且极限特征点不明显。

充分发挥桩端阻力所需的桩端位移要比侧阻力所需的大得多,根据小直径桩的试验结果,一般粘性土约为 $d/4$,硬粘土约为 $d/10$,砂土约为 $d/12 \sim d/10$。对于钻孔桩,由于孔底虚土、沉渣压缩的影响,发挥端阻极限值所需桩端位移更大。

由此可见,桩侧阻力先于桩端阻力发挥出来(支撑于坚实基岩的短桩除外),因此单桩承载力的极限状态一般由桩端阻力的破坏所制约(纯摩擦桩除外)。

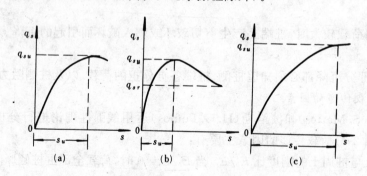

图 2-2 不同类型土的剪应力-位移关系
(a)一般土;(b)加工软化型土;(c)加工硬化型土

2. 单桩的 Q-s 曲线特征

单桩的 Q-s 曲线特性是同桩的破坏模式联系在一起的。以下介绍工程实践中常见的几种典型破坏模式的单桩的极限承载力取值准则。

(1)桩端无坚硬持力层的摩擦桩。桩端一般呈刺入破坏,桩端阻力所占比例小,Q-s 关系曲线呈陡降型,出现 s 轴渐近线,极限承载力特征点明显,如图 2-3a 所示。

(2)桩端持力层为砂土或粉土的打入桩。由于发挥极限端阻力所需位移大,桩端阻力所占比例也较大,Q-s 曲线后段呈缓变型,极限特征点不明显,如图 2-3b 所示。此时桩端阻力虽仍有潜力,但由于桩顶沉降过大,对于建筑物而言已失去利用价值,因此常以某一极限沉降 s_u(一

一般取 $s_u=40$ mm,对于细长桩($l/d>80$),可取 $s_u=60\sim80$ mm)控制其极限承载力。

(3)扩底桩(图2-3c)。支承于砾、砂、粘性土上的扩底桩,端阻破坏所需位移量很大,桩端阻力占承载力的比例较大,属于端承型桩,其 $Q\text{-}s$ 曲线呈缓变型,极限承载力一般也以桩顶极限沉降控制。

(4)桩端有较厚沉淤的钻孔桩(图2-3d)。由于桩底沉淤的强度低,压缩性高,桩端一般呈刺入破坏,接近于纯摩擦桩,其 $Q\text{-}s$ 曲线呈陡降型,极限承载力 Q_u 特征点明显,如图2-3d所示。

(5)干法作业。桩端置于砂层中、孔底有一定厚度虚土的钻孔桩。由于桩端砂性虚土经压缩,承载力提高,导致 $Q\text{-}s$ 曲线出现台阶形,最终在较大沉降下桩端土呈局部剪切破坏,如图2-3(e)所示。此时极限承载力也多以桩顶极限沉降控制取值。

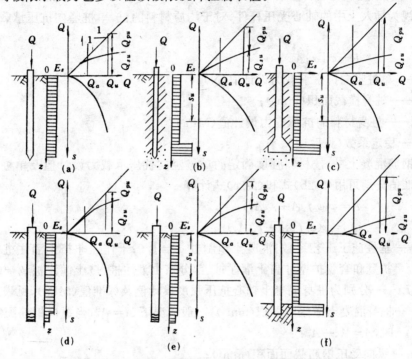

图 2-3　单桩 $Q\text{-}s$ 形态和极限荷载下侧阻、端阻的性状
(a)均匀土中的摩擦型桩;(b)端承置于砂层中的摩擦型桩;(c)扩底端承型桩;
(d)孔底有沉淤的摩擦型桩;(e)孔底有虚土的摩擦型桩;(f)嵌入坚实基岩的端承桩

(6)嵌岩灌注桩。桩端嵌入坚硬基岩中的挖孔桩,由于清底好,桩不太长,桩身压缩和下沉量很小,在桩侧摩阻力尚未充分发挥的情况下,便由于桩身材料强度的破坏而破坏。其 $Q\text{-}s$ 曲线呈陡降型,极限特征点明显,如图2-3f所示。

综上所述,$Q\text{-}s$ 曲线的形态可分为突变陡降型和渐变缓降型两大类。实际上,$Q\text{-}s$ 线形态是桩破坏机理和破坏模式的宏观反映。因此,为便于工程分析应用,称前者为急进型破坏,后者为渐进型破坏。一般情况下,极限承载力的确定,前者可根据 $Q\text{-}s$ 曲线变化特征并结合 $s\text{-}\lg t$、$\Delta s/\Delta Q\text{-}Q$ 等曲线的分析确定,后者一般宜根据桩顶沉降控制确定。根据桩顶沉降确定的极限承载力,实际上为拟极限承载力,因为该承载力小于桩所能承受的最大荷载。

三、单桩竖向抗压承载力的确定

单桩竖向抗压承载力系指单桩在竖向下压荷载作用下,桩不失支稳定性(所谓失稳即桩尖土发生大的塑性变形,桩急骤、不停地下沉),也不产生过大的沉降及所能承受的最大荷载。

单桩竖向抗压承载力,或者取决于桩身材料强度,或者取决于土对桩的承载(或支撑)力。如果土对桩的支承力大于桩身材料强度所决定的单桩承载力,则桩的承载力应根据材料的最大承压强度计算。例如:端承桩和长径比很大的超长桩;如果土对桩的支承力小于桩本身的材料强度所决定的单桩承载力,则桩的承载力只能由土的强度和变形确定,多数摩擦型桩属于这一情况。

1. 按桩材强度确定单桩竖向抗压承载力

将桩视为插入土中的轴心受压杆件,对于均质材料的桩,单桩竖向抗压承载力设计值按下式计算:

$$R = \varphi[\sigma]A_p \tag{2-2a}$$

式中:R——单桩竖向抗压承载力设计值(N);

A_p——桩身横截面积(mm^2);

$[\sigma]$——桩身材料的抗压应力设计值(MPa);

φ——稳定系数(见后述)。

对于钢筋混凝土桩,按材料强度确定的单桩竖向抗压承载力设计值及单桩竖向抗压极限承载力标准值分别可用(2-2b)式和(2-2c)式计算:

$$R = \varphi(\psi_c f_c A + f_y' A_s') \tag{2-2b}$$

$$Q_{uy} = \varphi(\psi_c f_{ck} A + f_{yk}' A_s') \tag{2-2c}$$

式中:ψ_c——基桩施工工艺系数,混凝土预制桩 $\psi_c=1.0$;干作业非挤土灌注桩 $\psi_c=0.9$;泥浆护壁和套管护壁非挤土灌注桩、部分挤土灌注桩、挤土灌注桩 $\psi_c=0.8$。

f_c、f_{ck}——分别为桩身混凝土轴心抗压强度设计值及标准值(MPa),见表2-1;

A——桩身混凝土横截面面积(mm^2),一般情况下 $A=A_p$,当纵向钢筋配筋率大于0.03时,$A=A_p-A_s'$;

A_s'——纵向受压钢筋截面面积(mm^2);

f_y'、f_{yk}'——分别为纵向受压钢筋抗压强度设计值及标准值(MPa),见表2-2;

φ——稳定系数,一般情况下取 $\varphi=1$;对于桩的自由长度较大的高桩承台、桩周为可液化土或为地基极限承载力标准值小于50 kPa的地基土(或不排水抗剪强度小于10 kPa)时,φ 可根据桩身计算长度 l_c(见表2-3)和桩的设计直径 d 按表2-4确定。

表 2-1 混凝土强度及弹性模量(MPa)

项次	种类	符号	C15	C20	C25	C30	C35	C40	C45	C50	C55	C60
1	轴心抗压强度设计值	f_c	7.5	10	12.5	15	17.5	19.5	21.5	23.5	25	26.5
2	轴心抗压强度标准值	f_{ck}	10	13.5	17	20	23.5	27	29.5	32	34	36
3	弯曲抗压强度设计值	f_{cm}	8.5	11	13.5	16.5	19	21.5	23.5	26	27.5	29
4	抗拉强度设计值	f_t	0.9	1.1	1.3	1.5	1.65	1.8	1.9	2	2.1	2.2
5	弹性模量	E_c	2.20×10^4	2.55×10^4	2.80×10^4	3.00×10^4	3.15×10^4	3.25×10^4	3.35×10^4	3.45×10^4	3.55×10^4	3.60×10^4

表 2-2 钢筋强度及弹性模量(MPa)

种 类	符号	热 轧 钢 筋				冷 拉 钢 筋				热处理钢筋Φ
		Ⅰ级Φ	Ⅱ级Φ	Ⅲ级Φ	Ⅳ级Φ	Ⅰ级Φ	Ⅱ级Φ	Ⅲ级Φ	Ⅳ级Φ	
抗压强度设计值	f'_y	210	310	340	400	210	310	340	400	400
抗压强度标准值	f'_{yk}	235	335	370					280	
抗拉强度设计值	f_y	210	310	340	500	250	380	420	580	1 000
弹性模量	E_s	$2.1×10^5$	$2.0×10^5$	$2.0×10^5$	$2.0×10^5$	$2.1×10^5$	$1.8×10^5$	$1.8×10^5$	$1.8×10^5$	$2.0×10^5$

注:此表适应于钢筋直径 $d\leqslant 25$ mm。

表 2-3 桩身计算长度 l_c

桩 顶 铰 接				桩 顶 固 定			
桩底支于非岩石土中		桩底嵌入岩石内		桩底支于非岩石土中		桩底嵌入岩石内	
$h<\dfrac{4.0}{\alpha}$	$h\geqslant\dfrac{4.0}{\alpha}$	$h<\dfrac{4.0}{\alpha}$	$h\geqslant\dfrac{4.0}{\alpha}$	$h<\dfrac{4.0}{\alpha}$	$h\geqslant\dfrac{4.0}{\alpha}$	$h<\dfrac{4.0}{\alpha}$	$h\geqslant\dfrac{4.0}{\alpha}$
$l_c=1.0\times(l_0+h)$	$l_c=0.7\times(l_0+\dfrac{4.0}{\alpha})$	$l_c=0.7\times(l_0+h)$	$l_c=0.7\times(l_0+\dfrac{4.0}{\alpha})$	$l_c=0.7\times(l_0+h)$	$l_c=0.5\times(l_0+\dfrac{4.0}{\alpha})$	$l_c=0.5\times(l_0+h)$	$l_c=0.5\times(l_0+\dfrac{4.0}{\alpha})$

注:①h 为桩嵌入地面以下的土层中的深度;②l_0 为高承台基桩露出地面的长度,对于低承台桩基,$l_0=0$;
③$\alpha=\sqrt[5]{\dfrac{mb_0}{EI}}$ (式中各符号意义见本章第八节)。

表 2-4 桩的稳定系数 φ

l_c/d	≤7	8.5	10.5	12	14	15.5	17	19	21	22.5
φ	1.00	0.98	0.95	0.92	0.87	0.81	0.75	0.70	0.65	0.60
l_c/d	24	26	28	29.5	31	33	34.5	36.5	38	40
φ	0.56	0.52	0.48	0.44	0.40	0.36	0.32	0.29	0.26	0.23

2. 按土对桩的支承力确定单桩竖向抗压承载力

按土对桩的支承力确定单桩竖向承载力的方法很多,主要有经验公式法、静力触探成果估算法、静载荷试验法及动力测试法等,本节介绍前两种方法。

(1)经验公式法:地基土是通过桩周摩阻力和桩端阻力支撑桩顶荷载,而桩端阻力与桩周摩阻力的分布是一个很复杂的问题。为使问题简化,假定以上两种力对于某一特定地层是均匀分布的。通过大量的工程实验,对不同地基土中的预制桩及灌注桩桩端岩土承载力及桩周土摩擦阻力作出统计,提出经验数据。初步设计时,可按经验公式和经验数据估算桩的承载力。

①《建筑地基基础设计规范》(GBJ 7-89)、《高层建筑岩土工程勘察规程》(JGJ 72-90)推荐的经验公式

根据 GBJ 7-89 及 JGJ 72-90 推荐的经验公式可计算摩擦桩、预制桩的基桩竖向抗压承载力的标准值 R_k。

$$R_k=q_p A_p+u\sum_{i=1}^n q_{si}l_i \tag{2-3}$$

式中:R_k——基桩竖向承载力标准值(kN);
A_p——桩身横截面面积,对于扩底桩为桩底部水平投影面积(m^2);
u——桩身横截面周长(m);
l_i——按土层划分,第 i 层土的分段桩长(m);
q_p——桩端土承载力标准值(kPa),可按地区性经验确定,亦可按表 2-5 选用;
q_{si}——桩周第 i 层土的摩阻力标准值(kPa),可按地区性经验确定,亦可按表 2-6 选用。

表 2-5 桩端土(岩)承载力标准值 q_p(kPa)

土的名称	桩型土的状态	预制桩入土深度(m)			地下水位以上钻、挖、冲孔桩入土深度(m)(孔底虚土厚≤10 cm)		
		$h=5$	$h=10$	$h\geq15$	$h=5$	$h=10$	$h\geq15$
淤泥质土							
粘性土	$0.50<I_L\leq0.75$	400~600	700~900	900~1 100	240	390	550
	$0.25<I_L\leq0.05$	800~1 000	1 400~1 600	1 600~1 800	260	410	570
	$0.00<I_L\leq0.25$	1 500~1 700	2 100~2 300	2 500~2 700	300	450	600
粉 土	$e<0.7$	1 100~1 600	1 300~1 800	1 500~2 000			
粉 砂	中密、密实	800~1 000	1 400~1 600	1 600~1 800	400~600	700~900	1 000~1 250
细 砂		1 100~1 300	1 800~2 000	2 100~2 300	400~600	700~900	1 000~1 250
中 砂		1 700~1 900	2 600~2 800	3 100~3 300	600~850	1 100~1 400	1 600~1 900
粗 砂		2 700~3 000	4 000~4 300	4 600~4 900	600~850	1 100~1 400	1 600~1 900
砾 砂	中密、密实	3 000~5 000			2 000	2 500	3 000
角砾、圆砾		3 500~5 500			2 000	2 500	3 000
碎石、卵石		4 000~6 000			2 000	2 500	3 000
软质岩石	微风化	5 000~7 500					
硬质岩石		7 500~10 000					

续表 2-5

土的名称	桩型土的状态	地下水位以下钻、挖、冲孔桩入土深度(m),孔底沉渣≤30 cm			沉管灌注桩入土深度(m)		
		$h=5$	$h=10$	$h\geq15$	$h=5$	$h=10$	$h\geq15$
淤泥质土					100~200	100~200	100~200
粘性土	$0.5<I_L\leq0.75$	100	160	220	500	800	1 000
	$0.25<I_L\leq0.50$	100	160	220	800	1 500	1 800
	$0.00<I_L\leq0.25$	100	160	220	1 500	2 000	2 400
粉 土	$e<0.7$						
粉 砂	中密、密实	150~200	300~350	400~500	900	1 100	1 200
细 砂		150~200	300~350	400~500	1 300	1 600	1 800
中 砂		250~350	450~550	650~800	1 650	2 100	2 450
粗 砂		250~350	450~550	650~800	2 800	3 900	4 500
砾 砂	中密、密实						
角砾、圆砾							
碎石、卵石					3 000	4 000	5 000
软质岩石	微风化				500~7 500		
硬质岩石					7 500~10 000		

注:①表中 e 为土的孔隙比,I_L 为土的液性指数;
②桩端进入持力层的深度,根据桩径及地质条件确定,一般为桩径的1~3倍。

表 2-6　桩周土摩阻力标准值 q_s (kPa)

土的名称	土的状态	混凝土预制桩	钻、挖、冲孔灌注桩	沉管灌注桩
房渣及粘性填土		9～13	20～30	20～30
淤泥		5～8	5～8	5～8
淤泥质土		9～13	10～15	10～15
粘性土	$I < I_L$	10～17	20～30	15～20
	$0.75 < I_L \leq 1$	17～24	20～30	15～20
	$0.50 < I_L \leq 0.75$	24～31	30～35	20～35
	$0.25 < I_L \leq 0.50$	31～38	30～35	20～35
	$0.00 < I_L \leq 0.25$	38～43	35～40	35～40
	$I_L \leq 0$	43～48	35～40	35～40
红粘土	$0.75 < I_L \leq 1$	6～15		
	$0.25 < I_L \leq 0.75$	15～35		
粉土	$w \geq 25, e > 0.9$	10～20	22～30	15～25
	$15 < w \leq 25, e = 0.7\sim 0.9$	20～30	30～35	25～35
	$w < 15, e < 0.7$	30～40	35～45	35～40
粉细砂	稍密	10～20	20～30	15～25
	中密	20～30	30～40	25～40
	密实	30～40	40～60	
中砂	中密	25～35		35～40
	密实	35～45		40～50
粗砂	中密	35～45		
	密实	45～55		
砾砂	中密、密实	55～65		

注：①尚未完成固结的填土和以生活垃圾为主的杂填土可不计其摩阻力；
②表中 e 为土的孔隙比，w 为土的天然含水量，I_L 为土的液性指数。

单桩竖向抗压承载力设计值 R 可根据 GBJ 7—89 按(2-4)式计算：

$$R = \begin{cases} 1.2R_k \\ 1.1R_k, \text{桩数为 3 根及 3 根以下的柱下承台} \end{cases} \tag{2-4}$$

②《建筑桩基技术规范》(JGJ 94—94)推荐的经验公式

用 JGJ 94—94 所推荐的经验公式可计算单桩竖向极限承载力标准值。

对于混凝土预制桩、水下钻(冲)孔桩、沉管灌注桩、干作业钻孔桩，其单桩竖向极限承载力标准值可按下式计算：

$$Q_{uk} = Q_{sk} + Q_{pk} = u \sum q_{sik} l_i + q_{pk} A_p \tag{2-5}$$

式中：Q_{uk}——单桩竖向极限承载力标准值(kN)；

Q_{sk}——单桩总极限侧阻力标准值(kN)；

Q_{pk}——单桩总极限端阻力标准值(kN)；

u——桩身横截面周长(m)；

A_p——桩身横截面面积，扩底桩为桩底部水平投影面积(m^2)；

l_i——按土层划分，第 i 层土的分段桩长(m)；

q_{sik}——桩侧第 i 层土的极限侧阻力标准值，如无当地经验值时，可按表 2-7 取值；

q_{pk}——极限端阻力标准值，如无当地经验值时，可按表 2-8 取值。

表 2-7 桩的极限侧阻力标准值 q_{sik}(kPa)

土的名称	土的状态	混凝土预制桩	水下钻(冲)孔桩	沉管灌注桩	干作业钻孔桩
填 土		20～28	18～26	15～22	18～26
淤 泥		11～17	10～16	9～13	10～16
淤泥质土		20～28	18～26	15～22	18～26
粘性土	$I_L>1$	21～36	20～34	16～28	20～34
	$0.75<I_L\leq1$	36～50	34～48	28～40	34～48
	$0.50<I_L\leq0.75$	50～66	48～64	40～52	48～62
	$0.25<I_L\leq0.5$	66～82	64～78	52～63	62～76
	$0<I_L\leq0.25$	82～91	78～88	63～72	76～86
	$I_L\leq0$	91～101	88～98	72～80	86～96
红粘土	$0.7<a_w\leq1$	13～32	12～30	10～25	12～30
	$0.5<a_w\leq0.7$	32～74	30～70	25～68	30～70
粉 土	$e>0.9$	22～44	22～40	16～32	20～40
	$0.75<e\leq0.9$	44～64	40～60	32～50	40～60
	$e<0.75$	64～85	60～80	50～67	60～80
粉细砂	稍 密	22～42	22～40	16～32	20～40
	中 密	42～63	40～60	32～50	40～60
	密 实	63～85	60～80	50～67	60～80
中 砂	中 密	54～74	50～72	42～58	50～70
	密 实	74～95	72～90	58～75	70～90
粗 砂	中 密	74～95	74～95	58～75	70～90
	密 实	95～116	95～116	75～92	90～110
砾 砂	中密、密实	116～138	116～135	92～110	110～130

注：①对于尚未完成自重固结的填土和以生活垃圾为主的杂填土，不计算其侧阻力；
②a_w 为含水比，$a_w=w/w_L$；
③对于预制桩，根据土层埋深 h，将 q_{sik} 乘表 2-7.1 修正系数。

表 2-7.1

土层埋深 h(m)	≤5	10	20	≥30
修正系数	0.8	1.0	1.1	1.2

表 2-8 桩的极限端阻力标准值 q_{pk}(kPa)

土名称	桩型 土的状态	预制桩入土深度(m)				水下钻(冲)孔桩入土深度(m)			
		$h\leq9$	$9<h\leq16$	$16<h\leq30$	$h>30$	5	10	15	$h>30$
粘性土	$0.75<I_L\leq1$	210～840	630～1 300	1 100～1 700	1 300～1 900	100～150	150～250	250～300	300～450
	$0.50<I_L\leq0.75$	840～1 700	1 500～2 300	1 900～2 500	2 300～3 200	250～300	350～450	450～550	550～750
	$0.25<I_L\leq0.50$	1 500～2 300	2 300～3 000	2 700～3 600	3 600～4 400	400～500	700～800	800～900	900～1 000
	$0<I_L\leq0.25$	2 500～3 800	3 800～5 100	5 100～5 900	5 900～6 800	750～850	1 000～1 200	1 200～1 400	1 400～1 600
粉 土	$0.75<e\leq0.9$	840～1 700	1 500～2 300	1 900～2 700	2 500～3 400	250～350	300～500	450～650	650～850
	$e\leq0.75$	1 500～2 300	2 100～3 000	2 700～3 600	3 600～4 400	550～800	650～900	750～1 000	850～1 000
粉 砂	稍 密	800～1 600	1 500～2 100	1 900～2 700	2 100～3 000	200～400	350～500	450～600	600～700
	中密、密实	1 400～2 200	2 100～3 200	3 000～4 500	3 800～5 600	500～700	700～800	800～900	900～1 100
细 砂		2 500～3 800	3 600～4 800	4 400～5 700	5 300～6 500	550～650	900～1 000	1 000～1 200	1 200～1 500
中 砂	中密、密实	3 600～5 100	5 100～6 300	6 300～7 200	7 000～8 000	850～950	1 300～1 400	1 600～1 700	1 700～1 900
粗 砂		5 700～7 400	7 400～8 400	8 400～9 500	9 500～10 300	1 400～1 500	2 000～2 200	2 000～2 400	2 300～2 500
砾 砂		6 300～10 500				1 500～2 500			
角砾、圆砾	中密、密实	7 400～11 600				1 800～2 800			
碎石、卵石		8 400～12 700				2 000～3 000			

续表 2-8

土名称	桩型 土的状态	沉管灌注桩入土深度(m)				干作业钻孔桩入土深度(m)		
		5	10	15	>15	5	10	15
粘性土	$0.75 \leq I_L \leq 1$	400~600	600~750	750~1 000	1 000~1 400	200~400	400~700	700~950
	$0.50 < I_L \leq 0.75$	670~1 100	1 200~1 500	1 500~1 800	1 800~2 000	420~630	740~950	950~1 200
	$0.25 < I_L \leq 0.50$	1 300~2 200	2 300~2 700	2 700~3 000	3 000~3 500	850~1 100	1 500~1 700	1 700~1 900
	$0 < I_L \leq 0.25$	2 500~2 900	3 500~3 900	4 200~5 000	4 500~5 000	1 600~1 800	2 200~2 400	2 600~2 800
粉土	$0.75 < e \leq 0.9$	1 200~1 600	1 600~1 800	1 800~2 100	2 100~2 600	600~900	1 000~1 200	1 400~1 600
	$e < 0.75$	1 800~2 200	2 500~3 000	2 900~3 500	3 300~4 000	1 200~1 700	1 400~1 900	1 600~2 100
粉砂	稍密	800~1 300	1 300~1 700	1 800~2 200	2 000~2 400	500~900	1 000~1 200	1 500~1 700
	中密、密实	1 300~1 700	1 800~2 400	2 300~2 800	2 800~3 600	850~1 100	1 500~1 700	1 700~1 900
细砂		1 800~2 200	3 000~3 600	3 500~4 000	4 000~4 900	1 100~1 400	1 900~2 100	2 200~2 400
中砂	中密、密实	2 800~3 200	4 400~5 200	4 800~5 600	5 500~6 500	1 800~2 200	2 500~2 800	3 300~3 500
粗砂		4 500~5 000	6 700~7 200	7 700~8 200	8 400~9 000	2 900~3 200	4 000~4 600	4 900~5 200
砾砂		5 000~8 400				3 200~5 300		
角砾、圆砾	中密、密实	5 900~9 200						
碎石、卵石		6 700~10 000						

注：①砂土和碎石类土中桩的极限端阻力取值，要综合考虑土的密实度、桩端进入持力层的深度比h_b/d，土愈密实，h_b/d愈大，取值愈高；②表中沉管灌注桩系指带预制桩尖沉管灌注桩。

表 2-7、表 2-8 中所列的混凝土预制桩经验参数，是根据全国各地 229 根试桩结果统计分析得出的，与 GBJ 7—89 相比有四个特点：①增设了较软弱土层的桩端阻力值；②适当调小了埋深 10 m 左右的较硬层端阻力值；③增设了埋深超过 30 m 以上持力层的端阻力；④引入了深度修正系数来考虑桩的入土深度对桩侧阻力的影响。

表 2-7 中所列水下钻(冲)孔桩极限侧阻力标准值是以预制桩侧阻力值为基本值，通过各地 73 根试桩资料，将各类土对应的参数分别乘以不同的修正系数，用最小二乘法得出相应的修正系数，由此求出水下钻(冲)孔桩极限侧阻力标准值(表 2-7)；表 2-8 中所列水下钻(冲)孔桩极限端阻力标准值是以预制桩的端阻力值为基本值，各个土层为同一修正系数，通过 73 根试桩资料，由经验公式计算出的各试桩极限承载力值与实测值之比的平均值为 1，求出同一的修正系数为 0.25 而得出来的。

沉管灌注桩共有 138 根试桩资料，但试桩资料没有有效地将侧阻与端阻进行划分。现以预制桩承载力参数表为基本值，将各土层侧阻及端阻考虑用同一修正系数。经 138 根桩的统计分析得出修正系数为 0.834，即沉管灌注桩承载力参数值为预制桩的 0.834 倍(表 2-7、表 2-8)。

干作业钻孔桩共收集了 150 根试桩资料，首先按经验方法划出桩侧阻力，统计分析结果表明侧阻力参数接近于预制桩承载力的参数。在确定了侧阻力参数的基础上采用与水下钻(冲)孔灌注桩相同的分析方法，将计算值与实测值之比的平均值取 1，求得端阻力修正系数。分析结果给出端阻力修正系数为 0.53，即干作业钻孔灌注桩端阻力为预制桩端阻力的 0.53 倍(见表 2-8)。

对于大直径桩($d \geq 800$ mm)，单桩竖向极限承载力标准值可按下式计算：

$$Q_{uk} = Q_{sk} + Q_{pk} = u \sum \psi_{si} q_{sik} l_i + \psi_p q_{pk} A_p \tag{2-6}$$

式中：q_{sik}——桩侧第 i 层土的极限侧阻力标准值，如无当地经验值时，可按表 2-7 取值，对于扩底桩变截面以下不计侧阻力；

q_{pk}——桩径为 800 mm 桩的极限端阻力标准值,可采用深层载荷板试验确定;当不能进行深层载荷板试验时,可采用当地经验值或按表 2-8 取值,对于干作业(清底干净)可按表 2-9 取值;对于混凝土护壁的大直径挖孔桩,计算单桩竖向承载力时,其设计桩径取护壁外直径;

ψ_{si}、ψ_p——大直径桩侧阻、端阻尺寸效应系数,按表 2-10 取值。

表 2-9 干作业桩(清底干净,$D=800$ mm)极限端阻力标准值 q_{pk}(kPa)

土 名 称		状 态		
粘 性 土		$0.25<I_L\leqslant 0.75$	$0<I_L\leqslant 0.25$	$I_L\leqslant 0$
		800~1 800	1 800~2 400	2 400~3 000
粉 土		$0.75<e\leqslant 0.9$	$e\leqslant 0.75$	
		1 000~1 500	1 500~2 000	
砂土、碎石类土		稍 密	中 密	密 实
	粉 砂	500~700	800~1 100	1 200~2 000
	细 砂	700~1 100	1 200~1 800	2 000~2 500
	中 砂	1 000~2 000	2 200~3 200	3 500~5 000
	粗 砂	1 200~2 200	2 500~3 500	4 000~5 500
	砾 砂	1 400~2 400	2 600~4 000	5 000~7 000
	圆砾、角砾	1 600~3 000	3 200~5 000	6 000~9 000
	卵石、碎石	2 000~3 000	3 300~5 000	7 000~11 000

注:①q_{pk}取值宜考虑桩端持力层土的状态及桩进入持力层的深度效应,当进入持力层深度 h_b 为:$h_b\leqslant D$、$D<h_b<4D$、$h_b\geqslant 4D$,q_{pk}可分别取较低值、中值、较高值;
②当对沉降要求不严时,可适当提高 q_{pk}值。

表 2-10 大直径灌注桩侧阻力尺寸效应系数 ψ_{si}、端阻力尺寸效应系数 ψ_p

土 类 别	粘性土、粉土	砂土、碎石类土
ψ_{si}	1	$(\frac{0.8}{D})^{1/3}$
ψ_p	$(\frac{0.8}{D})^{1/4}$	$(\frac{0.8}{D})^{1/3}$

注:表中 D 为桩端直径(m)。

对于钢管桩,单桩竖向极限承载力标准值可按(2-7)式计算:

$$Q_{uk}=Q_{sk}+Q_{pk}=\lambda_s u\sum q_{sik}l_i+\lambda_p q_{pk}A_p \tag{2-7}$$

式中:q_{sik}、q_{pk}——取与混凝土预制桩相同值;

λ_p——桩端闭塞效应系数,对于闭口钢管桩,$\lambda_p=1$,对于敞口钢管桩:当 $h_b/d_s<5$ 时,$\lambda_p=0.16h_b/d_s\cdot\lambda_s$;当 $h_b/d_s\geqslant 5$ 时,$\lambda_p=0.8\lambda_s$;

h_b——桩端进入持力层深度;

d_s——钢管桩外径;

λ_s——侧阻挤土效应系数,对于闭口钢管桩 $\lambda_s=1$,敞口钢管桩 λ_s 宜按表 2-11 确定。

表 2-11 敞口钢管桩侧阻挤土效应系数

d_s(mm)	≤600	700	800	900	1 000
λ_s	1.00	0.93	0.87	0.82	0.77

对于带隔板的半敞口钢管桩,以等效直径 d_e 代替 d_s 确定 λ_s、λ_p;$d_e=d_s/\sqrt{n}$,其中 n 为桩端隔板分割数(见图 2-4)。

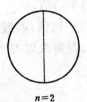

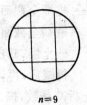

图 2-4 桩端隔板分割

端承桩基和桩数不超过 3 根的桩基,基桩竖向承载力设计值 R 可根据 JGJ 94—94 按(2-8.1)式或(2-8.2)式计算:

$$R=Q_{sk}/\gamma_s+Q_{pk}/\gamma_p \tag{2-8.1}$$
$$R=Q_{uk}/\gamma_{sp} \tag{2-8.2}$$

式中:Q_{sk}——单桩总极限侧阻力标准值(kN);

Q_{pk}——单桩总极限端阻力标准值(kN);

Q_{uk}——单桩竖向极限承载力标准值(kN);

γ_s、γ_p、γ_{sp}——分别为桩侧阻抗力分项系数、桩端阻抗力分项系数、桩侧阻与端阻综合阻抗力分项系数,按表 2-12 采用。

表 2-12 桩基竖向承载力阻抗力分项系数

桩型与工艺	$\gamma_s=\gamma_p=\gamma_{sp}$		γ_c
	静载试验法	经验参数法	
预制桩、钢管桩	1.60	1.65	1.70
大直径灌注桩(清底干净)	1.60	1.65	1.65
泥浆护壁钻(冲)孔灌注桩	1.62	1.67	1.65
干作业钻孔灌注桩($d<0.8$ m)	1.65	1.70	1.65
沉管灌注桩	1.70	1.75	1.70

注:①γ_c 为承台底土阻抗力分项系数;

②根据静力触探方法确定预制桩、钢管桩承载力时,取 $v_s=v_p=v_{sp}=1.60$;

③抗拔桩的侧阻抗力分项系数 γ_s 可取表中数值。

对于桩数超过 3 根的非端承桩桩基,基桩承载力设计值的确定见本章第五节。

(2)静力触探成果估算法:混凝土预制桩单桩竖向极限承载力标准值亦可按静力触探成果估算(JGJ 94—94)。

①按单桥探头的比贯入阻力值确定单桩竖向极限承载力标准值:

$$Q_{uk}=Q_{sk}+Q_{pk}=u\Sigma q_{sik}l_i+\alpha p_{sk}A_p \tag{2-9}$$

式中：u——桩身横截面周长；

l_i——桩穿越第i层土的厚度；

A_p——桩身横截面面积，扩底桩为桩底水平投影面积；

α——桩端阻力修正系数，查表2-13；

p_{sk}——桩端附近地层的静力触探比贯入阻力标准值，按下式计算：

$$当\ p_{sk1} \leqslant p_{sk2}\ 时,\ p_{sk} = \frac{1}{2}(p_{sk1} + \beta p_{sk2});\ 当\ p_{sk1} > p_{sk2}\ 时,\ p_{sk} = p_{sk2}$$

p_{sk1}——桩端全截面以上8倍桩径范围内的比贯入阻力平均值；

p_{sk2}——桩端全截面以下4倍桩径范围内的比贯入阻力平均值；如桩端持力层为密实的砂土层，其比贯入阻力平均值超过20 MPa时，则需乘以表2-14中系数C予以折减后，再计算p_{sk2}及p_{sk1}值；

β——折减系数，按p_{sk2}/p_{sk1}比值查表2-15；

q_{sik}——用静力触探比贯入阻力值估算的桩固第i层土的极限侧阻力标准值，依土的类别、埋藏深度、排列次序，按图2-5折线取值。

表2-13 桩端阻力修正系数α值

桩入土深度(m)	$h < 15$	$15 \leqslant h \leqslant 30$	$30 < h \leqslant 60$
α	0.75	0.75~0.90	0.90

注：桩入土深度$15 \leqslant h \leqslant 30$ m时，α值按h值直线内插；h为基底至桩端全断面的距离(不包括桩尖高度)。

表2-14 系数C值

P_s(MPa)	20~30	35	>40
c	5/6	2/3	1/2

注：表中数值可内插。

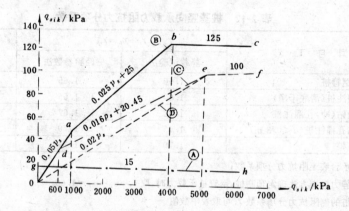

图2-5 q_{sik}-p_s曲线

注：①直线Ⓐ(线段gh)适用于地下6 m范围内的土层；折线Ⓑ(线段$0abc$)适用于粉土及砂土土层以上(或无粉土及砂土土层地区)的粘性土；折线Ⓒ(线段$0def$)适用于粉土及砂土土层以下的粘性土；折线Ⓓ(线段$0ef$)适用于粉土、粉砂、细砂及中砂；

②当桩端穿越粉土、粉砂、细砂及中砂层底面时，折线Ⓓ估算的q_{sik}需乘以表2-16中系数ζ_s值。

表 2-16 系数 ζ_s 值

p_s/p_{sl}	≤5	7.5	≥10
ζ_s	1.00	0.50	0.33

注：① p_s 为桩端穿越的中密-密实砂土、粉土的比贯入阻力平均值；p_{sl} 为砂土、粉土的下卧软土层的比贯入阻力平均值；

② 采用的单桥探头圆锥底面积为 15 cm²，底部带 7 cm 高滑套，锥角 60°。

② 按双桥探头 q_c、f_{si} 值估算单桩竖向极限承载力标准值（2-10 式）

$$Q_{uk} = u\Sigma l_i \beta_i f_{si} + \alpha q_c A_p \qquad (2-10)$$

式中：α——桩端阻力修正系数，对粘性土、粉土取 2/3，对饱和砂土取 1/2；

q_c——桩端上、下探头阻力，取桩端平面以上 $4d$（d 为桩的直径或边长）范围内按土层厚度的探头阻力加权平均值，然后再和桩端平面以下 $1d$ 范围内的探头阻力进行平均（kPa）；

A_p——桩身横截面面积，扩底桩为桩底水平投影面积（m²）；

F_{si}——第 i 层土的探头平均侧阻力（kPa）；

β_i——第 i 层土桩侧阻力综合修正系数，按下式计算：

粘性土、粉土： $\beta_i = 10.04 f_{si}^{-0.55}$

砂　　土： $\beta_i = 5.05 f_{si}^{-0.45}$

l_i——按土层划分，第 i 层土的分段桩长（m）

u——桩身横截面周边长度（m）。

四、桩的负摩阻力及计算公式

1. 桩的负摩阻力

对于一般桩而言，在竖向下压荷载作用下，桩相对于桩周土向下位移，这时桩身受到向上的摩阻力，可称为正摩阻力。

在下列情况下，会出现桩周土相对于桩向下位移，桩周受到向下的摩阻力即负摩阻力：

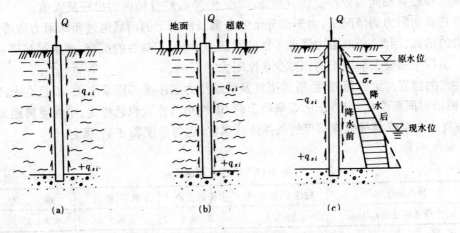

图 2-6 桩的负摩阻力及其部分原因
(a) 桩周土固结下沉；(b) 地面超载压密桩周土；(c) 地下水位下降

①桩穿越较厚松散填土、自重湿陷性黄土、欠固结土层进入相对较硬土层时(图2-6a);
②桩周存在软弱土层,邻近桩侧地面承受局部较大的长期荷载,或地面大面积堆载(包括填土)时(图2-6b);
③由于降低地下水位,使桩周土中有效应力增大,并产生显著压缩沉降时(图2-6c)。

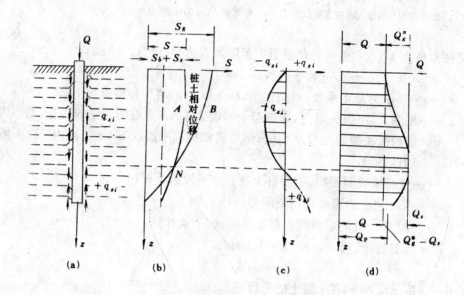

图 2-7 桩的负摩阻力的产生及荷载传递
(a)负摩阻力的产生;(b)位移曲线;(c)桩周摩阻力分布曲线;(d)桩身轴向力分布曲线

桩在竖向下压荷载 Q 作用下,各截面向下位移,位移曲线如图 2-7(a、b)中的曲线 A 所示;若桩周为欠固结土,固结过程中的土层不同深度的沉降为曲线 B。显然,可能有一点 N,该点之上土的沉降大于桩的位移,桩周作用有负摩阻力,该点之下土的沉降小于桩的位移,桩周作用有正摩阻力,N 点处桩与土无相对位移。通常将 N 点称为中性点。图 2-7 中的(c)、(d)分别为桩周摩阻力和桩身轴向力分布曲线。显然,中性点 N 处桩身轴向力出现最大值。

在存在负摩阻力的情况下,由于部分土的自重及地面上的荷载通过负摩阻力传给桩,引起桩身轴力的增加。因此,负摩阻力降低了桩的承载力,增大了基桩的沉降,严重时甚至会造成桩的断裂。工程中需要采取施工措施减少负摩阻力的影响。

中性点的位置与土的压缩性、桩的刚度及桩端持力层刚度等因素有关,而且在土的固结过程中,随固结时间而变化,但当土的沉降稳定时,中性点的位置也趋稳定。中性点离地面的深度 l_n 应按桩周土层沉降与桩沉降相等的条件计算确定,也可参照表 2-17 确定。

表 2-17 中性点深度 l_n

持力层性质	粘性土、粉土	中密以上砂	砾石、卵石	基 岩
中性点深度比 l_n/l_0	0.5~0.6	0.7~0.8	0.9	1.0

注:①l_n、l_0——分别为中性点深度和桩周沉降变形土层下限深度;
②桩身穿越自重湿陷性黄土层时,l_n 按表列值增大10%(持力层为基岩除外)。

2. 负摩阻力计算公式

单桩桩侧负摩阻力标准值可按下列公式计算：

$$q_{si}^n = \xi_n \sigma_i' \tag{2-11}$$

$$\sigma_i = p + \gamma_i' \cdot z_i \tag{2-12}$$

式中：q_{si}^n——第 i 层土桩侧负摩阻力标准值；

ξ_n——桩周土负摩阻力系数，可按表 2-18 取值；

σ_i'——桩周第 i 层土平均竖向有效应力；

γ_i'——第 i 层土层底以上桩周土按厚度计算的加权平均有效重度；

z_i——自地面起算的第 i 层土中点深度；

p——地面均布荷载。

表 2-18 负摩阻力系数 ξ_n

土　类	饱和软土	粘性土、粉土	砂　土	自重湿陷性黄土
ξ_n	0.15～0.25	0.25～0.40	0.35～0.50	0.20～0.35

注：①在同一类土中，对于打入桩或沉管灌注桩，取表中较大值，对于钻(冲)挖孔灌注桩，取表中较小值；
②填土按其组成取表中同类土的较大值；
③当 q_{si}^n 计算值大于正摩阻力时，取正摩阻力值。

对于砂类土，也可按下式估算负摩阻力标准值：

$$q_{si}^n = \frac{N_i}{5} + 3 \tag{2-13}$$

式中：N_i——桩周第 i 层土经探杆长度修正的平均标准贯入试验击数。

单桩基础其下拉荷载为桩侧负摩阻力总和：

$$Q_g^n = u \sum_{i=1}^{n} q_{si}^n l_i \tag{2-14}$$

式中：Q_g^n——单桩基础下拉荷载；

u——桩身横截面周长；

q_{si}^n——桩周第 i 层土负摩阻力标准值；

l_i——中性点以上各土层的厚度。

对于桩距较小的群桩，其基桩的负摩阻力因群桩效应而降低。这是由于桩侧负摩阻力是由桩侧土体沉降而引起，若群桩中各桩表面单位面积所分担的土体重量小于单桩负摩阻力极限值，将导致基桩负摩阻力降低，即显示群桩效应。计算群桩中基桩的下拉荷载时，应将(2-14)式乘以群桩效应系数 η_n（$\eta_n < 1$）。

群桩效应可按等效圆法计算，设独立单桩单位长度侧壁表面的负摩阻力与相应长度范围内外径为 $2r_e$、内径为 d 的土体重量等效，得

$$\pi d q_s^n = (\pi r_e^2 - \frac{\pi d^2}{4}) \gamma_m'$$

于是

$$r_e = \sqrt{\frac{d q_s^n}{\gamma_m'} + \frac{d^2}{4}} \tag{2-15}$$

式中：r_e——等效圆半径；

d——桩身直径；

q_s^n——单桩桩侧平均极限负摩阻力标准值；

γ'_m——桩侧土平均有效重度。

以群桩各基桩中心为圆心,以 r_e 为半径作圆,由各圆的相交点画出矩形,则矩形的面积 $A_r=S_{ax} \cdot S_{ay}$ 与圆面积 $A_e=\pi r_e^2$ 之比,即为负摩阻力群桩效应系数。

$$\eta_n = \frac{A_r}{A_e} = S_{ax} \cdot S_{ay} / \pi d \left(\frac{q_s^n}{\gamma'_m} + \frac{d}{4} \right) \tag{2-16}$$

式中:S_{ax}、S_{ay}——分别为纵、横向桩的中心距。

对于摩擦型桩基,当出现负摩阻力对基桩施加下拉荷载时,由于持力层压缩性较大,随之引起桩基进一步沉降。桩基一旦出现进一步沉降,土对桩的相对位移便减小,负摩阻力便降低,直到转化为零。因此,一般情况下对于摩擦型桩基,可近似视中性点(理论中性点)以上侧阻力为零计算桩基承载力 R,并满足以下条件:

$$\gamma_0 N \leqslant R \tag{2-17}$$

对于端承型基桩除应满足上式要求外,尚应考虑负摩阻力引起桩基的下拉荷载 Q_g^n,按下式验算基桩承载力:

$$(\gamma_0 N + 1.27 Q_g^n) \leqslant 1.6 R \tag{2-18}$$

第二节 嵌岩灌注桩的承载力

一、概述

在基岩埋深不太大的情况下,常将大直径灌注桩穿过全部覆盖层嵌入基岩,成为嵌岩灌注桩。嵌岩灌注桩多用于高层建筑、重型厂房及桥基中。嵌岩灌注桩如果设计得当,可以充分利用基岩的承载性能而提高单桩的承载力。更重要的是嵌岩灌注桩由于桩端持力层是压缩性极小的基岩,因此其单桩沉降很小,群桩沉降也不会因群桩效应而增大,群桩承载力不会因群桩效应而降低,且建筑物的沉降在施工过程便可完成。以嵌岩灌注桩为基础的建筑物在地震过程中所产生的地震波反应也比其他基础型式更轻微,抗震性能更好。

嵌岩灌注桩嵌岩桩段的单位侧摩阻力比土层要高得多,对于分担荷载起着很重要的作用。由于该部分侧阻的剪切破坏发生于桩、岩界面(对于坚硬完整岩体)或发生于靠近桩侧表面岩体中(对于软质岩或风化、破碎岩体),因此,其侧阻力-相对位移关系(q_s-s 关系)与一般土的 q_s-s 关系不同(如图 2-8)。它具有如下特性:①q_s 达到极限值所需的相对位移 s 小于土层所需的相对位移;②完整基岩中侧阻一般呈脆性破坏,则 q_s 由峰值减小到某一残余强度 q_{sr}。

表 2-19 给出一部分岩体的极限侧阻所对应的相对位移经验值。由表 2-19 可看出,完整岩体的 s 约为破碎岩类 s 值的 1/2;由图 2-9 可见岩体的 s 约

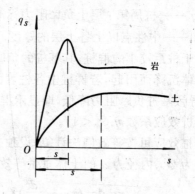

图 2-8 岩、土侧阻力-相对位移关系图

为土体 s 的 1/2。由此可知,发挥嵌岩桩段侧阻力所需的相对位移是很小的。而一般钻孔的孔底总是残留一部分沉渣的,这部分沉渣形成一个可压缩的"软垫",这一软垫的压缩导致嵌岩桩段与岩体间产生相对位移,从而使其侧阻得以充分发挥。相反,桩底端阻力往往由于"软垫"作用或由于桩身材料先行破坏而不能有效发挥出来,更不可能发展至桩端以下岩体的破坏。

表 2-19　发挥极限侧阻对应的相对位移 s(mm)

岩石名称	破碎砂质粘土岩和细砂岩	完整细砂岩	完整石灰岩 花 岗 岩
s	4	3	≤2

对于短粗的人工挖孔嵌岩桩,覆盖层极软的中长($l'/d=15\sim20$)钻孔嵌岩桩,清底极好不存在"软垫"的中长钻孔嵌岩桩(个别情况)及长($l/d\geqslant40$)钻孔嵌岩桩,其承载性状也各有特点。短粗桩的桩身压缩量极小,桩侧阻力因桩土相对位移小而不能发挥,而且数值较小。此时,桩端阻力(包括嵌岩侧阻力)对桩的承载力起主要作用;对于第二种情况则由于覆盖土层侧阻力很小,也由端阻力起主要作用,桩的破坏由桩端阻力或桩身材料强度控制;对于第三种情况,由于桩底无"软垫",在小位移条件下,桩端阻力就能发挥出来,但此时由于桩较长,土层桩侧阻力也是不应忽略的;对于第四种情况,若覆盖层不属于软弱土层,则嵌岩桩端的承载作用较小,桩端嵌入强风化或中风化岩层中即可,无需嵌入微风化或新鲜岩层中。嵌入强风化岩中的桩,基承载特性与支撑于砂、砾层中的桩是类似的。

二、《建筑地基基础设计规范》(GBJ 7—89)中嵌岩灌注桩承载力的确定

在桩底以下三倍桩径范围内无软弱夹层、断裂带、溶洞分布及在桩端应力扩散范围内无岩体临空面的条件下,对于短粗的人工挖孔嵌岩桩或覆盖层极软的中长钻孔嵌岩桩,按端承桩设计,由地层条件所确定的单桩竖向抗压承载力设计值按下式计算:

$$R=\psi f_{rk}A_p \quad (2-19)$$

式中：R——单桩竖向抗压承载力设计值;

A_p——桩身横截面面积,扩底桩为桩底水平投影面积;

f_{rk}——桩端岩石饱和单轴抗压强度标准值;$\phi50\times100$ mm 岩样不少于 6 组,每组岩样饱和单轴抗压强度用 f_{ri} 表示,抗压强度平均值用 μ_{fri} 表示,标准差用 σ_{fri} 表示,则:

$$f_{rk}=\mu f_{ri}-1.645\sigma f_{ri} \quad (2-20)$$

ψ——折减系数,桩端为微风化岩时取 $\psi=0.20\sim0.33$;桩端为中等风化岩时取 $0.17\sim0.25$。

由于岩样是单轴抗压,桩端岩石实际上是三轴抗压;又因为岩样数量一般不多且饱和,单轴抗压强度离散性大。由(2-20)式所确定的 f_{rk} 只具有 95%保证率的岩样饱和单轴抗压强度,故 f_{rk} 值往往偏低,且(2-19)式没有考虑嵌岩段的桩侧阻力,致使在很多情况下按(2-19)式所计算出的单桩承载力低于实际值。

三、铁路规范(TBJ 2—85)、公路规范(JTJ 02A—85)中嵌岩桩的承载力的确定

若既考虑嵌岩桩段的端阻力又考虑嵌岩桩段的侧阻力(不考虑覆盖土层的侧阻力)情况下,嵌岩桩单桩竖向抗压承载力设计值可按下式计算:

$$R=(C_1A_p+C_2uh_r)f_{rc} \quad (2-21)$$

式中：R——单桩竖向抗压承载力设计值;

A_p——桩身横截面面积,扩底桩为桩底水平投影面积;

u——桩身横截面周长; h_r——自完整岩石起算的嵌岩深度;

f_{rc}——桩端岩的饱和单轴抗压强度标准值;

C_1、C_2——系数,根据岩层破碎程度和清底情况按表 2-20 选定。

表 2-20 系数 C_1 和 C_2

岩层及清底情况	C_1		C_2	
	铁路用	公路用	铁路用	公路用
良　好	0.50	0.60	0.04	0.05
一　般	0.40	0.50	0.03	0.04
较　差	0.30	0.40	0.02	0.03

注：当 $h_r \leqslant 0.5m$ 时，C_1 应乘以 0.7，$C_2 = 0$。

(2-21)式较适合于短、粗的人工挖孔桩及覆盖层较软弱的中长钻孔嵌岩桩及要考虑水力冲刷对覆盖土层的影响的桥梁桩，但不适合于覆盖层较厚的建筑桩基。

四、《建筑桩基技术规范》(JGJ 94—94)中嵌岩桩承载力的确定

嵌岩桩单桩竖向极限承载力标准值，由桩周土总侧阻、嵌岩段总侧阻和总端阻三部分组成，可按下式计算：

$$Q_{uk} = Q_{sk} + Q_{rk} + Q_{pk} \tag{2-22.1}$$

$$Q_{sk} = u\Sigma \xi_{si} q_{sik} l_i \tag{2-22.2}$$

$$Q_{rk} = u\xi_s f_{src} h_r \tag{2-22.3}$$

$$Q_{pk} = \xi_p f_{rc} A_p \tag{2.22.4}$$

式中：Q_{sk}、Q_{rk}、Q_{pk}——分别为土的总极限侧阻力、嵌岩段总极限侧阻力、总极限端阻力标准值；

u——桩身横截面周长；

l_i——桩周分层土的厚度；

ξ_{si}——覆盖层第 i 层土的侧阻力发挥系数。当桩的长径比不大($l/d < 30$)且桩端置于新鲜或微风化硬质岩中(桩底无沉渣)，对于粘性土、粉土，取 $\xi_{si} = 0.8$；对于砂类土及碎石类土，取 $\xi_{si} = 0.7$；对于其他情况，取 $\zeta_{si} = 1$；

q_{sik}——桩周第 i 层土的极限侧阻力标准值，根据成桩工艺按表 2-7 取值；

f_{rc}——岩石饱和单轴抗压强度标准值(对于粘土质岩石取天然湿度单轴抗压强度标准值)；由桩底下 n 组岩样的饱和单桩抗压强度 f_{ri}，求平均抗压强度 $\mu_{fr} = \frac{1}{n}\Sigma f_{ri}$，求标准差 $\sigma_{fr} = \sqrt{\frac{\Sigma(f_{ri} - \mu_{fr})^2}{n-1}}$，求变异系数 $\delta_{fr} = \sigma_{fr}/\mu_{fr}$，当 $\sigma_{rc} \leqslant 0.15$ 时，$f_{rc} = \mu_{fr}$，当 $\sigma_{fr} > 0.15$ 时，$f_{rc} = \lambda \mu_{fr}$；岩石抗压强度折减系数 λ 由岩样组数 n 及 δ_{fr} 确定；查表 2-21

h_r——桩身嵌岩(中等风化、微风化、新鲜基岩)深度，超过 $5d$ 时，取 $h_r = 5d$；当岩层表面倾斜时，以坡下方的嵌岩深度为准；

ξ_s、ξ_p——嵌岩段侧阻力和端阻力修正系数，与嵌岩深径比 h_r/d 有关，按表 2-22 查取。

表 2-21 岩石抗压强度折减系数 λ

δ_{fr} \ n	4	5	6	7	8	9	10	11	12
0.1	0.89	0.91	0.92	0.93	0.93	0.94	0.94	0.95	0.95
0.2	0.78	0.82	0.84	0.85	0.86	0.87	0.88	0.89	0.89
0.3	0.68	0.73	0.76	0.78	0.79	0.80	0.81	0.82	0.83

注：当一个场地的 $\delta_{fr} > 0.3$ 时，应根据实际情况，应剔除显然不合理数据或分区进行统计。

表 2-22 嵌岩段侧阻和端阻修正系数

嵌岩深径比 h_r/d	0.0	0.5	1	2	3	4	≥5
侧阻修正系数 ξ_s	0.000	0.025	0.055	0.070	0.065	0.062	0.050
端阻修正系数 ξ_p	0.500	0.500	0.400	0.300	0.200	0.100	0.000

注：当嵌岩段为中等风化岩时，用表中数值乘以 0.9 即可。

第三节 抗拔桩的承载力

一、由桩身材料强度所决定的抗拔桩承载力

由桩身材料强度所决定的抗拔桩单桩抗拔力设计值 U 可按下式计算：

$$U = f_t A + f_y A_s \tag{2-23}$$

式中：f_t——桩身砼抗拉强度设计值，可查表 2-1；

A——桩身砼横截面面积，一般情况下取 A 等于桩身横截面面积 A_p，当纵向配筋率较大时，取 $A = A_p - A_s$；

f_y——钢筋纵向抗拉强度设计值，可查表 2-2；

A_s——钢筋纵向横截面面积之和。

由于砼的抗拉强度设计值 f_t 较小，在上拔力作用下桩身砼易出现横向裂缝，而且上拔荷载一般是施加于纵向受力钢筋，在计算由桩身材料所确定的单桩抗拔力设计值时，一般不计 (2-23) 式中的 $f_t A$ 项。即 $U = f_y A_s$。由桩身材料所确定的单桩抗拔力设计值 U 应满足 (2-24) 式的要求：

$$\gamma_0 N \leqslant U \tag{2-24}$$

式中：γ_0——建筑桩基重要性系数，对于一、二、三级建筑物分别取 $\gamma_0 = 1.1, 1.0, 0.9$；对于柱下单桩按提高一级考虑，对于柱下单桩一级建筑桩基取 $\gamma_0 = 1.2$。

N——基桩上拔荷载设计值。

二、由地基土的强度所确定的抗拔桩承载力

1. 单桩竖向抗拔静载试验

(1) 试验目的：采用接近于竖向抗拔桩的实际工作条件的试验方法，确定单桩抗拔极限承载力。

(2) 试验加载装置：一般采用油压千斤顶加载，并尽量利用工程桩为支座反力。

(3) 荷载与上拔变形量测仪表：荷载可用放置于千斤顶上的应力环，应变式压力传感器直接测定，或采用联于千斤顶的标准压力表测定油压，根据油压率定曲线换算荷载。试桩上拔变形一般采用百分表测量。

(4) 从成桩到开始试验的间歇时间：在确定桩身强度达到要求的前提下，对于砂类土不应少于 10 天；对于粉土和粘性土，不应少于 15 天；对于淤泥或淤泥质土，不应少于 25 天。

(5) 试验加载方式：慢速维持荷载法。

加载分级：每级加载为预估极限荷载的 1/10～1/15。

变形观测：每级加载后间隔 5、10、15、15、15 min 各测读一次，以后每隔 30 min 测读一次，并记录桩身外露部分裂缝扩展情况。

变形相对稳定标准：每一小时内的变形值不超过 0.1mm，并连续出现两次（由 1.5 小时内连续三次观测值计算），认为已达到相对稳定，可加下一级荷载。

终止加载条件：当出现下列情况之一时，即可终止加载：①桩顶荷载为桩受拉钢筋总极限承载力的 0.9 倍时；②某一级荷载作用下，桩顶变形量为前一级荷载作用下的 5 倍；③累计上拔量超过 100mm。

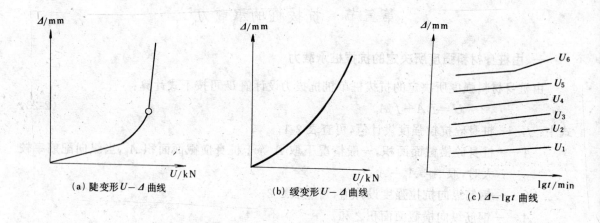

图 2-9 单桩竖向抗拔静载试验曲线

2. 单桩竖向抗拔极限承载力的判定

根据试验记录，绘制单桩竖向抗拔试验荷载-变形（U-Δ）曲线，及上拔量-时间对数（Δ-$\lg t$）曲线，如图 2-9 所示。

对于陡变型 U-Δ 曲线，取升起始点荷载为极限荷载；

对于缓变型 U-Δ 曲线，根据上拔量和 Δ-$\lg t$ 曲线变化综合判定；按 Δ-$\lg t$ 曲线取 Δ-$\lg t$ 曲线尾部显著弯曲的前一级荷载为极限荷载（如图 2-9(c) 中的 U_5）。

3. 用经验公式计算抗拔桩承载力

(1) 单桩或群桩呈非整体性破坏时，基桩的抗拔极限承载力标准值可按下面的经验公式计算：

$$U_{uk} = \sum \lambda_i q_{sik} u_i l_i \tag{2-25}$$

式中：U_{uk}——基桩抗拔极限承载力标准值；

u_i——破坏表面周长，对于等直径桩取 $u=\pi d$；对于扩底桩按表 2-23 取值；

q_{sik}——桩侧表面第 i 层土的抗压极限侧阻力标准值，可按表 2-7 取值；

λ_i——抗拔系数，按表 2-24 取值。

表 2-23 扩底桩破坏表面周长 u_i

自桩底起算的长度 l_i	$\leq 5d$	$>5d$
u_i	πD	πd

注：d、D 分别为桩身直径及桩底直径。

表 2-24 抗拔系数 λ_i

土 类	砂 土	粘性土、粉土
λ 值	0.50~0.70	0.70~0.80

注：桩长 l 与桩径 d 之比小于 20 时，λ 取小值。

(2)群桩呈整体破坏时，单桩的抗拔极限承载力标准值可按下式计算：

$$U_{ugk} = \frac{1}{n} u_l \sum \lambda_i q_{sik} l_i \tag{2-26}$$

式中：U_{ugk}——群桩呈整体破坏时基桩的抗拔极限承载力标准值；
u_l——群桩外围周长；
n——桩数；
其他符号意义同(2-25)式。

三、承受拔力的桩基承载力验算

应按下列两式同时验算，并按(2-24)试验算基桩材料的受拉承载力。

$$\gamma_0 N \leqslant U_{ugk}/\gamma_s + G_{gp} \tag{2-27}$$

$$\gamma_0 N \leqslant U_{uk}/\gamma_s + G_p \tag{2-28}$$

式中：N——基桩上拔荷载设计值；
γ_0——建筑桩基重要性系数；
γ_s——抗拔桩的侧阻力阻抗力分项系数，按表 2-12 取值；
G_{gp}——群桩基础所包围体积的桩土总自重设计值除以总桩数，地下水位以下取浮重度；
G_p——基桩(土)自重设计值，地下水位以下取浮重度，对于扩底桩应按表 2-23 确定桩、土柱体周长，计算桩、土自重设计值。
U_{ugk}、U_{uk}——群桩呈整体破坏时基桩的抗拔极限承载力标准值及基桩的抗拔极限承载力标准值(对于一级建筑桩基应通过现场单桩上拔静载荷试验确定)。

第四节 单桩沉降计算

一、经验公式法

在竖向工作荷载作用下，单桩沉降 s 一般由桩身压缩量 s_s 和桩端沉降 s_b 组成，即

$$s = s_s + s_b \tag{2-29.1}$$

如分别考虑桩侧摩阻力和桩端阻力对 s_s、s_b 的作用，s_s 和 s_b 可表示为：

$$s_s = s_{ss} + s_{sb} \tag{2-29.2}$$

$$s_b = s_{bs} + s_{bb} \tag{2-29.3}$$

式中：s_{ss}——桩侧摩阻力引起的桩身压缩量；
s_{sb}——桩端阻力引起的桩身压缩量；
s_{bs}——由于桩侧荷载传播到桩端平面以下引起土体压缩所产生的桩端沉降；
s_{bb}——由于桩端荷载引起土体压缩所产生的桩端沉降。

如桩端荷载 Q_p 与桩顶荷载 Q 之比值为 α，那么桩侧荷载 $Q_s = (1-\alpha)Q$。在桩顶与地表面

齐平的情况下(下面讨论均以此情况为准),式(2-29.2)可写成：

$$s_s = \frac{\Delta(1-\alpha)QL}{E_p A_p} + \frac{\alpha QL}{E_p A_p} = [\Delta + \alpha(1-\Delta)]\frac{QL}{E_p A_p} = \xi \frac{QL}{E_p A_p} \tag{2-29.4}$$

式中：Q——桩顶荷载；

α——桩端荷载与桩顶荷载之比，$\alpha = Q_p/Q$，按表 2-25 选用；

L——桩长；

E_p、A_p——桩身弹性模量与桩身横截面面积；

Δ——桩侧摩阻力分布系数，Δ 的大小取决于工作荷载下的摩阻力沿桩身的分布，它等于摩阻力沿桩长的分布图的"形心"到地表的距离与桩长之比，如摩阻力呈均匀分布，$\Delta = 1/2$，如呈三角形分布，$\Delta = 2/3$，也可按表 2-25 选用；

ξ——桩身压缩量的综合系数，可按表 2-25 选用。

由桩端荷载引起的土体压缩所产生的桩端沉降 s_{bb}，可使用类似于浅基础沉降的计算方法进行确定(Das,1984)即：

$$s_{bb} = \frac{\alpha Q_p d}{A_p E_s}(1-\nu_s^2)I_p \tag{2-29.5}$$

式中：d——桩的直径或宽度；

E_s、ν_s——分别为土的弹性模量和泊松比，如无经验可按表 2-26 查用；

I_p——影响系数，取用 0.88；

桩侧荷载 Q_s 引起的沉降 s_{bs} 可按(2-29.5)式相类似的表达式计算：

$$s_{bs} = \left[\frac{(1-\alpha)Q}{uL}\right]\frac{d}{E_s}(1-\nu_s^2)I_s \tag{2-29.6}$$

式中：u——桩身横截面周长；

I_s——影响系数，$I_s = 2 + 0.35\sqrt{L/d}$。

用经验公式计算单桩沉降时，$\alpha(\alpha = Q_p/Q)$ 值及 Δ 值(桩侧摩阻力分布系数)的确定是个关键问题，同济大学通过对埋有量测元件的 84 根桩(砼预制桩 25 根、钢管桩 25 根、钻孔灌注桩 34 根)的静载荷试桩资料的分析，得出的 α 值随 L/d 的变化规律如图 2-10 所示(图中 Q_u 为极限荷载)，α、Δ、ξ 与 L/d 的关系如表 2-25 所示。

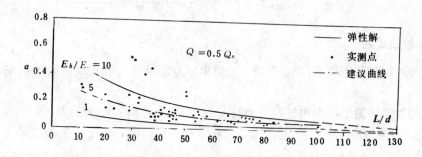

图 2-10 工作荷载下的 α 与 L/d 的对应关系

表 2-25 Δ、α、ξ 与 L/d 的关系

	L/d	10	20	30	40	50	60	70	80	100
Δ	钢筋混凝土预制桩	0.72	0.72	0.72	0.647	0.573	0.50	0.50	0.50	0.50
	钢管桩	0.60	0.60	0.60	0.567	0.533	0.50	0.50	0.50	0.50
	钻孔灌注桩	0.52	0.52	0.52	0.487	0.453	0.42	0.42	0.42	0.42
α		0.27	0.18	0.13	0.10	0.07	0.06	0.045	0.04	0.025
$\xi=\Delta+\alpha \cdot (1-\Delta)$	钢筋混凝土预制桩	0.80	0.77	0.76	0.68	0.60	0.53	0.53	0.52	0.51
	钢筋桩	0.71	0.67	0.65	0.61	0.57	0.53	0.53	0.52	0.51
	钻孔灌注桩	0.65	0.61	0.58	0.54	0.49	0.46	0.45	0.44	0.43

表 2-26 各类土的弹性参数

土 类	弹性模量 E_s(MPa)	泊松比 ν_s
松 砂	10.35～24.15	0.20～0.40
中密砂	17.25～27.60	0.25～0.40
密 砂	34.50～55.20	0.30～0.45
粉质粘土	10.35～17.20	0.20～0.40
砂和砾石	69.00～172.50	0.15～0.35
软粘土	2.07～5.18	
一般粘土	5.18～10.35	0.15～0.35
硬粘土	10.35～24.15	

二、我国铁路(TBJ 2—85)、公路(JTJ 02A—85)两规范的设计方法

我国铁路桥涵设计规范和公路桥梁地基与基础设计规范都规定了按下式计算单桩沉降：

$$s=\Delta\frac{QL}{E_p A_p}+\frac{Q}{C_0 A_0} \tag{2-30}$$

式中：Δ——桩侧摩阻力分布系数，规范规定对于打入和震动下沉的摩擦桩，$\Delta=2/3$，对于钻（挖）孔灌注摩擦桩，$\Delta=1/2$；

C_0——桩端处土的竖向地基系数，当桩长 $L\leqslant 10$ m 时，取用 $C_0=10\ m_0$；当 $L>10$ m 时，取用 $C_0=Lm_0$；

m_0——地基系数随深度变化的比例系数，m_0 值按桩端土的类型由表 2-27 查取；

A_0——自地面(或桩顶)以 $\phi/4$ 角扩散到桩端平面处的面积；

其余符号同前述。

表 2-27 土的 m 和 m_0 值

土 的 名 称	m 和 m_0(kPa/m²)	
	当地面处水平位移＞0.6 cm 但≤1 cm 时	当地面处水平位移≤0.6 cm 时
$I_L\geqslant 1$ 流塑粘性土、淤泥	1 000～2 000	3 000～5000
$1>I_L\geqslant 0.5$ 粘性土、粉砂	2 000～4 000	5 000～10 000
$0.5>I_L>0$ 粘性土、细砂、中砂	4 000～6 000	10 000～20 000
半干硬粘性土、粗砂	6 000～10 000	20 000～30 000
砾砂、角砾、圆砾、碎石、卵石土	10 000～20 000	30 000～80 000
块石土、漂石土		80 000～120 000

第五节 群桩承载力与群桩沉降计算

由若干根桩组成的桩基,在上部用承台连成整体称为群桩。群桩实质上是若干单桩的集合体,也是桩基础的一般型式。确定群桩的竖向承载力,必须研究单桩与群桩在承载力与沉降方面的相互关系,这也是桩基础理论中的一个重要问题,本节将简要加以介绍。

一、桩顶荷载效应计算

1. 群桩中复合基桩或基桩桩顶承受的竖向力计算

轴心受压计算公式为:

$$N = \frac{F+G}{n}$$

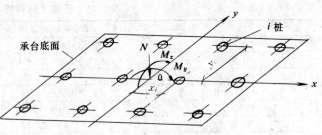

图 2-11 桩基中基桩受力计算图

式中:N——轴心荷载下任一复合基桩或基桩承受的竖向力设计值;

F——作用于桩基承台上的全部竖向力设计值;

G——桩基承台和承台上土自重设计值(自重荷载分项系数当其效应对结构不利时取 1.2;有利时取 1.0);地下水位以下部分应扣除水的浮力;

n——桩基中的桩数。

偏心受压。设 x_i、y_i 分别为第 i 桩至通过桩群"形心"的 y、x 轴线的距离(见图 2-11)。A_i、I_i 分别为第 i 桩的截面积及惯性矩,I_x、I_y 分别为对 x 轴及 y 轴的群桩惯性矩:

$$I_x = \Sigma(I_i + y_i^2 A_i) = \Sigma I_i + \Sigma y_i^2 A_i \approx 0 + A_i \Sigma y_i^2$$

$$I_y = \Sigma(I_i + x_i^2 A_i) = \Sigma I_i + \Sigma x_i^2 A_i \approx 0 + A_i x_i^2$$

又设 M_x、M_y 分别为作用于群桩上的外力对通过桩群重心 x、y 轴的力矩设计值(作用在承台底面形心处),则第 i 桩的应力 σ_i 按材料力学偏压公式计算:

$$\sigma_i = \frac{\frac{F+G}{n}}{A_i} \pm \frac{M_x y_i}{I_x} \pm \frac{M_y x_i}{I_y}$$

故桩顶承受的外力为:

$$N_i = A_i \sigma_i = \frac{F+G}{n} \pm \frac{M_x y_i}{\Sigma y_i^2} \pm \frac{M_y x_i}{\Sigma x_i^2} \tag{2-32.1}$$

式中正负号按桩所在坐标而定,受压用"+"号,受拉用"-"号,任何一个桩不应只受拉力。离群桩形心最远处的桩所受的外力为最大,即

$$N_{max} = \frac{F+G}{n} + \frac{M_x y_{max}}{\Sigma y_i^2} + \frac{M_y x_{max}}{\Sigma x_i^2} \tag{2-32.2}$$

2. 抗震设防区低承台基桩的设计

对于主要承受竖向荷载的抗震设防区低承台桩基,当同时满足下列条件时,桩顶荷载效应计算可不考虑地震作用:

按《建筑抗震设计规范》(GBJ 11—89)规定,可不进行天然地基和基础抗震承载力计算的建筑物;

不位于斜坡地带或因地震而不可能导致滑移、地裂地段的建筑物;

桩端及桩身周围无液化土层;

承台周围无液化土、淤泥、淤泥质土等。

3. 桩基中复合基桩或基桩的竖向承载力计算应符合下述极限状态设计表达式

(1)荷载效应基本组合

轴心受压 $\quad\quad\quad\quad \gamma_0 N \leqslant R$ (2-33)

偏心受压 $\quad\quad\quad\quad \gamma_0 N_{max} \leqslant 1.2R$ (2-34)

$\quad\quad\quad\quad\quad\quad\quad$ 及 $\gamma_0 N \leqslant R$

式中:R——桩基中复合基桩或基桩的竖向承载力设计值;

$\quad\quad\gamma_0$——建筑桩基重要性系数,当上部结构内力分析中所考虑的 γ_0 取值与规定一致时,则荷载效应项中不再代入 γ_0 计算。

(2)地震作用效应组合

轴心受压 $\quad\quad\quad\quad N \leqslant 1.25R$ (2-35)

偏心受压 $\quad\quad\quad\quad N_{max} \leqslant 1.5R$ (2-36)

$\quad\quad\quad\quad\quad\quad\quad$ 及 $N \leqslant 1.25R$

二、桩基变形特征及允许值

桩基变形特征同地基变形特征,分为沉降量、沉降差、倾斜和局部倾斜。倾斜是指建筑物桩基础倾斜方向两端点的沉降差与其距离的比值。局部倾斜是指墙下条形承台沿纵向某一长度范围内桩基础两点的沉降差与其距离的比值。桩基变形对于砌体承重结构应由局部倾斜控制;对于框架结构应由相邻柱基的沉降差控制;对于多层或高层建筑和高耸结构应由倾斜值控制。建筑物桩基变形允许值见表 2-28。

表 2-28 建筑物桩基变形允许值

变 形 特 征		允 许 值
砌体承重结构基础的局部倾斜		0.002
工业与民用建筑相邻柱基的沉降差 (1)框架结构 (2)砖石墙填充的边排柱 (3)当基础不均匀沉降时不产生附加应力的结构		$0.002l_0$ $0.0007l_0$ $0.005l_0$
单层排架结构(柱距为 6 cm)柱基的沉降量(mm)		120
桥式吊车轨道的倾斜(按不调整轨道考虑) 纵 向 横 向		0.004 0.003
多层和高建筑基础的倾斜	$H_g \leqslant 24$ $24 < H_g \leqslant 60$ $60 < H_g \leqslant 100$ $H_g > 100$	0.004 0.003 0.002 0.0015
高耸结构基础的倾斜	$H_g \leqslant 20$ $20 < H_g \leqslant 50$ $50 < H_g \leqslant 100$ $100 < H_g \leqslant 150$ $150 < H_g \leqslant 200$ $200 < H_g \leqslant 250$	0.008 0.006 0.005 0.004 0.003 0.002
高耸结构基础的沉降量(mm)	$H_g \leqslant 100$ $100 < H_g \leqslant 200$ $200 < H_g \leqslant 250$	350 250 150

注:l_0 为相邻柱基的中心距离(mm);H_g 为自室外地面起算的建筑物高度(m)。

三、端承型群桩承载力计算

1. 端承型群桩承载力

由端承桩组成的群桩基础,通过承台分配于各桩桩顶的竖向荷载大部分由桩身直接传递到桩端。由于桩侧阻力分担的荷载份额较小,因此桩侧剪应力的相互影响和传递到桩端平面的应力重叠效应较小,因此使持力层比较坚硬,桩的单独贯入变形较小,所以承台底土的反力较小,承台底地基土分担荷载的作用可忽略不计。故,端承型群桩中基桩的性状与独立单桩相近,群桩相当于单桩的简单集合,桩与桩的相互作用、承台与土的相互作用,都小到可以忽略不计。端承群桩的承载力可近似地取为各单桩承载力之和。

由于端承型群桩的桩端持力层刚度大,因此其沉降也不致因桩端应力的重叠效应而显著增大,一般无需计算沉降。

但有时在土层竖向分布不均的情况下,为减小桩长(节约投资),或由于沉桩(管)穿透硬层的困难,可考虑将桩端设置于存在软下卧层的有限厚度的硬层上。此时,就必须验算软弱下卧层的承载力和群桩的沉降。

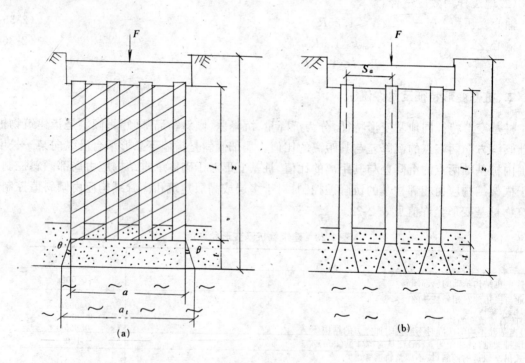

图 2-12 软弱下卧层承载力验算

2. 端承型群桩下软弱下卧层承载力验算

对于桩距 $S_a \leqslant 6d$ 的群桩基础(图 2-12),按下列公式验算:

$$\sigma_z + \gamma_z z \leqslant q_{uk}^w / \gamma_q \tag{2-37.1}$$

$$\sigma_z = \frac{\gamma_0(F+G) - 2(a-b) \cdot \Sigma q_{sik} l_i}{(a+2t \cdot \text{tg}\theta)(b+2t \cdot \text{tg}\theta)} \tag{2-37.1}$$

式中:σ_z——作用于软弱下卧层顶面的附加应力;

γ_z——软弱层顶面以上各土层重度(按土层厚度加权)的加权平均值;

z——地面至软弱层顶面的深度；

q_{uk}^w——软弱下卧层经深度修正的地基极限承载力标准值；

γ_q——地基承载力分项系数，取 $\gamma_q=1.65$；

F——上部建筑物作用于承台上的荷载；

G——假想实体墩基础重力；

γ_0——建筑桩基重要性系数；

a、b——桩群外缘矩形面积的长、短边长（见图 2-12a）；

t——桩端至软弱下卧层顶面的厚度；

q_{sik}——桩周第 i 层土的极限侧阻力标准值，按表 2-7 选用；

l_i——桩周分层土的厚度；

θ——桩端硬持力层压力扩散角，按表 2-29 取值；

表 2-29　桩端硬持力层压力扩散角 θ

E_{s1}/E_{s2}	$t=0.25b$	$t \geqslant 0.50b$
1	4°	12°
3	6°	23°
5	10°	25°
10	20°	30°

注：①E_{s1}、E_{s2} 为硬持力层、软弱下卧层压缩模量；
②当 $t<0.25b$ 时，θ 降低取值。

对于桩距 $S_a>6d$，且持力层厚度 $t<(S_a-D_e)$，$(\text{ctg}\theta)/2$ 的群桩基础（图 2-12b）以及单桩基础，按(2-38)式验算软弱下卧层承载力时，其 σ_z 按下式计算：

$$\sigma_z = \frac{4(\gamma_0 N - u\Sigma q_{sik} l_i)}{\pi(D_e + 2t \cdot \text{tg}\theta)^2} \tag{2-38}$$

式中：N——单桩桩顶轴向压力设计值；

u——桩身横截面周长；

D_e——桩端等代直径，对于圆形桩端，$D_e=d$（d 为桩径）；方形桩，$D_e=1.13b_1$（b_1 为桩的边长；按表 2-29 确定 θ 时，取 $b=D_e$）。

四、群桩的沉降计算

1. 等代墩基法计算群桩的沉降

限于桩基沉降变形性状的研究水平，人们目前尚未提出能考虑众多复杂因素的桩基础沉降计算方法。等代墩基（实体深基础）模式计算桩基沉降是在工程实践中最广泛应用的近似方法。该模式假定桩基础如同天然地基上的实体深基础一样工作，按浅基础计算方法进行估算。图 2-13 为我国工程中常用的两种等代墩基法的计算图式。这两种图式的假想实体基础的底面都与桩端平齐，其差别在于不考虑或考虑群桩外围侧面剪应力的扩散作用，但两者的共同特点是都不考虑桩间土压缩变形对沉降的影响。

在我国通常采用群桩桩顶外围按 $\phi/4$ 角度向下扩散与假想实体基础底平面相交的面积作为假想实体基础的底面积 A'，以考虑群桩外围侧面剪应力的扩散作用。对于矩形基础，这时 A' 可表示为：

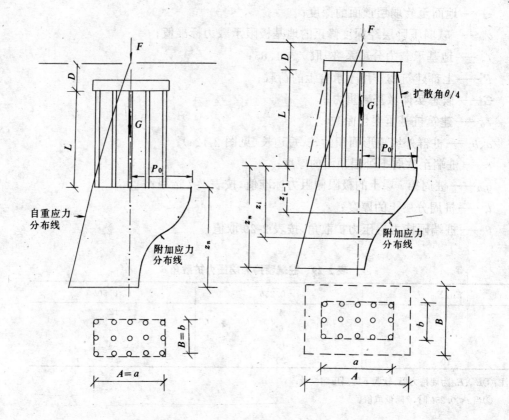

图 2-13a 等代墩基法的计算图示　　图 2-13b 等代墩基法的计算图示
　　　（不考虑扩散作用）　　　　　　　　（考虑扩散作用）

$$A' = A \times B = (a + 2L\mathrm{tg}\phi/4)(b + 2L\mathrm{tg}\phi/4) \tag{2-39}$$

式中：a、b——分别为群桩桩顶外围矩形面积的长度和宽度；

A、B——分别为假想实体基础底面的长度和宽度；

L——桩长；

ϕ——群桩侧面土层内摩擦角的加权平均值，$\phi = \dfrac{\sum \phi_{li}}{\sum l_i}$。

在轴心荷载作用下，假想实体基础底面处的附加压力 P_0 按下式计算：

$$P_0 = \dfrac{F+G}{A'} - \sigma_{co} \tag{2-40}$$

式中：F——作用于桩基础上的上部结构竖向荷载；

G——实体基础自重，包括承台自重和承台上土重以及承台底面至假想实体基础底面范围内的土重与桩重；G 通常用 $\gamma_G A'(L+D)$ 近似估算，γ_G 一般取 19 kN/m³，$A' = A \times B$（考虑扩散作用）或 $A' = a \times b$（不考虑扩散作用），如图 2-13。

σ_{co}——假想实体基础底面处的土自重应力；

假想实体深基础的沉降 S_G 按下式计算：

$$S_G = 4\psi_s p_0 \sum_{i=1}^{n} \dfrac{z_i \alpha_i - z_{i-1} \alpha_{i-1}}{E_{si}} \tag{2-41}$$

表 2-30 矩形面积上均布荷载作用下角点的平均附加应力系数 α

z/b \ a/b	1.0	1.2	1.4	1.6	1.8	2.0	2.4	2.8	3.2	3.6	4.0	5.0	10.0
0.0	0.2500	0.2500	0.2500	0.2500	0.2500	0.2500	0.2500	0.2500	0.2500	0.2500	0.2500	0.2500	0.2500
0.4	0.2474	0.2479	0.2481	0.2483	0.2483	0.2484	0.2485	0.2485	0.2485	0.2485	0.2485	0.2485	0.2485
0.8	0.2343	0.2372	0.2387	0.2395	0.2400	0.2403	0.2407	0.2408	0.2409	0.2409	0.2410	0.2410	0.2410
1.2	0.2149	0.2199	0.2229	0.2248	0.2260	0.2268	0.2278	0.2282	0.2285	0.2236	0.2287	0.2288	0.2289
1.6	0.1939	0.2006	0.2049	0.2079	0.2099	0.2113	0.2130	0.2138	0.2143	0.2146	0.2148	0.2150	0.2152
2.0	0.1746	0.1822	0.1875	0.1912	0.1938	0.1958	0.1982	0.1996	0.2004	0.2009	0.2012	0.2015	0.2018
2.4	0.1578	0.1657	0.1715	0.1757	0.1789	0.1812	0.1843	0.1862	0.1873	0.1880	0.1885	0.1890	0.1895
2.8	0.1433	0.1514	0.1574	0.1619	0.1654	0.1680	0.1717	0.1739	0.1753	0.1763	0.1769	0.1777	0.1784
3.2	0.1310	0.1390	0.1450	0.1497	0.1533	0.1562	0.1602	0.1628	0.1645	0.1657	0.1664	0.1675	0.1685
3.6	0.1205	0.1282	0.1342	0.1389	0.1427	0.1456	0.1500	0.1528	0.1548	0.1561	0.1570	0.1583	0.1595
4.0	0.1140	0.1189	0.1248	0.1294	0.1332	0.1362	0.1408	0.1438	0.1459	0.1474	0.1485	0.1500	0.1516
4.4	0.1035	0.1107	0.1164	0.1210	0.1248	0.1279	0.1325	0.1357	0.1379	0.1396	0.1407	0.1425	0.1444
4.8	0.0967	0.1036	0.1091	0.1136	0.1173	0.1204	0.1250	0.1283	0.1307	0.1324	0.1337	0.1357	0.1379
5.2	0.0906	0.0972	0.1026	0.1070	0.1106	0.1136	0.1183	0.1217	0.1241	0.1259	0.1273	0.1295	0.1320
5.6	0.0852	0.0916	0.0968	0.1010	0.1046	0.1076	0.1122	0.1156	0.1181	0.1201	0.1215	0.1238	0.1266
6.0	0.0805	0.0866	0.0916	0.0957	0.0991	0.1021	0.1067	0.1101	0.1126	0.1146	0.1161	0.1185	0.1216
6.4	0.0762	0.0820	0.0869	0.0909	0.0942	0.0971	0.1016	0.1050	0.1076	0.1096	0.1111	0.1137	0.1171
6.8	0.0723	0.0779	0.0826	0.0865	0.0898	0.0926	0.0970	0.1004	0.1030	0.1050	0.1066	0.1092	0.1129
7.2	0.0688	0.0742	0.0787	0.0825	0.0857	0.0884	0.0928	0.0962	0.0987	0.1008	0.1023	0.1051	0.1090
7.6	0.0656	0.0709	0.0752	0.0789	0.0820	0.0846	0.0889	0.0922	0.0948	0.0968	0.0984	0.1012	0.1054
8.0	0.0627	0.0678	0.0720	0.0755	0.0785	0.0811	0.0853	0.0866	0.0912	0.0932	0.0948	0.0976	0.1020
8.4	0.0601	0.0649	0.0690	0.0724	0.0754	0.0779	0.0820	0.0852	0.0878	0.0893	0.0914	0.0943	0.0938
8.8	0.0576	0.0623	0.0663	0.0696	0.0724	0.0749	0.0790	0.0821	0.0846	0.0866	0.0882	0.0912	0.0959
9.2	0.0554	0.0599	0.0637	0.0670	0.0697	0.0721	0.0761	0.0792	0.0817	0.0837	0.0853	0.0882	0.0931
9.6	0.0553	0.0577	0.0614	0.0645	0.0672	0.0696	0.0734	0.0765	0.0789	0.0809	0.0825	0.0855	0.0905
10.0	0.0514	0.0556	0.0592	0.0622	0.0649	0.0672	0.0710	0.0739	0.0763	0.0783	0.0799	0.0829	0.0880
10.4	0.0496	0.0537	0.0572	0.0601	0.0627	0.0649	0.0686	0.0716	0.0739	0.0759	0.0775	0.0804	0.0857
10.8	0.0479	0.0519	0.0553	0.0581	0.0606	0.0628	0.0664	0.0693	0.0717	0.0736	0.0751	0.0781	0.0834
11.2	0.0463	0.0502	0.0535	0.0563	0.0587	0.0609	0.0644	0.0672	0.0695	0.0714	0.0730	0.0759	0.0813
11.6	0.0448	0.0486	0.0518	0.0545	0.0569	0.0590	0.0625	0.0652	0.0675	0.0694	0.0709	0.0738	0.0793
12.0	0.0435	0.0471	0.0502	0.0529	0.0552	0.0573	0.0606	0.0634	0.0656	0.0674	0.0690	0.0719	0.0774

式中：z_{i-1}、z_i——假想实体基础底面至第 i 层土顶面和底面的距离；

E_{si}——第 i 层土的压缩模量,应取用土层所受的自重应力到总应力的模量值；

n——基础底面以下压缩层范围内的土层分层总数目,每一分层厚不大于 $0.4B$,沉降计算深度 z_n 处的附加应力 J_z 应小于或等于自重应力的 20%；

α_{i-1}、α_i——基础底面至第 i 层顶面和底面范围内角点下的平均附加应力系数,分别根据基础底面的长宽比 $a/b=A/B$ 及深宽比 $\frac{z_{i-1}}{b}=\frac{z_{i-1}}{B/2}$、$\frac{z_i}{b}=\frac{z_i}{B/2}$,查表 2-30；

ψ_s——桩基沉降计算经验系数,应根据各地区经验选择。如《上海市地基基础设计规范》(DBJ 108—11—89)推荐的 ψ_s 见表 2-31。

表 2-31 桩基沉降计算经验系数值

桩端入土深度(m)	<20	30	40	50
沉降计算经验系数 ψ_s	1.10	0.90	0.60	0.50

注：表列数值可内插。

2.《建筑桩基技术规范》(JGJ 94—94)中的计算方法

JGJ 94—94 采用了图 2-14 所示的计算图式,它具有下列特点:

(1)不考虑桩基侧面应力的扩散作用,并假定等代墩基底面尺寸与承台底面尺寸相同(即等代(墩)基底面的长度 A 和宽度 B 分别等于承台底面的长度 L_c 和宽度 B_c);

(2)近似取承台底面平均附加应力作为等代基底面的附加应力 P_0;矩形基础中点沉降按下式计算:

$$s = 4 \cdot \psi \cdot \psi_e \cdot P_0 \sum_{i=1}^{n} \frac{z_i \alpha_i - z_{i-1} \alpha_{i-1}}{E_{si}} \qquad (2-42)$$

式中:α_{i-1}、α_i——等代基底至第 i 层土顶面及底面角点下的平均附加应力系数,按 $a/b = \dfrac{L_c}{B_c}$ 及 $\dfrac{z_{i-1}}{b} = \dfrac{z_{i-1}}{B_c/2}$, $\dfrac{z_i}{b} = \dfrac{z_i}{B_c/2}$ 查表 2-30 或按《建筑桩基技术规范》执行;

ψ——桩基沉降计算经验系数,按当地经验取值,如表 2-31;无经验时,对于非软土地区和软土地区桩端有良好持力层时 ψ 取 1;软土地区桩端无良好持力层时,当桩长 $l \leqslant 25$ m 时,ψ 取 1.7,桩长 $l > 25$ m 时,ψ 取 $(5.9l-20)/(7l-100)$;

ψ_e——桩基等效沉降系数,按(2-44)式计算;

P_0——基底面的附加应力,近似取承台底面平均附加应力;其他符号同(2-41)式。

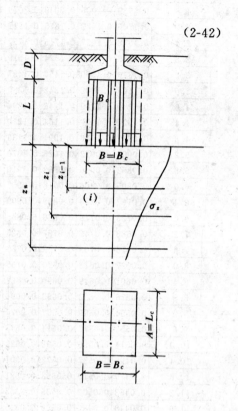

矩形基础角点沉降按(2-43)式计算

$$s = \psi \cdot \psi_e \cdot P_0 \sum_{i=1}^{n} \frac{z_i \alpha_i - z_{i-1} \alpha_{i-1}}{E_{si}} \qquad (2-43)$$

式中:α_{i-1}、α_i——等代基底面至第 i 层土顶面及底面角点下的平均附加应力系数,按 $\dfrac{a}{b} = \dfrac{L_c}{B_c}$ 及 $\dfrac{z_{i-1}}{b} = \dfrac{z_{i-1}}{B_c}$, $\dfrac{z_i}{b} = \dfrac{z_i}{B_c}$ 查表 2-30 或《建筑桩基技术规范》;

图 2-14 计算图式(建筑桩基技术规范)

其他符号同(2-42)式所述。

桩基等效沉降系数按下式计算:

$$\psi_e = C_0 + \frac{n_b - 1}{C_1(n_b - 1) + C_2} \qquad (2-44)$$

式中:C_0、C_1、C_2——根据群桩不同距径比 s_a/d,长径比 l/d 和基础长宽比 L_c/B_c 查表 2-32 或 JGJ 94—94 附录 H;

n_b——矩形布桩时短边布桩数。

五、摩擦型群桩承载力计算

JGJ 94—94 规定,对于桩数超过 3 根的非端承桩基,宜考虑桩群、土、承台的相互作用效应,其复合基桩的竖向承载力设计值为:

表 2-32　桩基等效沉降系数 ψ_e 计算参数表 ($s_a/d=3$)

l/d	L_c/B_c	1	2	3	4	5	6	7	8	9	10
5	C_0	0.203	0.318	0.377	0.410	0.445	0.468	0.486	0.502	0.516	0.528
	C_1	1.483	1.723	1.875	1.955	2.045	2.098	2.144	2.218	2.256	2.290
	C_2	3.679	4.036	4.006	4.053	3.995	4.007	4.014	3.938	3.944	3.948
10	C_0	0.125	0.213	0.263	0.298	0.324	0.346	0.364	0.380	0.394	0.406
	C_1	1.419	1.559	1.662	1.705	1.770	1.801	1.828	1.891	1.913	1.935
	C_2	4.861	4.723	4.460	4.384	4.237	4.193	4.158	4.038	4.017	4.000
15	C_0	0.093	0.166	0.209	0.240	0.265	0.285	0.302	0.317	0.330	0.342
	C_1	1.430	1.533	1.619	1.640	1.703	1.723	1.741	1.801	1.817	1.832
	C_2	5.900	5.435	5.010	4.855	4.641	4.559	4.496	4.340	4.300	4.267
20	C_0	0.075	0.138	0.176	0.205	0.227	0.246	0.262	0.276	0.288	0.299
	C_1	1.461	1.542	1.619	1.635	1.687	1.700	1.712	1.772	1.783	1.793
	C_2	6.879	6.137	5.570	5.346	5.073	4.958	4.869	4.679	4.623	4.577
25	C_0	0.063	0.118	0.153	0.179	0.200	0.218	0.233	0.246	0.258	0.268
	C_1	1.500	1.565	1.637	1.644	1.693	1.699	1.706	1.767	1.774	1.780
	C_2	7.822	6.826	6.127	5.839	5.511	5.364	5.252	5.030	4.958	4.899
30	C_0	0.055	0.104	0.136	0.160	0.180	0.196	0.210	0.233	0.234	0.244
	C_1	1.542	1.595	1.663	1.662	1.709	1.711	1.712	1.775	1.777	1.780
	C_2	8.741	7.506	6.680	6.331	5.949	5.772	5.638	5.383	5.297	5.226
40	C_0	0.044	0.085	0.112	0.133	0.150	0.165	0.178	0.189	0.199	0.208
	C_1	1.632	1.667	1.729	1.715	1.759	1.750	1.743	1.808	1.804	1.799
	C_2	10.535	8.845	7.774	7.309	6.822	6.588	6.410	6.093	5.978	5.883
50	C_0	0.036	0.072	0.096	0.114	0.130	0.143	0.155	0.165	0.174	0.182
	C_1	1.726	1.746	1.805	1.778	1.819	1.801	1.786	1.855	1.843	1.832
	C_2	12.292	10.168	8.860	8.284	7.694	7.405	4.185	6.805	6.662	6.543
60	C_0	0.031	0.063	0.084	0.101	0.115	0.127	0.137	0.146	0.155	0.163
	C_1	1.822	1.828	1.885	1.845	1.885	1.858	1.834	1.907	1.888	1.870
	C_2	14.029	11.486	9.944	9.259	8.568	8.224	7.962	7.520	7.348	7.206
70	C_0	0.028	0.056	0.075	0.090	0.103	0.114	0.123	0.132	0.140	0.147
	C_1	1.920	1.913	1.968	1.916	1.954	1.918	1.885	1.962	1.936	1.911
	C_2	15.756	12.801	11.029	10.237	9.444	9.047	8.742	8.238	8.038	7.871
80	C_0	0.025	0.050	0.068	0.081	0.093	0.103	0.112	0.120	0.127	0.134
	C_1	2.019	2.000	2.053	1.988	2.025	1.979	1.938	2.019	1.985	1.954
	C_2	17.478	14.120	12.117	11.220	10.325	9.874	9.527	8.959	8.731	8.540
90	C_0	0.022	0.045	0.062	0.074	0.085	0.095	0.103	0.110	0.117	0.123
	C_1	2.118	2.087	2.139	2.060	2.096	2.041	1.991	2.076	2.036	1.998
	C_2	19.200	15.442	13.210	12.208	11.211	10.705	10.316	9.684	9.427	9.211
100	C_0	0.021	0.042	0.057	0.069	0.079	0.087	0.095	0.102	0.108	0.114
	C_1	2.218	2.174	2.225	2.133	2.168	2.103	2.044	2.133	2.086	2.042
	C_2	20.925	16.770	14.307	13.201	12.101	11.541	11.110	10.413	10.127	9.886

注：L_c—群桩基础承台长度；B_c—群桩基础承台宽度；l—桩长；d—桩径。

续表 2-32　　　　桩基等效沉降系数 ψ_e 计算参数表（$s_a/d=4$）

l/d	L_c/B_c	1	2	3	4	5	6	7	8	9	10
5	C_0	0.203	0.354	0.422	0.464	0.495	0.519	0.538	0.555	0.568	0.580
	C_1	1.445	1.786	1.986	2.101	2.213	2.286	2.349	2.434	2.484	2.530
	C_2	2.633	3.243	3.340	3.444	3.431	3.466	3.488	3.433	3.447	3.457
10	C_0	0.125	0.237	0.294	0.332	0.361	0.384	0.403	0.419	0.433	0.445
	C_1	1.378	1.570	1.695	1.756	1.830	1.870	1.906	1.972	2.000	2.027
	C_2	3.707	3.873	3.743	3.729	3.630	3.612	3.597	3.500	3.490	3.482
15	C_0	0.093	0.185	0.234	0.269	0.296	0.317	0.335	0.351	0.364	0.376
	C_1	1.384	1.524	1.626	1.666	1.729	1.757	1.781	1.843	1.863	1.881
	C_2	4.571	4.458	4.188	4.107	3.951	3.904	3.866	3.736	3.712	3.693
20	C_0	0.075	0.153	0.198	0.230	0.254	0.275	0.291	0.306	0.319	0.331
	C_1	1.408	1.521	1.611	1.638	1.695	1.713	1.730	1.791	1.805	1.818
	C_2	5.361	5.024	4.636	4.502	4.297	4.225	4.169	4.009	3.973	3.944
25	C_0	0.063	0.132	0.173	0.202	0.225	0.244	0.260	0.274	0.286	0.297
	C_1	1.441	1.534	1.616	1.633	1.686	1.698	1.708	1.770	1.779	1.786
	C_2	6.114	5.578	5.081	4.900	4.650	4.555	4.482	4.293	4.246	4.208
30	C_0	0.055	0.117	0.154	0.181	0.203	0.221	0.236	0.249	0.261	0.271
	C_1	1.477	1.555	1.633	1.640	1.691	1.696	1.701	1.764	1.768	1.771
	C_2	6.843	6.122	5.524	5.298	5.004	4.887	4.799	4.581	4.524	4.477
40	C_0	0.044	0.095	0.127	0.151	0.170	0.186	0.200	0.212	0.223	0.233
	C_1	1.555	1.611	1.681	1.673	1.720	1.714	1.708	1.774	1.770	1.765
	C_2	8.261	7.195	6.402	6.093	5.713	5.556	5.436	5.163	5.085	5.021
50	C_0	0.036	0.081	0.109	0.130	0.148	0.162	0.175	0.186	0.196	0.205
	C_1	1.636	1.674	1.740	1.718	1.762	1.745	1.730	1.800	1.787	1.775
	C_2	9.648	8.258	7.277	6.887	6.424	6.227	6.077	5.749	5.650	5.569
60	C_0	0.031	0.071	0.096	0.115	0.131	0.144	0.156	0.166	0.175	0.183
	C_1	1.719	1.742	1.805	1.768	1.810	1.783	1.758	1.832	1.811	1.791
	C_2	11.021	9.319	8.152	7.684	7.138	6.902	6.721	6.338	6.219	6.120
70	C_0	0.028	0.063	0.086	0.103	0.117	0.130	0.140	0.150	0.158	0.166
	C_1	1.803	1.811	1.872	1.821	1.861	1.824	1.789	1.867	1.839	1.812
	C_2	12.387	10.381	9.029	8.485	7.856	7.580	7.369	6.929	6.789	6.672
80	C_0	0.025	0.057	0.077	0.093	0.107	0.118	0.128	0.137	0.145	0.152
	C_1	1.887	1.882	1.940	1.876	1.914	1.866	1.822	1.904	1.868	1.834
	C_2	13.753	11.447	9.911	9.291	8.578	8.262	8.020	7.524	7.362	7.226
90	C_0	0.022	0.051	0.071	0.085	0.098	0.108	0.117	0.126	0.133	0.140
	C_1	1.972	1.953	2.009	1.931	1.967	1.909	1.857	1.943	1.899	1.858
	C_2	15.119	12.518	10.799	10.102	9.305	8.949	8.674	8.122	7.938	7.782
100	C_0	0.021	0.047	0.065	0.079	0.090	0.100	0.109	0.117	0.123	0.130
	C_1	2.057	2.025	2.079	1.986	2.021	1.953	1.891	1.981	1.931	1.883
	C_2	16.490	13.595	11.691	10.918	10.036	9.639	9.331	8.722	8.515	8.339

注：L_c—群桩基础承台长度；B_c—群桩基础承台宽度；l—桩长；d—桩径。

$$R=\eta_s Q_{sk}/\gamma_s+\eta_p Q_{pk}/\gamma_p+\eta_c Q_{ck}/\gamma_c \qquad (2\text{-}45)$$

当根据静载试验确定单桩竖向极限承载力标准值时，其复合基桩的竖向承载力设计值为：

$$R=\eta_{sp} Q_{uk}/\gamma_{sp}+\eta_c Q_{ck}/\gamma_c \qquad (2\text{-}46.1)$$

$$Q_{ck}=q_{ck}\cdot A_c/n \qquad (2\text{-}46.2)$$

式中：Q_{sk}、Q_{pk}——分别为单桩总极限侧阻和总极限端阻力标准值；

Q_{ck}——相应于任一复合基桩的承台底地基土总极限阻力标准值；

q_{ck}——承台底1/2承台宽度深度范围（≤5 m）内地基极限阻力标准值；

A_c——承台底地基土净面积；

Q_{uk}——单桩竖向极限承载力标准值；

γ_s、γ_p、γ_{sp}、γ_c——分别为桩侧阻、端阻、侧阻端阻综合阻，承台底土阻力抗力分项系数，按表2-12选用；

η_s、η_p、η_{sp}、η_c——分别为桩侧阻、端阻、侧阻端阻综合组，承台底土阻力群桩效应系数，η_s、η_p、η_{sp}按表2-33选用，η_c按(2-46.3)式计算。

表2-33 侧阻、端阻、侧阻端阻综合阻群桩效应系数

效应系数	土层名称 B_c/L_c \ s_a/d	粘性土				粉土、砂土			
		3	4	5	6	3	4	5	6
η_s	≤0.20	0.80	0.90	0.96	1.00	1.20	1.10	1.05	1.00
	0.40	0.80	0.90	0.96	1.00	1.20	1.10	1.05	1.00
	0.60	0.79	0.90	0.96	1.00	1.09	1.10	1.05	1.00
	0.80	0.73	0.85	0.94	1.00	0.93	0.97	1.03	1.00
	≥1.00	0.67	0.78	0.86	0.93	0.78	0.82	0.89	0.95
η_p	≤0.20	1.64	1.35	1.18	1.06	1.26	1.18	1.11	1.06
	0.40	1.68	1.40	1.23	1.11	1.32	1.25	1.20	1.15
	0.60	1.72	1.44	1.27	1.16	1.37	1.31	1.26	1.22
	0.80	1.75	1.48	1.31	1.20	1.41	1.36	1.32	1.28
	≥1.00	1.79	1.52	1.35	1.24	1.44	1.40	1.36	1.33
η_{sp}	≤0.20	0.93	0.97	0.99	1.01	1.21	1.11	1.06	1.01
	0.40	0.93	0.97	1.00	1.02	1.22	1.12	1.07	1.02
	0.60	0.93	0.98	1.01	1.02	1.13	1.13	1.08	1.03
	0.80	0.89	0.95	0.99	1.03	1.01	1.03	1.07	1.04
	≥1.00	0.84	0.89	0.94	0.97	0.88	0.91	0.96	1.00

注：①当 $s_a/d>6$ 时，取 $\eta_s=\eta_p=\eta_{sp}=1$；两向桩距 s_a 不等时，s_a/d 取均值；

②当桩侧为多层土时，η_s 可按主要土层或分别按各土层类别取值；

③对于孔隙比 $e>0.8$ 的非饱和粘性土和松散粉土、砂类土中的挤土群桩，表列系数可提高5%，对于密实粉土、砂类土中的群桩，表列系数宜降低5%。

承台底土阻力群桩效应系数可按下式计算：

$$\eta_c=\eta_c^i\frac{A_c^i}{A_c}+\eta_c^e\frac{A_c^e}{A_c} \qquad (2\text{-}46.3)$$

式中：A_c^i、A_c^e——承台内区（外围桩边包络区）、外区的净面积，$A_c=A_c^i+A_c^e$，见图2-15。

η_c^i、η_c^e——承台内、外区土阻力群桩效应系数，按表2-34取值。

当承台下存在高压缩性软弱土层时，η_c^i 均按 $B_c/L_c\leq 0.2$ 取值。

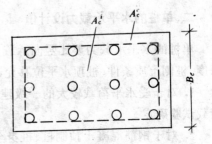

图2-15 承台底分区图

表 2-34 承台内、外土阻力群桩效应系数

B_c/L_c \ s_a/d	η_c				η_c'			
	3	4	5	6	3	4	5	6
≤0.2	0.11	0.14	0.18	0.21				
0.4	0.15	0.20	0.25	0.30				
0.6	0.19	0.25	0.31	0.37	0.63	0.75	0.80	1.00
0.8	0.21	0.29	0.36	0.43				
≥1.0	0.24	0.32	0.40	0.48				

第六节 桩基水平承载力与位移计算

桩顶在水平力与弯矩作用下,使桩身挤压土体,并受到土体反力作用而发生横向弯曲变形,从而桩身产生内力。当内力过大,桩的水平承载力较小时,桩可能被倾倒、折断或拔出。

一、桩的水平变形

在水平荷载作用下桩发生侧向变形,根据桩与地基的相对刚度以及桩的长度可分为三种情况:

1. 地基软弱,桩身较短,桩的抗弯刚度超过地基刚度时,桩身如同刚体一样围绕桩轴线上某一点转动(图 2-16a)。
2. 地基密实,桩身较长,桩的抗弯刚度相对地基刚度为较弱时,桩身上部发生弯曲变形,下部完全嵌固在地基土中(图 2-16b)。
3. 桩身长,地基与桩身的刚度介于上述两种情况之间时,桩如同直立的弹性地基梁那样产生变形(图 2-16c)。

在房屋建筑中的桩一般为长桩($l \geqslant \frac{4}{\alpha}$,$\alpha$ 为桩的水平变形系数),应按弹性桩基计算。

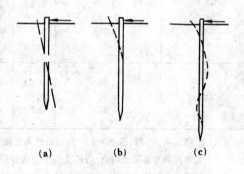

图 2-16 桩的侧向变形

二、单桩的水平承载力设计值

单桩的水平承载力要比竖向承载力低得多,其数值取决于桩的材料强度、截面刚度、入土深度、桩侧土质条件、桩顶水平位移允许值和桩顶嵌固情况等因素。

1. 对于受水平荷载较大的一级建筑桩基,单桩的水平承载力设计值应通过单桩静力水平荷载试验确定。
2. 对于钢筋混凝土预制桩、桩身全截面配筋率大于 0.65% 的灌注桩,根据静力水平荷载试验结果取地面处水平位移为 10 mm(对于水平位移敏感的建筑物取水平位移 6 mm)所对应的荷载为单桩水平承载力设计值。

3. 对于桩身配筋率小于0.65%的灌注桩,取单桩水平静载试验的临界荷载为单桩水平承载力设计值。

4. 当缺少单桩水平静载试验资料时,对于桩身配筋率小于0.65%的灌注桩,其单桩水平承载力设计值可按下式估算:

$$R_h = \frac{\alpha \gamma_m f_t W_0}{\nu_m}(1.25 + 22\rho_g)(1 \pm \frac{\xi_N \cdot N}{\gamma_m f_t A_n}) \tag{2-47}$$

式中:R_h——单桩水平承载力设计值;

α——桩的水平变形系数(参见式2-59);

γ_m——塑性系数,矩形截面$\gamma_m = 1.75$,圆形截面$\gamma_m = 2$;

f_t——桩身混凝土抗拉强度设计值,见表2-1;

W_0——桩身换算截面受拉边缘的弹性抵抗矩,圆形截面为:

$$W_0 = \pi d 32 [d^2 + 2(\alpha_E - 1)\rho_g d_0^2]$$

d——桩直径;

d_0——扣除保护层的桩直径;

α_E——钢筋弹性模量与混凝土弹性模量的比值;

ρ_g——桩身配筋率;

ν_m——桩身最大弯矩系数(表2-35);

ξ_N——桩顶竖向力影响系数,竖向压力取$\xi_N = 0.5$,竖向拉力取$\xi_N = 1.0$;

A_n——桩身换算截面面积,圆形截面为:

$$A_n = \frac{\pi d^2}{4}[1 + (\alpha_E - 1)\rho_g]$$

式中"±"号根据桩顶竖向力性质确定,压力取+号,拉力取-号。

5. 当缺少单桩水平静载试验资料时,对于预制桩、桩身配筋率大于0.65%的灌注桩,其单桩水平承载力设计值可按下式估算:

$$R_h = \frac{\alpha^3 EI}{\nu_x} x_{oa} \tag{2-48}$$

式中:EI——桩身抗弯刚度,即桩身材料的弹性模量与桩截面惯性矩的乘积。对于钢筋混凝土桩,$EI = 0.85 E_c I_0$;

I_0——桩身换算截面惯性矩,圆形截面,$I_0 = W_0 \frac{d}{2}$;

x_{oa}——桩顶允许水平位移;

ν_x——桩顶水平位移系数(表2-35)。

6. 验算地震作用桩基的水平承载力时,应将上述方法确定的单桩水平承载力设计值乘以调整系数1.25。

7. 群桩基础(不含水平力垂直于单排桩基纵向轴线和弯矩较大的情况)的复合基桩水平承载力设计值应考虑由承台、群桩、土相互作用产生群桩效应,可按下列方法确定:

表 2-35 桩顶(身)最大弯矩系数 ν_m 和桩顶水平位移系数 ν_x

桩顶约束情况	桩的换算埋深(ah)	ν_m	ν_x
铰接、自由	4.0	0.768	2.441
	3.5	0.750	2.502
	3.0	0.703	2.727
	2.8	0.675	2.905
	2.6	0.639	3.163
	2.4	0.601	3.526
固 接	4.0	0.926	0.940
	3.5	0.934	0.970
	3.0	0.967	1.028
	2.8	0.990	1.055
	2.6	1.018	1.079
	2.4	1.045	1.095

注：①单桩基础和单排桩基纵向轴线与水平力方向相垂直的情况，按桩顶铰接考虑；
②铰接(自由)的 ν_m 系桩身的最大弯矩系数，固接 ν_m 系桩顶的最大弯矩系数；
③当 $ah>4$ 时，取 $ah=4$，h 为桩入土深度。

$$R_{h_1} = \eta_h R_h \tag{2-49}$$

$$\eta_h = \eta_i \eta_r + \eta_l + \eta_b \tag{2-50}$$

$$\eta_i = \frac{\left(\dfrac{s_a}{d}\right)^{0.015n_2+0.45}}{0.15n_1 + 0.10n_2 + 1.9} \tag{2-51}$$

$$\eta_l = \frac{m x_{ia} B'_c h_c^2}{2 n_1 n_2 R_h} \tag{2-52}$$

$$\eta_b = \frac{\mu P_c}{n_1 n_2 R_h} \tag{2-53}$$

$$x_{oa} = \frac{R_h \nu_x}{\alpha^3 EI} \tag{2-54}$$

$$P_c = \eta_c q_{ck} A_c \tag{2-55}$$

式中：η_h——群桩效应综合系数；
η_i——桩的相互影响效应系数；
η_r——桩顶约束效应系数，按表 2-36 取值；
η_l——承台侧向土抗力效应系数，当承台侧面为可液化土时，取 $\eta_l=0$；
η_b——承台底摩阻效应系数，当不考虑承台效应时，取 $\eta_b=0$；
s_a/d——沿水平荷载方向的距径比；
n_1,n_2——分别为沿水平荷载方向与垂直于水平荷载方向每排桩中的桩数；
x_{oa}——桩顶(承台)的水平位移容许值，当以位移控制时可取 $x_{oa}=10$ mm(对水平位移敏感的结构物可取 6 mm)；当以桩身强度控制(低配筋率灌注桩)时，可近似按式(2-54)计算；
B'_c——承台受侧向土抗一边的计算宽度，$B'_c = B_c + 1(m)$，B_c 为承台宽度；
h_c——承台高度(m)；
u——承台底与地基土间的摩擦系数，可按表 2-37 取值；
P_c——承台底地基土分担的竖向荷载设计值，参考(2-46)式按(2-55)式计算；
m——承台侧面土水平抗力系数的比例系数，当无实验资料时可按表 2-38 取值。

表 2-36 桩顶约束效应系数 η_γ

换算深度 ah	2.4	2.6	2.8	3.0	3.5	≥4.0
位移控制	2.58	2.34	2.20	2.13	2.07	2.05
强度控制	1.44	1.57	1.71	1.82	2.00	2.07

注：a 见式(2-59)，h 为桩的入土深度。

表 2-37 承台底与地基土间的摩擦系数 μ

土的类别		摩擦系数 μ
粘性土	可塑	0.25~0.30
	硬塑	0.30~0.35
	坚硬	0.35~0.45
粉土	密实、中密（稍湿）	0.30~0.40
中砂、粗砂、砾砂		0.40~0.50
碎石土		0.40~0.60
岩石	软质岩石	0.40~0.60
	表面粗糙的硬质岩石	0.65~0.75

三、桩顶荷载效应计算

1. 对于一般建筑物和受水平力（包括弯矩与水平剪力）较小的高大建筑物且桩径相同的群桩基础，作用于任一复合基桩或基桩的桩顶水平力设计值按下式计算：

$$H_1 = \frac{H}{n} \qquad (2\text{-}56)$$

式中：H_1——作用于任一复合基桩或基桩的水平力设计值；

H——作用于桩基承台底面的水平力设计值；

n——桩基中的桩数。

2. 一般建筑物和水平荷载较小的高大建筑物单桩基础和群桩中复合基桩应满足下列要求：

$$\gamma_0 H_1 \leqslant R_h \qquad (2\text{-}57)$$

$$\gamma_0 H_1 \leqslant R_{h1} \text{（考试群桩效应）} \qquad (2\text{-}58)$$

四、按 m 法计算桩身内力

当桩基按弹性地基中竖直梁计算时，通常采用文克勒法，即假定桩侧反力 p 等于土对基桩水平反力系数 k 与

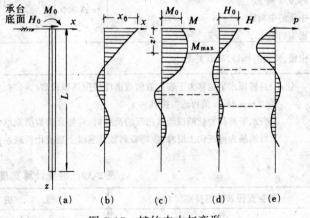

图 2-17 桩的内力与变形
(a)单桩受荷；(b)侧向变形；(c)弯矩；(d)剪力；(e)水平抗力

水平位移 x 的乘积，用 $p=kx$ 表示。并假定 k 是变数，沿深度成正比例增加，设 $k=mz$（m 为比例系数），将 $p=mzx$ 代入梁的挠曲微分方程中，可求得桩的内力与变形（图 2-17）。

1. 桩的水平变形系数计算

在求解梁的挠曲微分方程中，令 a 为桩的水平变形系数单位为 m^{-1}，用以计算桩的内力。

$$\alpha = \sqrt[5]{\frac{mb_0}{EI}} \tag{2-59}$$

式中：m——桩侧土水平抗力系数的比例系数见表 2-38；

EI——桩身抗弯刚度，钢筋混凝土桩 $EI=0.85E_cI_0$，E_c 为混凝土弹性模量(kN/m^2)，I_0 为桩身换算截面惯性短(m^4)，计算时近似取 I；

b_0——桩身的计算宽度，见表 2-39。

表 2-38 地基土水平抗力系数的比例系数 m 值(kN/m^4)

地基土类别	预制桩		灌注桩	
	m	相应单桩在地面处水平位移(mm)	m	相应单桩在地面处水平位移(mm)
淤泥，淤泥质土 饱和湿陷性黄土	2 000 ~4 500	10	2 500 ~6 000	6~12
流塑($I_L>1$)、软塑($0.75<I_L\leqslant1$)状粘性土， $e>0.9$ 粉土 松散粉细砂 松散、稍密填土	5 4000 ~6 000	10	6 000 ~14 000	4~8
可塑($0.25<I_L\leqslant0.75$)状粘性土 $e=0.7\sim0.9$ 粉土 湿陷性黄土 中密填土 稍密细砂	6 000 ~10 000	10	14 000 ~35 000	3~6
硬塑($0<I_L<0.25$)、坚硬($I_L\leqslant0$)状粘性土 湿陷性黄土 $e<0.7$ 粉土 中密的中粗砂 密实的填土	10 000 ~22 000	10	35 000 ~100 000	2~5
中密、密实的砾砂、碎石类土			100 000 ~300 000	1.5~3

注：①当桩顶水平位移大于表列数值或灌注桩配筋率较高(>0.65%)时，m 值应适当降低；当预制桩的水平向位移小于 10 mm 时，m 值可适当提高。
②当水平荷载为长期或经常出现的荷载时，应将表列数值乘以 0.4 而降低采用。
③当地基为可液化土层时，应将表列数值乘以土层液化折减系数，见《建筑桩基技术规范》(JGJ 94—94)。

表 2-39 桩身计算宽度 b_0(m)

桩身直径 d 或桩身宽度 b(m)	圆 桩	方 桩
>1	$0.9(d+1)$	$b+1$
≤1	$0.9(1.5d+0.5)$	$1.5b+0.5$

2. 桩的内力计算分以下两种情况

(1) 对于单桩基础或与外力作用平面相垂直的单排桩基础（图 2-18a、b）。

地面处桩顶内力：
$$M_0 = \frac{M}{n} \tag{2-60.1}$$

$$H_0 = \frac{H}{n} \tag{2-60.2}$$

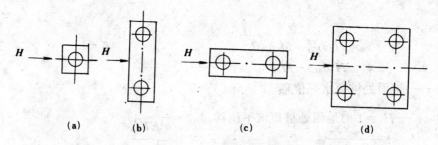

图 2-18 水平力与桩基相互位置
(a)单桩基础；(b)水平力垂直单排桩基；(c)水平力平行单排桩基；(d)水平力平行多排桩基

先根据桩顶内力 H_0、M_0 及桩的水平变形系数 α，求系数 $C_1 = \alpha \dfrac{M_0}{H_0}$，由表 2-40 查得换算深度 $\bar{h} = \alpha z$ 及系数 C_I，则最大弯矩及其深度位置为：

$$M_{\max} = C_I M_0 \tag{2-61.1}$$

$$z = \dfrac{\bar{h}}{\alpha} \tag{2-61.2}$$

(2)对于平行于外力作用平面的单排或多排桩基础(图 2-18c、d)，可考虑承台、群桩、土共同作用计算基桩内力和变形，对承受水平荷载较大的带地下室的高大建筑物桩基也按此要求。

先求出每一基桩桩顶内力 N_0、M_0、H_0（计算公式见《建筑桩基技术规范》附录）。然后按前述方法用表 2-40 求得最大弯矩及其深度位置。

表 2-40 系数 C_I、C_1、A_f、B_f、C_f

$\bar{h} = \alpha z$	C_I	C_1	A_f	B_f	C_f
0.0	∞	1.000	∞	∞	∞
0.1	131.252	1.001	3 770.49	54 098.40	81 967.20
0.2	34.186	1.004	424.771	2 807.280	21 028.60
0.3	15.544	1.012	196.135	869.565	4 347.970
0.4	8.781	1.029	111.936	372.93	1 399.070
0.5	5.539	1.057	72.102	192.214	576.825
0.6	3.710	1.101	50.012	111.179	278.134
0.7	2.566	1.169	36.740	70.001	150.236
0.8	1.791	1.274	28.108	46.884	88.179
0.9	1.238	1.441	22.245	33.099	55.312
1.0	0.824	1.728	18.028	24.102	36.480
1.1	0.503	2.299	14.915	18.160	25.122
1.2	0.246	3.876	12.550	14.039	17.941
1.3	0.034	23.438	10.716	11.102	13.235
1.4	−0.145	−4.596	9.265	8.952	10.049
1.5	−0.299	−1.876	8.101	7.349	7.838
1.6	−0.434	−1.128	7.154	6.129	6.268
1.7	−0.555	−0.740	6.370	5.189	5.133
1.8	−0.665	−0.530	5.730	4.456	4.300
1.9	−0.768	−0.396	5.190	3.878	3.680
2.0	−0.865	−0.304	4.737	3.418	3.213
2.2	−1.048	−0.187	4.032	2.756	2.591
2.4	−1.230	−0.118	3.526	2.237	2.227
2.6	−1.420	−0.074	3.161	2.048	2.013
2.8	−1.635	−0.045	2.905	1.869	1.889
3.0	−1.893	−0.026	2.727	1.758	1.818
3.5	−2.994	−0.003	2.502	1.641	1.757
4.0	−0.045	−0.011	2.441	1.625	1.751

注：本表适用于桩长 $l \geqslant 4/\alpha$ 的情况。

五、桩顶水平位移计算

桩顶水平位移情况比较复杂，在此仅讨论 $l \geqslant \dfrac{4}{\alpha}$ 这种特殊情况。

先按前叙方法计算出作用在桩顶的内力 H_0 及 M_0，则地面处桩顶水平位移与桩顶转角可按下列公式计算：

$$x_0 = H_0\delta_{HH} + M_0\delta_{HM} \qquad (2\text{-}62.1)$$

$$\phi_0 = H_0\delta_{MH} + M_0\delta_{MM} \qquad (2\text{-}62.2)$$

式中：x_0——地面处桩顶水平位移

δ_{HH}——$H_0=1$ 时地面处桩顶水平位移，$\delta_{HH}=\dfrac{1}{\alpha^3 EI}A_f$

δ_{HM}——$M_0=1$ 时地面处桩顶水平位移，$\delta_{HM}=\dfrac{1}{\alpha^2 EI}B_f$

δ_{MH}——$H_0=1$ 时地面处桩顶转角，$\delta_{MH}=\delta_{HM}$

δ_{MM}——$M_0=1$ 时地面处桩顶转角，$\delta_{MM}=\dfrac{1}{\alpha EI}C_f$

A_f、B_f、C_f——系数，见表 2-40。

第七节 桩承台

承台有柱下独立桩基承台、筏式承台、箱形承台、梁式承台等。承台面积大小由桩的排列决定。

一、承台的构造要求

1. 承台构造应满足下列要求

承台构造，除按计算和满足上部结构需要外，尚需符合下列要求。承台最小宽度不应小于 500 mm，承台边缘至桩中心的距离不宜小于桩的直径或边长，且边缘"伸出部分"不应小于 150 mm，对于条形承台梁边缘"伸出部分"不应小于 75 mm。

条形承台和柱下独立桩基承台的厚度不应小于 300 mm。筏形、箱形承台板的厚度，对于桩布置于墙下或基础梁下时，承台板厚度不宜小于 250 mm，且板厚与计算区段最小跨度之比不宜小于 1/20。承台埋深应不小于 600 mm。

承台混凝土强度等级不宜小于 C15，采用 II 级钢筋时，混凝土强度等级不宜小于 C20。承台底面钢筋的混凝土保护层厚度不宜小于 70 mm，当设素混凝土垫层时，保护层厚度可适当减小，一般不小于 50 mm。垫层厚度宜为 100 mm，强度等级为 C7.5～C10。

承台梁的纵向受力筋直径不宜小于 ϕ12，架立筋直径不宜小于 ϕ10，箍筋直径不宜小于 ϕ6。柱下独立桩基承台的受力钢筋应通长配置。矩形承台板为双向均匀配筋，直径不宜小于 ϕ10，间距 100～200 mm。对于三桩承台应按三向板带均匀配筋，最内三根钢筋相交的三角形应位于柱截面范围以内。筏式承台板的分布构造钢筋，可采用 ϕ10～ϕ12，间距 150～200 mm。当仅考虑局部弯曲作用按"倒楼盖法"计算内力时，考虑到整体弯曲影响，纵横两方向的支座钢筋尚应有 1/2～1/3 且配筋率不小于 0.15% 贯通全跨配置；跨中钢筋应按计算配筋率全部连通。箱形承台顶、底板的配筋，当仅按局部弯曲作用计算内力时，考虑到整体弯曲的影响，纵横两方向支座钢筋应有 1/2～1/3 且配筋率分别不小于 0.15%、0.10% 贯通全跨配置，跨中钢筋应按实际配筋率全部连通。

桩顶嵌入承台的长度对于大直径桩，不宜小于 100 mm，对于中等直径桩不宜小于 50 mm。桩顶主筋应伸入承台内，其锚固长度不宜小于 30 倍主筋直径，对于抗拔桩基不应小于 40 倍主筋直径。在确定承台底标高时，对于灌注桩应注意从施工桩顶下约有 50 mm 的高度不能利用。

2. 承台之间的连结需符合下列要求

柱下单桩宜在桩顶两个互相垂直方向上设置连系梁,当桩柱截面面积之比较大(一般大于2)且桩底剪力和弯矩较小时可不设连系梁。两桩桩基的承台,宜在其短向设置连系梁,当短向的柱底剪力和弯矩较小时可不设连系梁。有抗震要求的柱下独立桩基承台,纵横方向宜设置连系梁。连系梁顶面宜与承台顶位于同一标高,连系梁宽度不宜小于 200 mm,其高度可取承台中心距的 1/10~1/15,配筋按计算确定,不宜小于 4-ϕ12。

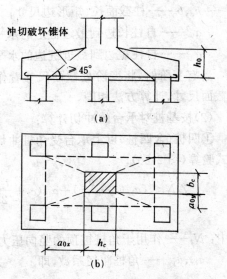

图 2-19 柱下独立桩基柱对承台的冲切

二、板式承台计算

板式承台计算主要是确定承台板的厚度及板的配筋。

1. 承台冲切计算

(1)按柱对承台的冲切计算:冲切破坏锥体应采用自柱边和承台变阶处至相应桩顶边缘连线所构成的截锥体,锥体斜面与承台底面的夹角不小于 45°(图 2-19a)。其计算公式为:

$$\gamma_0 F_l \leqslant \alpha \cdot f_t u_m h_0 \tag{2-63}$$

式中:γ_0——建筑桩基重要性系数;h_0 为承台高度;

F_l——作用于冲切破坏锥体上的冲切力设计值;

$$F_l = N - \sum Q_i \tag{2-63}$$

N——作用于桩基承台顶面的竖向力设计值(不包括 G);

$\sum Q_i$——冲切破坏锥体范围内各基桩的净反力(不计承台和承台上的土自重)设计值之和;

α——冲切系数,即

$$\alpha = \frac{0.72}{\lambda + 0.2} \tag{2-65}$$

λ——冲跨比,即

$\lambda = \dfrac{a_0}{h_0}$,$a_0$ 为冲跨,即柱边或承台变阶处到桩边的水平距离:

当 $a_0 < 0.2 h_0$ 时,取 $a_0 = 0.2 h_0$;当 $a_0 > h_0$ 时,取 $a_0 = h_0$;λ 满足 0.2~1.0;

f_t——承台混凝土抗拉强度设计值;

u_m——冲切破坏锥体一半有效高度处的周长。

对于圆柱及圆桩,计算时应将截面换算成方柱及方桩,即取换算柱截面边宽 $b_c = 0.8 d_c$,换算桩截面边宽 $b_p = 0.8 d$。

对于柱下矩形独立承台受柱冲切的承载力可按下列公式计算,较式(2-63)简便。

$$\gamma_0 F_l \leqslant 2[\alpha_{0x}(b_c + a_{0y}) + \alpha_{0y}(h_c + a_{0x})] f_t \cdot h_0 \tag{2-66}$$

式中:α_{0x}、α_{0y}——冲切系数分别用 $\lambda_{0x} = \dfrac{a_{0x}}{h_0}$,$\lambda_{0y} = \dfrac{a_{0y}}{h_0}$ 代入式(2-65)求得。

h_c、b_c——柱截面长、矩形边尺寸;

a_{0x}——自柱长边到最近桩边的水平距离;

a_{0y}——自柱短边到最近桩边的水平距离。

当有变阶时,将变阶处截面尺寸看作为扩大了的柱截面尺寸,计算方法相同。

(2)按基桩对承台的冲切计算:

①四桩(含四桩)以上承台受角桩冲切的承载力按下式验算(图 2-20)。

$$\gamma_0 N_l \leqslant [a_{1x}(c_2 + \frac{a_{1y}}{2}) + a_{1y}(c_1 + \frac{a_{1x}}{2})] f_t \cdot h_0 \tag{2-67}$$

式中:N_l——作用于角桩桩顶的竖向压力设计值;

a_{1x}、a_{1y}——角桩冲切系数,即

$$a_{1x} = \frac{0.48}{\lambda_{1x} + 0.2}$$

$$a_{1y} = \frac{0.48}{\lambda_{1y} + 0.2}$$

$\lambda_{1x} = \frac{a_{1x}}{h_0}$;$\lambda_{1y} = \frac{a_{1y}}{h_0}$;$\lambda_{1x}$、$\lambda_{2x}$ 值范围为 0.2~1.0;

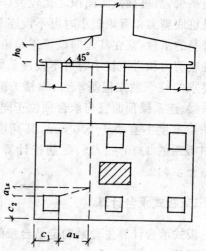

图 2-20 四桩以上承台角柱冲切验算

c_1、c_2——从角桩内边缘至承台外边缘的距离;

a_{1x}、a_{1y}——从承台底角桩内边缘引 45°冲切线与承台顶面相交点至角桩内边缘的水平距离;当柱或承台变阶处位于该 45°线以内时,则取由柱边或变阶处与桩内边缘连线为冲切锥体的锥线;

h_0——承台外边缘的有效高度。

②三桩三角形承台受角桩冲切的承载力按下式验算(图 2-21):

底部角桩

$$\gamma_0 N_l \leqslant a_{11}(2c_1 + a_{11}) \text{tg} \frac{\theta_1}{2} f_t h_0 \tag{2-68}$$

顶部角桩

$$\gamma_0 N_l \leqslant a_{12}(2c_2 + a_{12}) \text{tg} \frac{\theta_2}{2} f_t h_0 \tag{2-69}$$

式中:a_{11}、a_{12}——角桩冲切系数,即:

$$a_{11} = \frac{0.48}{\lambda_{11} + 0.2}$$

$$a_{12} = \frac{0.48}{\lambda_{12} + 0.2}$$

$$\lambda_{11} = \frac{a_{11}}{h_0}; \lambda_{12} = \frac{a_{12}}{h_0}$$

a_{11}、a_{12}——从承台底角桩内边缘向相邻承台边引 45°冲切线与承台顶面相交点至角桩内边缘的水平距离;当柱位于该 45°线以内时,则取柱边与桩内边缘连接为冲切锥体的锥线。

2. 承台斜截面受剪切力的计算(图 2-22)

剪切破坏面为通过柱边和桩边连线形成的斜截面。斜截面抗剪承载力按式(2-70)验算。

$$\gamma_0 V \leqslant \beta f_c b_0 h_0 \qquad (2\text{-}70)$$

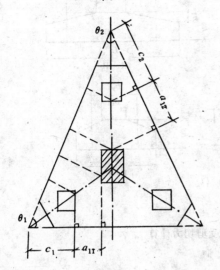 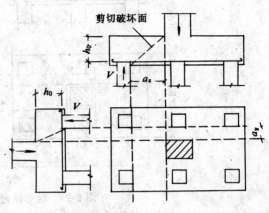

图 2-21 三桩三角形承台角桩冲切验算　　图 2-22 承台斜截面受剪切力计算

式中：V——斜截面的最大剪力设计值；

f_c——混凝土轴心抗压强度设计值；

h_0——承台计算截面处的有效高度；

b_0——承台计算截面处的计算宽度；

β——剪切系数；

$$\beta = \frac{0.2}{\lambda + 1.5} \quad (1.4 \leqslant \lambda \leqslant 3)$$

$$\beta = \frac{0.12}{\lambda + 0.3} \quad (0.3 \leqslant \lambda \leqslant 1.4)$$

λ——计算截面的剪跨比，$\lambda_x = \dfrac{a_x}{h_0}$；$\lambda_y = \dfrac{a_y}{h_0}$；$a_x$、$a_y$ 为柱边或承台变阶处至 x、y 方向计算一排桩的桩边的水平距离，当 $\lambda<0.3$ 时取 $\lambda=0.3$；当 $\lambda>3$ 时取 $\lambda=3$，λ 满足 $0.3\sim 3.0$。

当柱边外有多排桩形成多个剪切斜截面时，对每一个斜截面都应进行受剪承载力计算。

对于锥形承台应对 Ⅰ-Ⅰ 及 Ⅱ-Ⅱ 两个截面进行受剪承载力计算（图 2-23），其截面有效高度均为 h_0，截面的计算宽度（即折算宽度）分别取：

对 Ⅰ-Ⅰ 截面　　　　$b_{y0} = \left[1 + 0.5 \dfrac{h_1}{h_0}\left(1 - \dfrac{b_{c1}}{B_c}\right)\right] B_c$

对 Ⅱ-Ⅱ 截面　　　　$b_{x0} = \left[1 - 0.5 \dfrac{h_1}{h_0}\left(1 - \dfrac{h_{c1}}{L_c}\right)\right] L_c$

然后分别用 b_{y0}、b_{x0} 代替式（2-70）中的 b_0 进行计算。

3. 承台板配筋

(1) 矩形承台：计算截面一侧的各桩反力对该截面取力矩即得截面弯矩，计算截面取在柱边和承台变阶处（图 2-24）。

$$M_{\mathrm{I-I}} = \Sigma N_i x_i \qquad (2\text{-}71.1)$$

$$M_{\mathrm{I-I}} = \Sigma N_i y_i \qquad (2\text{-}71.2)$$

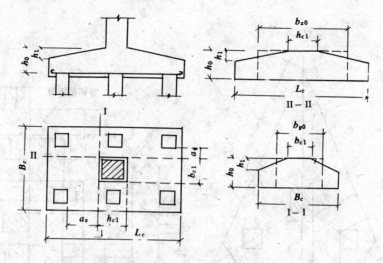

图 2-23 锥形承台受剪切力计算

式中：$M_{Ⅰ-Ⅰ}$、$M_{Ⅱ-Ⅱ}$——分别为计算截面Ⅰ－Ⅰ、Ⅱ－Ⅱ的弯矩设计值；

x_i、y_i——分别为第 i 桩轴线到计算截面Ⅰ－Ⅰ、Ⅱ－Ⅱ的距离；

N_i——第 i 桩顶竖向净反力设计值，当承台底面以下存在新填土、欠固结土等情况而不考虑承台效应时，则为第 i 桩竖向总反力设计值。

截面弯矩求得后再按下式计算钢筋面积：

平行 x 方向的钢筋总面积 $A_s = \dfrac{M_{Ⅰ-Ⅰ}}{0.9 f_y h_0}$；

平行 y 方向的钢筋总面积 $A_s = \dfrac{M_{Ⅱ-Ⅱ}}{0.9 f_y h_0}$。

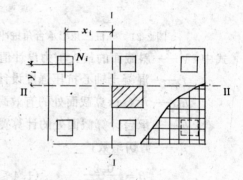

图 2-24 矩形承台弯矩计算及配筋示意图

式中：f_y——钢筋抗拉强度设计值。

(2)三桩承台：三桩三角形承台的弯矩计算截面与矩形承台相同（取在柱边），按下式计算：

$$M_{Ⅰ-Ⅰ} = N_x \cdot x \quad (2-72)$$
$$M_{Ⅱ-Ⅱ} = N_y \cdot y \quad (2-73)$$

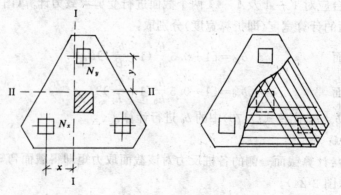

图 2-25 三桩承台弯矩计算及配筋示意图

按 M_{I-I}、M_{1-1} 计算的钢筋面积是分别平行于 $II-II$、$I-I$ 方向布置的,但按构造要求,钢筋应按三向板带均匀布置(板带宽度为承台形心至承台边距离),故应将主筋进行方向角的换算。

三、梁式承台计算

梁式承台有柱下条形承台梁及墙下条形承台梁,其计算方法不同。

1. 柱下条形承台梁

当桩端持力层较硬且桩柱轴线不重合时,可视桩为不动支座,柱传来的竖向力设计值作为荷载按连续梁计算截面弯矩与剪力。同时将柱作为不动支座,桩顶反力作为荷载按连续梁计算截面弯矩与剪力进行比较,取不利的内力进行截面设计。

2. 墙下条形承台梁

(1)将梁上墙体作为弹性地基,以桩顶反力引起在墙体内的应力分布作为外荷载,按连续梁计算截面弯矩与剪力(图2-26)。

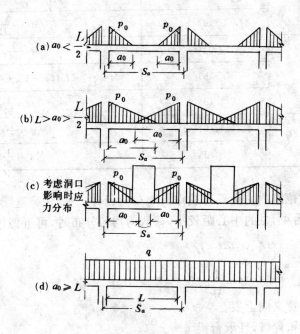

图 2-26 墙下连续承台梁计算简图

墙体内应力分布的高度: $p_0 = \dfrac{qL_c}{a_0}$

墙体内应力分布的长度:

中间跨 $\qquad a_0 = 3.14 \sqrt[3]{\dfrac{E_c I_c}{Eb}}$ (2-74)

边 跨 $\qquad a_0 = 2.4 \sqrt[3]{\dfrac{E_c I_c}{Eb}}$ (2-75)

式中:q——承台梁底面以上的均布荷载,包括梁自重、梁上全部高度的墙体重量和作用在墙体上的楼板荷载(线荷载);

L_c——计算跨度,$L_c = 1.05L$;

L——两相邻桩之间的净距;
E_c——承台梁的弹性模量;
E——墙体的弹性模量;
I_c——承台梁截面惯性矩;
b——墙体厚度。

图 2-26(b)表示应力叠加,按应力叠加后计算内力;图 2-26(c)表示墙体有洞口,洞口在 a_0 范围以内时,可将三角形应力图形折算为梯形应力图形后计算内力;如洞口在 a_0 范围以外时,不考虑洞口影响。

承台梁内力计算公式见表 2-41。

表 2-41 墙下条形桩基连续承台梁内力计算公式

内 力	计算简图(见图 2-26)	计算式
支座弯矩	(a)、(b)、(c)	$M = -\frac{1}{12} p_0 a_0^2 \left(2 - \frac{a_0}{L_c}\right)$
	(d)	$M = -\frac{1}{12} q L_c^2$
跨中弯矩	(a)、(c)	$M = \frac{1}{12} p_0 \frac{a_0^3}{L_c}$
	(b)	$M = \frac{1}{12} p_0 \left[L_c \left(6a_0 - 3L_c + 0.5 \frac{L_c^2}{a_0}\right) - a_0^2 \left(4 - \frac{a_0}{L_c}\right)\right]$
	(d)	$M = \frac{1}{24} q L_c^2$
最大剪切力	(a)、(b)、(c)	$V = \frac{1}{2} p_0 a_0$
	(d)	$V = \frac{1}{2} q L$

(2)将墙体高度范围内的全部荷载作为均布荷载,按一般多跨连续梁计算内力。对于一般多层砌体房屋的承台梁,桩的中心距较小,荷载为均匀分布时,可近似按下式估算:

支座剪力 $\quad V = \frac{1}{2} q L \quad$ (2-76)

跨中及支座弯矩 $\quad M = \frac{1}{12} q L_c^2 \quad$ (2-77)

式中的 q、L_c、L 符号意义同上表。

(3)当门窗口下布置桩,且承台梁顶面至门窗口的砌体高度小于门窗口的净宽 L 时,在桩的反力作用下,梁上部纵向钢筋及箍筋应加强。可近似按倒置的简支梁进行计算,计算跨度取 $1.05L$。

(4)当承台梁下布置多排桩时(图 2-27),除对承台梁进行纵向计算外,尚需进行横向计算,确定翼板的厚度及横向钢筋。近似按下列公式计算:

①墙对承台的冲切

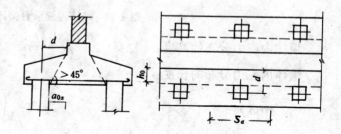

图 2-27 承台梁的横向计算

$$\gamma_0 F_l \leqslant 2\alpha f_t S_a h_0 \tag{2-78}$$

$$\alpha = \frac{0.72}{\lambda + 0.2}$$

$$\lambda = \frac{a_{ox}}{h_0}$$

式中：F_l——S_a 范围内冲切力设计值；

S_a——桩中心距。

②桩对承台的冲切

$$\gamma_0 N_l \leqslant \alpha f_t S_a h_0 \tag{2-79}$$

$$\alpha = \frac{0.72}{\lambda + 0.2}$$

$$\lambda = \frac{a_{ox}}{h_0}$$

式中：N_l——S_a 范围内一个桩顶的竖向压力设计值。

③斜截面受剪

$$\gamma_0 N_l \leqslant \beta f_c S_a h_0 \tag{2-80}$$

式中：β——剪切系数（见式 2-70）。

④横向钢筋

$$M = N_l \cdot d \tag{2-81.1}$$

$$A_s = \frac{M}{0.9 f_y h_0} \tag{2-81.2}$$

式中：d——桩轴线至梁肋边距离；

f_y——受拉钢筋设计强度。

第八节 桩基设计计算例题

【例 2-1】 已知上部结构传来的内力设计值 $N=1160$ kN，$M=35$ kN·m，$V=10$ kN，试根据地基条件（图 2-28）按二级建筑桩基，设计混凝土灌注桩基础。

【解】（1）初步设计时将桩端置于淤泥质粉质粘土层，桩长初步定为 20 m（从天然地面算起的施工长度），采用沉管灌注桩，桩直径 377 mm，截面积 0.111 6 m²。

（2）承台厚度初步定为 950 mm，埋置深度 1.05 m。

（3）估算单桩承载力，桩的有效计算长度从承台底算起为 19 m。

单桩竖向极限承载力标准值：$Q_{uk} = Q_{sk} + Q_{pk} = \mu \Sigma q_{sik} \cdot l_i + q_{pk} \cdot A_p = 0.377\pi[24 \times 0.4 + 10 \times 6 + 14 \times 8 + 18 \times 4.6] + 400 \times 0.111\ 6 = 313.15 + 44.64 = 357.79$ kN，属端承摩擦桩。

单桩竖向承载力设计值：本例承台下为淤泥，不考虑承台效应，取 $\eta_c = 0$。

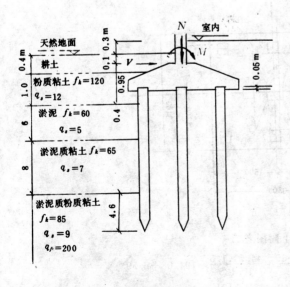

图 2-28 例 2-1 附图之一

由表 2-33，$\frac{s_a}{d}=\frac{1\,500}{377}\approx 4$，$\frac{B_c}{l}\leqslant 0.2$ 得 $\eta_s=0.9$，$\eta_p=1.35$。

由表 2-12 采用沉管灌注桩 $\gamma_s=\gamma_p=1.75$，故由式(2-45)得单桩承载力设计值为：

$$R=\eta_s\frac{Q_{sk}}{\gamma_s}+\eta_p\frac{Q_{pk}}{\gamma_p}=0.9\,\frac{313.15}{1.75}+1.35\,\frac{44.64}{1.75}=195.48\ \text{kN}$$

按桩身强度验算承载力设计值：混凝土强度等级 C15（$f_c=7.5\ \text{N/mm}^2$，$f_t=0.9\ \text{N/mm}^2$），则有：

$$R=\varphi\cdot\psi_c f_c A=1\times 0.8\times 7500\times 0.111\,6=669.6\ \text{kN}>195.48\ \text{kN}$$

(4)估算桩根数及承台面积。考虑土重及偏心荷载等影响，桩根数取：

$$n=\frac{1.2N}{R}=\frac{1.2\times 1\,160}{195.48}=7.12\approx 8$$

灌注桩中心距 $S_a=4d$，桩中心至承台边缘距离为 400 mm，桩位布置见图 2-29，承台面积 $A=3.8\times 3.4=12.92\ \text{m}^2$。

圆桩截面换算成方桩截面边长为 $0.8d=300$ mm。

(5)计算单桩承受的外力。荷载作用在 x 轴平面内，承台底形心的弯矩为：

$$M_y=35+10\times 0.95=44.5\ \text{kN}\cdot\text{m}$$

$$\sum x_i^2=1.5^2\times 4+0.75^2\times 2=10.125\ \text{m}^2\,(\text{桩}\,1、3、4、5、6、8)$$

承台底室内外平均深 1.2 m，承台及土总体积为 $3.8\times 3.4\times 1.2=15.504\ \text{m}^3$，承台体积 8.485 m³，故承台及土总重为：

$$G=8.485\times 24.5\ \text{kN/m}^3\times 1.2+(15.504-8.485)\times 17\ \text{kN/m}^3\times 1.2=392.65\ \text{kN}$$

单桩承受的外力（$\gamma_0=1$）：

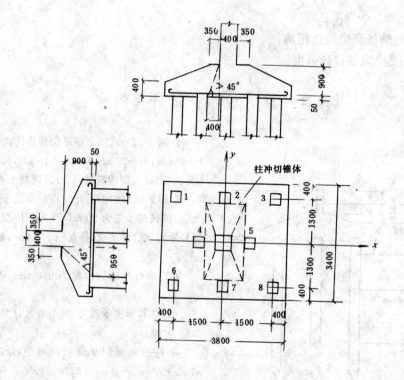

图 2-29 例 2-1 附图之二

$$N_{\max}=\frac{N+G}{n}+\frac{M_y x_{\max}}{\sum x_i^2}=\frac{1\,160+392.65}{8}+\frac{44.5\times 1.5}{10.125}=194.08+6.59$$
$$=200.7\ \text{kN}<1.2R=1.2\times 195.48=234.6\ \text{kN}$$

$$N_{\text{平均}} = \frac{F+G}{n} = 194.08 \text{ kN} < R = 195.48 \text{ kN}$$

各桩承受的竖向力设计值（不考虑承台效应）：

$$N_3 = N_8 = N_{\max} = 200.7 \text{ kN}$$

$$N_1 = N_6 = N_{\min} = \frac{1\,160 + 392.65}{8} - \frac{44.5 \times 1.5}{10.125} = 187.49 \text{ kN}$$

$$N_5 = \frac{1\,160 + 392.65}{8} + \frac{44.5 \times 0.75}{10.125} = 197.38 \text{ kN}$$

$$N_4 = \frac{1\,160 + 392.65}{8} - \frac{44.5 \times 0.75}{10.125} = 190.78 \text{ kN}$$

$$N_2 = N_7 = \frac{1\,160 + 392.65}{8} = 194.08 \text{ kN}$$

(6) 承台冲切计算

柱对承台的冲切：

由图 2-29，$a_{0x} = 400$，$a_{0y} = 950$

冲跨比　　　　$a_{0x} = \dfrac{a_{0x}}{h_0} = \dfrac{400}{900} = 0.44$；$\lambda_{0y} = \dfrac{a_{0y}}{h_0} = \dfrac{950}{900} > 1$，取 $\lambda_{0y} = 1$

冲切系数　　　$\alpha_{0x} = \dfrac{0.72}{\lambda_{0x} + 0.2} = 1.125$；$a_{0y} = \dfrac{0.72}{\lambda_{0y} + 0.2} = 0.6$

冲切力设计值　$F_l = N - \Sigma Q_i = 1\,160 - 0 = 1\,160 \text{ kN}$

由式(2-66)　　$2[a_{0x}(b_c + a_{0y}) + a_{0y}(h_c + a_{0x})] f_{t0}$

$$= 2[1.125(0.4 + 0.95) + 0.6(0.4 + 0.4)] 900 \times 0.9$$

$$= 3\,238 \text{ kN} > \gamma_0 F_l = 1\,160 \text{ kN}$$

角桩对承台的冲切（图 2-30）

由图 2-30，$c_1 + c_2 + 550$；$a_{1x} = 1\,150$；$a_{1y} = 950$，

$$\lambda_{1x} = \frac{a_{1x}}{h_0} = \frac{1\,150}{900} = 1.28; \qquad \lambda_{1y} = \frac{a_{1y}}{h_0} = \frac{950}{900} = 1.06$$

$$a_{1x} = \frac{0.48}{\lambda_{1x} + 0.2} = 0.324; \qquad a_{1y} = \frac{0.48}{\lambda_{1y} + 0.2} = 0.381$$

由式(2-67)　$\left[a_{1x}\left(c_2 + \dfrac{a_{1y}}{2}\right) + a_{1y}\left(c_1 + \dfrac{a_{1x}}{2}\right)\right] f_t \cdot h_0$

$$= \left[0.324\left(0.55 + \frac{0.95}{2}\right) + 0.381\left(0.55 + \frac{1.15}{2}\right)\right] 900 \times 0.9$$

$$= 616 \text{ kN} > \gamma_0 N_l = 1 \times 200.7 \text{ kN}$$

(7) 承台斜截面受剪计算

对桩 3、桩 8 内边缘至柱边斜截面计算：

$$\lambda_x = \frac{a_x}{h_0} = \frac{1\,150}{900} = 1.28$$

$$\beta = \frac{0.12}{\lambda + 0.3} = \frac{0.12}{1.28 + 0.3} = 0.076$$

$$b_0 = \left[1 - 0.5 \frac{h_1}{h_0}\left(1 - \frac{b_{c1}}{B_{\alpha}}\right)\right] B_c = \left[1 - 0.5 \frac{0.55}{0.9}\left(1 - \frac{1.1}{3.4}\right)\right] 3.4 = 2.7 \text{ m}$$

$$\beta f_c b_0 h_0 = 0.076 \times 7\,500 \times 2.7 \times 0.9 = 1\,385 \text{ kN} > \gamma_0 V = 200.7 + 200.7$$

$$= 401.4 \text{ kN（桩 3、桩 8）}$$

对桩 5 至柱边斜截面计算从略。

对桩 6、桩 7、桩 8 内边缘至柱边斜截面：

$$\lambda_y = \frac{a_y}{h_0} = \frac{950}{900} = 1.06$$

$$\beta = \frac{0.12}{\lambda + 0.3} = \frac{0.12}{1.06 + 0.3} = 0.088$$

$$b_0 = \left[1 - 0.5 \frac{h_1}{h_0}\left(1 - \frac{h_{c1}}{L_c}\right)\right] L_c = \left[1 - 0.5 \frac{0.55}{0.9}\left(1 - \frac{1.1}{3.8}\right)\right] 3.8 = 2.98 \text{ m}$$

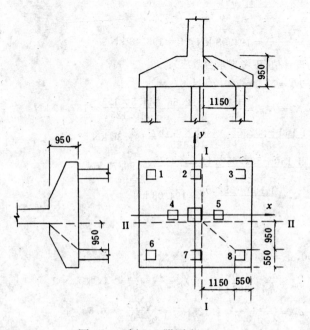

图 2-30 例 2-1 附图之三

$$\beta f_c b_0 h_0 = 0.088 \times 7\,500 \times 2.98 \times 0.9 = 1\,770 \text{ kN} \leqslant \gamma_0 V$$
$$= 187.49 + 194.08 + 200.7 = 582.27(桩 6、桩 7、桩 8)$$

(8)承台板配筋

右边各桩对柱边 Ⅰ—Ⅰ 截面取力矩：

$$M_{\text{I}-\text{I}} = 200.7 \times 1.3 + 197.38 \times 0.55 + 200.7 \times 1.3$$
$$= 630.4 \text{ kN} \cdot \text{m}(桩 3、桩 5、桩 8)$$

下边各桩对柱边 Ⅱ—Ⅱ 截面取力矩：

$$M_{\text{I}-\text{I}} = 187.49 \times 1.1 + 194.08 \times 1.1 + 200.7 \times 1.1$$
$$= 640.5 \text{ kN} \cdot \text{m}(桩 6、桩 7、桩 8)$$

截面 Ⅰ—Ⅰ 所需的钢筋面积：

$$A_s = \frac{M_{\text{I}-\text{I}}}{0.9 f_y h_0} = \frac{630.4 \times 10^6}{0.9 \times 210 \times 900} = 3\,706 \text{ mm}^2 (配 19-\phi 16 平行 x 轴方向布置)$$

截面 Ⅰ—Ⅰ 所需的钢筋面积：

$$A_s = \frac{M_{\text{I}-\text{I}}}{0.9 f_y h_0} = \frac{640.5 \times 10^6}{0.9 \times 210 \times 900} = 3\,765 \text{ mm}^2 (配 25-\phi 14 平行 y 轴方向布置)$$

【例 2-2】 已知墙身传来轴力设计值 180 kN/m，试根据地基条件设计墙下桩基础(图 2-31)

【解】 (1)设桩端埋至粉土层，采用预制桩截面 300×300，有效桩长 15 m。

(2)设桩中心距 $S_a = 1.2$ m，承台梁埋深 0.6 m，梁宽 0.6 m，梁高 0.35 m，梁顶以上室内外平均深 0.4 m。

(3)每桩承受的轴力：

$$G = 0.35 \times 0.6 \times 25 \times 1.2 + 0.4 \times 0.6 \times 1.2 \times 17 = 11.20 \text{ kN}$$
$$F = 180 \text{ kN}$$
$$N = (11.20 + 180) \times 1.2(桩中心距) = 229.44 \text{ kN}$$

(4)单桩承载力

单桩极限承载力标准值：

$$Q_{uk} = Q_{sk} + Q_{pk} = u \Sigma q_{sik} l_i + q_{pk} A_p$$
$$= 4 \times 0.3 (24 \times 0.3 + 16 \times 7.4 + 20 \times 6.7 + 50 \times 0.6) + 1\,600 \times 0.3 \times 0.3$$
$$= 347.52 + 144 = 491.52 \text{ kN}$$

单桩承载力设计值：由表 2-12，$\gamma_s = \gamma_p = 1.65$。由表 2-33，$\frac{s_a}{d} = \frac{1200}{300} = 4$，$\frac{B_c}{L_c} = 0.5$，$\eta_s = 0.9$，$\eta_p = 1.42$

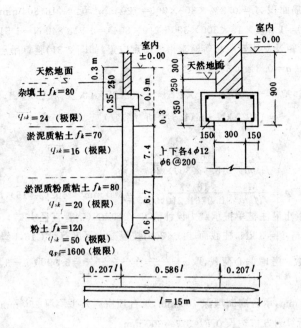

图 2-31 例 2-2 附图

$$R=\eta_s\frac{Q_{sk}}{\gamma_s}+\eta_p\frac{Q_{pk}}{\gamma_p}=0.9\frac{347.52}{1.65}+1.42\frac{144}{1.65}=313.5 \text{ kN}>N$$

(5)承台梁截面验算及配筋

按墙梁计算:$E=1\,500f=1\,500\times1.37=2\,055 \text{ N/mm}^2 (MV7.5、M5)$,$b=240 \text{ mm}$,$E_c=2.2\times10^4 \text{ N/mm}^2$ (C15),$I_c=\frac{1}{12}\times600\times350^3=21\,483\times10^5 \text{ mm}^4$

中间跨 $a_0=3.14\sqrt[3]{\frac{E_cI_c}{Eb}}=3.14\sqrt[3]{\frac{2.2\times10^4\times21\,438\times10^5}{2\,055\times240}}=1\,436 \text{ mm}>L=1\,200-300=900 \text{ mm}$,按表 2-41 查"计算简图"栏内(d)计算其内力。

支座弯矩 $M=-\frac{1}{12}qL_c^2=-\frac{1}{12}(180+11.20)\times(1.05\times0.9)^2=-14.23 \text{ kN·m}$

跨中弯矩 $M=\frac{1}{24}qL_c^2=7.11 \text{ kN·m}$

最大剪力 $V=\frac{1}{2}qL=\frac{1}{2}(180+11.2)0.9=86 \text{ kN}$

边跨计算从略。

按近似计算:

支座及跨中弯矩 $M=\pm\frac{1}{12}qL_c^2=\pm14.23 \text{ kN·m}$

支座剪力 $V=\frac{1}{2}qL=86 \text{ kN}$

抗剪计算:

$0.25f_cbh_0=0.25\times7\,500\times0.6\times0.3=337.5 \text{ kN}>V$

$0.07f_cbh_0=0.07\times7\,500\times0.6\times0.3=94.5 \text{ kN}>V$

按构造配箍 $\phi6@200$

纵向受力筋:$A_s=\frac{M}{0.9f_yh_0}=\frac{14.23\times10^6}{0.9\times210\times300}=251 \text{ mm}^2$

最小纵筋面积 $A_s=0.15\%\times600\times350=315 \text{ mm}^2$ 配 $4\text{-}\phi12$(上下配筋同)。

(6)预制桩强度验算

按最小配筋率配纵筋面积 $A_s' = 0.8\% \times 300 \times 300 = 720 \text{ mm}^2$,配 4-$\phi$16(804 mm^2)。混凝土强度等级 C30。
$R = \varphi(\psi_c f_c A + f_y A_s') = 1 \times (1 \times 15 \times 300 \times 300 + 210 \times 804) = 1\,518\,840 \text{ N} = 1\,519 \text{ kN} > N$,符合。

两点起吊,取跨中弯矩及支座弯矩相等时求得的吊点位置(如图 2-31)验算吊点处配筋:

桩自重　　　　　$q = 0.3 \times 0.3 \times 25 = 2.25$

吊点处截面弯矩　$M = \dfrac{1}{2} q (0.207 l)^2 \times 1.5 = \dfrac{1}{2} \times 2.25 \times (0.207 \times 15)^2 \times 1.5$
$$= 16.27 \text{ kN·m}(1.5 \text{ 为动力系数})$$

抗弯配筋计算:
$$a_s = \frac{M}{f_{cm} b h_0^2} = \frac{16.27 \times 10^6}{16.5 \times 300 \times 265^2} = 0.047$$

$$A_s = \frac{M}{\gamma_s f_y h_0} = \frac{16.27 \times 10^6}{0.976 \times 210 \times 265} = 300 \text{ mm}^2 < 402(2\text{-}\phi16),\text{即符合}。$$

【例2-3】 已知混凝土灌注桩单桩承载力设计值 $R = 210$ kN(钢管直径 ϕ377),上部结构传来内力设计值 $F = 540$ kN,$M = 8$ kN·m,$V = 3$ kN,柱截面 300×300,按混凝土强度等级 C15,I 级钢筋,试设计承台。

【解】 (1)初估桩数。考虑偏心荷载,取 $n = \dfrac{1.2F}{R} = \dfrac{1.2 \times 540}{210} = 3.09$ 取 $n = 3$,设计等边三桩承台(图 2-32)。

(2)承台厚度取 600 mm,承台底面埋深 700 mm,承台顶室内外平均深 250 mm,桩中心距 $S_a = 1.5$ m,承台面积 3.33 m^2。圆桩折算为方桩边长 $0.8 \times 377 \approx 300$ mm。

(3)单桩承受的外力

$G = 3.33 \times 0.60 \times 24.5 \text{ kN/m}^3 \times 1.2 + 3.33 \times 0.25 \times 17 \text{ kN/m}^3 \times 1.2 = 75.72$ kN(柱中心位于承台形心)

承台底形心处弯矩　　$M_y = 8 + 3 \times 0.6 = 9.8$ kN·m

$$\Sigma x_i^2 = 0.433^2 \times 2 + 0.866^2 = 1.125$$

$$N_2 = N_3 = \frac{F+G}{n} + \frac{M_y \cdot x_{\max}}{\Sigma x_i^2} = \frac{540 + 75.72}{3} + \frac{9.8 \times 0.433}{1.125} = 209 \text{ kN} < 1.2R$$
$$= 1.2 \times 210 = 252 \text{ kN}$$

$$N_1 = \frac{F+G}{n} - \frac{M_y \cdot x_{\max}}{\Sigma x_i^2} = \frac{540 + 75.72}{3} - \frac{9.8 \times 0.866}{1.125} = 197.7 \text{ kN}$$

$$N = \frac{F+G}{n} = \frac{540 + 75.72}{3} = 205.2 < R = 210 \text{ kN}$$

(4)承台冲切计算

柱对承台的冲切参照式(2-66)计算(见图 2-32)

$a_{0x左} = 133;\ \lambda_{0x左} = \dfrac{133}{550} = 0.242;$　　　$a_{0x左} = \dfrac{0.72}{0.242 + 0.2} = 1.63$

$a_{0x右} = 566;\ \lambda_{0x右} = \dfrac{566}{550} > 1;$　　　　$a_{0x右} = \dfrac{0.72}{1.0 + 0.2} = 0.60$

$a_{0y} = 450;\ \lambda_{0y} = \dfrac{450}{550} = 0.82;$　　　　$a_{0y} = \dfrac{0.72}{0.82 + 0.2} = 0.71$

将上列各冲切系数代入下式:($f_t = 900$ kN/m^2):

$a_{0x左}\left(\dfrac{0.3 + 0.45 + 0.3 + 0.45}{2}\right) f_t h_0 + a_{0x右}\left(\dfrac{0.3 + 0.45 + 0.3 + 0.45}{2}\right) f_t h_0 + 2 a_{0y} \times$

$\left(\dfrac{0.3 + 0.133 + 0.3 + 0.566}{2}\right) f_t h = (1.63 \times 0.75 + 0.60 \times 0.75 + 2 \times 0.71 \times 0.6\,495) \times 900 \times 0.550 = 1\,284$ kN
$> F_l = 540$ kN

角桩对承台的冲切(图 2-33)

桩 2、桩 3　$\lambda_{11} = \dfrac{a_{11}}{h_0} = \dfrac{450}{550} = 0.82;\ a_{11} = \dfrac{0.48}{\lambda_{11} + 0.2} = \dfrac{0.48}{0.82 + 0.2} = 0.47$

$a_{11}(2C_1 + a_{11}) \text{tg} \dfrac{\theta_1}{2} f_t h_0 = 0.47 (2 \times 0.843 + 0.45) \text{tg} \dfrac{60°}{2} \times 900 \times 0.55 = 287 \text{ kN} > \gamma_0 N_2$
$\qquad = 209$ kN

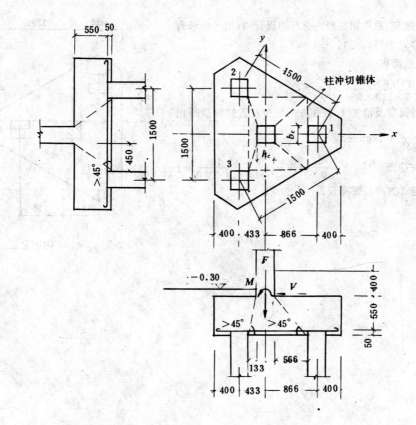

图 2-32 例 2-3 附图之一

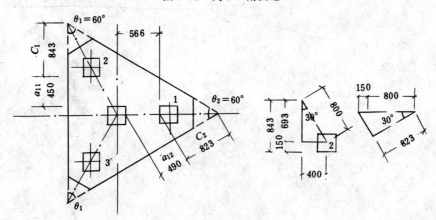

图 2-33 例 2-3 附图之二

桩 1 $\lambda_{12}=\dfrac{a_{12}}{h_0}=\dfrac{490}{550}=0.89$; $a_{12}=\dfrac{0.48}{\lambda_{12}+0.2}=\dfrac{0.48}{0.89+0.2}=0.44$

$a_{12}(2C_2+a_{12})\mathrm{tg}\dfrac{\theta_2}{2}f_th_0=0.44(2\times0.823+0.49)\mathrm{tg}\dfrac{60°}{2}\times900\times0.55=268$ kN $>\gamma_0 N_1$
$=197.7$ kN

(5) 承台斜截面受剪计算从略。

(6) 承台板配筋(图 2-34):

$M_{1-1}=209\times0.6=125.4$ kN·m(桩 2 或桩 3 对柱边取矩);

$M_{1-1}=209\times0.283\times2=118.3$ kN·m(桩 2 及桩 3 对柱边取矩);

或 $M_{1-1}=197.7\times0.716=141.6$ kN·m(桩 1 对柱边取矩)。

本例未考虑承台效应,故取用桩竖向总反力设计值(如考虑承台土的抗力,则取用桩净反力设计值)。

Ⅰ—Ⅰ方向的钢筋面积

$$A_s = \frac{M_{1-1}}{0.9 f_y h_0} = \frac{141.6 \times 10^6}{0.9 \times 210 \times 550} = 1\,362\text{ mm}^2$$

沿桩1、桩2方向板带及沿桩1、桩3方向板带布置的钢筋面积各为:$A_s = \frac{1\,362}{2} \cdot \frac{1}{\cos 30°} = 786\text{ mm}^2$

Ⅱ—Ⅱ方向的钢筋面积为:$A_s = \frac{M_{1-1}}{0.9 f_y h_0} = \frac{125.4 \times 10^6}{0.9 \times 210 \times 550} = 1\,206\text{ mm}^2$,可沿桩2、桩3方向板带布置。

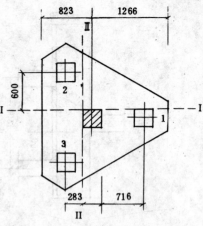

图 2-34　例 2-3 附图之三

第三章 预制桩施工

预制桩主要指预制钢筋混凝土桩和钢管桩,预制钢筋混凝土桩结构坚固耐久,不受地下水和潮湿变化的影响,可按需要做成各种不同尺寸的断面和长度,而且能承受较大的荷载和施工锤击应力,在建筑基础工程中应用较广。

预制钢筋混凝土桩分实心桩和管桩两种。为了便于预制,实心桩大多作成方形断面,断面一般为 200×200 至 600×600 mm(图 3-1)。单根桩的最大长度,根据打桩架的高度、地质条件、预制场所、运输能力等条件而定,目前一般在 27 m 以内,必要时可到 31 m。一般情况下,如需打设 30 m 以上的桩或无高桩架打长桩时,则将桩预制成几段,在打桩过程中逐段接桩予以加长。管桩系在工厂内采用离心法制成,它与实心桩相比,可大大减轻桩的自重。目前,工厂生产的管桩有 φ400 至 φ800mm(外径)等数种规格。

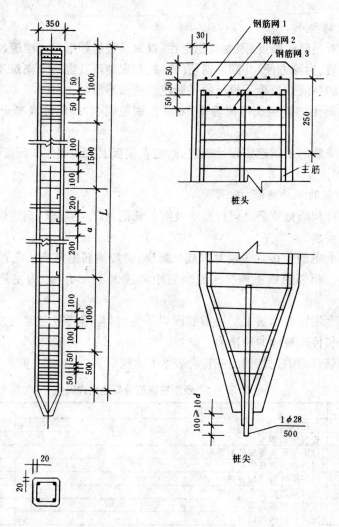

图 3-1 钢筋混凝土预制桩断面示意图

钢筋混凝土预制桩施工,包括预制、起吊、运输、堆放、沉桩等过程。对于这些不同的过程,应该根据工艺条件、土质情况、荷载特点等予以综合考虑,以便拟出合适的施工方案和技术措施。

第一节 桩的预制、起吊、运输与堆放

一、桩的预制

1. 桩的单节长度的确定

桩的单节长度应与桩架的有效高度、制作场地条件、运输与装卸能力相适应,同时还应避免桩尖接近持力层或桩尖处于硬持力层中接桩。

2. 预制场地的选择

单节长度较短的桩(10 m 以下),多在预制厂预制;单节长度较长的桩,一般情况下在打桩现场附近设置露天预制场进行预制。如条件许可,也可在打桩现场预制,但预制场地必须平整、坚实。

3. 对模板的要求

模板必须有足够的强度、刚度及稳定性,以保证桩的外形尺寸准确,成型面光洁。模板构造力求简单及安装、拆除方便,并满足钢筋的绑扎与安装以及混凝土浇筑及养护等工艺要求。宜选用定型耐久的装配式模板。模板的拼缝应严密而不漏浆。

模板与混凝土的接触面应清理干净,并涂刷脱模剂,以保证混凝土质量并防止脱模时粘结。

模板吊运安装的吊索应按设计规定。固定在模板上的预埋件和预留孔应位置准确、不得遗漏,并安装牢固。

4. 钢筋骨架的制作要求

钢筋的品种和质量应满足设计要求及有关规范、标准的要求,钢筋焊接必须符合钢筋焊接及验收规程的要求。

钢筋骨架的主筋连接宜采用对焊或电弧焊,受拉钢筋主筋接头配置在同一截面内的数量不得超过 50%,相邻两根主筋接头截面的距离应大于 $35d_g$(d_g 为主筋直径),不得小于 500 mm。

桩的主筋上端以伸至最上一层钢筋网以下为宜,与钢筋网应连成"T"形(图 3-1),这样才能更好地接受和传递桩锤的冲击力。

预制桩钢筋骨架的允许偏差应符合表 3-1 的规定。

表 3-1 预制桩钢筋骨架的允许偏差

项次	项目	允许偏差(mm)
1	主筋间距	±5
2	桩尖中心线	10
3	箍筋间距或螺旋筋的螺距	±20
4	吊环沿纵轴线方向	±20
5	吊环沿垂直纵轴方向	±20
6	吊环露出桩表面的高度	±10
7	主筋距桩顶距离	±10
8	桩顶钢筋网片位置	±10
9	多节桩锚固钢筋长度(胶泥接桩用)	±10
10	多节桩锚固钢筋位置(胶泥接桩用)	5
11	多节桩预埋铁件位置	±10

5. 浇筑桩身砼的要求

粗骨料宜选用强度较高,级配良好的碎石或碎卵石,用于锤击的预制桩,其最大颗粒粒径不大于截面最小尺寸的1/4,同时不大于钢筋最小净距的3/4,粗骨料粒径宜为5～40 mm。

细骨料宜选用中粗。砂、石质量标准及检验方法应符合"JGJ 53—92"的要求(见第四章)。

水泥标号不宜低于325,在有抗冻要求时不宜低于425,水泥品种宜选用普通硅酸盐水泥、矿渣水泥、快硬硅酸盐水泥。

砼的配合比应通过计算和试配确定,并考虑现场实际施工条件的差异和变化,进行合理调整。

砼应由桩顶向桩尖连续浇筑,如发生中断,应在前段砼凝结之前将余段混凝土浇筑完毕。浇筑和振捣砼时,应经常观察模板、支架、钢筋预埋件和预留孔洞的情况。当发现有变形、移位时,应立即停止浇筑,并应在已浇筑的砼凝结前修整完好后才能继续进行浇筑。浇筑砼时应填写施工记录,并按混凝土强度检验评定标准取样、制作、养护和试验砼试件。桩制作的尺寸允许偏差应符合表3-2的要求。

桩身砼的养护方法分自然养护、常压蒸气养护和高温高压养护。

自然养护:在自然温度、湿度下浇水进行养护。对于普通砼应在浇筑后12小时内,在外露面上加以覆盖和浇水。对于干硬性混凝土应在浇筑后的1～2小时立即覆盖浇水养护。浇水养护的时间以达到标准条件下养护28天强度的60%左右为宜。用普通水泥和矿渣水泥时,不得少于7昼夜。施工中掺外加剂的混凝土不得少于14昼夜。浇水次数应能保持砼有足够的润湿状态。

表 3-2 预制桩制作允许偏差(mm)

桩型	项目	允许偏差
钢筋砼实心方桩	①横截面边长	±15
	②桩顶对角线之差	10
	③保护层厚度	±5
	④桩身弯曲	不大于0.1%桩长且不大于20
	⑤桩尖中心线	10
	⑥桩顶平面对桩中心线的倾斜	≤30
	⑦锚筋预留孔深	0～+20
	⑧浆锚预留孔位置	5
	⑨浆锚预留孔径	±5
	⑩锚筋孔的垂直度	≤1%
钢筋砼管桩	①直径	±5
	②管壁厚度	-5
	③轴心圆孔中心线对桩中心线	5
	④桩尖中心线	10
	⑤下节或上节桩的法兰盘对中心线的倾斜	2
	⑥中节桩两个法兰盘对桩中心线倾斜之和	3

模板的拆除时间,应根据施工特点和砼所达到的强度来确定。如设计无特殊要求时,应符合施工规范的规定。拆下的模板及其配件,应将表面的灰浆、污垢清除干净,并维护整理,防止变形,以供重复使用。

已浇筑的桩身砼强度达到1.2 MPa方可供施工人员使用和安装模板及支架。

二、桩的起吊

预制桩应达到设计强度的70%方可起吊,如提前起吊,必须保证强度和抗裂要求合格。

桩起吊时,必须做到平稳,不使桩体受到损伤。吊点的位置和数目应符合设计规定。当吊点少于或等于 3 个时,其位置应按正负弯矩相等的原则计算确定,当吊点多于 3 个时,其位置应按反力相等的原则计算确定,见图 3-2。

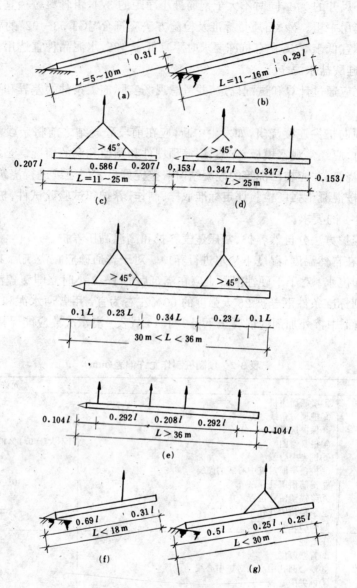

图 3-2 预制桩吊点位置
(a)、(b)点吊法;(c)两点吊法;(d)三点吊法;(e)四点吊法;
(f)预应力管桩一点吊法;(g)预应力管桩两点吊法

单节桩长在 20 m 以下时可采用 2 点吊,为 20～30 m 时,可采用 3 点吊,超过 30 m 可采用 4 点吊,起吊可采用钢丝绳绑扣、夹钳、吊环或起吊螺栓,有时尚可配合使用吊梁。

三、桩的运输和堆放

打桩前,需将桩从制作处运至现场堆放或直接运至桩架前以备打入土中。一般情况下,应根据打桩顺序和速度随打随运,这样可以减少二次搬运。运桩之前,应检查桩的混凝土质量、尺寸、桩的牢固性以及打桩中使用的标志是否齐全等。桩运到现场后,应进行外观复查,如不符合要求,视情况可与设计单位共同研究解决。桩的运输方式:当运距不大时,可在桩下面垫以滚筒(桩与滚筒之间应放有托板),用卷扬机拖动桩身前进;当运距较大时,可采用轻便轨道小平台车运输(图 3-3)。对于较短的桩,也可采用汽车或拖拉机运输。桩在运输中的支点应与吊点位置一致。

桩堆放时,要求地面平稳坚实,支点垫木的间距应根据吊点位置确定,各层垫木应在同一垂直线上。堆放层数不宜超过 4 层,不同规格的桩应分别堆放。

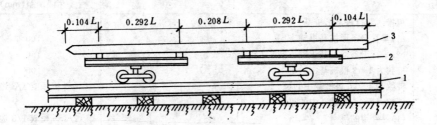

图 3-3 用平台车运桩
1—铁轨;2—平台车;3—桩

第二节 沉桩前的准备工作

桩基础工程在施工前,应根据工程规模的大小和复杂程度,编制整个或部分工程施工组织设计或施工方案。其内容包括:施工方法;沉桩机具设备的选择;现场准备工作;沉桩顺序与进度要求;现场平面布置;桩的预制、运输与堆放;质量与安全措施以及劳动力、材料、机具设备供应计划等。

沉桩前,现场准备工作的内容有:处理障碍物、平整场地、抄平放线、铺设水电管网、沉桩机械设备的进场安装以及桩的供应等。

一、处理障碍物

打桩前,应认真处理高空、地上和地下的障碍物,否则将带来不良后果。例如,通过勘探发现桩位上有旧房屋的基础等障碍物时,应事先清除干净,否则临时处理必将影响进度。

此外,打桩前应对现场周围(一般 10 m 以内)的建筑物作全面检查,如有危房或危险构筑物,必须予以加固。不然,打桩中由于振动的影响,可能引起倒塌。

二、平整场地

在打桩机移动的路线上,应作适当平整。否则不仅打桩机移动困难,增加辅助工作,降低效率,而且由于地面高低不平,往往难以使打入的桩保持垂直,以致影响工程质量。场地平整范围,一般为建筑物基线以外 4~6 m 以内的整个区域;或者根据打桩机行驶路线的需要而进行平整。平整时,对松软土应作处理,做到平坦坚实。在桩架移动路线上,地面坡度不得大于 1%。此外,还要修好运输道路。在雨季施工时,打桩区域及道路近旁要做到排水通畅。

三、抄平放线

在打桩现场或附近需设置水准点,数量不宜少于两个,用以抄平场地和检查桩的入土深度。要根据建筑物的轴线控制桩,定出桩基础的每个桩位,其偏差不得超过 20 mm,成桩后的桩位偏差应符合表 3-3 的规定。由于龙门板容易被打桩机和运输车辆碰坏,故对于桩的轴线位置不用龙门板而用木桩标记,并应注意作出标志。正式打桩之前,应对桩的轴线和桩位复查一次,以免因木桩挪动、丢失而影响施工。

表 3-3 预制桩(钢桩)位置的允许偏差

序号	项 目	允许偏差(mm)
1	单排或双排桩条形桩基: (1)垂直于条形桩基纵轴方向 (2)平行于条形桩基纵轴方向	100 150
2	桩数为1～3根桩基中的桩	100
3	桩数为4～16根桩基中的桩	1/3桩径或1/3边长
4	桩数大于16根桩基中的桩: (1)最外边的桩 (2)中间桩	1/3桩径或1/3边长 1/2桩径或1/2边长

第三节 锤击沉桩

一、锤击沉桩设备的选择

1. 桩锤

(1)桩锤的类型:桩锤是锤击沉桩主要设备,有落锤、气动锤、柴油锤、液压锤等类型。落锤是最传统、简易,但比较笨重的桩锤。通常落锤的重量为 0.5～2 t,用于小直径短桩,锤重以 1.5～5 倍桩的重量为宜。

气动锤按动力特性分为蒸汽锤和压缩空气锤。按结构特性有单动式、复动式和差动式。按冲击特性有汽缸冲击式、活塞冲击式。目前常用的是单动气缸冲击式蒸汽锤。

柴油锤可分为导杆式和筒式。液压锤是最新型桩锤。

(2)桩锤的选择:

①按桩重选择桩锤

锤重一般应大于桩重,可参考表 3-4 选取。落锤施工中锤重以相当于桩重的 1.5～2.5 倍为佳,落锤高度通常为 1～3 m,以重锤低落距打桩为好。如采用轻锤,即使落距再大,常难以奏效,且易击碎桩头,并因回弹损失较多的能量而减弱打入效果。故宜在保证桩锤落距在 3 m 内能将桩打入的情况下来选定桩锤的重量。

②根据经验按表 3-5 选择桩锤

表 3-4 锤总重和桩重(包括桩帽重)的合适比值(桩长 20 m 左右)

桩的类型	单动气锤	双动气缸	柴油锤	落 锤
钢筋混凝土桩	0.4～1.4	0.6～1.8	1.0～1.5	0.35～1.5
木 桩	2.0～3.0	1.5～2.5	2.5～3.5	2.0～4.0
钢板桩	0.7～2.0	1.5～2.5	2.0～2.5	1.0～2.0

注:土质较松时采用下限值,土质较坚硬时采用上限值。

表 3-5 桩锤选择表

锤型		柴油锤（t）					
		20	25	35	45	60	72
锤的动力性能	冲击部分重(t)	2.0	2.5	3.5	4.5	6.0	7.2
	总重(t)	4.5	6.5	7.2	9.6	15.0	18.0
	冲击力（kN）	2 000	2 500~3 000	2 500~4 000	4 000~5 000	5 000~7 000	7 000~10 000
	常用冲程(m)	1.8~2.3					
	预制方桩、预应力管桩的边长或直径(cm)	25~35	35~40	40~45	45~50	50~55	55~60
	钢管桩直径(cm)		φ40		φ60	φ90	φ90~100
持力层	粘性土粉土 一般进入深度(m)	1~2	1.5~2.5	2~3	2.5~3.5	3~4	3~5
	静力触探比贯入阻力 p_s 平均值(MPa)	3	4	5	>5	>5	>5
持力层	砂土 一般进入深度(m)	0.5~1	0.5~1.5	1~2	1.5~2.5	2~3	2.5~3.5
	标准贯入击数 N（未修正）	15~25	20~30	30~40	40~45	45~50	50
锤的常用控制贯入度(cm/10击)			2~3		3~5	4~8	
设计单桩极限承载力(kN)		400~1 200	800~1 600	2 500~4 000	3 000~5 000	5 000~7 000	7 000~10 000

注：①本表仅供选锤用；
②本表适用于 20~60 m 长预制钢筋砼桩及 40~60 m 长钢管桩，且桩尖进入持力层有一定深度。

2. 桩架

桩架由支架、导向杆、起吊设备、动力设备、移动装置等组成。有时按施工工艺要求附有冲水、钻孔取土、拔管、配重加压等特殊工艺设备。其主要功能应包括起吊桩锤、吊桩和插桩、导向沉桩。桩架可由钢或木制成，高度按桩长需要分节组装。选择桩架高度应按"桩长+滑轮组高+桩锤高度+桩帽高度+起锤移位高度"的总和另加 0.5~1 m 的富余量进行设置。行走移动装置有撬滑、托板滚轮、滚筒、轮轨、轮胎、履带、步履等方式。一般可利用桩架的动力设备或配套设备进行桩架装卸作业和移动桩架。按沉桩的导向杆型式可分为无导杆式、悬挂导杆式、固定导杆式（见图 3-4 等）。

3. 垫材

根据桩锤和桩帽类型、桩型、地基土质及施工条件等多种因素，合理选用垫材能提高打桩效率和沉桩精度，保护桩锤安全使用和桩顶免遭破损，确保顺利沉桩至设计标高。

打桩时，垫材起着缓和并均匀传递桩锤冲击力至桩顶的作用。桩帽上部与桩锤相隔的垫材称为锤垫。锤垫与桩锤下部的冲击砧接触，直接承受桩锤的强大冲击力，并均匀地传递于桩帽上。桩帽下部与桩顶相隔的垫材称为桩垫，桩垫与桩顶直接接触，将通过桩帽传递的冲击力更均匀地传递至桩顶上。桩垫通常应用于钢筋混凝土桩的施工中。

锤垫常采用橡木、桦木等硬木按纵纹受压使用。有时也可采用钢索盘绕而成。近年来也有使用层状板及化塑型缓冲垫材。对重型桩锤尚可采用压力箱式或压力弹簧式新型结构式锤垫。桩垫通常采用松木横纹拼合板、草垫、麻布片、纸垫等材料。

垫材经多次锤击后，会因压缩减小厚度，使得密度和硬度增加，刚度也就随之增大，这一现象在桩垫中更为显著。保持垫层的适当刚度可以控制桩身锤击应力，提高锤击效率。尤其是

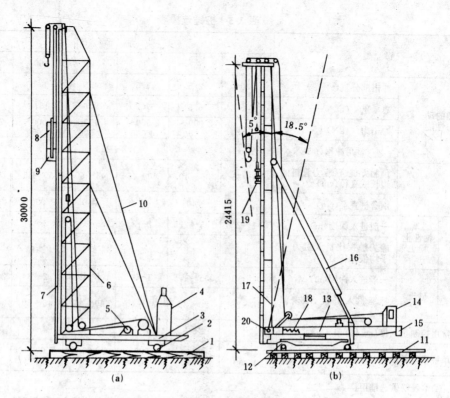

图 3-4 桩架示意图

(a)蒸气锤(或落锤)桩架；(b)多功能柴油打桩锤桩架

1—枕木；2—滚筒；3—底架；4—锅炉；5—卷扬机；6—桩架；7—龙门导杆；8—蒸气锤；
9—桩帽；10—缆风绳；11—钢轨；12—底盘；13—回转平台；14—司机室；15—平衡重；
16—撑杆；17—挺杆；18—水平调整装置；19—柴油打桩锤；20—万向节

对钢筋混凝土桩更为重要。若垫材刚度较大,则桩锤通过垫材传递给桩的锤击能量也会增加,从而提高打桩能力,锤击应力也将相应地增大。反之,若垫材刚度较小,则桩的锤击应力可减小,且能使桩锤对桩的撞击持续时间有所延长,当桩锤的打桩能力大于桩的贯入总阻力时,这将有利于桩的加速贯入和提高效率。桩锤锤型确定后垫层材料及厚度一般可参照表 3-6 取用。

表 3-6 垫层选用表

锤 型	桩型(mm)		桩长(m)	硬木锤垫厚度(mm)	松木桩垫厚度(mm)
柴油锤 12~14	钢管桩	φ300~φ450	10~15	50	
柴油锤 20~25,蒸气锤 3 t		φ400~φ550	10~30	50	
柴油锤 40~45,蒸气锤 10 t		φ600~φ900	15~70	100	
柴油锤 30~35,蒸气锤 7 t		φ400~φ800	10~50	100	
柴油锤 70 级		φ900~φ1 500	30~80	200	
柴油锤 12~14	混凝土桩	φ300~φ400	5~15	50	50
柴油锤 20~25,蒸气锤 3 t		φ350~φ500	8~30	50	50
柴油锤 30~35,蒸气锤 4 t~7 t		φ400~φ600	10~45	100	70
柴油锤 40~45,蒸气锤 10 t		φ500~φ800	20~60	100	100

二、锤击沉桩施工

1. 打桩顺序的确定

打桩顺序是否合理,直接影响打桩进度和施工质量。图 3-5 是两种不合理的顺序。这样打桩,桩体附近的土朝着一个方向挤压,于是有可能使最后要打入的桩难以打入土中,或者桩的入土深度逐渐减少。这样建成的桩基础,会引起建筑物产生不均匀的沉降,应予避免。

根据上述原因,当相邻桩的中心距小于 4 倍桩的直径时,应拟定合理的打桩顺序。例如可采用逐排打设、自中部向边沿打设和分段打设等(图 3-6)。

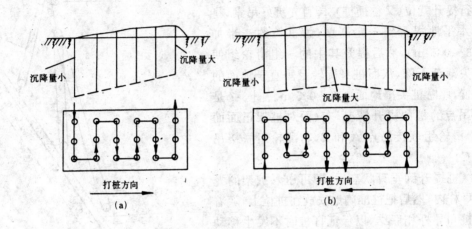

图 3-5 不合理的打桩顺序
(a)逐排单向打设;(b)分段迎面打设

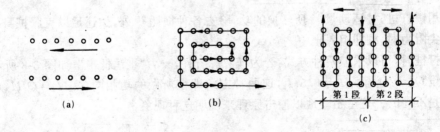

图 3-6 几种合理的打桩顺序
(a)逐排打设;(b)自中部向边沿打设;(c)分段打设(可同时施工)

实际施工中,由于移动打桩架的工作繁重,因此除了考虑上述的因素外,有时还考虑打桩架移动的方便与否来确定打桩顺序。

打桩顺序确定后,还需要考虑打桩机是往后"退打"还是往前"顶打",因为这涉及到桩的布置和运输问题。

当打桩地面标高接近桩顶设计标高时,打桩后,实际上每根桩的顶端还会高出地面,这是由于桩尖持力层的标高不可能完全一致,而预制桩又不可能设计成各不相同的长度,因此桩顶高出地面往往是难免的。在这种情况下,打桩机只能采取往后退打的方法。此时,桩不能事先都布置在场地上,只能随打随运。

当打桩后,桩顶的实际标高在地面以下时,打桩机则可以采取往前顶打的方法进行施工。这时,只要现场许可,所有的桩都可以事先布置好,这可以避免场内二次搬运。往前顶打时,由于桩顶都已打入地面,所以地面会留有桩孔,移动打桩机和行车时应注意铺平。

2. 桩的提升就位

桩运至桩架下以后,利用桩架上的滑轮组进行提升就位(又称插桩)。即首先绑好吊索,将桩水平地提升到一定高度(为桩长的一半加0.3~0.5 m),然后提升其中的一组滑轮组使桩尖渐渐下降,从而桩身旋转至垂直于地面的位置,此时桩尖离地面0.3~0.5 m。图3-7是三吊点的桩的提升情况,左(面对桩架正面而言)滑轮组联接吊点 A 和 B,右滑轮组联接吊点 C。

桩提升到垂直状态后,即可送入桩架的龙门导杆内,然后把桩准确地安放在桩位上,随着将桩和导杆相联结,以保证打桩时不发生移动和倾斜。在桩顶垫上硬木(通称"替打木")或粗草纸,安上桩帽后,即可将桩锤缓缓落到桩顶上面(注意不要撞击)。在桩的自重和锤重作用下,桩向土中沉入一定深度而达到稳定的位置。这时,再校正一次桩垂直度,即可进行打桩。

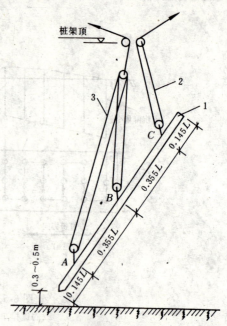

图 3-7 桩的提升示意图
1—桩;2—右滑轮组;3—左滑轮组

3. 打桩

用锤打桩,桩锤动量[①] 所转换的功,除去各种损耗[②] 外,如还足以克服桩身与土的摩阻力和桩尖阻力时,桩即沉入土中。

打桩时,可以采取两种方式:一为"轻锤高击",一为"重锤低击",如图3-8所示。

设 $Q_2=2Q_1$,而 $H_2=0.5H_1$,这两种方式即使所做的功相同($Q_1H_1=Q_2H_2$),但所得到的效果是不同的。这可粗略地以撞击原理来说明这种现象:

[①] 桩锤动量可用下式表示:
$$T=Q\sqrt{2gH}$$ (注-1)
式中:T——桩锤动量(kN·m/s);
Q——桩锤所受的重力(kN);
g——重力加速度,9.81(m/s²);
H——落距(m)。

[②] 打桩过程中的能量损耗,主要包括锤的冲击回弹能量损耗,桩身变形(包括桩头损坏)能量损耗,土的变形能量损耗等。其中,锤的冲击回弹能量损耗可用下式表示:
$$E=\frac{q(1-K^2)}{Q+q}QH$$ (注-2)
式中:E——锤的冲击回弹能量损耗(J);
q——桩所受的重力(kN);
K——回弹系数,据实测,一般取0.45。

轻锤高击,所得的动量较小,而桩锤对桩头的冲击大,因而回弹大,桩头也易损坏。这些都是要较多地消耗能量的。

重锤低击,所得的动量较大,而桩锤对桩头的冲击小,因而回弹也小,桩头不易损坏,大部分能量都可以用来克服桩身与土的摩阻力和桩尖阻力,因此桩能较快地打入土中①。

此外,由于重锤低击的落距小,因而可提高锤击频率。桩锤的频率高,对于较密实的土层,如砂或粘土,能较容易地穿过(但不适用于含有砾石的杂填土)。所以,打桩宜用重锤低击法。

至于桩锤的落距究竟以多大为宜,根据实践经验,在一般情况下,单动汽锤以 0.6 m 左右为宜;柴油打桩锤不超过 1.5 m;落锤不超过 1.0 m 为宜。

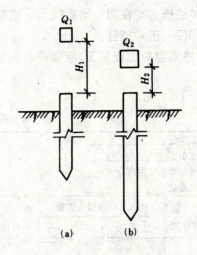

图 3-8 两种打桩方式示意图
(a)轻锤高击;(b)重锤低击

4. 打桩质量要求

打桩质量包括两个方面的内容:一是能否满足贯入度或标高的设计要求;二是打入后的偏差是否在允许范围以内。

打桩的控制原则是:

(1)桩尖位于坚硬、硬塑的粘性土、碎石土、中密以上的砂土或风化岩等土层时,以贯入度控制为主,桩尖进入持力层深度或桩尖标高可作参考;

(2)贯入度已达到,而桩尖标高未达到时,应继续锤击 3 阵(其每阵 10 击的平均贯入度),不应大于规定的数值;

(3)桩尖位于其他软土层时,以桩尖设计标高控制为主,贯入度可作参考;

(4)打桩时,如控制指标已符合要求,而其他的指标与要求相差较大时,应会同有关单位研究处理;

(5)贯入度应通过试桩确定,或做打桩试验(与有关单位确定)。

按标高控制的预制桩,桩顶允许偏差为 $-50 \sim +100$ mm。

上述所指的贯入度,为最后贯入度,即最后一击时桩的入土深度。实际施工中,一般是采用最后 10 击桩的平均入土深度作为其最后贯入度。

最后贯入度是打桩质量标准的重要指标,但在实际施工中,也不要孤立地把贯入度作为唯一不变的指标。因为影响贯入度的因素是多方面的。例如地质情况的变化,有无"送桩"②(加上送桩后,贯入度会显著减少);若用汽锤,蒸气压力的变化(蒸气压力要正常,否则贯入度是假象)等等,都足以使贯入度产生较大的差别。因此,打桩中对于贯入度的异常变化,需要具体分析,具体解决。

为了控制桩的垂直偏差(不大于 1%)和平面位置偏差(一般不大于 100~150 mm),桩在

---

① 从公式(注-1)、(注-2)可以看到,在保持相同的功的前提下,从轻锤高击改为重锤低击,桩锤的动量 T 增加,而弹回能量损耗 E 减少,这说明重锤低击的优点。

② 当桩顶需打入地面以下时,需采用一种工具式短桩(一般长 2~3 m,多用钢材作成),置于桩顶,承受锤击,这一工具式短桩称为"送桩"。

提升就位时,必须对准桩位,而且桩身要垂直,插入时的垂直度偏差不得超过 0.5%。施打前,桩、帽和桩锤必须在同一垂直线上。施打开始时,先用较小的落距,待桩渐渐入土稳住后,再适当增大落距,正常施打。

打桩系隐蔽工程施工,应做好打桩记录(表 3-4),作为工程验收时鉴定桩的质量的依据之一。

表 3-4　钢筋混凝土预制桩施工记录

施工单位_____　　　　　　　工程名称_____
打桩小组_____　　　　　　　桩规格及长度_____
桩锤类型及冲击部分重量_____　自然地面标高_____
桩帽重量_____　气候_____　桩顶设计标高_____

编号	打桩日期	桩入土每米锤击次数				落距(cm)	桩顶高出或低于设计标高(m)	最后贯入度(cm/10击)	备注
		1	2	…	…				

工程负责人_____　　　　记录_____

5. 打桩中常见问题及分析和处理

打桩施工的质量要求如上述。但在实际施工中,常会发生打坏、打歪、打不下去等问题。发生这些问题的原因是复杂的,有工艺操作上的原因,有桩的制作质量上的原因,也有土层变化复杂等原因。因此,发生这些问题时,必须具体分析、具体处理。必要时,应与设计单位共同研究解决。

(1)桩顶、桩身被打坏。一般是指桩顶四边和四角打坏,或者顶面被打碎,有时甚至桩身断折。发生这些问题的原因及处理方法如下:

①打桩时,桩的顶部由于直接受到冲击而产生很高的局部应力。因此,桩顶的配筋应作特别处理。其合理的构造,如图 3-1 所示。这样,纵向钢筋对桩的顶部即起到箍筋作用,同时又不会直接受冲击而颤动,因而可避免引起混凝土的剥落。

②桩身混凝土保护层太厚,直接受冲击的是素混凝土,因此容易剥落。主筋放得不正,是引起保护层过厚的主要原因,必须注意避免。

③桩帽垫层材料选用得不合适,或者已被打坏,不能起到减弱锤击应力和均匀分布应力的作用。我国桩垫材料多为松板、麻袋或油浸麻绳等。国外所用材料种类较多,有榆木、橡木、椰子壳、胶合板、石棉片和酚醛层压塑料(其强度高,弹性好,不易老化)。此外,还有用液体氮作为桩帽垫层材料。总的说来,对于难打的、锤击应力大的桩,应采用材质均匀、强度高、弹性好的桩帽垫层。

④桩的顶面与桩的轴线不垂直,则桩处于偏心受冲击状态,局部应力增大,极易损坏。有时由于桩帽比桩大,套上的桩帽偏向桩的一边。或者桩帽本身不平,也会使桩受着偏心冲击。有的桩在施打时发生倾斜,锤击数下就可以看到一边的混凝土被打碎而脱落,这都是由于偏心冲击,局部应力过大的缘故。因此,预制桩时,必须使桩的顶面与桩的轴线严格保持垂直。施打时,

桩帽要放平整,打桩过程中,一经发现歪斜,就应及时纠正。

⑤在打桩过程中若出现桩下沉速度慢而施打时间长,锤击次数多或冲击能量过大时称为过打。过打发生的原因是:桩尖通过硬层;最后贯入度定得小;锤的落距过大等。由于混凝土的抗冲击强度只有其抗压强度的50%,若桩身混凝土反复受到过度的冲击,就容易破坏。遇到过打,应分析地质资料,判断土层情况,改善操作方法,采取有效措施解决。

⑥桩身混凝土强度不高,有的是由于砂、石含泥量较大,影响了强度,有的则是由于养护龄期不够,未到要求强度就进行施打,致使桩顶、桩身打坏。对桩身打坏的处理,可加钢夹箍,用螺栓拉紧焊牢补强。

(2)打歪。桩顶不平,桩身混凝土凸肚,桩尖偏心,接桩不正或土中有障碍物,都容易将桩打歪;另一方面,桩被打歪往往与操作有直接关系,例如,桩初入土时,桩身就有歪斜,但未纠正即予施打,就很容易把桩打歪。为防止把桩打歪,可采取以下措施:

①打桩机的导架,必须仔细检查其两个方向的垂直度,以确保垂直。否则,打入的桩会偏离桩位。

②竖立起来的桩,其桩尖必须对准桩位,同时桩顶要正确地套入桩锤下的桩帽内,勿偏在一边,使桩能够承受轴心锤击而沉入土中。

③打桩开始时,桩锤用小落距将桩徐徐击入土中,并随时检查桩的垂直度,待桩打入土中一定的深度并稳定后,再按要求的落距将桩连续击入土中。

④桩顶不平、桩尖偏心都极易使桩打歪,因此必须注意桩的制作质量和桩的验收检查工作。

(3)打不下。在市区打桩,如初入土1~2m就打不下去,贯入度突然变小,桩锤严重回弹,这可能是遇上旧的灰土或混凝土基础等障碍物,必要时应彻底清除或钻透后再打,或者将桩拔出,适当移位后再打。如桩已打入土中很深,突然打不下去,这可能有如下几种情况:

①桩顶或桩身已打坏,锤的冲击能不能有效地传递给桩,使之继续沉入土中。

②土层中夹有较厚的砂层或其他硬土层,或者遇上钢渣、孤石等障碍物,在这种情况下,如盲目施打,会造成桩顶破碎、桩身折断。此时,应会同设计勘探部门共同研究解决。有时,由于桩被打歪,也会发生类似现象。

③打桩过程中,因特殊原因,不得已而中断,桩停歇一段时间以后再施打,往往不能顺利地将桩打入土中。其原因主要是由于土的固结作用,使得桩身周围的土与桩牢固结合,钢筋混凝土桩变成了直径较大的土桩而承受荷载,因而难以继续将桩打入土中。所以,在打桩施工中,必须要各方面做好准备,保证施打的连续进行。

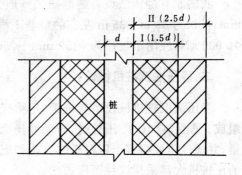

图3-9 桩对土体的压缩和扰动范围
Ⅰ—压缩区;Ⅱ—扰动区

(4)一桩打下,邻桩上升,这种现象多在软土中发生,即桩贯入土中时,由于桩身周围的土体受到急剧挤压和扰动(图3-9),被挤压和扰动的土,靠近地面的部分,将在地表面隆起和水平移动。若布桩较密,打桩顺序又欠合理时,一桩打下,将影响到邻桩上升,或将邻桩拉断,或引起周围土坡开裂、建筑物裂缝。因此,当桩的中心距≤5d(d为桩直径)时,应采取分段施打,以免土体朝着同一方向运动,造成过大的水平移动和隆起。

第四节 静力压桩

一、静力压桩的原理及适用范围

1. 静压法沉桩机理

在50年代初,静压法沉桩首次在我国沿海地区使用。近年来已在我国软土地区桩基施工中较为广泛应用,并获得良好效果。

静压法沉桩即借助专用桩架自重和配重或结构物自重,通过压梁或压柱将整个桩架自重和配重或结构物反力,以卷扬机滑轮组或电动油泵液压方式施加在桩顶或桩身上,当施加给桩的静压力与桩的入土阻力达到动态平衡时,桩在自重和静压力作用下逐渐压入地基土中。

静压法沉桩具有无噪音、无振动、无冲击力、施工应力小等特点,可减少打桩振动对地基和邻近建筑物的影响,桩顶不易损坏、不易产生偏心沉桩、沉桩精度较高、节省制桩材料和降低工程成本,且能在沉桩施工中测定沉桩阻力,为设计施工提供参数,并预估和验证桩的承载能力。但由于专用桩架设备的高度和压桩能力受到一定限制,较难压入30 m以上的长桩(对长桩可通过接桩,分节压入)。当地基持力层起伏较大或地基中存在中间硬夹层时,桩的入土深度较难调节。此外,对地基的挤土影响仍然存在,需视不同工程情况采取措施减少公害。

2. 静压法沉桩适用范围

通常应用于高压缩性粘土层或砂性较轻的软粘土地基($w>w_p$、$\phi<20°$、$a_{1-2}>0.03$、$I_p>10$、$N<10$)。当桩需贯穿有一定厚度的砂性土中间夹层时,必须根据砂性土层的厚度、密实度、上下土层的力学指标,桩的结构、强度、型式和设备能力等综合考虑其适用性。

静压法沉桩按加力方式可分为压桩机(压桩架、压桩车、压桩船)施工法、吊载压入施工法、锚桩反压施工法、结构自重压入施工法等。锚桩反压施工法使用较早,一般用于少量补桩。吊载压入施工法因受吊载能力限制,用于小型短桩工程。结构自重压入施工法用于受施工场地和高度限制无法采用大型压桩机设备,以及对原有构筑物进行基础改造补强的特殊工程。压桩机施工法应用较为广泛,为提高压桩机静压力,常可在压桩机上增设附加配重。在小型桩基工程中尚可采用压桩车施工法。

我国原有静压法设备的静压力一般为800 kN~2 500 kN,适用于桩径为ϕ400 mm~450 mm、桩长为30 m~35 m左右的桩基工程。近年来,少量沉桩设备的静压力可高达3 500 kN~ϕ6 000 kN,应用于桩径为ϕ450 mm~ϕ500 mm、桩长为40 m左右的桩基工程。

二、静压法沉桩机械设备

静压法沉桩机械设备有桩架、压梁或液压抱箍、桩帽、卷扬机、钢索滑轮组或液压千斤顶等组成。见图3-10(a)。压桩时,开动卷扬机,通过桩架顶梁逐步将压梁两侧的压桩滑轮组钢索收紧,并通过压梁将整个压桩机的自重和配重施加在桩顶上,把桩逐渐压入土中。我国目前使用的压桩机大都采用这种顶压式。

近年来,华东地区研制采用了新型的箍压式,见图3-10(b)。箍压式压桩机压桩时,开动电动油泵,通过抱箍千斤顶将桩箍紧,并通过压桩千斤顶将整个压桩机的自重和配重施加在桩身上,把桩逐渐压入土中。

压桩架按其行走机构特性可分为托板圆轮式、步履式、履带式等三种。按压桩的结构特性可分为直桁架式、柱式、挺杆式等三种。按沉桩施工方式可分为中压式、箍压式、前压式(固定式

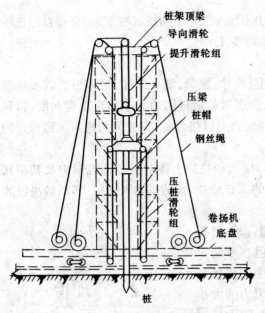

图 3-10(a) 压桩机构造示意图

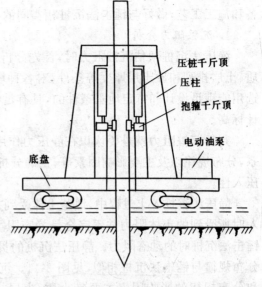

图 3-10(b) 箍压式压桩机工作原理

和旋转式)等三种。通常压桩架上均设置配重,以提高静压能力。按配重的设置特性又可分为固定式和平衡移动式。一般平衡移动式配重均设置在钢轨小平车上,常应用于前压式压桩机。

1. 中压式压桩机

中压式压桩机是最早的基本机型,其行走机构早期为托板圆轮式或走管式,行走时需铺设方木脚手,挖置地坑,采用蒸气锅炉和蒸气卷扬机动力,最大静压力约 700 kN。其后改进为步履式行走,采用电动卷扬机和电动油泵为动力,最大静压力已超过 800 kN。沉桩施工中,中压式压桩机通常均可自行插桩就位,施工简便,为提高静压力也常均匀设置固定式配重于底盘上。但由于受压柱高度的限制,最大桩长一般限为 12～15 m。对于长桩,将增加接桩工序,影响工效。另外,中压式压桩架由于受桩架底盘尺寸限制,于邻近已有建筑物附近处沉桩施工时,需保持足够的施工距离 3 m 以上。

2. 箍压式压桩机

近年新发展的机型,行走机构为新型的液压步履式,以电动液压油泵为动力,最大静压力可达 6 000 kN,沉桩施工可不受压柱高度的限制,一般长桩均无需接桩,提高了工效。但因不能自行插桩就位,施工中需配置辅助吊机。同样,由于受桩架底盘尺寸的限制,于邻近建筑物附近处沉桩施工时,需保持足够的施工距离 3 m 以上。

3. 前压式压桩机

最新的压桩机型,其行走机构有步履式和履带式。步履式压桩机一般均采用电动卷扬机和电动油泵为动力,履带式压桩机一般均采用柴油发动机为动力,最大静压力可达 1 500 kN。沉桩施工中,履带式压桩机均可自行插桩就位,尚可作 360°旋转。由于前压式压桩机的压桩高度较高,通常施工中的最大桩长可达 20 m,有利于减少接桩工序。另外,由于不受桩架底盘的限制,最适宜于在邻近建筑物处进行沉桩施工。

三、静压法沉桩施工

静压法沉桩相对锤击法沉桩,以静压力来代替冲击力,采用锤击法沉桩的基本程序,根据设计要求和施工条件制订施工方案和编制施工组织设计,正确判断沉桩阻力,合理选用沉桩设备和施工工艺,做好与锤击法沉桩相类同的施工准备工作。

1. 沉桩阻力分析

静压法沉桩预估沉桩阻力时,首先分析桩型、尺寸、重量、埋入深度、结构形式以及地基土质、土层排列和硬土层厚度等条件,对各种埋入深度时的沉桩阻力大小作出正确判断,以利于选用能满足设计和特定地基条件的,具有足够静压力的沉桩设备,将桩顺利地下沉到预定的设计标高。

判断沉桩阻力就是要认识在静压力作用下,桩侧和桩尖土体对桩和抵抗阻力及其相互关系,分布规律以及主要影响因素等,正确分析桩的工作特性,预估桩的入土阻力,以解决桩的可压入性。

静压法沉桩入土过程中,地基土体受到重塑扰动,桩贯入时所受到的土体阻力并不完全是静态阻力,但也不同于锤击法沉桩时的动态阻力。静压法沉桩的贯入阻力沿桩身分布规律与锤击法沉桩相似,见图 3-11。沉桩阻力的大小和分布规律的影响因素主要是土质、土层排列、硬土层厚度、埋入持力层深度,桩数和桩距、施工顺序及进度等。分析实测试验资料表明,沉桩阻力是由桩侧摩阻力和桩尖阻力组成的。一般情况下,二者占沉桩阻力的比例是一个变值。当桩的入土深度较大时,通常桩侧摩阻力是主要的。当桩的入土深度较浅时,桩尖阻力所占的比例将较大。当桩尖处土层较硬时,桩尖阻力占沉桩阻力的比例将会明显增大。桩侧摩阻力和桩尖阻力对于反映地层变化特征两者基本上是一致的,见图 3-12。当桩在同一软粘土层中下沉时,随着桩的入土深度增加到某个定值后,沉桩阻力将逐渐趋向常值,不再随桩入土深度的增加而增大。当桩穿透较硬土层进入较软土层中时,沉桩阻力将随着桩入土深度的增加反而明显减小,这主要是由于桩尖阻力的急剧降低所致。另外,在沉

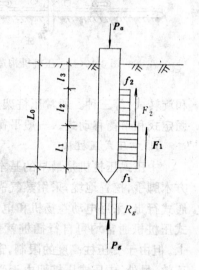

图 3-11 沉桩阻力分布基本图式

桩过程中,各土层作用于桩上的桩侧摩阻力并不是一个常值,而是一个随着桩的继续下沉而显著减小的变值,靠近桩尖处土层作用于桩上的桩侧摩阻力对沉桩摩阻力将起着显著作用。所以,在估算沉桩阻力时,如果不考虑地基土层的成层状态及各土层的特性,采用机械地将各层土体对桩身摩阻力进行叠加的方法,将会造成沉桩阻力估计过大,甚至错误地得出沉桩困难及静压力不足的假象。

静压法沉桩时,桩尖上的土阻力反映桩尖处附近范围土体的综合强度特性,这一范围的大小决定于桩的尺寸和桩尖处土体的破坏机理,它与桩尖附近处土层的天然结构强度和密度、土层的分层厚度和排列情况、桩尖进入土层的深度等多种因素有关。试验资料表明,一般在匀质粘性土层中,影响桩尖阻力的桩尖附近土层范围约为桩尖以上 2.5 倍桩径和桩尖最大截面以下 2.5 倍桩径(见图 3-13a)。当桩尖阻力影响范围内存在强度相差较大的不同土层时,就不能简单地按上述界限内土层强度的平均值来考虑桩尖阻力,否则将会造成桩尖阻力估算过高的不合理现象。这时可按下述情况进行分析。

(1)当桩尖处为硬土层,桩尖以上 2.5 倍桩径范围内存在软土层时,桩尖阻力决定于桩尖

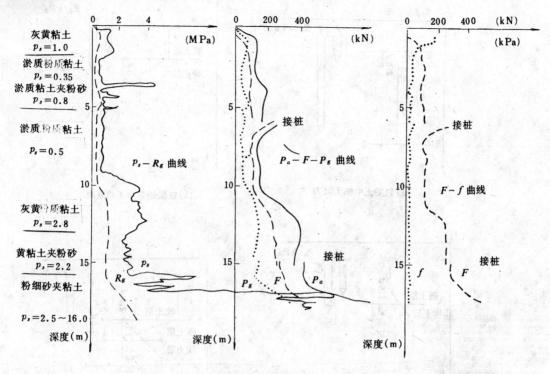

图 3-12 静力触探阻力与沉桩阻力实测值关系

以上 2.5 倍桩径范围内土层强度的平均值,见图 3-13(b)。

(2)当桩尖处为软土层,桩尖最大截面以下 2.5 倍桩径范围内有硬土层时,桩尖阻力仍决定于桩尖以上 2.5 倍桩径范围内土层强度的平均值,见图 3-13(b)。

(3)当桩尖处为硬土层,桩尖最大截面以下 2.5 倍桩径范围内有软土层时,桩尖阻力决定于桩尖最大截面以下 2.5 倍桩径范围内土层强度的平均值,见图 3-13(c)。

(4)当桩尖处为软土层,桩尖以上 2.5 倍桩径范围内有硬土层时,桩尖阻力仍决定于桩尖最大截面以下 2.5 倍桩径范围内土层强度的平均值,见图 3-13(c)。

(5)当桩尖处的土层强度较高,桩尖以上 2.5 倍桩径范围和桩尖最大截面以下 2.5 倍桩径范围内均存在软土层时,桩尖阻力决定于桩尖以上 2.5 倍桩径范围和桩尖最大截面以下 2.5 倍桩径范围内土层强度平均值中的较小值,见图 3-13(d)。

(6)当桩尖处的土层强度较低,桩尖以上 2.5 倍桩径范围或桩尖最大截面以下 2.5 倍桩径范围内均存在硬土层时,桩尖阻力主要决定于桩尖以上 2.5 倍范围内土层强度的平均值,见图 3-13(e)。

(7)当桩尖处的土层强度较低,软土层的层厚又小于桩尖长度或 1.5 倍桩径时,桩尖阻力决定于桩尖以上 2.5 倍桩径范围或桩尖最大截面 2.5 倍桩径范围内土层强度平均值中的较小值,见图 3-13(f)。

静压法沉桩时的沉桩阻力通常可按以下经验公式估算:

$$P_a = P_g + F_1 + F_2 = R_g \cdot A + U \cdot \sum_{i=0}^{l_1} f_{1i} \cdot l_{1i} + U \cdot \sum_{i=0}^{l_2} f_{2i} \cdot l_{2i} \quad (3-1)$$

式中:P_a——沉桩阻力(kN);

P_g——桩尖阻力(kN);

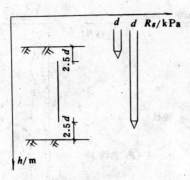
(a) 匀质土中桩尖阻力

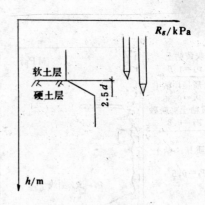
(b) 双层地基中工作原理

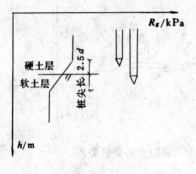
(c) 双层地基中工作原理

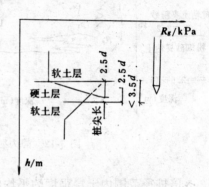
(d) 三层地基中工作原理

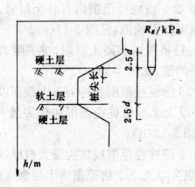
(e) 三层地基中工作原理

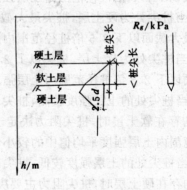
(f) 薄软夹层中工作原理

图 3-13 桩基在地基中的工作原理

F_1——桩身下部挤压区桩侧摩阻力(kN);

F_2——桩身中部滑移区桩侧摩阻力(kN);

f_{1i}——桩身下部挤压区土层的桩侧单位摩阻力(kPa);

f_{2i}——桩身中部滑移区土层的桩侧单位摩阻力(kPa);

l_1——桩身下部挤压区摩阻力分布范围(m);

l_2——桩身中部滑移区摩阻力分布范围(m);

R_g——单位桩尖阻力(kPa);

U——桩的横截面周长(m);

A——桩的截面积(m²)。

沉桩过程中,桩身下部的桩侧摩阻力约占沉桩摩阻力的50%～80%,它与桩周处土体强度成正比,与桩的入土深度成反比,桩尖阻力可应用静力触探探头比贯入阻力 p_s,按以下经验公式估算:

$$R = \sum_{i=0}^{2.5d} K_i \cdot p_{si} \cdot l_i / 2.5d \tag{3-2}$$

式中:R——桩尖单位阻力(取 $R_上$ 或 $R_下$ 中之较小值,单位为kPa);

　　　p_{si}——桩尖阻力影响范围内各土层的静力触探探头比贯入阻力平均值,不是该土层的平均值 $\overline{p}_s$(kPa);

　　　l_i——桩尖阻力影响范围内各土层的厚度(m);

　　　K_i——桩尖阻力影响范围内各土层的探头阻力折减系数;

　　　d——桩的直径(m)。

分析实测试验资料表明,软土地基中探头阻力折减系数 K_i 值一般在0.3～1.0范围内。当为软粘土(p_s<100 kPa)时,可取 K_i 为0.6。当为硬粘土(p_s>150～200 kPa)时,可取 K_i 为0.4,当为坚硬粘土(p_s>250～300 kPa)时,可取 K_i 为0.3,当为粉质粘土时,可取 K_i 为0.9～1.0。

此外,当粘性土层中有薄层砂时,将会显著增大桩尖阻力,其增大值可达50%～100%。当地基土质十分复杂时,也可通过试沉桩检验确定沉桩阻力,在软土地基中,采用静压法沉桩施工的过程中,因接桩施工作业或施工因素影响而暂停继续下沉的间歇时间的长短虽对继续下沉的桩尖阻力无明显影响(硬粘土中桩尖阻力一般最大增值约为5%),但对桩侧摩阻力的增加影响较大,见图3-12。桩侧摩阻力的增大值与间歇时间长短成正比(见图3-14),并与地基土层的特性有关。所以,在静压法沉桩施工中,不仅应合理设计接桩的结构和位置,避免将桩尖停留在硬土层中进行接桩施工,而且应尽可能减少接桩施工时间和避免发生沉桩施工中断现象。

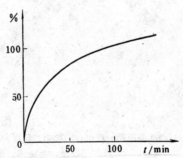

图3-14 施工间歇时间与沉桩
阻力增长曲线

2. 压桩程序及接桩方法

(1)压桩程序。压桩施工,一般情况下都采取分段压入、逐段接长的方法,其程序如图3-15所示。

(2)接桩方法。压桩施工中,确保接桩的施工质量和速度是一个重要问题,接桩的方法目前有两种,一为焊接法接桩,一为浆锚法接桩。

①焊接法接桩。图3-16为焊接法接桩的节点构造的例子。接桩时,上节桩必须对准下节桩并垂直无误后,用点焊将角钢拼接、连接固定,再次检查位置正确后进行焊接。施焊时,应两人同时对角对称地进行,以防止节点变形不匀而引起桩身歪斜,焊缝要连续饱满。

②浆锚法接桩。焊接法接桩消耗钢材较多,而且操作较繁琐,影响工效,有时甚至影响压桩施工的正常进行。近年来研究使用"硫磺胶泥浆锚法"(简称浆锚法)接桩,取得了良好的效果。

浆锚法接桩,可节约钢材,操作简便,接桩时间比焊接法缩短很多,有利于提高压桩工效。并能保证压桩的正常施工。

浆锚法接桩,其节点构造如图 3-17 所示。接桩时,首先将上节桩对准下节桩,使四根锚筋插入筋孔(直径为锚筋直径的 2.5 倍),下落压梁并套住桩顶,然后将上节桩和压梁同时上升约 200 mm(以四根锚筋不脱离锚筋孔为度)。此时,安设好施工夹箍(由四块木板,内侧用人造革包裹 40 mm 厚的树脂海绵块而成),将溶化的硫磺胶泥注满锚筋孔内,并使之溢出桩面,然后将上节桩和压梁同时下落,当硫磺胶泥冷却并拆除施工夹箍后,即可继续加荷施压。

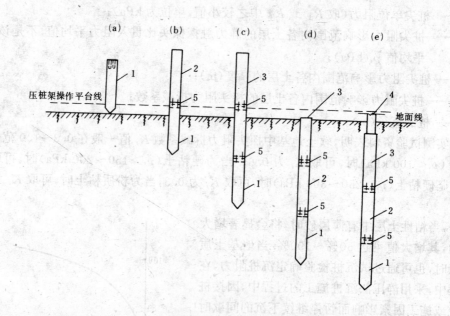

图 3-15　压桩程序示意图
(a)准备压第一段桩;(b)接第二段桩;(c)接第三段桩;(d)整压根桩压平至地面;(e)采用送桩压桩完毕
1—第一段桩;2—第二段桩;3—第三段桩;4—送桩;5—接桩处

硫磺胶泥是一种热塑冷硬性胶结材料,它是由胶结料、细骨料、填充料和增韧剂熔融搅拌混合而成的。其配合比(%)如下:

硫磺:水泥:粉砂:聚硫 780 胶＝44:11:44:1　　或

硫磺:石英砂:石墨粉:聚硫甲胶＝60:34.3:5:0.7。

硫磺胶泥中掺入增韧剂(聚硫 780 胶或聚硫甲胶),可以改善胶泥的韧性,并显著提高其强度。掺有增韧剂的硫磺胶泥的力学性能,见表 3-5。

表 3-5　硫磺胶泥力学性能(MPa)

抗拉强度	抗压强度	抗折强度	与螺纹钢筋粘结强度
5	40	10	11

硫磺胶泥浇注后的冷却时间与胶泥的浇注温度和气温有关,当胶泥的浇注温度为 145℃～155℃,气温为 26℃～40℃时,冷却至 60℃,需 20～26 分钟;气温为 8℃～10℃时,一般只需

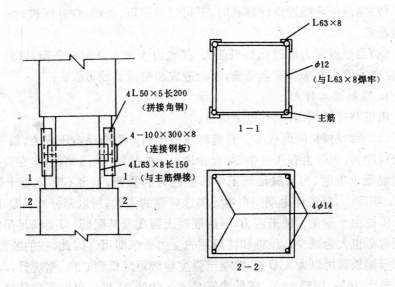

图 3-16 焊接法接桩节点构造

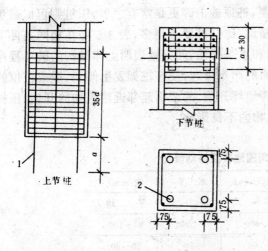

图 3-17 浆锚法接桩节点构造
1—锚筋；2—锚筋孔

10分钟左右。

硫磺胶泥不仅可用于压桩的接桩，也可用于打桩的接桩，是接桩工艺的一项重大改革。

3. 压桩施工注意事项

压桩施工有许多方面和打桩相类似。下面提出压桩施工的几点有关注意事项。

(1)压桩施工前应对现场的土层土质情况了解清楚，做到心中有数。同时应做好设备的检查工作，如压桩卷扬机的钢丝绳、接桩用的材料设备等，必须保证使用可靠，以免中途间断，引起间歇后压桩阻力过大，发生压不下去的事故（曾有停歇二小时而压不下去的例子）。如果压桩过程中原定需要停歇（例如套送桩，或因容量不够而需分次压桩），则应考虑将桩尖停歇在软弱土层中，以使启动阻力不致过大。

(2)施压过程中，应随时注意保持桩的轴心受压，若有偏移，要及时调整。

(3)接桩应保证上、下节桩的轴线一致，并使接桩时间尽可能地缩短，否则也可能导致桩压不下去。

(4)压桩所用的测量压力等仪器起着判断设备负荷情况的作用，平时应注意保养、检修和标定，以减少仪器误差。

(5)压桩机行驶道的地基应有足够的承载能力，必要时需作处理。

(6)压桩过程中，当桩尖碰到砂层时，压桩阻力可能突然增大，甚至超过压桩机能力而使桩机上抬。这时可以最大的压桩力作用在桩顶，采取停车再开、忽停忽开的办法，使桩有可能缓慢下沉穿过砂层。如果工程中有少量桩确实不能压至设计标高而相差不多时，经与设计单位研究，可以采取截去桩头的办法解决。

(7)当桩压至接近设计标高时,不可过早停压。否则,在补压进时常会发生压不下或压入过少的现象。

(8)当压桩阻力超过压桩机能力,或者由于来不及调整平衡,以致使压桩架发生较大倾斜时,应立即停压并采取安全措施,以免造成断桩或其他事故。

4. 压桩施工特点

压桩与打桩相比,具有以下优点:

(1)节约材料、降低成本。打桩时在桩体内产生的锤击压应力,每平方厘米可达几千牛顿。锤击拉应力,一般也有几百牛顿,大者达一千牛顿以上。因此,目前在设计和制作锤击法施工的钢筋混凝土桩时,为了满足施工中锤击应力的需要,不得不将混凝土强度等级提高到C30～C40。实际上,桩在使用期间根本无需这样高的强度,所以部分材料是不能充分发挥作用的。

压桩由于避免了锤击应力,桩的混凝土强度及其配筋,只要满足吊桩弯矩(桩可分段制作,吊桩弯矩也大为减少),压桩和使用期的受力要求即可。因此,桩的断面可以减小,主钢筋和局部加强钢筋都可以大大节省,混凝土强度等级可降低到C25。据统计,与打桩相比,压桩可以节省混凝土 26%、钢筋 47%,降低造价 26%。此外,压桩还可以节省替打木、纸垫等缓冲材料,桩顶也不会碎裂。

(2)提高施工质量。打桩的桩身往往容易开裂,桩顶被击碎更是常有之事,压桩则可以避免这些缺陷。压桩所引起的桩周土体隆起和水平挤动,比打桩要小得多,表 3-6 是在相同条件下的实测值,可以说明这一情况。桩周土体的隆起和水平挤动,间接地表明土体结构的破坏程序和破坏范围。在平地打入群桩时,有时由于土表面的严重隆起,使打桩架发生倾斜,造成桩位的移动,使已入土的桩产生位移,可使附近土面或者地坪开裂,甚至引起邻近建筑物的开裂。压桩还可以消除振动,能减轻沉桩施工中对周围建筑物的不良影响。

表 3-6　打桩和压桩对周围地表面挤动情况

顶次	沉桩方法	竖向隆起(mm)		水平挤动(mm)	
		最大	平均	最大	平均
1	打桩	580	400	200	80～100
2	压桩	120	63	80	20～30

(3)可以满足某些特殊要求。压桩无噪音,适合于市内的桩基施工。压桩无振动,对附近精密设备仪器的干扰小,特别适合于精密工厂车间的扩建工程。此外,对于某些地下管道密布的地区,或者由于科研的需要而在桩上埋设仪器,为了避免沉桩时被振坏,采用压桩沉桩也是较为理想的方法。

然而,压桩只适合于软土地基上的沉桩施工,且只限于压直桩,故有一定的局限性,压桩设备也较笨重。

第四章 灌注桩混凝土配合比设计

第一节 混凝土的原材料

一、水泥

1. 硅酸盐水泥生产过程

凡以适当成分的生料烧至部分熔融,所得以硅酸钙为主要成分的硅酸盐水泥熟料,加入适量石膏,磨细制成的水硬性胶凝材料,称为硅酸盐水泥,国际上广泛称波特兰水泥,由于不掺任何物质粉料,故又称纯熟料水泥。

硅酸盐水泥生产工艺过程为:

2. 硅酸盐水泥主要矿物成分及其特性

(1)硅酸三钙(化学式 $3CaO \cdot SiO_2$,简式 C_3S,含量 37%～60%):水化速度快,水化时放热量较大,硬化时体积收缩较大,强度最高,且能不断增大,是决定硅酸盐水泥强度的主要成分。但对碱侵蚀的抗蚀性较差。

(2)硅酸二钙(化学式 $2CaO \cdot SiO_2$,简式 C_2S,含量 15%～37%):水化速度最慢,水化时放热量最小,早期强度不高,但后期强度增长最快,它是保证水泥后期强度增长的主要成分,随着 C_2S 含量的增加,水泥的抗蚀性将有所提高。

(3)铝酸三钙(化学式 $3CaO \cdot Al_2O_3$,简式 C_3A,含量 7%～15%):水化速度最快,水化时放热量最高,体积收缩也最大,早期强度增长最快,但后期强度又逐渐降低。因此,这种成分在水泥中含量过多,将对水泥的性质有不良影响,但适当的含量,对促进硅酸盐矿物的硬化却具有良好的作用。

(4)铁铝酸四钙(化学式 $4CaO \cdot Al_2O_3 \cdot Fe_2O_3$,简式 C_4AFe,含量 10%～18%):水化速度较快,水化时放热量较大。增加 C_4AFe 的含量能提高水泥对碱性和化学侵蚀的抗蚀性,但抗冻性将有所降低。

上述矿物成分在水泥熟料中所占比例不同,水泥的性质也将发生相应的变化。例如提高硅酸三钙含量,可得高强度水泥;又如降低铝酸三钙含量、提高硅酸二钙含量,可制得水化热低的水泥。

3. 灌注桩常用的五种硅酸盐水泥

灌注桩常用的五种水泥列于表 4-1,后四种水泥是由硅酸盐水泥熟料、石膏再掺入其他混合料细磨而成。

表 4-1 灌注桩常用的五种水泥

水泥品种	硅酸盐水泥	普通硅酸盐水泥	矿渣硅酸盐水泥	火山灰质硅酸盐水泥	粉煤灰硅酸盐水泥
混合材料掺量（按重量计）	<5%	小于15%	20%～70%矿渣	20%～50%火山灰质混合材	20%～40%粉煤灰
水泥标准编号	GB 175—92	GB 175—92	GB 1344—92	GB 1344—92	GB 1344—92
标号	525,625,425R,525R,625R,725R	325,425,525,625,425R,525R,625R	275,325,425,525,625,425R,525R	同 左	同 左

注："R"表示早强水泥。

4. 水泥强度与标号

国家标准规定，测定水泥强度的标准方法是水泥与标准砂以1:2.5的比例，以标准稠度用水量（硅酸盐水泥、普通硅酸盐水泥、矿渣硅酸盐水泥的水灰比为0.44；火山灰质硅酸盐水泥、粉煤灰硅酸盐水泥的水灰比为0.46）制成4×4×16 cm试体，在温度20℃±3℃，相对湿度大于90%的养护箱内养护24±3小时后脱模，并及时放入温度为20℃±3℃的水槽中养护至规定的时间后进行强度检验，在进行强度检验时，先以4×4×16 cm试体做抗折强度试验，然后用折断的试块做抗压强度检验。试件受压面为4.0×6.25 cm。国家标准规定，根据水泥28天的胶砂抗压强度值来划分水泥标号，425水泥即水泥28天胶砂抗压强度不低于42.5 MPa。但其3天、7天的抗压强度值和3天、7天、28天的抗折强度值也不应低于规定的数值。表4-2列出了水泥标号与胶砂强度之间的关系。

表 4-2 五种水泥各龄期胶砂强度

水泥标号	硅酸盐水泥		普通硅酸盐水泥		矿渣（火山灰质，粉煤灰）硅酸盐水泥		
	3d	28d	3d	28d	3d	7d	28d
抗 压 强 度 (MPa)							
275	—	—	—	—	—	13.0	27.5
325	—	—	12.0	32.5	—	15.0	32.5
425	—	—	16.0	42.5	—	21.0	42.5
525	23.0	52.5	21.0	52.5	21.0	—	52.5
625	28.0	62.5	26.0	62.5	—	—	—
425R	22.0	42.5	21.0	42.5	19.0	—	42.5
525R	27.0	52.5	26.0	52.5	23.0	—	52.5
625R	32.0	62.5	31.0	62.5	28.0	—	62.5
725R	37.0	72.5	—	—	—	—	—
抗 折 强 度 (MPa)							
275	—	—	—	—	—	2.5	5.0
325	—	—	2.5	5.5	—	3.0	5.5
425	—	—	3.5	6.5	—	4.0	6.5
525	4.0	7.0	4.0	7.0	4.0	—	7.0
625	5.0	8.0	5.0	8.0	—	—	—
425R	4.0	6.5	4.0	6.5	4.0	—	6.5
525R	5.0	7.0	5.0	7.0	4.5	—	7.0
625R	5.5	8.0	5.5	8.0	5.0	—	8.0
725R	6.0	8.5	—	—	—	—	—

5. 现场水泥质量复检

建设部规定，国家统配水泥厂用回转窑生产的水泥，只要具有出厂合格证，在规定的使用期限内（一般水泥3个月，快硬硅酸盐水泥为1个月），并对水泥质量无怀疑时，施工企业可不做质量复检。

凡使用其他地方水泥厂的水泥或进口水泥,或超过使用期限的水泥,或对水泥质量有怀疑时,施工单位应对水泥进行复查试验,并按其试验结果使用。对钻孔灌注桩施工来说,主要复查检验水泥的安定性、凝结时间和胶砂强度。

(1)安定性检验。安定性是指标准稠度的水泥浆(硅酸盐水泥加水21%～28%,普通水泥加水24%～28%,矿渣水泥加水26%～30%,火山灰水泥加水28%～32%,粉煤灰水泥加水26%～32%,均以重量计调制的标准稠度水泥净浆),在硬化过程中体积变化是否均匀的性质。五大品种的水泥规定用饼法和雷氏夹试验。饼法是将水泥浆制成的直径70～80 mm,中心厚约10 mm边缘渐薄,表面光滑且一面平整的试饼(标准条件下养护24±h)放在开水里煮3 h,不变形无裂缝者为合格。安定性不合格的水泥主要是水泥中的游离氧化钙或氧化镁含量太高。安定性不合格的水泥会在后期硬化过程中,使已经硬化的混凝土产生裂纹或完全破坏,则安定性不合格的水泥禁止使用。

(2)凝结时间检验。水泥的凝结时间对施工有重要意义。凝结时间分初凝和终凝,初凝为水泥加水拌和时至水泥浆开始失去可塑性时的时间;终凝为水泥加水拌和至水泥浆完全失去可塑性的时间。终凝以后称为硬化阶段。国家标准规定,水泥的凝结时间是以标准稠度的水泥净浆,在规定温度及湿度环境用水泥净浆凝结时间测定仪测定。我国硅酸盐水泥的初凝时间一般为1～3小时,终凝时间为5～6小时。

对于钻孔灌注桩施工,在现有条件下,单桩的浇灌混凝土时间较长,要求水泥初凝时间长,有时需加缓凝剂。现场需分别测定水泥无外加剂的凝结时间和加了外加剂的凝结时间,以检查加入外加剂的效果和外加剂与水泥的适应性。

(3)水泥胶砂强度检验。不同厂家或同一厂家的不同批的同标号水泥,胶砂强度可能相差较大,会造成混凝土的强度的大幅度波动,造成桩身混凝土强度不合要求。因此,如能及时快速检验出水泥胶砂强度,就可及时调整混凝土的配合比,保证混凝土的强度。

二、粗骨料

在混凝土中,凡粒径大于5 mm的骨料称粗骨料(即石子),常用的有碎石和卵石两大类。碎石是将坚硬岩石,如花岗岩、砂岩、石英岩等经人工或机械破碎而制成的粗细颗粒混合物,卵石是由多种硬质岩石经风化自然崩解形成的粗细颗粒混合物。

碎石富有棱角,表面粗糙,成分简单,杂质较少,与水泥粘结较好。卵石表面光滑少棱角,杂质相对碎石多一些,与水泥胶结较差。因此,在相同水泥用量的情况下,前者拌出的混凝土流动性较差,而后者拌出的混凝土拌合物流动性较好。高强度等级的混凝土一般要用碎石作粗骨料。

石子质量要求参考JGJ 53-92。

1. **颗粒级配**

颗粒级配表示大小颗粒搭配情况,它反映了骨料总的空隙率的大小。

石子颗粒级配好坏对节省水泥和保证混凝土有良好的和易性(或称工作性)有很大关系,特别是拌制高强度混凝土,石子颗粒级配更为重要。石子颗粒级配通过筛分法确定,有连续级配和间断级配之分。普通混凝土用碎石或卵石的颗粒级配应符合表4-3的要求。

连续级配:将石子按其尺寸大小分级,分级尺寸是连续的,然后按适当比例混合。连续级配因大小颗粒搭配较好,混凝土拌合物的和易性好,不易发生离析现象。导管法灌注水下混凝土一般采用连续级配的石子,用 5~40 mm 石子较多,当导管直径较小,钢筋笼主筋间距较小时也可使用 5~20 mm 或 25 mm 石子。粒径小一些有利于提高混凝土拌合物的和易性和减小桩身混凝土强度的离析性。但从经济上考虑,水泥用量会随最大粒径的减小而急剧增加。应从和易性和经济性两个方面综合确定骨料的最大粒径。对于水下砼,最大粒径应≤40 mm;沉管灌注桩≤50 mm;对于素混凝土桩,不得大于桩径的 1/4,并且不宜大于 70 mm;对于钢筋混凝土桩,不得大于钢筋间最小净距的 1/3。

间断级配:间断级配的石子,其颗粒尺寸的大小是不连续的,有意剔去某些中间尺寸的粒级,造成颗粒级配的间断。大颗粒间的空隙,由比它小得多的颗粒来填充。采用间断级配可降低骨料的空隙率,更大限度地发挥骨料的骨架作用,减少水泥用量。但间断级配的混凝土拌合物易离析,和易性较差。

表 4-3 碎石或卵石的颗粒级配范围

级配情况	粒级(mm)	累计筛余(按质量计,%) 筛孔尺寸(圆孔筛,mm)											
		2.50	5.00	10.0	16.0	20.0	25.0	31.5	40.0	50.0	63.0	80.0	100
连续粒级	5~10	95~100	80~100	0~15	0	—	—	—	—	—	—	—	—
	5~15	95~100	90~100	30~60	—	0~10	—	—	—	—	—	—	—
	5~20	95~100	90~100	40~70	—	0~10	—	0	—	—	—	—	—
	5~25	95~100	90~100	—	—	30~70	0~5	—	0	—	—	—	—
	5~30	95~100	90~100	70~90	—	15~45	—	0~5	0	—	—	—	—
	5~40	—	95~100	75~90	—	30~65	—	—	0~5	0	—	—	—
间断粒级	10~20	—	95~100	85~100	—	0~15	—	—	—	—	—	—	—
	16~31.5	—	95~100	—	85~100	—	—	0~10	0	—	—	—	—
	20~40	—	—	95~100	—	80~100	—	—	0~10	0	—	—	—
	31.5~63	—	—	—	—	75~100	—	45~75	—	0~10	0	—	—
	40~80	—	—	—	—	95~100	—	—	70~100	—	30~60	0~10	0

2. 针、片状颗粒含量与含泥量

粗骨料的颗粒形状还有属于针状(颗粒长度大于其平均粒径的 2.4 倍)和片状(厚度小于其平均粒径 0.4 倍)颗粒的,针、片状颗粒不仅本身容易折断,影响砼强度,而且会增加骨料的空隙率,并影响砼拌合物的工作性。因此规定:当混凝土强度等级大于或等于 C30 号时,其含量应不大于石重的 15%;当为一般混凝土时,其含量应不大于石重的 25%。此外,对粗骨料中的含泥量还有规定:当混凝土强度等级大于或等于 C30 时,应不大于石重的 1%;当为一般混凝土时,应不大于石重的 2%;对于基本上是非粘性杂质的石粉,可分别增加为 1.5% 和 3%。

3. 强度

碎石或卵石强度,可用岩石立方体强度和压碎指标两种方法表示。在选择采石场或对粗骨料强度有严格要求或对粗骨粒质量有争议时,宜用岩石立方体强度作检验,对于经常性的生产质量控制则用压碎指标值检验较为简便。

用立方体强度检验时,碎石或卵石制成的 5×5×5 cm 立方体(或直径与高均为 5 cm 的圆柱体)试样,在水饱和状态下,其极限抗压强度与混凝土强度等级值之比不应小于 1.5,且在一般情况下,火成岩试件的强度不宜低于 80 MPa,变质岩不宜低于 60 MPa,沉积岩不宜低于 30 MPa。

压碎指标值试验法是将气干状态的 10~20 mm 的石子,按一定的方法装入压碎指标值测定仪(内径 ϕ152 mm 的圆筒)内,上面加压头后放在试验机上,在 3~5 分钟内均匀加荷到 200 kN,卸荷后称取试样的质量(m_0)再用孔径为 2.5 mm 的筛进行筛分,称取试样的筛余量(m_1)。

压碎指标 $\delta_a = [(m_0 - m_1)/m_0] \times 100\%$。具体方法见 JGJ 53—92。压碎指标可参照表 4-4 采用。

表 4-4　碎石或卵石的压碎指标值

岩石品种	混凝土强度等级	压碎指标值(%)	
		碎石	卵石
沉积岩	C55~C40	≤10	≤12
	≤C35	≤16	≤16
变质岩或深成的火成岩	C55~C40	≤12	≤12
	≤C35	≤20	≤16
喷出的火成岩	C55~C40	≤13	≤12
	≤C35	≤30	≤16

4. 有害物质含量

碎石或卵石中的硫化物和硫酸盐含量，以及卵石中有机杂质含量，应符合表 4-5 的规定。

表 4-5　碎石或卵石中的有害物质含量

项　目	质　量　标　准
硫化物及硫酸盐含量折算为 SO_3，按质量计，不宜大于(%)	1
卵石中有机质含量(用比色法试验)	颜色不应深于标准色，如深于标准色，则以混凝土进行强度对比试验，抗压强度比不应低于 0.95

注：碎石或卵石中如含有颗粒状硫酸盐或硫化物，则要求经专门检验，确认能满足混凝土耐久性要求时方能采用。

三、细骨料（JGJ 52-92）

在混凝土中凡粒径<5 mm 的岩石颗粒称为细骨料，一般以天然砂为细骨料。天然砂是由岩石风化后形成的，以石英为主要成分，含有少量的长石颗粒、云母片及其他矿物杂质。

1. 砂的分类

砂可分为天然砂和人工砂两大类。天然砂按其产源不同，分为河砂、海砂和山砂。河砂和海砂因生成过程中受水的冲刷，颗粒形状较圆滑，质地坚实，但海砂内常夹有疏松的石灰质贝壳碎屑和过多的氯离子，会影响混凝土的强度。山砂是岩石风化后在原地沉积而成，颗粒多棱角，并含有粘土及有机杂质等。因此，这三种砂中以河砂的质量为好，海砂也可用于灌注桩（但氯离子含量不宜大于 0.06%，否则要用淡水冲洗），山砂不宜采用。

砂按其平均粒径和细度模数分为粗、中、细、特细砂四类。见表 4-6。

表 4-6　砂的分类

类　别	平均粒径(mm)	细度模数(μ_f)
粗　砂	>50	3.7~3.1
中　砂	0.35~0.50	3.0~2.3
细　砂	0.25~0.35	2.2~1.6
特细砂	<0.25	1.5~0.7

注：细度模数 $\mu_f = \dfrac{(A_2+A_3+A_4+A_5+A_6)-5A_1}{100-A_1}$

式中：A_1、A_2、A_3、A_4、A_5、A_6 分别为 5、2.5、1.25、0.63、0.315、0.16 mm 筛上的累计筛余百分率。

2. 混凝土用砂的技术要求

(1)细度模数 μ_f。灌注桩混凝土要求 μ_f 在 2.5~3.1 中间较好，即最好是中砂。μ_f 过小，单位体积或质量的砂的总表面积及空隙率增大，润裹这些砂的表面及填充其空隙所需的水泥浆量增大,既增加了成本又增大了混凝土的稠度,对灌注不利;μ_f过大,会使混凝土拌合物产生泌水现场,影响混凝土的工作性。

(2)颗粒级配。对细度模数为 3.7~1.6 的砂,按 0.63 mm 筛孔的累计筛余量(以质量百分率计)分成三个级配区,见表 4-7,砂的颗粒级配应处于表中任何一个级配区以内。

表 4-7 砂粒级配区

筛孔尺寸	级 配 区		
(mm)	1 区	2 区	3 区
	累 计 筛 余		
10.00	0	0	0
*5.00	*10~0	*10~0	*10~0
2.50	35~5	25~0	15~0
1.25	65~35	50~10	25~0
*0.63	*85~71	*70~41	*40~16
0.315	95~80	92~70	85~55
0.16	100~90	100~90	100~90

砂的实际颗粒级配与表 4-7 所列的累计筛余百分率相比,除 5 和 0.63 mm 筛孔(表中有"*"的数值)外,允许稍有超出分界线,但其总量不应大于 5%。

(3)含泥量。砂的含泥量(即粒径小于 0.08 mm 的尘屑、淤泥和粘土的总量)对于 C30 及 C30 以上的混凝土,不应大于 3%(以质量计),对于 C30 以下的混凝土不应大于 5%,堆料场地为泥土地时,应特别注意避免兜底铲运时混入泥团。

(4)坚固性。砂的坚固性,用硫酸钠溶液法检验,试样经 5 次循环后,其重量损失应不大于 10%,当同一产源的砂在类似的条件下使用已有可靠经验时,可不作坚固性检验。

(5)有害物质含量。砂中如含有云母、轻物质(相对密度小于 0.2,如煤和褐煤等)、有机质、硫化物及硫酸盐等有害物质,其含量应符合表 4-8 的规定。

(6)对于 μ_f 为 1.5~0.7 的特细砂按《特细砂混凝土配制及应用规程》(BJG 19—65)执行。

表 4-8 砂中有害物质含量

项 目	质 量 指 标
云母含量:按质量计不宜大于(%)	2
轻物质含量:按质量计不宜大于(%)	1
硫化物及硫酸盐(折算成 SO_3)含量:按质量计不大于(%)	1
有机质含量(用比色法试验)	颜色不得深于标准色,如深于标准色,则应配成砂浆,进行强度对比,抗压强度比不应低于 0.95

四、水

混凝土拌合用水按水源可分为饮用水、地表水、地下水、海水以及经适当处理或处置后的工业废水。

符合国家标准的生活饮用水可拌制各种混凝土,是理想水源。

地表和地下水首次使用前,工业废水处置后都应按《混凝土拌合用水标准》(JGJ 63—89)检验合格后方能使用。

海水可用于拌制素混凝土,但不得用于拌制钢筋混凝土和预应力混凝土。有饰面要求的混凝土也不能用海水拌制。

五、外加剂

所谓混凝土外加剂,是指在拌制混凝土(包括砂浆和净浆)过程中加入的,用以改善混凝土性能的一类物质,掺量一般不大于水泥重量的5%(特殊情况除外)。与灌注桩有关的外加剂有减水剂、缓凝剂、引气剂等,目前以前两种使用较普遍,下面进行分述。

1. 减水剂

钻孔灌注桩混凝土的用水量,其一部分供水泥水化反应之用,另一部分是为了满足大流动性的要求而加入的。众所周知,水泥标号一定,水灰比越大,混凝土强度越低。因此,要获得较高的混凝土强度就应该尽量减少不必要的用水量。减水剂能够降低水的表面张力以及水与其他液体和固体之间的界面张力,使混凝土拌合物流动时的内阻力减小。这样,为保持相同流动性所需的用水量就减少了。

减水剂按效能可分为普通减水剂和高效减水剂;按对混凝土凝结时间的影响可分为标准型、缓凝型和促凝型;按对混凝土含气量的影响可分为引气型和非引气型。

目前常用的减水剂有:

(1)木质素磺酸盐(又称 M 型减水剂)。这是研究成功最早,目前产量最大、应用最广泛的普通减水剂。M 型减水剂的原料是生产纸浆或纤维浆的木质废液,经发酵处理、脱糖、浓缩、干燥、喷雾而制成的粉状物质,故又称木钙粉。我国吉林省开山屯化学纤维浆厂和广州造纸厂生产的木质素磺酸钙(简称木钙)减水剂,其掺量为水泥质量的 0.2%～0.3%,在混凝土的和易性和强度相近的情况下可节省水泥 8%～10%;在水泥用量相同和坍落度相近的情况下可减少用水量 10%左右,28 天抗压强度提高 10%～15%;当水泥用量不变,强度保持相近时,塑性混凝土的坍落度可增加 10 cm 左右;有缓凝作用(缓凝 1～3h),能降低水泥早期水化热,有一定的引气性。

这类减水剂还有福建漳平县造纸厂生产的木质素磺酸钠 WN-1 型减水剂,上海新华造纸厂生产的 CH 混凝土减水剂,江西黄岗山造纸厂生产的 JMN 减水剂。

(2)糖蜜类。糖蜜类减水剂是利用制糖工业下脚料——糖蜜,经石灰中和处理形成的一种棕色糊状液体,一般掺量为水泥质量的 0.2%～0.3%。糖蜜类减水剂能降低水泥的早期水化热,有缓凝作用,减水率为 10%左右,28 天抗压强度可提高 10%～15%;在保持同样用水量的情况下可增加 4～6 cm 坍落度,在同样强度和坍落度下可节约水泥 10%～15%。

(3)高效减水剂。高效减水剂主要有萘系减水剂,它是以煤焦油中分馏出的萘及萘的同系物为原料,经磺化、水解、缩聚、中和等工序提取,再经过滤、干燥而制成的产品。如大连第二有机化工厂的 NNO 减水剂、淮南矿务局合成材料厂的 NF 高效减水剂、天津自强化工厂的 UNF-2 高效减水剂、上海五四助剂厂的 SN-Ⅱ型减水剂、江苏江都县减水剂厂的 MF 减水剂和建 1 型减水剂等。

高效减水剂掺量一般为水泥质量的 0.2%～1.0%,如坍落度和强度不变,则水泥用量可节约 15%以上;如果水泥用量和坍落度不变,则强度可提高 15%～30%;如保持用水量和水灰比不变,则可使坍落度增大 15～20 cm。

高效减水剂的缺点是混凝土拌合物坍落度随时间损失大,30 分钟可损失 50%以上。解决办法有两个:一是掺用粉煤灰,它可以减少坍落度的损失;二是与普通减水剂混合使用,如将单独使用0.7%的SN-Ⅱ减水剂改为0.5%SN-Ⅱ与0.2%木钙或糖钙混用。

2. 缓凝剂

为了保证在灌注过程中混凝土不硬结,混凝土的初凝时间必须大于单根桩的混凝土灌注时间。水泥的凝结时间与水泥矿物的水化速度、水泥—水胶体体系的凝聚过程、加水量等有关,因此凡能降低水化速度、胶体体系凝聚过程和拌合水量的外加剂,都可作为缓凝剂使用。

常用的缓凝剂及缓凝减水剂主要有:

(1)糖类。如蔗糖、糖蜜减水剂。少量的糖(水泥重量的0.02%~0.05%)能使混凝土的凝结时间延迟3~4小时,7天后的强度高于无缓凝剂的混凝土;大量的糖(水泥重量0.2%~1%)将阻碍水泥的凝结,数日也不硬化或使强度严重下降;糖蜜减水剂(主要成分是蔗糖化钙)的掺量为水泥重量的0.2%~0.5%(水剂)或0.1%~0.3%(粉剂),混凝土的凝结时间可延长2~4小时,掺量每增加0.1%(水剂),凝结时间延长1小时;当掺量大于1%时,混凝土长时间不硬化,掺入4%时28天的强度仅为不掺的1/10。有关的试验指出,蔗糖化钙有减水和缓凝作用,而单糖化钙(葡萄糖化钙和果糖化钙)仅有减水作用而无缓凝作用)。

糖蜜(缓凝)减水剂在工地上可自制,其方法步骤为:

①将原相对密度为1.3~1.6浓稠的糖蜜,用热水稀释至相对密度为1.2(含糖量30%左右)的糖水,溶液温度保持在60℃~70℃;

②将磨细(经孔径0.3 mm或更细的筛)的生石灰或消石灰粉,按稀释糖水(相对蜜度1.2)重量的12%(生石灰粉)或16%(消石灰粉)徐徐加入,不断搅拌,直至石灰粉均匀地分布于糖水中,反应温度控制在60℃~80℃;

③拌制好后需密封存放一周以上,待其充分反应即可使用;

④减水剂以粉剂使用时,可将其晒干或烘干后磨细。

(2)木质素磺酸盐类。如木质素磺酸钙、木质素磺酸钠,其掺量为水泥重量的0.2%~0.5%,混凝土的凝结时间可延长2~3小时。

(3)羟基羧酸类。如酒石酸、酒石酸钾钠、柠檬酸,掺量为0.03%~0.10%,凝结时间可延长4~10小时,混凝土的含气量有所降低,泌水率有所增加(若与引气剂一起使用,则可克服)。

(4)无机化合物。如氧化锌、氯化锌、磷酸盐、硼酸盐等,其掺量为0.1%~0.2%。氧化锌可使凝结时间延长10~29小时。

缓凝剂的药效与水泥成分、水质等因素有关,例如:在用硬石膏(无水石膏)或工业废料石膏作调凝剂的水泥,使用木钙、糖蜜则不但没有缓凝作用甚至还会早凝;焦磷酸钠($Na_4P_2O_7$),用量一般为0.1%,混凝土初凝时间可延长6~10小时或更多。便遇到钙、镁含量高的水质也会因发生化学反应而失效;砂或水中含有过量的氯离子时,也会早凝等等。总之,确定配方中采用何种缓凝剂,必须根据缓凝时间要求、混凝土设计强度、其他原材料成分等进行综合考虑,否则有可能引起灌注事故。

3. 引气剂

引气剂是指能给混凝土引进定量微细气孔而又不改变水泥凝结和硬化速度的外加剂。它所引进的空气泡尺寸在0.05~1.25 mm之间且均匀分布。使用引气剂可提高混凝土的耐久性,降低混凝土的泌水性和离析现象,改善浇灌时的工作性能(混凝土含气量每增加1%,混凝土的坍落度约提高1 cm)。但掺引气剂的混凝土的弹性模量、抗压强度与钢筋握裹力均有所降低,故一般引气量控制在3%~6%。国内应用较多的引气剂是柠檬酸、松香热聚物、松香皂和木质素磺酸钙。

4. 外加剂的掺入方法

外加剂一般掺量都很少,有的只占水泥重量的万分之几,所以必须严格而准确地加以控制,一般外加剂不能直接加入混凝土搅拌机内。对于可溶于水的外加剂,应先配制成合适浓度的溶液,使用时按所需掺量加入拌合水中,再连同拌合水一起加入搅拌机内。对于不溶于水的外加剂,可先在室内预先称好,再与适量的水泥、砂子混合均匀后加入搅拌机中。

六、掺合料

掺合料又称混合材料,是混凝土中的特殊材料,但掺量要比外加剂大得多。掺合料一般是指粒径小于 150 μm 而又不溶于水的无机的具有一定活性(潜在水硬性)的细粉料和超细粉料,如粉煤灰、硅粉、沸石粉、高炉矿渣粉等。其中以粉煤灰资源最丰富,价格也较低廉,它是火力发电厂燃烧煤粉的锅炉排出的烟气中收集的粉尘。粉煤灰作为混凝土的基本材料直接掺入混凝土中,在钻孔灌注桩施工中已得到较好地应用。混凝土中掺入粉煤灰不仅可增加混凝土的保水性和粘聚力,使混凝土软、滑不易离析、泌水,有利于顺利浇灌,而且用超量取代的方法取代一部分水泥,增加浆体含量又不致降低强度,变废为宝,可取得较好的经济和社会效益。

粉煤灰按其品质分为Ⅰ、Ⅱ、Ⅲ三个等级。其品质应满足表 4-9 的规定。钻孔灌注桩有钢筋笼时用Ⅰ级或Ⅱ级,素混凝土可用Ⅲ级。

普通混凝土中,粉煤灰取代水泥率不得超过表 4-10 规定的限度。粉煤灰混凝土的配合比设计以基准混凝土的配合比为基础,按等稠度、等强度等级原则,用超量取代法进行调整。超量系数见表 4-11。钻孔灌注桩混凝土中用粉煤灰应遵守《粉煤灰在混凝土和砂浆中的应用技术规程》(JGJ 28—86)。

表 4-9 粉煤灰品质指标和分类

序号	指标	粉煤灰级别		
		Ⅰ	Ⅱ	Ⅲ
1	细度(0.08 mm 方孔筛的筛余%)不大于	5	8	25
2	烧失量(%)不大于	5	8	15
3	需水量比(%)不大于	95	105	115
4	三氧化硫(%)不大于	3	3	3
5	含水率(%)不大于	1	1	不规定

注:代替细骨料或用以改善和易性的粉煤灰不受此规定的限制。

表 4-10 粉煤灰取代水泥百分率(β_c%)

混凝土强度等级	普通硅酸盐水泥	矿渣硅酸盐水泥
C15 以下	15~25	10~20
C20	15~20	10~15
C25~C30	10~15	10

注:①以 425 水泥配制成的混凝土取表中下限值,以 525 水泥配制时取表中上限值;
②C20 以上的混凝土采用Ⅰ、Ⅱ级粉煤灰,C15 以下的素混凝土可采用Ⅲ级粉煤灰。

表 4-11　超量系数

粉煤灰级别	Ⅰ	Ⅱ	Ⅲ
超量系数 δ_c	1.0~1.4	1.2~1.7	1.5~2.0

注：C25 以上混凝土取下限，其他强度等级混凝土取上限。

第二节　对灌注桩混凝土的基本要求

一、混凝土的强度等级

混凝土强度等级应按其立方体抗压强度标准值确定。立方体抗压强度标准值系指按照标准方法制作和养护的边长为 150 mm 的立方体试件，在 28 天龄期，用标准试验方法测得的具有 95% 保证率的抗压强度（可参考"混凝土立方体抗压强度试验方法"JGJ 55-81），抗压强度的单位为 N/mm^2（即 MPa）。

混凝土强度等级用符号 C 和立方体抗压强度标准值表示。正式的强度等级有：C7.5、C10、C15、C20、C25、C30、C35、C40、C45、C50、C55、C60。过去立方体试件边长为 200 mm，立方体试件的抗压强度的单位定为 N/cm^2，抗压强度的数值即为混凝土的标号 $R(N/cm^2)$。目前灌注桩混凝土设计标号 R 一般在 150~400 号之间，即 150、200、250、300、400 号，换算成强度等级应分别为 C13、C18、C23、C28、C38。按新规范灌注桩混凝土正式的强度等级应取 C15、C20、C25、C30、C35、C40、C45、C50。灌注桩混凝土强度等级不得低于 C15，水下灌注混凝土时不得低于 C20，预制桩不得低于 C30（静压预制桩可为 C25）。混凝土强度等级还应满足单桩承载力的要求，按 (2-1) 式，即 $f_{cuk} \geq \frac{2}{\psi_c A}(\frac{R}{\varphi}-f_y A'_s)$　且　$f_{cuk} \geq \frac{1.493}{\psi_c A}(\frac{Q_{uk}}{\varphi}-f'_{yk} A'_s)$

二、混凝土拌合物要有较好的流动性

钻孔内灌注混凝土一般不进行振捣密实，而是依靠自重（或压力）和流动性密实的，流动性稍差就有可能在混凝土中形成蜂窝和空洞，严重影响混凝土质量。此外，钻孔内的混凝土一般是通过导管灌注的，流动性差就会给施工带来困难，甚至使施工无法进行。

施工现场常用坍落度来表征混凝土的流动性。坍落度试验用坍落筒来做，坍落筒是用铸铁或薄钢板焊成的截头圆锥体筒，筒外两侧焊两只把手，近下端两侧焊脚踏板，底部直径 φ200 mm，顶部直径 φ100 mm，高 300 mm。实验时，将坍落筒放在一块刚性的、平坦的、湿润且不吸水的底板上，然后用脚踩两个脚踏板，使坍落筒在装料时位置固定，坍落筒内装满混凝土拌合物后，小心垂直地提取坍落筒，立即量测筒高与坍落后混凝土拌合物试体最高点之间的高度差（一般以厘米计），即得到坍落度值。显然，坍落度越大，混凝土拌合物的流动性越好，但这并不是绝对的。例如，当混凝土易离析时，坍落度大的混凝土流动性并不好。

JGJ 4-80 及 JGJ 94-94 规范规定：螺旋钻成孔灌注桩混凝土的坍落度为 8~10 cm；机动洛阳铲挖孔灌注桩混凝土坍落度 6~8 cm；沉管灌注桩桩身配筋时混凝土坍落度 8~10 cm，素混凝土坍落度 6~8 cm。由此可见，对于地下水位位于桩底以下且钻孔是用干钻法施工（螺旋钻、洛阳铲、人工挖孔）时，或钻孔内泥浆只是为了悬浮钻屑，成孔后抽除孔内泥浆孔壁不坍时，可直接将搅拌好的混凝土用串桶倒入钻孔，并可分层（分层厚度≤1.5 m）用插入式振动器捣实时。若桩身配筋，要求混凝土的坍落度 8~10 cm；若桩身为素混凝土要求混凝土的坍落度为 6~8 cm。实际施工中沉管灌注桩砼在锤击力或振动力作用下被捣实。

JGJ 4—80 还规定：用导管法灌注水下混凝土时，混凝土的坍落度应控制在 16～20 cm，JGJ 94—94 定为 18～22 cm。孔深、导管直径小（$\phi200$～$\phi250$ mm）、气温高时取上限，孔浅、导管直径大（$\phi300$ mm）、气温低时取下限值。

总之，坍落度应根据具体条件来选择，以确保获得均匀、密实的桩身砼为标准。

三、混凝土拌合物要有一定的粘聚性

粘聚性是指保持混凝土中各组分始终均匀一致的能力。粘聚性差的混凝土很容易产生离析（石子和水泥砂浆分离）和泌水（水和水泥严重分离），这种混凝土的坍落度尽管也能达到 18～22 cm，但在管内流动时一遇阻力，石子、黄砂就会在受阻处逐渐滞留下来，最后造成堵管现象。这种混凝土即使灌入桩内，也会由于各组分流动时阻力不一致而产生离析，形成局部石子堆积、局部砂浆聚集的状态。同时，由于混凝土浇注时的泌水作用，在每颗粗骨料底面形成泌水通道及水囊，在混凝土干硬后也会形成界面裂缝及孔隙。通过提高混凝土中粉状颗粒含量，如增加水泥用量和掺用粉煤灰，可改善混凝土的粘聚性。当不掺粉煤灰时，每立方米混凝土的水泥用量：水下混凝土为 360～450 kg，一般不得少于 360 kg；干作业混凝土一般为 300～400 kg，就是为了保证混凝土有合适的粘聚性。当掺加粉煤灰时，水泥用量可相应减小，如过多地加入粉状颗粒，则可能导致混凝土的粘度增加，使混凝土的流动性受到影响。

目前，还没有简单的仪器和方法来测定混凝土拌合物的粘聚性，然而凭经验和感觉还是能对混凝土的粘聚性有直观的判断。当坍落筒拔出后，石子堆在中间，砂浆从石子缝隙中渗出，这种混凝土粘聚性较差；反之，如石子砂浆均匀地坍向四周，混凝土的粘聚性肯定就好。停放一段时间后混凝土的表面如果泌出一层水，这种混凝土的粘聚性就差。试验表明，泌水率 1.2%～1.8% 的混凝土拌合物具有较好的粘聚性。水下混凝土要求 2 小时内析出的水分不大于混凝土体积的 1.5%。

四、要求坍落度随时间损失小，初凝时间长

为了保证混凝土在灌注过程中始终保持较好的流动性和粘聚性，要求混凝土有较长的凝结时间和较少的坍落度损失。我们知道，混凝土一旦搅拌完毕，流动性便逐渐减小直至初凝。实践告诉我们，不是混凝土从搅拌结束到初凝这整个时间都可为灌注之用，在没有任何外加剂的情况下，20 cm 坍落度的普通混凝土 1 小时后坍落度损失 50%，2 小时后损失 70%，3 小时后基本无坍落度，4～5 小时后便达到初凝。我们能够真正用于灌注之用的有效时间仅 2 小时。总而言之，用未掺缓凝剂的普通混凝土，若灌注整条桩的水下混凝土时间大于 2 小时，很难相信升到地面的还是第一次灌入并封住导管底部的那斗混凝土。事实上，在上升过程中那斗混凝土已逐步被新的流动性好的混凝土所代替。而这夹带泥浆及沉渣的混凝土如被不断置换留在桩内的话，硬化后的灌注桩内必将出现不同程度疏松和夹泥现象。因此，混凝土的初凝时间至少要大于单桩灌注时间，当桩径桩长都较大时，就必须在混凝土中加缓凝剂延长初凝时间（同时加糖蜜减水剂和木钙，初凝时间基本上可延长到 12 小时）或增大混凝土搅拌机容量及台数或用混凝土泵车来缩短灌注时间。对于水下混凝土，一般还要求混凝土搅拌完后 1 小时或 45 分钟混凝土拌合物的坍落度还能保持在 15 cm。

对于干孔可分层灌注分层捣实的砼，要求在下层混凝土初凝前灌上层混凝土；对于复打沉管灌注桩，要求在第一次沉管灌入的砼初凝之前完成复打工作。

此外，要求混凝土有一定的容重。水下混凝土靠自重灌注，靠重力和流动性密实，要求容重

大于 23 kg/m³～24 kg/m³，因此不能用轻骨料。

第三节 灌注桩混凝土配合比设计

混凝土的配合比是指混凝土的组成材料之间的用量的比例关系(重量比)，一般以水：水泥：砂：石表示，而以水泥为基数1。

配合比的选择，是根据工程要求、组成材料的质量、施工方法等因素，通过试验室计算及试配后加以确定的，通常称它为试验配合比。所确定的试验配合比应使拌制出的混凝土能保证结构设计中所要求的强度等级，并符合施工中对工作性的要求，同时亦需符合合理使用材料和节约水泥等经济原则，必要时还应满足混凝土的特殊要求(如抗冻性、抗渗性等)。钻孔灌注桩混凝土仍属普通混凝土。其配合比设计基本上仍按《普通混凝土配合比设计规程》(JGJ 55-96)执行，同时还应符合《钢筋混凝土工程施工及验收规范》(GBJ 204-83)的有关规定，对于灌注桩的水下混凝土，由于流动性方面有特殊要求，其混凝土配合比设计有其特有的规定或经验。

一、普通混凝土配合比设计步骤

1. 混凝土的配制强度

$$f_{cuo} = f_{cuk} + 1.645\sigma \tag{4-1}$$

式中：f_{cuo}——混凝土的配制强度(MPa)；

f_{cuk}——混凝土立方体抗压强度标准值(MPa)；

σ——混凝土强度标准差(MPa)，统计周期内大于25组相同强度等级的立方体试件强度标准差，它反映了施工单位的平时的生产质量管理水平，无统计资料时，对于C20、C25砼，取$\sigma \geqslant 2.5$ MPa；对于≥C30砼，取$\sigma \geqslant 3.0$ MPa；式中的1.645即保证率为95%的系数。

2. 根据混凝土配制强度f_{cuo}，按下式求所要求的灰水比$\dfrac{C}{W}$值

采用碎石时：

$$f_{cuo} = 0.48 f_{ce} \left(\dfrac{C}{W} - 0.52\right) \tag{4-2}$$

采用卵石时：

$$f_{cuo} = 0.50 f_{ce} \left(\dfrac{C}{W} - 0.61\right) \tag{4-3}$$

式中：$\dfrac{C}{W}$——混凝土所要求的灰水比；

f_{cuo}——混凝土配制强度(MPa)；

f_{ce}——水泥实际强度(MPa)。

在无法取得水泥实际强度值时，可以(4-4)式代入上两式

$$f_{ce} = \gamma_c f_{ce,k} \tag{4-4}$$

式中：$f_{ce,k}$——水泥标号的标准值(MPa)；

γ_c——水泥标号富余系数。

水泥标号富余系数应按实际统计资料确定。

对于出厂期超过三个月或存放条件不良而变质的水泥应重新鉴定其标号，并按实际强度

进行计算。

对于有抗渗和抗冻要求的混凝土,水灰比值尚应满足表 4-12 和表 4-13 的要求。

表 4-12　抗渗混凝土最大水灰比

抗渗等级	最大水灰比	
	C20~C30 混凝土	C30 以上混凝土
P6	0.60	0.55
P8~P12	0.55	0.50
>P12	0.50	0.45

表 4-13　抗冻混凝土的最大水灰比

抗冻等级	无引气剂时	掺引气剂时
F50	0.55	0.60
F100	—	0.55
F150 及以上	—	0.50

3. 用水量计算 m_w

按骨料品种、规格及施工要求的坍落度值选择每立方米混凝土的用水是 m_w。用水量一般根据本单位所用材料按经验选用,无经验时对于坍落度≤90 mm 的混凝土可参考表 4-14 选用;对于流动性(坍落度为 100~150 mm)、大流动性(坍落度等于或大于 160 mm)混凝土的用水量,以表 4-14 中坍落度为 90 mm 的用水量为基础,按坍落度每增大 20 mm 用水量增加 5 kg 计算。

当混凝土中掺用减水剂或缓凝减水剂等外加剂时,用水量按下式计算:

$$m_{wa} = m_{w0}(1-\beta) \tag{4-5}$$

式中:m_{w0}——每立方米未加外加剂混凝土的用水量(kg),按表 4-14 确定;

β——掺入的外加剂的减水率,经试验确定,无减水作用的外加剂 $\beta=0$;

m_{wa}——每立方米掺外加剂的混凝土的用水量(kg)。

4. 按下式计算水泥用量 m_c

$$m_c = \frac{C}{W} \times m_w \tag{4-6}$$

式中:m_c——每立方米混凝土应加入的水泥量(kg);

$\frac{C}{W}$——灰水比(水灰比的倒数);

m_w——每立方米混凝土用水量,根据不同情况分别为 m_{w0}、m_{wa}。

计算所得的水泥用量,如小于 GBJ 203—83 第 4.2.4 条规定的最小水泥用量值时,则应按规范规定取值。对于钻孔灌注桩的水下混凝土,m_c 一般不小于 380 kg;干作业混凝土,m_c 一般不小于 300 kg(掺加粉煤灰除外)。JGJ 94—94 规定水下混凝土最小水泥用量为 360 kg。

表 4-14　坍落度≤90 mm 混凝土用水量选用表 m_{w0}(kg/m³)

所需坍度 (mm)	卵石最大粒径(mm)			碎石最大粒径(mm)		
	10	20	40	16	20	40
10~30	190	170	150	200	185	165
30~50	200	180	160	210	195	175
50~70	210	190	170	220	205	185
70~90	215	195	175	230	215	195

注：①本表用水量系采用中砂时的平均值，如采用细砂，每立方米混凝土的用水量可增加 5~10 kg，采用粗砂时则可减少 5~10 kg。
②本表不适用于水灰比小于 0.4 或大于 0.8 的混凝土。
③掺用各种外加剂或掺合料时，用水量应相应调整。

5. 选取合理的砂率 β_s

砂率 β_s=砂重量/(砂重量+石子重量)，所谓合理砂率是指水泥用量省、流动性和粘聚性都好的混凝土砂率。混凝土砂率一般可根据本单位对所用材料的使用经验选用合理的数值；如无使用经验，对于低流动度的混凝土，可按骨料品种、规格及混凝土的水灰比值在表 4-15 的范围内选用；坍落度等于或大于 100 mm 的混凝土砂率，应在表 4-15 的基础上，按坍落度每增大 20 mm，砂率增大 1% 的幅度予以调整；对于大流动度的灌注桩水下混凝土，砂率一般在 40%~45% 之间选用，当水泥用量较高，砂的细度模数较小，石子的级配较好时取低值，反之取高值。

表 4-15　混凝土砂率选用表

水灰比 (W/C)	碎石最大粒径(mm)			卵石最大粒径(mm)		
	10	20	40	10	20	40
0.40	30~35	29~34	27~32	26~32	25~31	24~30
0.50	33~38	32~37	30~35	30~35	29~34	28~33
0.60	36~41	35~40	33~38	33~38	32~37	31~36
0.70	39~44	38~43	36~41	36~41	35~40	34~39

注：①表中数值系中砂的选用砂率，对于粗砂或细砂，可相应增加或减少砂率；
②对薄壁构件砂率取偏大值；
③只用一个单粒级粗骨料配制混凝土时，砂率应适当增加；
④掺有各种外加剂或混合料时，其合理砂率应根据经验或参照其他有关规定选用。

6. 用体积法或假定表观密度法求粗细骨料用量

(1)体积法计算。用以下两个关系式联立求解：

$$\frac{m_c}{\rho_c}+\frac{m_G}{\rho_g}+\frac{m_s}{\rho_s}+\frac{m_w}{\rho_w}+10a=1\,000 \tag{4-7}$$

$$\frac{m_s}{m_s+m_G}\times 100\%=\beta_s\% \tag{4-8}$$

(2)假定表观密度法计算。用下面两个关系式联立求解：

$$m_c+m_G+m_s+m_w=m_{cp} \tag{4-9}$$

$$\frac{m_s}{m_s+m_G}\times100\%=\beta_s,\%$$

式中：m_c——每立方米混凝土中的水泥用量(kg)；

m_G——每立方米混凝土中的粗骨料用量(kg)；

m_s——每立方米混凝土中的细骨料用量(kg)；

m_w——每立方米混凝土中的用水量(kg)；

m_{cp}——每立方米混凝土拌合物的假定重量(kg)，m_{cp}可根据本单位累积试验资料确定。在无资料时，可根据骨料的密度、粒径以及混凝土强度等级在 2 400～2 450 kg 以内选取，对于C15～C30混凝土可取低值，对于C40～C60混凝土可取高值；

ρ_c——水泥密度(kg/m³)，可取值2.9～3.1；

ρ_g——粗骨料的表现密度(kg/m³)，按《普通混凝土用碎石或卵石质量标准及检验方法》(JGJ 53—92)所规定的方法测得；

ρ_s——细骨料表现密度(kg/m³)，按《普通混凝土用砂质量标准及检验方法》(JGJ 52—92)所规定的方法测得；

ρ_w——水的密度(kg/m³)，可取值1；

β_s——砂率(%)；

a——混凝土含气量百分数(%)，在不使用引气型外加剂时，a可取1。

7. 拌合物的实验室配制和调整

拌合物配制时应采用工程中实际使用的材料(粗、细骨料的称量均以干燥状态为基础)，搅拌方法也应尽量与生产时使用的方法相同，根据计算出的配合比进行试拌。

如试拌的混凝土坍落度不能满足要求或保水性(以混凝土拌合物中稀浆析出的程度来评定)不好时，应在保证水灰比不变的条件下相应调整用水量或砂率，直到符合要求为止。然后提出供检验混凝土强度用的基准配合比。

制作混凝土试件时，至少应采用三个不同的配合比，其中一个是按上述方式得出的基准配合比，另外两个配合比的水灰比，应较基准配合比分别增加及减少0.05。

制作混凝土试件时，尚需检验混凝土的坍落度、粘聚性、保水性及拌合物表观密度，作为代表这一配合比的混凝土拌合物的性能。

每种配合比应至少制作一组(三块)试件，标准养护28天试压。有条件的单位亦可同时制作多组试件，供快速检验或较早龄期时试压，以便提前提出混凝土配合比供施工使用。

8. 确定实验室配合比

试验可测得各水灰比的混凝土试件强度，以水灰比值为横坐标，以试件强度为纵坐标，作水灰比与试件强度之间的关系曲线，用作图法求出与混凝土配制强度f_{cuo}相对应的水灰比值。这样，即可初步定出混凝土所需的配合比，其值为：

用水量(m_w)——取基准配合比中的用水量值，并根据制作强度试件时测得的坍落度值加以适当调整；

水泥用量(m_c)——用水量m_w乘以经试验定出的、为达到f_{cuo}所必须的灰水比值；

粗骨料(m_G)——取基准配合比中粗骨料用量；

细骨料(m_s)——按m_G和试配过程中调整后的砂率确定。

按上述各项定出的配合比算出每立方米混凝土的计算重量，即：

$$混凝土计算重量=m_w+m_c+m_G+m_s$$

再将每立方米混凝土的实测重量除以计算重量得出校正系数 K,即:

$$K=\frac{每立方米混凝土实测重量}{每立方米混凝土计算重量}$$

将混凝土中每项材料用量均乘以校正系数 K,即为实验室确定的混凝土配合比设计值。

9. 换算施工配合比

实验室配合比一般是以干燥材料为基准得出的。现场施工所用的骨料一般都含有一些水分。因此,在现场配料前,必须测定砂、石的含水率,在用水量中将这部分水分扣除,而在称量粗、细骨料时,则应相应地加大称量。

根据现场砂、石实际含水率对实验室配合比进行换算,可得到现场搅拌混凝土的实际材料用量,这个配合比称为施工配合比。设砂的含水率为 $a\%$,石子的含水率为 $b\%$,则将上述实验室配合比换算为施工配合比,其材料称量(单位为 kg)应为:

$$m'_c=m_c$$
$$m'_s=m_s \cdot (1+a\%) \tag{4-10}$$
$$m'_G=m_G \cdot (1+b\%) \tag{4-11}$$
$$m'_w=m_w-m'_s \cdot a\%-m_G \cdot b\% \tag{4-12}$$

二、掺加粉煤灰的混凝土配合比设计步骤(参考 JGJ 28—86)

1. 根据设计要求,先进行普通混凝土基准配合比设计,即先做普通混凝土配合比设计的前六步,求出基准水泥用量 m_{co}、基准用水量 m_{w0}、基准用砂量 m_{so} 和基准石子用量 m_{Go}。

2. 按表 4-10 选择粉煤灰取代水泥百分率 (β_c)。

3. 按所选取的粉煤灰取代水泥百分率 (β_c),求出每立方米粉煤灰混凝土的水泥用量 (m_c):

$$m_c=m_{co}(1-\beta_c) \tag{4-13}$$

式中:m_c——每立方米粉煤灰混凝土的水泥用量(kg);

m_{co}——不用粉煤灰时,每立方米混凝土基准水泥用量(kg);

β_c——粉煤灰取代水泥百分率,见表 4-10。

4. 按表 4-11 选取粉煤灰超量系数 (δ_c)。

5. 按超量系数 δ_c,求出每立方米混凝土的粉煤灰掺量 m_f:

$$m_f=\delta_c(m_{co}-m_c) \tag{4-14}$$

式中:m_f——每立方米混凝土的粉煤灰掺入量(kg);

δ_c——粉煤灰超量系数,按表 4-11 选用;

m_c、m_{co}——意义同(4-13)式。

6. 求出加水泥、粉煤灰超出只加水泥时的体积,并扣除同体积砂的用量,得每立方米粉煤灰混凝土的用砂量:

$$m_s=m_{so}-(\frac{m_c}{\rho_c}+\frac{m_f}{\rho_f}-\frac{m_{co}}{\rho_c})\rho_s \tag{4-15}$$

式中:m_s——每立方米粉煤灰混凝土用砂量(kg);

m_c——每立方米粉煤灰混凝土用水泥量(kg);

m_f——每立方米粉煤灰混凝土的粉煤灰用量(kg);

m_{so}——每立方米无粉煤灰混凝土的基准用砂量(kg);

m_{co}——每立方米无粉煤灰混凝土的基准水泥用量(kg);

ρ_c、ρ_f、ρ_s——分别为水泥密度(2.9~3.1 kg/dm³)、粉煤灰密度(2.2 kg/dm³ 左右)和砂的表观密度(按 JGJ 52—92 测定,中砂在 2.6 kg/dm³ 左右)。

由此计算出了每立方米粉煤灰混凝土材料用量:m_c 按式(4-13)计算、$m_w=m_{w0}$、m_s 按式(4-15)计算、$m_G=m_{G0}$、m_f 按式(4-14)计算。

7. 根据计算的粉煤灰混凝土配合比,通过试配,在保证设计所需强度和施工所需和易性的基础上,进行混凝土配合比的调整,并提出现场施工用的粉煤灰混凝土配合比。

三、计算实例

【例 4-1】 混凝土的强度等级为 C25,用 425 矿渣硅酸盐水泥,砂用中砂,石子用 5~40 mm 连续级配的碎石,坍落度要求 21 cm,掺木钙减水剂 0.2%(按水泥重量),求混凝土配合比。

【解】 (1)求配制强度 f_{cuo}

按公式(4-1)有

$$f_{cuo}=f_{cu,k}+1.645\sigma=25 \text{ MPa}+1.645\times 2.5 \text{ MPa}=29.1 \text{ MPa}$$

(2)求灰水比 $\dfrac{C}{W}$

按公式(4-2)和(4-4)并取 $\gamma_c=1.13$,则有:

$$f_{cuo}=0.48f_{ce}\left(\dfrac{C}{W}-0.52\right)$$

$$29.1 \text{ MPa}=0.48\times 1.13\times 42.5 \text{ MPa}\left(\dfrac{C}{W}-0.52\right)$$

解上式得灰水比 $\dfrac{C}{W}=1.7824$

(3)计算每立方米混凝土用水量 m_w

查表 4-14,并按坍落度每增大 20 mm 用水量增加 5 kg 的不加减水剂时用水量为 225 kg。

按公式(4-5),加 0.2%的木钙减水剂后的用水量:

$$m_w=m_{w0}(1-\beta)=225 \text{ kg}(1-10\%)=202.5 \text{ kg}$$

(4)计算每立方米混凝土的水泥用量 m_c

按公式(4-6)

$$m_c=\dfrac{C}{W}m_w=1.7824\times 202.5 \text{ kg}=361.0 \text{ kg}>360 \text{ kg}$$

(5)选用砂率 β_s

大流动度混凝土,砂率定为 45%

(6)求砂、石用量

用假定表观密度法计算,每立方米混凝土假定重量为 2 400 kg,则由(4-7)、(4-8)式得

$$361 \text{ kg}+202.5 \text{ kg}+m_s \text{ kg}+m_G \text{ kg}=2400 \text{ kg}$$

$$\dfrac{m_s}{m_s+m_G}=0.45$$

解以上两式组成的方程组得:砂用量 $m_s=826$ kg,石子用量 $m_G=1011$ kg

(7)木钙减水剂用量

每立方米混凝土木钙减水剂用量为

$$361 \text{ kg}\times 0.2\%=0.722 \text{ kg}$$

(8)混凝土基准配合比

水:水泥:砂:石=202.5:361:826:1011

即为　　0.561:1:2.29:2.80

试配时,先进行工作性调整,然后应按 0.561+0.05=0.611 及 0.54-0.05=0.511 两个水灰比值,另行设计两个配合比,将包括基准配合比的三个配合比的混凝土分别制作试件,标准养护后分别试压,将所得强度与对应的水灰比画在坐标纸上,求出与 f_{cuo} 相对应的水灰比,即可决定所需要的混凝土配合比,试拌后称量,根据每立方米混凝土实测重量与计算重量之比 K,对各种材料用量进行调整,即可得到实验室的配合比设计值。

第五章　泥浆护壁成孔灌注桩成孔及成桩工艺

第一节　泥浆护壁成孔灌注桩施工组织设计与施工准备

一、施工组织设计

泥浆护壁成孔灌注桩是一项工序较多，技术要求较高，工作量较大，并需在一个短时间内连续完成的地下（或水下）隐蔽工程。施工单位在签订合同，接受泥浆护壁成孔灌注桩施工任务前后，应组织有关人员对设计文件、图纸、资料进行研究，并进行现场踏勘，查明资料是否齐全、清楚，图纸本身及相互间有无错误和矛盾等，并根据设计文件的要求，综合考虑工程地质、水文地质、机具设备、材料供应及劳动力等因素，认真做好施工组织设计，以保质、保量、按期完成施工工程。

1. 施工设计编写之前应取得并研究的资料

（1）建筑场地工程地质、水文地质勘察报告和附图。研究工程地质资料，除了确定可钻性等级和自然造浆能力等常规目的外，还应搞清楚是否有易缩径、易坍孔、流砂的地层；是否有会造成孔斜的不均匀地层、倾斜地层；地下水位高低和地层渗透性质等，以制定正确的施工措施来确保质量。

研究工程地质资料还可利用经验公式预估桩的承载力，做到心中有数。

（2）灌注桩设计图，包括桩位平面布置图，桩身结构设计图，钢筋笼制作设计图。设计资料的研究包括两个目的：一是吃透设计意图，制订相应的技术保证措施。例如，根据桩长、桩径、混凝土强度等级、钢筋笼规格等技术要求，确定施工设备、材料、工艺和配方；二是为了及时发现实施设计要求的困难，对设计方案做些什么改进，在施工开始之前通过磋商解决。

（3）施工场地及邻近区域内地表和地下电缆、管道和其他工程设施或障碍物的资料。

（4）工程合同书与超过有关规范的工程质量要求的文件。

（5）施工场地供电、供水、地盘、道路等情况的资料。

（6）国内外同行当前的技术水平，以及新机具、新工艺、新方法和有关经济技术资料。

2. 施工组织设计的主要内容

（1）明确工程概况和设计要求。工程名称、地理位置、交通运输条件、桩的规格、工程量（含成孔工程量、灌注混凝土工程量、钢筋笼制作工程量）、工程地质水文地质情况、持力层状况、工程质量要求、设计荷载、工期要求、设计单位、总承包单位、施工单位。

（2）确定施工工艺方案和设备选型配套：

①在确定成孔工艺方法和灌注方案的基础上，绘制工艺流程图。

②计算成孔与灌注速度，确定工程进度、顺序和总工期，绘制工程进度表。

③根据施工要求确定设备配套表，包括动力机、成孔设备、灌注设备、吊装设备、运输设备以及主要机具等。绘制现场设施平面布置图，合理摆放各类设备、循环系统、搅拌站及各种材料堆放场地。

（3）施工力量部署。在工艺方法和设备类型确定后，提出工地人员组成与岗位分工，并列表说明各岗人数、职责范围。

(4) 编制主要消耗材料和备用机件数量、规格表，并按工期进度提出材料分期分批进场要求。

(5) 工艺技术设计，包括下列几方面内容：

成孔工艺：包括设备安装、钻头选型、护筒埋设、冲洗液类型、循环方式和净化处理方法、清孔要求、成孔质量检查和成孔的主要技术措施。

钢筋笼制作：编制制作图和技术要求。

混凝土配制：按要求的混凝土强度等级，选择砂、石料、水泥及外掺剂，并提出配方试验资料。

混凝土灌注：现场搅拌要点，灌注导管和灌注机具配套方案及灌注时间计算，提高灌注质量的技术要求，混凝土现场取样、养护、送检要求等。

(6) 验桩。包括验桩数量、检验方法与有关物资计划。

(7) 技术安全和质量保证措施。

(8) 施工组织管理措施。

二、施工场地准备

1. 旱地场地准备

(1) 三通一平。水通、电通、路通、平整场地，一般由甲方或总承包方完成。施工单位要同甲方认定三通一平的范围、内容和时间要求，经常检查、督促、交涉，使之尽早完成以保证施工计划顺利开始。

(2) 设备、人员进场同时，施工单位测量人员根据甲方提供的规划红线，基准桩或建筑物轴线等测量基准和正式的施工图纸实地放桩位，采用泥浆护壁成孔时还须组织护筒埋设和测量。由于各工地的条件千变万化，甲方提供的测量基准点数量有多有少，加上建筑物形状有的简单（矩形），有的复杂（圆形、三角形、扇形等），对于可能出现的放样偏差，事先若没有充分的估计和相应的措施，最终竣工验收时桩位可能会发生严重偏差，甚至导致工程的失败。

(3) 在建筑物旧址或杂填土地区施工时，应预先进行钎探，将桩位处的浅埋旧基础、石块、废铁等障碍物挖除，否则会反复打乱施工计划，延误工期；对于松、软场地应进行夯打密实或换除软土等处理。

(4) 场地为陡坡时，应挖成平坡，有困难时可用木排架或枕木等搭设坚固稳定的工作平台。

2. 水域场地准备

(1) 场地为浅水时，宜采用"筑岛"方法，岛面应高出水面 0.5～1.0 m。当水不深、流速不大，不影响附近居民利益，根据技术经济比较，采取截流或临时改河方案，可改水中钻孔方案为旱地钻孔方案。

(2) 场地为深水时，可搭水上工作平台。工作平台可用木桩、钢筋混凝土桩作基础，顶面纵横梁、支撑架可用木料、型钢或其他材料搭设。平台应能支撑钻孔机械、护筒加压、钻孔操作以及灌注水下混凝土时可能产生的力；要有足够的刚度，保持稳定，并考虑洪水季节能使钻机顺利进入和撤出场地。

(3) 场地为深水，水流平稳，钻机可设在船上钻孔，但必须锚固稳定，以免造成偏位、斜孔或其他事故；如果流速较大但河床可以整理平顺时，可采用钢板或钢丝网水泥薄壁浮运沉井，就位后灌水下沉至河床，然后在其顶面搭设工作平台，在底部开孔，安设护筒；在某些情况下，可在钢板围堰内搭设钻孔平台。

三、护筒及其埋设

泥浆护壁成孔灌注桩一般需在孔口埋设护筒。

1. 护筒的作用和一般要求

(1) 护筒的作用主要是：

①控制桩位、导正钻具。

②防止孔口和孔壁坍塌。一般孔口表土都比较松软，采用泥浆护壁时，孔口又会受到泥浆的浸泡、冲刷，加上设备自重作用和设备运转中的震动，孔口容易坍陷，需要用护筒加以防治。通过护筒还可提高孔内的水头高度，增加对孔壁的静水压力来防止孔壁坍塌。

③在施工中，护筒顶面还可作为钻孔深度、钢筋笼下放深度、混凝土面位置及导管埋深的测量基准。

(2) 一般要求现分述如下：

①护筒内径。护筒内径应大于钻头直径，有钻杆导向的正、反循环回转钻宜大 100 mm；无钻杆导向的正、反循环潜水电钻和冲抓冲击锥宜大 200 mm；深水处的护筒内径宜至少大 400 mm。

②护筒顶端高度。采用反循环回转方法（包括反循环潜水电钻）钻孔时，护筒顶端应高出地下水位 2.0 m 以上。

采用正循环回转方法（包括正循环潜水电钻）钻孔时，护筒顶端的泥浆溢出口底边，当地层不易坍孔时，宜高出地下水位 1.0~1.5 m 以上；当地层容易坍孔时，应高出地下水位 1.5~2.0 m 以上。

采用其他方法钻孔时，护筒顶端宜高出地下水位 1.5~2.0 m。

当护筒处于旱地时，除满足上述要求外，还应高出地面 0.2 m。

孔内有承压水时，应高于稳定后的承压水位 2.0 m 以上。若承压水位不稳定或稳定后承压水位高出地下水位很多，应先作试桩，鉴定在高承压水地区采用钻孔灌注桩基础的可行性。

处于潮水影响地区时，应高出最高水位 1.5~2.0 m 以上，并须采用稳定护筒内水头的措施。

控制护筒顶端高度的目的，就是为了提高孔内水位，形成水头（孔内水位与地下水位或潮水位之差），保持孔壁稳定。

③护筒底端埋置深度，旱地或浅水处，对于粘性土不小于 1.0~1.5 m；对于砂土不宜小于 1.5 m，且应将护筒周围 0.5~1.0 m 范围内的砂土挖除，夯填粘性土至护筒底 0.5 m 以下。

冰冻地区护筒底端应埋入冻层以下 0.5 m。

深水及河床软土、淤泥层较厚处，应尽可能深入到不透水粘土层内 1~1.5 m；河床为软土、淤泥、砂土时，护筒底端埋置深度应经过仔细研究决定，但不得小于 3.0 m。

有冲刷影响的河床，护筒底端应埋入局部冲刷线以下不小于 1.0~1.5 m。

控制护筒底端埋置深度主要是防止护筒内水位较高时，护筒脚冒水，并保持护筒稳固。

④护筒位置埋设偏差。规范 JGJ 4-80、GBJ 202-83、JTJ 041-89、JGJ 94-94 都规定了泥浆护壁成孔灌注桩护筒中心与桩位中心的偏差不得大于 50 mm，规范 JTJ 041-89 还规定

了护筒倾斜度偏差不得大于1%。

由于施工时,钻头中心对着护筒中心开钻,护筒有固定桩位的作用,控制护筒中心就是为了保证实际桩位偏差不超出桩位允许偏差。

2. 护筒的种类

按材料的不同,护筒可分为砖砌护筒、木护筒、钢护筒及钢筋混凝土护筒四种。

(1)砖砌护筒。砖砌护筒适用于旱地、岸滩、地下水位埋深大于1.5 m的基坑而易于开挖的场地。砖砌护筒一般用水泥砂浆砌筑,壁厚不小于12 cm(半砖)。用砖砌护筒必须等水泥砂浆终凝且有一定强度后才能开钻,每个孔的砖砌护筒必须在开钻前几天完成。

(2)木护筒。木护筒比较轻,一般用3~4 cm厚的木板制作,外围每隔50 cm作一道环箍,板缝应密合。木护筒重复使用次数少,耗用木材较多,较少采用。

(3)钢护筒。钢护筒坚固耐用,重复使用次数多,在旱地、河滩或深水中都能使用。钢护筒一般用4~8 mm厚的钢板制成,直径较大的护筒钢板厚度可增至8~10 mm。顶节护筒上部留有高400 mm宽200 mm左右的进出浆口1~2个并焊有吊环。每节护筒高1.2~2.0 m,护筒之间用10 mm左右的钢板焊成的法兰盘联接。对于直径较大的护筒,可设计成两半圆组合式,两半圆钢护筒在竖向有用角钢制成的法兰,竖向法兰用螺栓联接使护筒成为整圆,水平向法兰用螺栓联接后可逐节接长护筒,护筒的拼缝处要加垫橡皮防止漏水。

(4)钢筋混凝土护筒。在深水中施工时可采用钢筋混凝土护筒,它有较好的防水性能,能靠自重沉入或打(震)入土中。

钢筋混凝土护筒之间还可采用硫磺胶泥粘接,粘接方法类似于预制桩之间的粘接。

钢筋混凝土护筒壁厚一般为8~10 cm,其长度按需要而定,每节不宜过长,以2 m左右为宜。护筒需要接长时,接头处用扁钢作成钢圈焊于两端的主筋上,在扁钢外面加焊一卷钢板连接起来,焊缝严密,如图5-1所示。

当用震动法下沉护筒时,应在顶节护筒上端管壁中,按震动锤用的桩帽螺栓孔位置,预埋$\phi 25$ mm、长30 cm的螺栓,螺栓位置要十分准确。

3. 护筒的埋设

护筒埋设工作是泥浆护壁成孔灌注桩施工的开端,护筒位置与垂直度准确与否,护筒周围和护筒底脚是否紧密,是否不透水,对成孔、成桩的质量都有重大影响。

(1)挖孔埋设。当地下水位在地面以下超过1 m时,可采用挖埋法,如图5-2所示。

在砂类土中挖埋护筒时,先在桩位处挖出比护筒外径大80~100 cm的圆坑,然后在坑底填筑50 cm左右厚的粘土,分层夯实,以备安设护筒。

在粘性土中挖埋时,坑的直径与上述相同,坑底与护筒底平齐,坑底应平整。

然后,通过定位的控制桩放样,把钻孔中心位置标于坑底,再把护筒吊放进坑内,用十字架在护筒顶部或底部找出护筒的圆心位置,然后移动护筒,使护筒中心与钻孔中心位置重合。同时,用水平尺或垂球检查,使护筒垂直。此后,在护筒周围对称地、均匀地回填最佳含水量的粘土,分层夯实,达到最佳密实度。最后,复测护筒顶部中心与桩位之间的偏差和护筒垂直度偏差,要求不超出规范允许值。

如原地面为松散细砂地层,挖坑不易成型时,可采用双层护筒。在外层护筒内挖砂或射水使护筒下沉,里面安设正式护筒。外层护筒内径比内层护筒外径应大40~60 cm,两筒之间填筑粘土夯实。

(2)填筑埋设。当地下水位较高,挖埋比较困难时,宜用填筑法安设护筒,如图5-3。宜先填

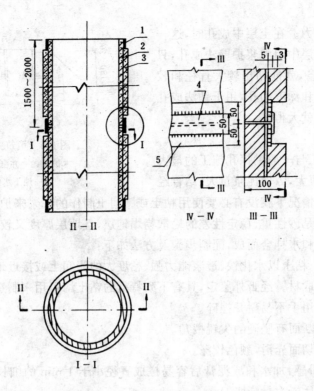

图 5-1 钢筋混凝土护筒

1—预埋钢板；2—箍筋；3—主筋；4—连接钢板；5—预埋钢板

筑工作台地基，然后挖坑埋设护筒。填筑的土台高度应使护筒顶端比施工水位(或地下水位)高 1.5~2.0 m。土台的边坡以 1:1.5~1:2.0 为宜。顶面平面尺寸应满足钻孔机具布置的需要并便于操作。

在水域中施工时，护筒沉至河床表面后，可在护筒内射高压水、吸泥、抓泥，在护筒上压重、反拉(静力压桩)或用震动打桩机震动下沉护筒等方法埋设护筒。

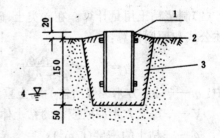

图 5-2 挖埋护筒

1—护筒；2—地面；3—夯填粘土；4—施工水位

四、泥浆循环及处理系统

1. 泥浆的作用

(1)保护孔壁。通过泥浆或清水在护筒内维持一定的水头高度，形成对孔壁的静水压力来保护孔壁。对于砂、砾、卵石层，通过泥浆对孔壁的静水压力和泥浆在孔壁形成的泥皮，阻隔孔外水向孔内渗流，同时也阻隔孔内泥浆向孔壁渗流，起到保护孔壁的作用(但孔壁的泥皮对灌注桩的摩阻力有影响)。对于粘土层或粉质粘土层，土层的渗透性很小，应尽量用清水钻进。

(2)悬浮钻渣。根据悬浮理论，泥浆悬浮钻渣的能力与泥浆上返速度及泥浆的密度成正比。但要具体问题具体分析，在冲击和正循环钻进中，泥浆悬浮钻渣的能力是关键问题，而对人力或机动推钻、反循环钻进、冲抓钻进，泥浆的护壁作用上升为关键问题。在较好的粘性土中钻进时,不管用什么方法,泥浆密度越小越好。最好采用清水。

(3)减小钻进阻力。在土层中成孔时,这一作用比较明显。在土层中用泥浆护壁法成孔,只需用较小功率的设备,就能钻出较大直径和较深的孔,而同样直径和深度的孔,用干钻法成孔时,所需的设备功率就大得多。

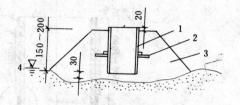

图 5-3 填筑式护筒
1—木护筒;2—井框;3—土岛;
4—地下水位

2. 泥浆的制备

钻孔灌注桩施工与一般勘探孔施工的最大区别是钻孔的容积很大,因而泥浆量大。结合经济方面的考虑,通常情况下就没有必要使用粘土或膨润土制作的泥浆来护壁,而采用清水钻进自然造浆。但在开孔是砂性重、稳定性差的松散易塌地层,且地层厚度又较大时,就必须采用人工泥浆,一般由粘土和水拌合而成,配制步骤及方法如下:

(1)粘土的选择。粘土以水化快、造浆能力强、粘度大的膨润土或接近地表经过冻融的粘土为佳,但应尽量就地取材。经野外鉴定,具有下列特征的粘土均可用来制造泥浆:

①自然风干后,用手不易掰开捏碎。
②干土破碎时,断面有坚硬的尖锐棱角。
③用刀切开时,切面光滑,颜色较深。
④浸湿后有粘滑感,加水和成泥膏后容易搓成直径小于 1 mm 的细长泥条;用手指揉捻,感觉砂粒不多;浸水后能大量膨胀。

良好的制浆粘土的技术指标是:胶体率不低于 95%;含砂率不高于 4%;造浆能力不低于 2.5 L/kg。

(2)制浆粘土用量计算。在砂类土、砂砾或卵石中钻孔,事先须备足制浆粘土,其数量可按下述公式和原则计算:

$$q = V\rho_1 = \frac{\rho_2 - \rho_w \rho_1}{\rho_1 - \rho_w} \tag{5-1}$$

式中:q——每立方米泥浆所需的粘土重量(t);
V——每立方米泥浆应需的粘土体积(m^3);
ρ_1——粘土的密度(t/m^3);
ρ_2——要求的泥浆密度(t/m^3);
ρ_w——水的密度,取 $\rho_w = 1\ t/m^3$。

应按要求的泥浆密度配制泥浆,假定要求泥浆密度为 1.2 t/m^3,设粘土密度为 2.2 t/m^3,则制造 1 m^3 的泥浆需 0.17 m^3 或 0.37 t 的普通粘土和 0.83 m^3 的水,亦即每公斤粘土可制泥浆 2.7 L。

一个钻孔需要的总粘土量,应考虑泥浆充满钻孔和泥浆槽、沉淀池,还要考虑钻孔的孔径扩大,孔壁、泥浆槽等处的渗漏等情况。

(3)泥浆搅拌。泥浆一般用专门的泥浆搅拌机进行搅拌。对于冲击成孔和冲抓成孔,也可将粘土直接投入钻孔内用冲击钻头和冲抓锥(先不将抓瓣张开)冲击造浆。在粘土地层钻进,可先采用清水护壁,孔内的清水同钻头切削下来的粘土,在钻头回转和冲击搅动下,自然就会形成泥浆。若粘土层很厚,泥浆中的粘土含量将逐渐增加,故在钻进中,要及时加水稀释泥浆。制出的泥浆也可贮于它处备用。

3. 泥浆的性能指标

(1)相对密度。泥浆的相对密度是泥浆密度与4℃时水的密度之比。

①正循环回转钻进的泥浆相对密度。开孔时宜用相对密度1.2左右的泥浆,以防止孔壁水化而引起护筒下沉。在粘性土层、粉土层中钻进时,原土自然造浆,随着造浆过程的不断进行,泥浆相对密度会越来越大,严重影响钻进速度,应不断加清水稀释将泥浆相对密度控制在1.3以下。用清水稀释后,总的泥浆量就会增多。当无法容纳时,就必须将浓泥浆作为废浆排放掉。废浆排放条件是影响成孔速度的关键因素之一。在砂土和较厚的夹砂层中成孔时,就需要有一定相对密度的泥浆来保护孔壁和悬浮钻渣,泥浆相对密度可视情况增大至1.3~1.5。

②反循环钻进的泥浆相对密度。泵吸反循环及地表射流反循环,泥浆相对密度应控制在1.1以下,对于碎石土最大也不要超过1.15,否则泥浆循环不畅,此时靠适当增加护筒内的水头高度来使孔壁稳定。气举反循环的泥浆相对密度可适当增大。

③冲击及冲抓成孔的泥浆相对密度。冲击成孔开孔泥浆相对密度为1.1~1.3,粘土层用清水,砂土、砂卵石及塌孔回填重新成孔时泥浆相对密度为1.3~1.5,风化岩为1.2~1.4。

冲抓(包括推锥)成孔在粘性土泥浆相对密度为1.10~1.20,砂土及碎石土为1.2~1.4。

(2)粘度。粘度是液体或混合液体运动时,各分子或颗粒之间产生的内摩擦力。粘度大,护壁能力和悬浮钻渣能力强,但易糊钻,泥浆泵抽吸不易,也不利于泥浆的沉淀净化再作用;粘度太小,钻渣易沉淀,对防止翻砂、渗漏不利。一般地层的粘度以16~22为宜,松散易坍地层以19~28为宜。

(3)含砂率。含砂率是泥浆内所含砂和粘土颗粒的体积百分比。含砂率大,会降低粘度,增大相对密度,造成泥皮松散,护壁不牢,增加孔内沉渣厚度,同时易磨损泥浆泵,泥浆循环停止时易埋钻。故正反循环回转钻进,对泥浆的含砂率指标要求较严。新制泥浆的含砂率不宜大于4%,循环泥浆的含砂率不得超过8%。

(4)胶体率。泥浆中粘土颗粒分散和水化程度。胶体率高的泥浆,粘土颗粒不易沉淀,孔底沉淀少,形成泥皮保持孔壁能力强。正循环回转钻进和冲击钻进的泥浆胶体率大于90%~95%,其他成孔方法的泥浆胶体率必须大于95%。

(5)酸碱度。以pH值表示,pH值等于7时为中性泥浆,当小于7时为酸性,大于7时为碱性。pH值一般以8~10为宜。

4. 泥浆的循环和净化处理

(1)用推钻、冲击锥、冲击锥钻孔,泥浆并不是连续不断地流动。当钻进一段时间后检查孔内泥浆性能,不符合要求时,须根据具体情况采取不同的方法予以净化改善。

在砂类土层中钻进时,易产生泥浆含砂量太高及相对密度太大的情况,可采用钻锥或掏渣筒放入孔内,不进尺时将钻渣掏出,待含砂率和相对密度符合要求后,再补充合格的泥浆,或补充水和相应数量的粘土,利用钻锥自制泥浆。

在粘性土层钻进时,易产生泥浆相对密度和粘度太高的情况。可通过水管加水入钻孔深处,将孔内泥浆稀释。

(2)用正、反循环回转钻并在旱地施工,可设置制浆池、贮浆池,并用循环槽连接。图5-4是正循环系统图。

开始制泥浆时,将闸门(17)、(18)关闭,在制浆池(1)内制浆,然后开放闸门(18)、(17)、(5),让泥浆流入贮浆池(6),如贮浆数量不够,可在制浆池中继续制浆,并经沉淀池流向贮浆

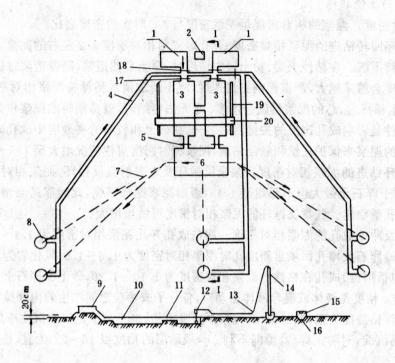

图 5-4 旱地上泥浆循环系统布置示意图

1—制浆池；2—水塔；3—沉淀池；4—出浆槽；5—闸门；6—贮浆池；7—泥浆泵和进浆管；8—钻孔；9—制浆池；10—沉淀池；11—贮浆池；12—泥浆泵；13—泥浆管；14—钻杆；15—护筒；16—出浆槽；17—闸门；18—闸门；19—轨道；20—抓斗龙门吊机

池。贮浆池的泥浆则经泥浆泵和进浆管压入空心钻杆中。然后，开放闸门(17)，使从井孔底悬浮钻渣的泥浆上升溢出护筒口，再通过出浆槽能流至沉淀池，在沉淀池将粗粒钻渣沉淀净化后的泥浆再循环流至贮浆池(6)。其流行路线如箭头所示，如此循环不已。须注意的是：泥浆从护筒口、出浆槽、沉淀池至贮浆池均是依靠重力自流。因此，各处出浆口的标高要顺序降低，否则就流不动。而由贮浆池(6)至钻孔(8)是利用泥浆泵压进去的，两者的高差不受限制。

反循环泥浆的流行路线仍如图 5-4 所示。但方向相反，且图中(4)为真空泵吸浆管，而(7)为泥浆流进槽。因此，贮浆池出口标高应高于钻孔护筒口的标高，否则泥浆流不进钻孔。在无法保证贮浆池出口标高高于护筒口标高的情况下，也可用泵向孔内供水(或清泥浆)。

制浆池的尺寸通常为 $8\times3\times1 \text{ m}^3$ 左右，并设二个制浆池，一个池浸泡粘土，另一个池搅拌制浆，轮换使用。有些钻孔施工中，部分地将粘土碎块投入钻孔内，利用钻锥在钻进中逐渐成浆；有些钻孔施工中采用泥浆搅拌机制浆。遇到这两种情况，制浆池的体积可大大减小或取消。

场地宽裕时，可设两个沉淀池，一个沉淀池进浆沉淀，另一个池关闸清渣或准备清孔用泥浆，两个沉淀池轮换使用。单个沉淀池的容积可用同时开动的泥浆泵每分钟的总排量乘以沉淀时间来决定，沉淀时间由实验决定，一般为 20 分钟。例如，图 5-4 中 6 台钻机共一套泥浆池，每台钻机上都使用上海探矿厂的 BW850 泵。6 台钻机同时钻孔，则单个泥浆沉淀池容积 $V=6\times 850 \text{ L/min} \times 20 \text{ min}=102\,000 \text{ L}=102 \text{ m}^3$，尺寸可为长×宽×深=$10\times7\times1.5 \text{ m}^3$。为了加快沉淀过程，要充分利用泥浆槽的作用，应经常将泥浆槽中的浓渣挖出来晒干。

泥浆池（两个沉淀池和一个贮浆池）的总容积不应小于同时施工的桩孔实际容积的 1.2～2 倍,以保证同时施工后钻孔都灌注混凝土时冲洗液不致外溢。

沉淀池中的沉渣可用抓斗抓入自卸车拉走。在钻进粘性土层时,也可用吸污泵将沉淀池底部的浓泥浆抽入废浆池或废浆罐,然后用罐子车拉走。

(3) 泥浆的机械净化法。一般采用两种设备:

①高频振动泥浆筛。高频振动泥浆筛是最通用的一种泥浆净化设备,一般用它先把 0.5 mm 以上的大颗砂粒筛出,剩下混有 0.5 mm 以下砂粒的泥浆再进一步用旋流除渣器净化。

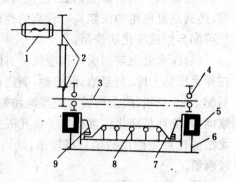

图 5-5 高频振动泥浆筛示意
1—电动机;2—三角皮带轮;3—偏心轴;
4—轴承;5—振动胶皮;6—筛座;
7—筛架;8—不锈钢筛布;9—张紧异型槽铁

高频振动泥浆筛的结构如图 5-5 所示。其技术性能如表 5-1。这种高频振动泥浆筛使用 18 号和 40 号不锈钢筛网,耐用,不跑泥浆,排渣块,钻渣在筛网面停留不超过 10 秒种,自行排渣,且便于同旋流除渣器配套使用。

表 5-1 高频振动泥浆筛技术性能

频率 (1/min)	振幅 (mm)	离心力 (N)	泥浆入筛速度 (m/s)	净化泥浆			电动机	轴承型号
				筛布 (号)	泥浆量 (L/s)	砂径 (mm)		
3 500	2～3	20 500	1	18	100	1.2	2.25 kW 2 850r/min	1310
				40	80	0.5		

②旋硫除砂器（旋流器）。旋流除砂器在选矿、选煤、化工等领域早已广泛使用,其结构如图 5-6 所示。要进行净化处理的泥浆通过进浆管(5)沿圆管(1)的切线方向进入圆管,泥浆便在圆管和锥形管(2)中作高速度旋转流动,由于离心力的作用,固体颗粒被甩向外壁,沿锥形管下降至排砂口,将沉砂帽(3)打开便可放出,净化后的泥浆则经上部溢浆管(4)流出。为了能形成泥浆的高速旋转流动,进浆管处的液流压力一般要达到 0.3 MPa。

旋流器的结构比较简单,但几乎每个结构参数都对其性能有相当影响。主要结构参数有:旋流器直径（圆管内径）、锥形管锥角、进浆管和溢浆管内径、进浆管轴线与水平线之间的夹角、排砂口直径、圆管高度、溢浆管下延的深度等,每一个结构参数的变化都或多或少影响旋流器的处理量及净化效果。根据实验和使用经验,可得到一些合理的数据范围,但考虑到在使用时工艺条件的变化,某些结构参数还应允许能作适当的调节。

根据经验,可参考下列数值选取各结构参数:

旋流器圆管内径 D 为基本尺寸,它的大小决定了旋流器单位时间的泥浆处理量;旋流器锥形管的锥角一般取 20°;溢浆管直径 $d_1=(0.2\sim0.4)D$;进浆管直径 $d_2=(0.4\sim0.8)d_1$;进浆管向下的倾斜角度不应超过 1°12′;排砂孔直径 $d_3=(0.04\sim0.1)D$;圆管部分高度 $H=(0.6\sim1.0)D$;溢浆管下延的深度略小于或等于 H。

图 5-7 显示利用高频泥浆振动筛和旋流器的反循环泥浆处理系统。

此外,还有所谓化学净化法。在泥浆中加入0.1%~0.3%的铬铁木质素磺酸钠盐,使钻渣颗粒聚集而加速沉淀,达到重复使用的泥浆具有较高的性能指标。化学净化法可配合机械净化法使用。

(4)深水处泥浆的循环和净化。有两种方法:一种是在岸上设粘土库、制浆池、沉淀池,制造和沉淀争化泥浆,另配2~3只船,船上均设有贮浆池和带有泥浆槽的贮渣浆池,轮流补足净化泥浆和接受钻孔流出的含钻渣泥浆。此法的优点是使用的船只可较小,缺点是泥浆循环补换较麻烦。

另一种方法是除粘土库和制浆池设在岸上外,其余泥浆槽、沉淀池、贮浆池均设在驳船上,用泥浆泵向驳船上压送新鲜泥浆。驳船上贮浆池和沉淀池隔开,其布置如图5-8。此法的优点是泥浆循环净化不要由两只船轮换,操作简便,缺点是驳船较大。

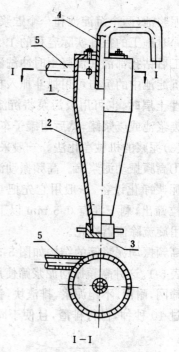

图5-6 旋流除渣器
1—圆管;2—锥形管;3—沉砂帽;
4—溢浆管;5—进浆管

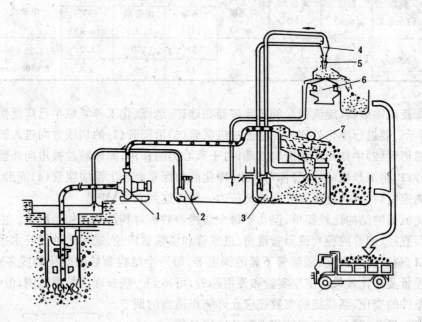

图5-7 反循环出土的泥浆处理
1—砂石泵;2—回流泵;3—旋流器供给泵;4—旋流器;5—排渣管;6—脱水机;7—振动筛

五、成孔质量要求

对于工业与民用建筑灌注桩基础工程可按表5-2中的规定控制和检查成孔质量。对于铁路、公路桥梁灌注桩基础工程还应按表5-3控制和检查成孔质量。

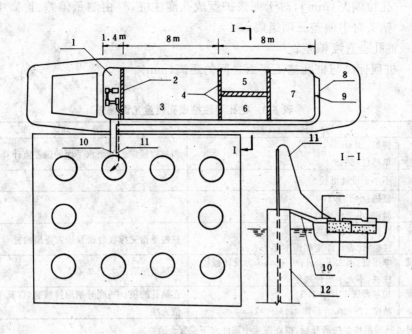

图 5-8 泥浆船布置示意图

1—泥浆泵；2—隔墙；3—贮浆池；4、9—闸门；5、6、7—沉淀池；8、10—泥浆槽；11—进浆管；12—护筒

表 5-2 灌注桩施工允许偏差

序号	成孔方法		桩径偏差(mm)	垂直度允许偏差(%)	桩位允许偏差(mm)	
					单桩、条形桩基沿垂直轴线方向和群桩基础中的边桩	条形桩基沿轴线方向和群桩基础中间桩
1	泥浆护壁钻(冲)孔桩	$d \geqslant 1\,000$ mm	$-0.1d$ $\leqslant -50$	1	$d/6$ 且不大于 100	$d/4$ 且不大于 150
		$d > 1\,000$ mm	-50		$100+0.01H$	$150+0.01H$
2	锤击(振动)沉管、振动冲击沉管成孔	$d \leqslant 500$ mm	-20	1	70	150
		$d > 500$ mm			100	150
3	螺旋钻、机动洛阳铲钻孔扩底		-20	1	70	150
4	人工挖孔桩	现浇砼护壁	± 50	0.5	50	150
		长钢套管护壁	± 20	1	100	

注：①桩径允许偏差的负值是指个别断面；
②采用复打、反插法施工的桩径允许偏差不受本表限制；
③H 为施工现场地面标高与桩顶设计标高的距离；d 为设计桩径；
④此表摘自 JGJ 94—94。

对于成孔的控制深度，对于摩擦桩以设计桩长控制成孔深度；端承摩擦桩必须保证设计桩长及桩端进入持力层深度，端承型桩必须保证桩孔进入设计持力层的深度。

必须指出，桩位偏差是指桩顶标高处，桩的中心与理想桩位中心之间的偏差，当桩顶标高低于施工平面时，桩位偏差为：

$$\delta \leqslant \delta_1 + h\theta \tag{5-2}$$

式中：δ——桩位偏差(mm)；

δ_1——孔位偏差(mm),对于泥浆护壁成孔灌注桩,δ_1 由测量偏差、护筒中心埋设偏差、钻头对中偏差三项组成;

θ——桩孔垂直度偏差;

h——桩顶标高与桩孔施工平面之间的距离(mm)。

表 5-3 钻孔灌注桩成孔质量允许偏差

编号	项目	允许偏差	附注
1	孔的中心位置	群桩:10 cm 单排桩:5 cm	斜桩以规定的某个水平面的偏差值计算
2	孔径	不小于设计桩径	
3	倾斜度	直桩:小于 1/100 斜桩:小于设计斜度的±2.5%	
4	孔深	摩擦桩:不小于设计深度 柱桩:比设计深度超深不小于 5 cm	柱桩是指支撑在岩面及嵌入岩层的桩
5	孔内沉淀土厚度	摩擦桩:不大于 0.4~0.6 d(d 为设计桩径) 柱桩:不大于设计规定	应尽量争取不大于 0.4 d
6	清孔后泥浆指标	相对密度 1.05~1.2 粘度 17~20,含砂率<4%	在钻孔的顶、中、底分别取样检验,以其平均值为准

注:①编号 6 是指用换浆法清孔后,拟在泥浆中灌注水下混凝土的要求;
②此表摘自 JTJ 041—89。

第二节 正循环回转成孔

泥浆由泥浆泵从贮浆池输进钻杆内腔后,经钻头的出浆口射出,携带钻渣沿钻杆与钻孔之间的环空上升到孔口,溢进泥浆槽,返回沉淀池中净化,流入贮浆池再供使用。这种泥浆循环方式叫正循环。正循环适用于粘土、粉、细、中、粗砂各类土层,在砂砾、卵石含量少于 20% 的土层中亦可使用,也可在较软的基岩中钻进,桩径可达 $\phi 150$ cm。正循环回转钻具有:①钻机小、重量轻,狭窄工地也能施工;②设备简单,在不少场合可直接或稍加改进地应用岩石钻探及水文水井钻探设备;③设备故障相对较少,工艺技术成熟、操作简单,易于掌握;④工程费用较低;⑤有的正循环钻机可打斜桩等优点。其缺点是由于桩孔直径大,钻杆与孔壁之间的环状间隙断面积大,泥浆上返速度低,携带泥砂颗粒直径较小,排除钻渣能力差,岩土重复破碎现象严重。

一、钻机的选择

1. 立轴钻机

立轴钻机是矿产地质勘探的主要机型,各生产单位设备库存量大,用立轴钻机进行桩孔施工,可以充分利用现有设备,容易上马。立轴钻机的导向性好,钻孔垂直度容易保证。钻孔扩孔率可减少,而且容易实现加压钻进;油压立轴钻机一般都采用油缸后移钻机让开孔口,让开孔口方便迅速,后移量大,便于起下粗径钻具。

立轴钻机由于是为矿产地质勘探而设计的,因此其最低档转速对于桩孔施工仍然偏高,转矩偏小(对于直径大于 $\phi 800$ mm 的桩孔,转矩应大于 5 kN·m;对于直径 $\phi 1\,000$ mm 以上的桩孔,转矩大于 12 kN·m 才合适)。施工单位采用的简易改进办法是尽量用低速马达,如 8 级低速马达,并且改变传动带轮轮径的级配,或在动力机与钻机之间增设一减速器来解决这一问题。立轴钻机另外一个不足之处是立轴通孔直径偏小,机上钻杆直径小,与桩孔施工时应使用的较大直径的钻杆(通常为 φ89 mm、φ114 mm 钻杆)不匹配,机上钻杆与较大直径钻杆联接处容易断裂。张家口探矿机械厂生产的 XU 1000 钻机的大通孔回转器,其立轴通孔直径达 92 mm,基本上适应桩孔施工。

能改装成桩孔施工的立轴钻机主要是 600 m 以上的岩芯钻机。这些钻机在进行岩芯钻探施工时,均不需要频繁移动孔位。但在进行桩孔施工时,如何使这些钻机迅速地移动孔位则是必须要考虑的主要问题。主要方法有:①将钻机、钻塔安装在能自行的车辆上;②将钻机、钻塔安装在平台上,用起重吊车整体吊运移位;③将钻机、钻塔装在平台上,平台底部装平行的两对半圆形槽,槽内放入钢管,借助于钢管在机台木上的滚动和滑动来整体移位,称为滚(走)管式移位,如图 5-9。若在平台四角位置装上调平千斤顶,可方便迅速地调整平台;④平台轨道式移位。

2. 转盘钻机

转盘钻机是目前桩孔施工的主要机型,这是因为转盘通孔直径大,一般都大于 500 mm,除特殊情况下,转盘一般不必让开孔口就能起下粗径钻具;转盘最后一级传动的传动比大,通过最后一级传动,可获得低转速大扭矩,这正是桩孔施工所必须的。国内常用正循环转盘钻机性能见表 5-4。

应当指出,大多数反循环转盘钻机,其循环方式便于更换,也可用于正循环回转钻进,如上海探矿机械厂的 GPS-15 型钻机。

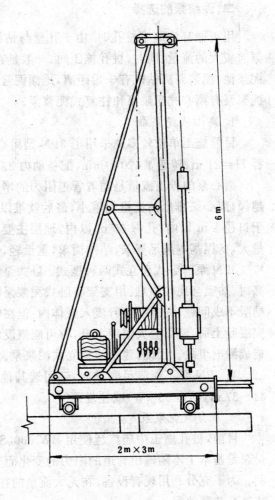

图 5-9 滚(走)管式 XU 600 钻灌平台

表 5-4 常用正循环转盘钻机

生产厂	钻机型号	钻孔直径 (mm)	钻孔深度 (m)	转盘扭矩 (kN·m)	提升能力 (kN) 主卷扬	提升能力 (kN) 副卷扬	驱动功率 (kW)	钻机重量 (kg)
上海探机厂	GPS-10	400~1 200	50	8.0	29.4	19.6	37	8 400
上海探机厂	SPJ-300	500	300	7.0	29.4	29.6	60	6 500
上海探机厂	SPC-500	500	500	13.0	49.0	9.8	75	26 000
天津探机厂	SPC-600	500	600	11.5			75	23 900
石家庄煤机厂	0.8~1.5m/50m	800~1 500	50	14.7	60.0		100	
石家庄煤机厂	1~2.5m/60m	1 000~2 500	60	20.6	60.0			
重庆探机厂	GQ-80	600~800	40	5.5	30.0		22	2 500
张家口探机厂	XY-5G	800~1 200	40	25.0	40.0		45	8 000

二、泥浆泵的选择

用正循环法施工桩孔时,由于孔壁与钻杆之间的环状空间很大,为了上返钻屑,要求泥浆泵有较大的流量。同时,桩孔施工时,一般是在泥浆池旁设置泵站,几十个桩孔可能要用同一套泥浆池,泥浆泵离钻机有一定距离,地面泥浆管道较长,要求泥浆泵能提供一定的泵压。常用的泥浆泵有离心式泥浆泵和往复式泥浆泵。

1. 离心式泥浆泵

目前施工单位较多地采用了 3PN 型离心式泥浆泵,其主要参数为:流量 $Q=108\ m^3/h$、扬程 $H=21\ m$、转速 1 470 r/min、配备动力 22 kW。

离心泵的排出流量是随着管道阻力的增加而减小的。泥浆越浓,地面泥浆管道越长,钻孔越深,离心泵排出的流量就越小,最后就难以满足钻进要求。根据目前的施工实践,3PN 泵对于口径 1 m 以内,孔深 50 m 以内,地层主要为泥土层的桩孔施工还是比较适用的,它具有流量大,扬程基本满足要求,结构简单,重量轻,价格便宜等优点。

3PN 泵有卧式和立式两种型式。卧式泵一般安装在泥浆池的池边,但当泥浆密度大、粘度高时,抽吸会比较困难。用支架将卧式泥浆泵吊在泥浆池上,泵的吸入口浸在泥浆池液面以下,抽吸不成问题,泥浆会自行流入泵体内。但在钻进过程中,泥浆池液面是变化的,特别是钻孔灌完混凝土后,液面会大幅度上升,有可能淹没泥浆泵的轴,使轴承加速磨损,甚至使电动机浸水造成漏电事故。因此,建议使用立式泥浆泵。

当 3PN 泵不能满足要求时,还可选其他泵,如 4PN 型泵(流量 $Q=100\sim 200\ m^3/h$,扬程 41～37 m,动力 55 kW)或往复泵。

2. 往复式泥浆泵

目前,桩孔施工中还广泛使用 BW 600、SBW 600、BW 850、BW 1200 泥浆泵,它们的优点是泵量基本上不随输出管道的阻力的变化而变化,对于地面泥浆管路较长、较深的桩基孔很有利。为了充分利用现有设备,在无大流量的往复泵的情况下,也可将两台或两台以上的小流量往复泵并联使用。

三、钻头的选择

1. 鱼尾钻头

如图 5-10 所示,鱼尾钻头可用 50 mm 厚钢板制作,钢板中部切割成宽度与圆钻杆接头半径相等、长约 300 mm 的切口,将钻杆接头嵌入并焊成一体。为增加钻头的刚度,在钢板两侧各焊 3～4 根加强肋。另在钢板两侧,钻杆接头下口沿回转前翼面各焊一段 90×90 mm 角钢,形成两个出浆口,钻头翼板的切削边缘应加焊合金钢板,或敷焊硬质合金粉末。

鱼尾钻头结构简单,与孔底接触面积小,以较小的钻压即能在粘土、粉砂土和砂层中获得较高的钻进效率。但鱼尾钻头导向性差,遇局部阻力或侧向挤压力易偏斜。因此,有的生产单位在鱼尾钻头翼板上方加焊导向笼,形成笼式鱼尾钻头。

2. 笼式刮刀钻头(双腰带笼式钻头)

笼式刮刀钻头的结构如图 5-11 所示,它适用于粘土、粉砂、细砂、中粗砂和含少量砾石(不多于 10%)的土层,应用最为广泛。该钻头由中心管、翼板、上下导正圈(通称"腰带")、立柱、横支杆、斜支杆和超前小钻头等组成。中心管一般用 $\phi140\ mm$,壁厚 15 mm 左右的无缝钢管制作,无缝钢管上端焊锁接头一个与钻杆联接。中心管下端以法兰盘联接小尺寸的四翼锥形钻头,若联接取芯小钻头,则可同时取芯。小钻头主要起定向作用,并保护出浆口不受阻塞。导正圈起导向作用可减少孔斜,上、下导正圈的距离不小于钻头直径。上导正圈顶焊斜挡板一圈(斜45°),使钻头提升时不刮孔壁。在上、下导正圈的外圆柱面上可加焊带硬质合金片的肋骨,以扩大孔径,修圆钻孔,并减小导正圈的磨损。撑杆一般用 $\phi 30$ mm 左右圆钢或钢管制作,在保证钻头刚度的前提下,为减少钻进阻力和糊钻,应尽量减少撑杆数量。翼板按一定角度焊接在下导正圈的内壁上,翼板上可按一定排列规则直接镶焊硬质合金切削具,也可以用螺栓将镶有硬质合金片的切削刀体固紧在翼板上,成为可拆换式切削刀具(采取后一形式,便于更换磨钝或损坏的刀具),翼板的数量视钻头直径而定:$\phi 800$ mm 钻头用4片;$\phi 1\,000$ mm 钻头用 4~6 片;$\phi 1\,200$ mm 以上钻头用 6 片。

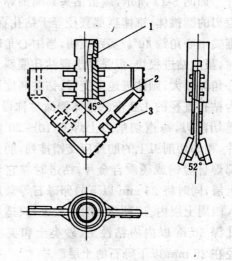

图 5-10 鱼尾钻头
1—接头;2—出浆孔;3—刀刃

双腰带笼式钻头之所以在桩孔施工中得到广泛应用是因为它具有下列优点:

(1)由双腰带和立柱、支杆组成的具有一定高度的圆笼,对钻头具有良好的导正作用,再加上小钻头定心导向,钻孔的垂直精度较高,钻头工作平稳,摆动小,扩孔率也小。

(2)钻头底部呈锥形、阶梯状,端部有小钻头超前钻进,故破碎自由面较大,碎岩土效率高。

(3)对砂砾层,小钻头起松动作用,少量不易破碎的卵砾石可挤进圆笼内,不妨碍继续钻进。

3. 四翼阶梯式定心钻头

如图 5-12 所示,钻头呈阶梯形,下端为小直径的定心钻头,超前钻进,以法兰盘与中心管联接,可整体更换;上部为锥形的翼板和导正修孔圆环。在翼板上用螺钉固定镶有硬合金切削具的切削刃板(每个翼板上固定 4~7 块刃板)。刃板上下端面上都镶硬合金片。这样,刃板便于拆装和更换,还可以调头使用,刃板上的硬合金片磨钝后也便于修磨。这种结构大幅度提高了钻头寿命和钻进效率,适用于中等风化基岩或硬土层钻进,只是要求较高钻压,当压力不足时,硬质合金片磨损较块。

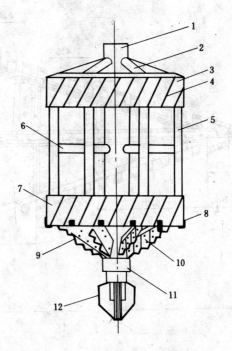

图 5-11 双腰带笼式钻头
1—芯管;2—斜支杆;3—上导正圈;4—肋骨;
5—支柱;6—横支杆;7—下导正圈;8—肋骨;
9—翼板;10—刀体;11—接头;12—小钻头

4. 刺猬钻头（全锥形钻头）

如图 5-13 所示，刺猬钻头其周围焊有钢齿刃的圆锥体，锥体顶部直径等于钻孔直径，锥尖中心角约 40°。实践证明，当中心角较小时，虽然钻进很快，但是易出现钻孔偏斜。中心角如过大，则钻进速度变慢。钻头高度通常为钻孔直径的 1.2 倍。锥体侧面对称设有 4 道切削刃，每道切削刃上焊有 10~20 块肋片，相邻切削刃上的肋片应交错排列，肋片端部焊合金钢或硬质合金片，钻进时靠它切削土层，同时将 25 mm 以下的卵砾石等杂质挤入四周土层内。这种钻头阻力较大，只适用于孔深 50 m 以内的粘性土、砂类土和夹有粒径在 25 mm 以下砾石的土层。

5. 牙轮、滚刀钻头

大直径桩孔通过风化、中风化基岩时，如

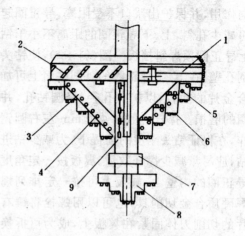

图 5-12 四翼阶梯式定心钻头
1—导正环；2—肋骨片；3—翼板；4—刃板；
5—固定螺栓；6—硬合金片；7—法兰盘；
8—小钻头；9—中心管

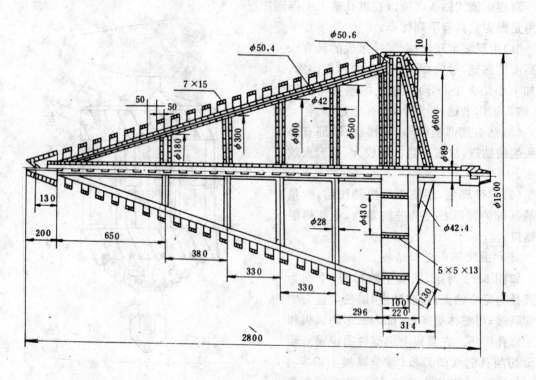

图 5-13 刺猬钻头

基岩强度、硬度和进尺量均较大时，前面所讲的各种型式的硬质合金钻头寿命短，有时甚至不进尺，在这种情况下就必须使用牙轮钻头或滚刀钻头。但牙轮钻进和滚刀钻进需要较高的钻压，而且钻头成本很高。在这些地层，国内通常首先考虑成本较低的钻粒钻进，将在后面详细叙述。

四、正循环钻进成孔施工要点

(1)钻头回转中心对准护筒中心,偏差不大于允许值。开动泥浆泵使冲洗液循环2~3分钟,然后再开动钻机,慢慢将钻头放至孔底。在护筒刃脚处应低压慢速钻进,使刃脚处地层能稳固地支撑护筒,钻至刃脚下1m后,可根据土质情况以正常速度钻进。

(2)在粘土层中钻进时,由于土层本身的造浆能力强,钻屑成泥块状,易出现钻头泥包、憋泵现象,且回转阻力矩增大。出现这种情况时应选用尖底且翼片数量少的钻头。对于正循环来说,块状粘土钻屑不可能上返出来,大口径粘土层钻进的孔底过程实际上是将孔底粘土切削成不致产生泥包的粘土块,而粘土块在孔底不断地被钻头搅成泥浆并被钻杆送到孔底的稀泥浆稀释。因此,应采用低钻压、快转速、大泵量的钻进规程,如地层中夹卵砾石,地层软硬不均时,应适当降低转速。关键问题是不断稀释泥浆,因为粘土颗粒不易沉淀。

(3)在砂层钻进时钻进速度快,回转阻力较小,但砂粒颗粒直径比粘土颗粒大,不易上返,且泥浆含砂量大,孔壁不稳定,容易坍塌;循环停止时,大量砂粒迅速沉降,易导致埋钻事故。为此,应采用较大的密度、粘度和静切力的泥浆,以提高泥浆悬浮、携带砂粒的能力。要加强泥浆管理,经常清理泥浆循环槽和沉淀池内的积砂,并定期检查、清洗泥浆泵。在坍塌段,必要时可向孔内投入适量粘土球,以帮助形成泥壁。要控制钻具升降速度和适当降低回转速度,减轻钻头上下运动对孔壁的抽吸和回转对孔壁的水力冲刷作用。

(4)在碎石土层钻进时,易引起钻具跳动、憋车、憋泵、钻头切削具崩刃、钻孔偏斜等现象,宜用低档慢速、优质泥浆、慢进尺钻进。

(5)加接钻杆,应先将钻具稍提离孔底,待冲洗液循环3~5分钟后,再拧卸加接钻杆。

(6)钻进过程中,应防止扳手、管钳、垫叉等金属工具掉落孔内,损坏钻头。

五、钻进规程选择

1. 冲洗液量

冲洗液量,简称泵量Q(L/min)。每分钟送往孔内的冲洗液量应保证冲洗液在外环状空间的上返流速足以及时排出孔底砂粒和岩屑,这个流速的最低值应为0.25~0.3 m/s。这里所讲的外环状空间,是粗径钻具处的外环状断面积(图5-14),在粗径钻具的上端连接取粉管,以收集上升到钻杆外环状空间后沉降的粗粒钻屑。

已知钻孔和粗径钻具的直径,可按下式计算冲洗液量:

$$Q=4.71\times10^4(D^2-d^2)v \quad (5-3)$$

式中:D——钻孔直径,通常按钻头直径计算(m);
d——粗径钻具外径(m);
v——冲洗液上返流速(m/s)。

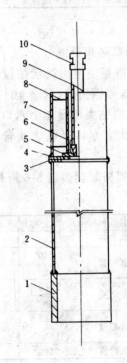

图5-14 粗径钻具结构
1—钻头;2—岩芯管;3—下法兰盘;
4—上法兰盘;5—法兰盘接头;6—钻杆接头;
7—取粉管;8—幅撑;9—钻杆;10—钻杆接头

2. 转速

一般均质地层,转速范围 40～80r/min,钻孔直径小、粘性土层取高值;钻孔直径大、砂层时取低值;较硬或非均质地层钻头转速可相应减少到 20～40r/min。

3. 钻压

(1)在土层中钻进时,钻进压力应保证冲洗液畅通、钻渣清除及时为前提,灵活加以掌握。

(2)钻进基岩时,要保证每颗(或每组)硬质合金切削具上具有足够的压力(通称单位压力)。在此压力下,硬质合金片能有效地切入并破碎岩石,同时又不会过快地磨钝、损坏,使钻头保持较大的一次进尺量(即一个新钻头使用到不修磨就不能再使用时的进尺米数)。因此,钻头总压力(C)通常是依据钻头上硬质合金片的数量(m)和每颗硬质合金片上的压力(C_0)按下式计算:

$$C=mC_0 \tag{5-4}$$

式中的 C_0 值参考表 5-5。

表 5-5 硬质合金切削具压力

岩石性质	切削具形状	C_0 值(N)
Ⅰ～Ⅲ级软塑性岩石	片状硬合金	500～600
Ⅳ～Ⅵ级中硬均质岩石	柱状硬合金	700～1 200
Ⅶ～Ⅷ级硬、致密岩石	柱状硬合金	900～1 500

六、钻粒钻进

大口径的钻粒钻进分为环状钻进和全面钻进。环状钻进采用环状钻粒钻头,环形破碎孔底,中间留下岩芯,最后需进行采芯工作;全面钻进采用全面钻粒钻头,全面破碎孔底,靠冲洗液循环排除岩屑。

1. 钻粒环状钻进

该钻进是使用由筒状钻粒钻头、岩芯管和取粉管组成的粗径钻具(见图 5-14)。钻头可用 35 号或 45 号钢铸造,壁厚 40～50 mm。直径为 ϕ1 600 mm 的钻粒钻头可设 5 个水口,直径为 ϕ950 mm 的钻头可设 4 个水口。水口多,每旋转一周冲洗的次数多,补砂情况好,唇部的单位面积压力大。水口以氧炔吹管割制,水口形状呈双弧形,宽度与高度约同,一般为 150～200 mm。

钻具规格配套如表 5-6 所列。

表 5-6 钻具配套规格(mm)

名称	尺寸(公称)	外径	内径	壁厚	长度	备注
钻杆	114	114	92	11	3 000	
套管	1 240	1 240	1 220	10	1 000～2 000	护壁用
	1 030	1 030	1 010	10	1 000～2 000	
钻头	1 160	1 160	1 080	40	500	
	950	950	870	40	800	
岩芯管	1 160	1 140	1 100	20	1 000	
	950	930	890	20	>2 000	
取粉管	950	930	910	10	900	

钻进工艺措施:

(1)下套管。用其他成孔方法钻到基岩后,则下入套管,隔离覆盖层,保护孔壁。

(2)钻压。钢粒钻进的钻头压力,按正规要求钻头单位有效面积上的压力应为 2～3 MPa,但大口径钻粒钻进一般建议,钻Ⅳ级以下岩石取 0.5 MPa,Ⅳ级以上硬岩石取 1～1.5 MPa。

(3)转速。按钻头圆周线速度 2 m/s 的要求,视钻头直径和钻进岩层的具体情况确定钻头每分钟转速,一般为 40~50 r/min。

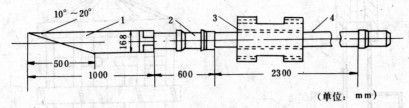

图 5-15 楔形岩芯楔断器
1—楔尖;2—接头;3—吊锤;4—钻杆

(4)冲洗液量。600~750 L/min。

(5)投砂方法和投砂量。通常中硬岩层采取一次投砂法,即回次开始时一次投入约 30~50 kg 钢粒;坚硬岩层,采用结合投砂法,即回次开始时一次投入约 50 kg 钢粒,回次钻进过程中视孔底钢粒消耗情况,补投 1~2 次,每次 30 kg 左右。

(6)岩芯断取方法。每个回次结束,经过洗孔后,即下入潜水电泵。先把孔内水抽干,然后由人携带钢丝绳箍套下到孔底将岩芯栓牢,待人员出孔后,用卷扬机试提,如岩芯已沿层面自断,即可提出;若岩芯未断,则将楔形岩芯楔断器(见图 5-15)下至岩芯与孔壁之间的一侧环隙中,锤击楔断器,使岩芯向另一侧折断。另一种采取粗径岩芯的方法是:未开始钻大孔前,先在孔位中心钻一直径 $\phi110$ mm 小孔,尔后再钻大孔,岩芯折断后,在小孔内下入 $\phi110$ mm 规格的岩芯紧持器。岩芯紧持器按水压试验双管栓塞结构制作,拧紧丝杆收缩装置,栓塞即胀开将岩芯卡死,进而将岩芯提出。

不成柱状的岩芯,大块的用细钢丝绳捆着提出,松散的用吊斗装好提出。

钻粒环状钻进适合于覆盖层很薄的岩层中钻进。

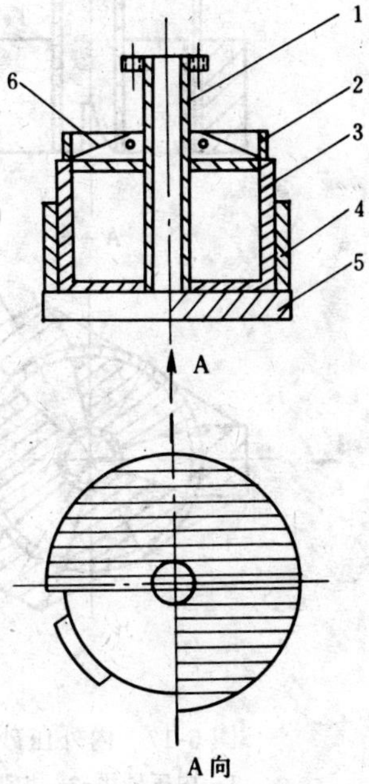

图 5-16 钢板叠合式钻粒钻头
1—钻杆;2—沉淀管;3—钻头体;
4—外肋骨片;5—叠合钢板;6—斜拉辐板

2. 钻粒全面钻进

上面的覆盖土层很厚的基岩中宜采用钻粒全面钻进。全面钻进使用的钻粒钻头,其结构有多种形式,这里仅举几个实例。

(1)图 5-16 为广西某队使用的钻头。钻头体用 20 mm 厚钢板卷制,上下封焊,中间焊接带有法兰盘的钻杆,底部用事先割好的厚 50 mm、长 110 mm 的钢板平行叠合并焊接,形成钻头底面积四分之三以上的钻头工作唇面,以压住孔底工作钢粒转动。按钻头回转方向在一侧割出 35°的导砂角。钻头体外圆周加焊周长 300 mm、厚 20 mm 的肋骨片,以防夹钻事故。钻头上部用 6 mm 钢板卷成直径 $\phi1 100$ mm、高 300 mm 的短沉淀管,管内焊接 4 块均布的斜拉辐板,以增加钻头刚度。在对称的两块辐板上钻有 $\phi40$ mm 打捞备用的孔眼。钻头体直径 $\phi1 200$ mm,长约 400 mm。当钻压为 39.2 kN,转速为 23~42 r/min,冲洗液量 300 L/min 时,该钻头在 Ⅳ—Ⅶ级砂岩中的平均时效为 0.09 m。

(2)图 5-17 为广东某队使用的钻头。钻头由心管、外管、内压砂块、外压砂块、加强筋板和

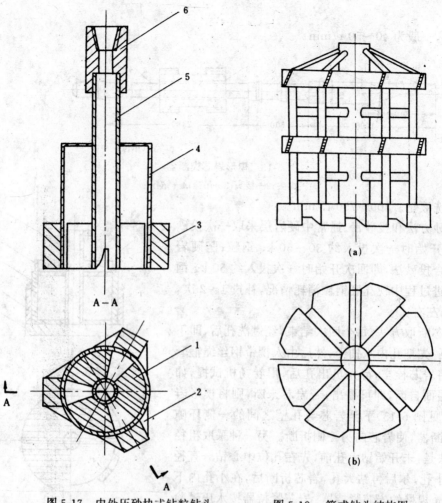

图 5-17 内外压砂块式钻粒钻头
1—内压砂块;2—加强筋板;3—外压砂块;
4—外管;5—心管;6—钻杆接头

图 5-18 笼式钻头结构图
(a)笼式钻头结构图
(b)钻头底盘结构图

钻杆接头等组成。内外压砂块分别焊在内外管壁上,在平面上均布,角度互相错开。外压块之间焊接加强筋板。这种钻头的特点是:底面上压砂面积小,要求钻头轴心压力也较小。该队使用这种钻头(直径 1.0 m),钻进 IV—VII 级中粗粒花岗岩(抗压强度为 110.6 MPa),平均时效 0.1 m,为硬质合金钻进的 3.3 倍。

(3)图 5-18 为广东地质工程公司使用的钻头。该钻头形式上为笼式钻头。钻头底部采用带凹槽的圆盘来压砂和带动钢粒滚动,圆盘直径 ϕ750 mm、ϕ950 mm 分别钻 ϕ800 mm 和 ϕ1 000 mm 的桩孔。该公司用该种钻头,采用 ϕ14~ϕ18 mm 的圆柱体钢粒,600 L/min 的冲洗液量,70 r/min 的转速,每次 16~20 kg 的投砂量,钻具自身重力加压,在砂岩或砂砾岩层,取得了 0.1~0.13 m 的时效。

第三节 反循环成孔技术

一、反循环的特点及类型

反循环钻进是指循环介质从钻杆与孔壁的环状间隙中进入钻孔,再从钻杆内返回孔口的一种钻井工艺。

在大口径正循环钻进中,由于钻具与孔壁的环状空间断面尺寸大,泥浆泵的泵量有限,泥浆上返速度很低,因此钻屑在孔底必须充分破碎后才能被排出。这会带来三个问题,一是充分破碎钻屑要消耗较多的能量和时间,影响钻进效率并加快了钻头磨损;二是细小钻屑很难通过振动筛或泥浆沉淀池加以清除,泥浆处理难度大(目前在城市施工大部分是将浓浆用槽车外运,拉至郊外场地排放,在市区施工往往离排放场地几十公里,白天市内交通繁忙,很难外运,只有夜间运输);三是在泥浆上返速度不大的情况下,只有增大泥浆粘度和密度才有利于上返钻屑,这也会在井壁形成厚的泥皮,增大清孔工作量,影响桩的承载力。采用反循环钻进,泥浆上返速度一般可达 $2\sim3.5$ m/s,所以可排出粒径很大的钻屑,而且排出速度很高。在一般正循环钻进比较困难的卵砾石层,只要卵砾石能从钻杆内顺利通过,就可不经破碎而直接排出孔口。

实现反循环的方法可分为二大类:一是直接压送法,二是抽吸法。直接压送法有两种实施方案:其一,封闭孔口处钻杆与护筒之间的环状间隙,从孔口向这个环状间隙中压送循环液,循环液到达孔底后从钻杆内上返。这种方法所用设备简单,但它只适用于非漏失层或漏失量很小的地层(或用于套管有效封闭漏失层之后)。其二,使用双壁钻杆,从地面沿双壁钻杆之间的环状间隙压入冲洗介质,冲洗介质到达孔底后从内管中上返。后一种方法,要使用专用钻具,但对地层的适应性较好,也不需封闭孔口,故已在地质勘探工作中用于水力反循环连续取芯钻进,在砂矿勘探中用于空气反循环中心取样钻进。不过,由于大直径的双壁钻杆较笨重,因而这种方法在桩孔施工中应用很少。

抽吸法,是利用离心泵、气举泵或射流泵从循环管路的终端(出口)或中间某处,形成负压和反向压差,并由此产生抽吸力,从钻杆中心通孔抽吸循环介质,形成循环介质的连续反循环。按形成负压方法、设备的不同,通常把抽吸法反循环分为泵吸反循环、气举反循环和射流反循环三种类型。这些反循环方法,由于工艺和设备均较简单,已在大口径钻孔施工中得到广泛应用。

二、反循环钻进的流体力学基础

要深入了解、研究反循环钻进,正确地进行参数的设计计算,掌握好钻井工艺,就必须对反循环钻进中涉及的流体力学基本问题有一个了解。这个问题日益受到人们的重视,研究工作亦有不少进展。但反循环系统涉及的问题比较复杂。例如,气举反循环就是一个气、固、液三相流问题,而且因素多变,目前虽有一些理论解释与计算公式,但还不能说这一问题已较好解决,还有待于进一步的研究与探索。

1. 悬浮速度及循环介质流速的确定

在讨论循环介质如何携带钻屑,以及在确定循环介质流量等参数时,经常要用到悬浮速度的概念。在实际中,钻屑是一不规则几何形体,为了由简到繁地分析问题,一般先把钻屑假设为球形,首先研究球形钻屑的悬浮速度,然后用形状系数加以修正。

(1)球形物体的自由悬浮速度 u_0。当球体在无限大断面静止的流体中自由下沉时,作用在球体上的力有重力 W,浮力 P,流体阻力 R。如图 5-19(a)所示。下沉开始时,下落速度逐渐增大,由于阻力 R 与下沉速度平方成正比,下落速度越大,阻力越大,最后下落速度达一定值 U_0,这时 W、P、R 三力平衡,即

$$W=P+R \tag{5-5}$$

这一恒定速度U_0称为该物体的自由沉降速度。

如果流体以小于球体的自由沉降速度上升则球体下沉，当流体以大于球体自由沉降速度上升时，球体将上升，如流体以等于球体自由沉降速度向上运动，则球体将在一水平面内呈摆动状态，既不上升，亦不下沉，此时流体的速度称为该物体的自由悬浮速度u_0。显然，自由悬浮速度与自由沉降速度在数值上相等，方向相反，如图5-19。

对于直径为d_s的球形物体

$$W=\frac{\pi d_s^3}{6}\gamma_s$$

$$P=\frac{\pi d_s^3}{6}\gamma_a$$

$$R=CF\frac{u_0^2}{2g}\gamma_a=C\frac{\pi d_s^2}{4}\cdot\frac{u_0^2}{2g}\gamma_a$$

代入(5-5)式并整理得：

$$u_0=3.62\sqrt{\frac{d_s(\gamma_s-\gamma_a)}{C\gamma_a}} \qquad (5-6)$$

式中：C——阻力系数；
u_0——球形钻屑的自由悬浮速度(m/s)；
d_s——球形钻屑直径(m)；
γ_s——球形钻屑重度(kN/m^3)；
γ_a——泥浆重度(kN/m^3)。

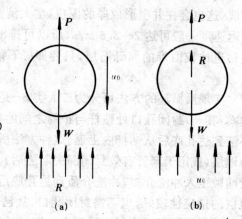

图 5-19

式(5-6)即为球体自由悬浮速度的一般表达式。式中阻力系数C是雷诺数Re的函数，在反循环中，由于钻屑直径比较大，循环介质流速比较高，Re一般均大于500，此时$C=0.44$（C的详细计算可参考《工程流体力学》）。将$C=0.44$代入(5-6)式得：

$$u_0=5.45\sqrt{\frac{d_s(\gamma_s-\gamma_a)}{\gamma_a}} \qquad (5-7)$$

(2)实际钻屑的实际悬浮速度。实际钻屑是在有限截面的管道内运动，而不是在无限大截面的流体中运动；实际钻屑形状千变万化，而不仅是球体；实际钻屑是颗粒群，而不是单个颗粒。在计算钻屑的悬浮速度时，要考虑以上所述因素的影响。

①管壁的影响。由于管道截面有限，悬浮的颗粒要占据管道一定的截面面积，使流体流通截面减小，颗粒周围流体流速增大。因此，同一颗粒在受管壁限制条件下的悬浮速度较之在自由空间中悬浮速度为小。

前苏联科学家乌斯品斯基以一组粒径为9.5～25.43 mm的钢球在四种不同管径(12.79～28.88 mm)的垂直管中进行悬浮实验，结果表明，管壁条件对悬浮速度的影响取决于球形颗粒直径d_s与管径d之比，且当$d_s/d=0.45$时悬浮速度最大。根据实验悬浮速度为：

$$u_g=5.45\sqrt{\frac{d_s(\gamma_s-\gamma_a)}{\gamma_a}}\left[1-\left(\frac{d_s}{d}\right)^2\right] \qquad (5-8)$$

式中：u_g——球形钻屑在垂直管道中的悬浮速度(m/s)；
d——管道内径(m)；
其他符号意义同(5-6)式。

上海海运学院曾在实验室以一组20个不同直径的蜡球在管径为74 mm的垂直管内进行

实验,证明了(5-8)式的正确性。

②其他影响因素。物体颗粒的形状对悬浮速度有较大影响,在同类等重的物体中,以球形颗粒悬浮速度为最大,这是因为不规则形状颗粒阻力系数比球形颗粒阻力系数大的缘故。

在反循环中,钻屑是以颗粒群的形式存在,颗粒越多,颗粒之间的相互摩擦和局部撞击的影响也增大;同时,颗粒群的存在,使流体流通的有效截面减小,液流局部流速增大。所以,颗粒群的悬浮速度比单颗的小。

综上所述,用(5-8)式计算出的悬浮速度值偏大,但(5-8)式形式简单,比较符合实际,可以用它来计算反循环钻进中的实际钻屑悬浮速度。

(3)循环介质流速的确定。当求得悬浮速度(u_g)之后,即可按下式计算字出循环介质的流速 u_a(m/s):

$$u_a = u_g + u_s \tag{5-9}$$

式中:u_s——钻屑上返速度(m/s)。

u_g 一定时,u_a 大则 u_s 亦大,钻屑排出快,可以提高钻进效率,同时钻杆中滞留的钻屑数量少,可以减小钻杆内循环介质的重度,减少钻杆柱内外泥浆柱的压力差。但 u_a 太大,则管路的沿程损失增大,因此存在确定 u_a 最优值问题。

2. 反循环中循环液的压力损失

在正循环中,泥浆泵的压力很大,它对泥浆在循环中的压力损失的计算精确度要求不十分严。对一些数值不大的压力损失,为了简化计算往往忽略不计。但在抽吸式反循环中,由于驱动循环介质循环的压力不大,因此对于反循环中循环介质的压力损失,就要求比较精确的计算,以利于合理选择参数。

如图 5-20 所示,在反循环系统中,泥浆从孔口流到钻杆内的 A—A 截面这段路程中的主要压力损失有:

h_1——钻杆柱内外泥浆重度差所形成的压差;
h_2——泥浆的沿程压力损失;
h_3——钻头处吸入阻力所产生的压力损失。

(1)钻杆柱内外泥浆重度差所形成的压差 h_1。在进行反循环钻进时,钻屑从钻杆内由泥浆携带至地面,这时钻杆内的泥浆重度大于钻杆外的。由于钻孔直径较大时才用反循环,单位时间内产生的钻屑体积较大,而钻杆内孔的横截面比较小,大量钻屑从一小的通道排出;有时当泥浆流速不大而钻屑要求的悬浮速度较大时,钻屑在钻杆内上升的速度较低,钻屑滞留在钻杆内的时间较长,这些都促使钻杆内泥浆重度增大,由此而引起钻杆柱内外泥浆柱的压差 h_1 增加。当孔深时,h_1 往

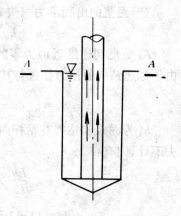

图 5-20 反循环示意图

往可以达到一个较大数值,较大地限制了泵吸、射流反循环的钻进深度。

①钻杆柱内泥浆与钻屑混合物重度 γ_m 的计算

设 V_s 为单位时间内钻屑的体积流量,单位为 m³/s,则

$$V_s = \frac{\pi}{4} D^2 \frac{v_s}{3\,600} \tag{5-10}$$

式中:v_s——给进速度(m/h);
D——钻孔直径(m)。

在钻杆内任一横截面上上升钻屑流所占的截面积 $S_s(\text{m}^2)$ 为：

$$S_s = \frac{V_s}{u_s} = \frac{\pi D^2}{4} \frac{v_s}{3\,600} \frac{1}{u_s}$$

式中：u_s——钻屑上升速度(m/s)。

在钻杆内同一横截面上泥浆流所占的截面积 $S_a(\text{m}^2)$ 为：

$$S_a = \frac{\pi}{4} d^2 - S_s$$

式中：d——钻杆内径(m)。

对于单位长度的钻杆可列出如下关系：

$$S_s \gamma_s + S_a \gamma_a = \frac{\pi}{4} d^2 \gamma_m$$

式中：γ_s、γ_a、γ_m——分别为钻屑、泥浆及混合流体重度(kN/m³)。

将 S_s、S_a 的表达式代入上式并整理得：

$$\gamma_m = \left(\frac{D}{d}\right)^2 \frac{v_s}{3\,600} \frac{1}{u_s} (\gamma_s - \gamma_a) + \gamma_a \tag{5-11}$$

②钻杆柱内外重度差所形成的压差 h_1 的计算

$$h_1 = L(\gamma_m - \gamma_a) = \left(\frac{D}{d}\right)^2 \frac{v_s}{3\,600} \frac{L}{u_s} (\gamma_s - \gamma_a) \tag{5-12}$$

式中：D、d——分别为钻孔直径和钻杆内径(m)；

L——钻孔深度(m)。

由式(5-9)可知，钻屑上升速度 $u_s = u_a - u_g$，而钻屑的悬浮速度 u_g 随钻屑直径而变化，钻屑直径又随钻进地层，所用钻头形式而异，即使在同一情况下，由泥浆携带上来的钻屑直径亦不一样。计算 u_s 时，可取 $u_g = \bar{u}_g = 0.7 u_{g\,\text{max}}$（$u_{g\,\text{max}}$ 是(5-8)式中 $d_s = 0.45d$ 时的悬浮速度)。

(2) 泥浆的沿程压力损失 h_2。按照二相流理论，h_2 主要由以下两项组成，即

$$h_2 = h_d + h_a$$

h_d 是把初速度近似为零的泥浆、初速度为零的钻屑加速至 u_a、u_s 所产生的泥浆压力损失由于加速钻屑的压力损失与其他一些压力损失比较，数值很小，为简化计算，可略去不计，故得

$$h_d = \frac{u_a^2}{2g} \gamma_a$$

h_a 为泥浆和钻屑在钻杆内的沿程压力损失。在铅垂管中，钻屑的沿程压力损失较小，可略去不计，则有：

$$h_a = \lambda_a \frac{L u_a^2}{d \, 2g} \gamma_a$$

$$h_2 = \left(1 + \lambda_a \frac{L}{d}\right) \frac{u_a^2}{2g} \gamma_a$$

式中：λ_a——沿程阻力系数(可从有关《工程流体力学》书中查得)；

L——钻孔深度(m)；

d——钻杆内径(m)；

u_a——钻杆内泥浆流速(m/s)；

g——重力加速度，(9.81m/s²)；

γ_a——泥浆重度(kN/m³)。

(3) 钻头处的吸入阻力所产生的压力损失 h_3。h_3 的变化范围很大，当钻进大颗粒卵石层、粘土层时，有时大块的卵石或粘土块会堵塞整个入口，造成断流。当稳定钻进时

$$h_3 = \xi \gamma_a \frac{u_a^2}{2g} \qquad (5-14)$$

式中：ξ——局部阻力系数，可取 $\xi = 2 \sim 4$；

其他符号意义同前。

三、泵吸反循环回转钻进

1. 泵吸反循环工作原理

如图 5-21 所示，泵吸反循环的关键设备是砂石泵。砂石泵的吸入口与胶管、水龙头上面弯管及整个钻杆柱相连，砂石泵的排出管口对着沉淀池。泵吸反循环就是利用砂石泵将钻杆柱内带有钻屑的泥浆抽到沉淀池，沉淀后的泥浆经循环槽或其他方式再流回钻孔，从而实现泥浆的反循环。

砂石泵一般为离心式泵。一般说来，离心泵叶片数目越多，泵效率越高，但通道直径越小。砂石泵为了增大通道直径，一般为二个叶片，效率在 50% ～ 60% 左右。

表示砂石泵性能的主要参数有：流量 Q、全扬程 H、吸程 H_s、自由通道直径 d。钻孔工作对砂石泵的要求是吸程要足够大，一般吸程要保证在 7 m 以上，因为没有足够的吸程，就不能打比较深的孔，同时工效也会较低。对扬程要求不高，因为沉淀池距泵很近。

2. 砂石泵的启动方式

由于砂石泵一般为离心式泵，且安装在地表，在泥浆还没有开始反循环之前，图 5-21 所示的砂石泵吸入管路中的胶管、水龙头及弯管、主动钻杆均为空气所充满，离心泵抽吸空气的能力非常有限，要启动砂石泵形成反循环，就必须先排除砂石泵吸入管路中的空气。有两种排气方法：真空泵排气和灌注泵排气。

(1) 真空泵启动砂石泵。我国生产的 QZ-3 型、QZ-200 型钻机采用了真空泵启动砂石泵的方法。QZ-200 型钻机泵吸反循环系统如图 5-22 所示。真空泵的吸气管与真空包相连，真空包(3)的吸气管经过一段透明塑料管后分别接到砂石泵泵壳最上端和水龙头弯管顶部。

用真空泵启动砂石泵的过程：砂石泵出口处安装一蝶形阀，关闭蝶形阀即封住砂石泵的出口。启动真空泵，打开吸气管线上所有阀门，将砂石泵吸入管路中的空气抽出。随着空气被抽出，砂石泵吸入管路中的真空度增大，在外界大气压的作用下，泥浆在主动钻杆内不断上升。当泥浆注满泵体时，塑料透明管中就有泥浆通过，马上关闭小阀门 A；当塑料透明管中再次有泥浆通过时，说明泵体及整个吸入管路中的空气已全部排除，应迅速关闭阀门 B，立即启动砂石泵。砂石泵转动平稳后，打开砂石泵

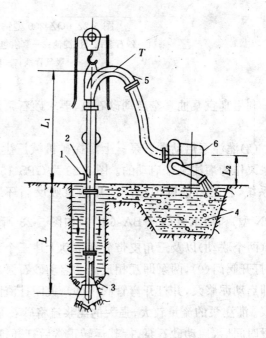

图 5-21 泵吸反循环示意图
1—转盘；2—钻杆；3—钻头；4—沉淀池；
5—水龙头排渣管；6—砂石泵

出口蝶形阀，实现反循环，然后再关闭真空泵。

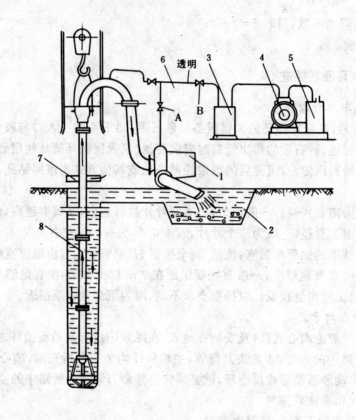

图 5-22　QZ-200 型钻机泵吸反循环系统
1—砂石泵；2—沉淀池；3—真空包；4—真空泵；5—气水分离器；
6—吸气管线；7—转盘；8—钻具

利用真空泵抽真空启动砂石泵，要求砂石泵及其吸入管线系统密封可靠，否则往往启动无效。

(2)灌注泵启动砂石泵。上海探矿机械厂生产的 GPS-15 型钻机的砂石泵就是利用 3PN 泥浆泵作为灌注泵来启动的。图 5-23 为 GPS-15 型钻机使用的灌注泵启动砂石泵的三泵反循环系统，它是目前国内广泛使用的泵吸反循环装置。所谓三泵，即砂石泵(6 英寸)、泥浆泵(3PN 型)和清水泵($1\frac{1}{2}$BA-6 型。)如图 5-23 所示，电动机输出动力通过传动轴(3)、离合器(4)(两个联动)以及三角皮带分别带动上述三个泵。泥浆泵(6)与砂石泵(7)之间用弯管(8)连接，打开阀门(9)，两泵即互相连通。启动砂石泵之前，利用清水泵(5)向泥浆泵内灌水，灌满后立即启动泥浆泵，并打开弯管阀门(9)，关闭排渣阀门(10)，泥浆泵向砂石泵及其吸水管线灌注泥浆。灌注泵的流量较大，强大的泥浆流将砂石泵吸入管路中的空气从孔底排出。灌注泵工作一段时间后，启动砂石泵，待其运转正常后打开排渣阀门，关闭弯管阀门即可实现反循环。清水泵排出的清水除灌注泥浆泵外，还以胶管引向泥浆泵和砂石泵轴端密封盒内，起强制润滑和密封作用(利用压力清水阻止泥浆向外渗漏和空气进入泵内)。砂石泵的结构如图 5-24。

当只开动灌注泵且关闭排渣阀门时，系统实现正循环。由此可见该系统正、反循环的转换非常方便,若反循环管路堵塞了,可用正循环冲堵。

利用灌注泵注水启动,当孔较深时,滞留在钻杆中的空气不易排出,对砂石泵的启动有些不利,常需要增加灌注时间。

3. 泵吸反循环正常工作条件

泵吸反循环应满足两个条件才能保持正常工作。

(1)水龙头弯管最高点(图 5-21 中的 T 点)的泥浆压力不小于泥浆的汽化压力 P_γ;

(2)砂石泵吸入口处的泥浆压力应大于砂石泵的吸入压力 P_b(大气压与泵的吸入压力之差即为泵所能达到的真空度)。

根据以上二个条件,结合图 5-21,可列出泵吸反循环应满足的二个方程式:

$$\left.\begin{array}{l} P_a-(h_1+h_2+h_3+L_1\gamma_m)\geqslant P_\gamma \\ P_a-(h_1+h_2+h_3+L_2\gamma_m)\geqslant P_b \end{array}\right\} \tag{5-15}$$

式中:P_a——大气压力,100 kPa;

P_γ——泥浆的汽化压力,与温度有关,见表 5-7;

P_b——砂石泵的吸入压力,GPS-15 钻机砂石泵吸程为 7 m,即 $P_b=30$ kPa;

L_1——水龙头弯管最高点与钻孔液面之间的高度(m);

L_2——砂石泵吸入口与钻孔液面之间的高度即砂石泵的安装高度(m);

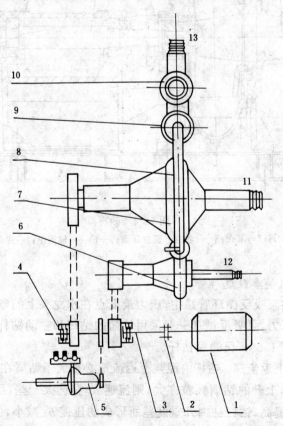

图 5-23 GPS-15 型钻机"三泵"反循环系统

1—电动机;2—联轴器;3—传动轴;4—离合器;5—清水泵;6—泥浆泵;7—砂石泵;8—弯管;
9—弯管阀门;10—排渣阀门;11—吸渣管;12—吸水管;13—排渣管

γ_m——钻杆内泥浆与钻屑混合物的重度(kN/m^3),见式(5-11);
h_1、h_2、h_3——各种压力损失(kPa),见式(5-12)、(5-13)、(5-14)。

表 5-7 泥浆的汽化压力

温度(℃)	10°	20°	30°	40°	50°
P_γ(kPa)	1.8	3.2	5.5	9.0	14.6

由上式可知,泵吸反循环驱动泥浆循环的压力 P_a-P_γ 或 P_a-P_b 小于一个大气压,这就限制了泵吸反循环的钻进能力,包括钻进深度和钻进过程中排除循环管线堵塞故障的能力。理论和实践都说明,泵吸反循环在孔深 50 m 以前效率较高,孔深超过 70 m 虽然也能工作,但效率太低,不经济。

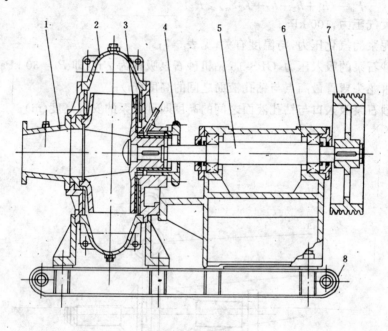

图 5-24 砂石泵
1—吸水管;2—泵壳;3—叶轮;4—密封压盖;5—轴;6—轴承座;7—皮带轮;8—底座

4. 泵吸反循环有关参数选择

(1)钻杆长度。在泵吸反循环管路中,压力最低点在水龙头上的弯管顶部,为使该处的压力不小于泥浆的汽化压力,泵吸反循环一般采用较短的钻杆和主动钻杆(一般为 3 m);当孔较深时至少还要配备一节 1.5 m 长的短钻杆。

(2)钻杆内泥浆上返流速。钻杆内泥浆上返流速必须大于钻屑在钻杆内的沉降速度。钻孔直径大,钻杆内径大,上升的钻屑颗粒亦大,则流速 u_a 宜选大一些,反之则应小一点。流速 u_a 高,则钻进速度可以提高,钻杆柱内外重度差所形成的压差 h_1 减小,但沿程及局部阻力损失增大。总结国内外施工实践经验,一般认为,钻杆内泥浆上返流速以 2~4 m/s 为宜,最低可采用 1.5 m/s。

(3)钻杆内径。钻杆内径大,钻进过程中的各种压力损失都可减小,可增大反循环钻进所能达到的钻孔深度;同时钻杆内径大,可上返的钻屑颗粒也大,且不易产生管道堵塞,从而钻进速度也可提高。但钻杆直径太大,当钻杆内泥浆上返流速一定时,增大了泥浆的泵量和钻杆外环隙中的泥浆流速,对孔壁冲刷作用也大,一般可选 $d \geqslant D/10$,且 $d > 100$ mm,具体选择时要保证钻杆外环隙中的泥浆流速在 $0.02 \sim 0.04$ m/s,最大不超过 0.16 m/s。

(4)砂石泵流量 Q

$$Q = 3\,600 u_a \frac{\pi}{4} d^2 \tag{5-16}$$

式中:d——钻杆内径(m);

u_a——钻杆内泥浆上返流速(m/s)。

砂石泵出厂时标定的流量是指抽吸清水的流量。实际施工时,砂石泵抽吸的是含有大量钻屑的泥浆,故实际流量小于其标定的额定流量。因此,按上式选择砂石泵时,要视冲洗液类型乘以一个大于 1 的系数,其泵量才能满足实际施工需要。

5. 泵吸反循环回转钻进工艺

(1)砂石泵启动后,应待形成正常反循环,才能开动钻机慢速回转,下放钻头至孔底。开始钻进时,应先轻压慢转至钻头正常工作后,逐渐增大转速,调整钻压,以不造成钻头吸水口堵塞为限度。

(2)钻进中应认真细心观察进尺情况和砂石泵的排水出渣情况;排量减小或出水中含钻渣量太多时,应控制给进速度,防止因循环液密度太大或管道堵塞而中断反循环。

(3)钻进参数应根据不同的地层情况、桩孔直径,并获得砂石泵的合理排量和经济钻速来加以选择和调整。钻进参数和钻速的选择可参考表 5-8。

(4)在砂砾、砂卵、卵砾石层中钻进时,为防止钻渣过多,卵砾石堵塞管道,可采用间断给进、间断回转的方法来控制钻速。

表 5-8 泵吸反循环回转钻进推荐参数和钻速

钻进参数和钻速 地层	钻压 (kN)	转速 (r/min)	砂石泵排量 (m³/h)	钻速 (m/h)
粘土层、硬土层	10～25	30～50	180	4～6
砂土层	5～15	20～40	160～180	6～10
砂层、砂砾层、砂卵石层	3～10	20～40	160～180	8～12
中硬以下基岩、风化基岩	20～40	10～30	140～160	0.5～1

注:①本表钻进参数以 GPS-15 型钻机为例;砂石层排量要考虑孔径大小和地层情况灵活选择调整,要保证冲洗液在钻杆内和外环隙中的流速符合规定要求;

②桩孔直径较大时,钻压宜选用上限,转速宜选用下限,获得下限钻速;桩孔直径较小时,钻压宜选用下限,转速宜选用上限,获得上限钻速。

(5)加接钻杆时应先停止进尺,将钻具提离孔底 100 mm 左右,维持冲洗液循环 1～2 min,以清洗孔底,并将管道内的钻渣携出排净,然后停泵加接钻杆。

(6)钻进时如孔内出现坍孔、涌砂等异常情况,应立即将钻具提离孔底控制泵量,保持冲洗液循环,吸除坍落物和涌砂。同时,向孔内输送性能符合要求的泥浆,保持水头压力以抑制继续涌砂和垮孔;恢复钻进时,控制泵排量不宜过大,避免吸垮孔壁。

(7)钻孔达到要求孔深停钻后,钻具提离孔底 50～80 mm,维护冲洗液正常反循环清孔,直到符合清孔标准为止。起钻时应注意操作轻稳,防止钻头拖刮孔壁,并向孔内补入适量冲洗液,稳定孔内水头高度,防止坍孔。

(8)施工中常见的故障的处理方法可参考表5-9。

表5-9 泵吸反循环常见故障的处理方法

序号	故障现象	故障原因	处理(排除)方法
1	真空泵启动时,系统真空度达不到要求	1. 启动时间不够 2. 气水分离器中未加足清水 3. 管路系统漏气,密封不好 4. 真空泵机械故障 5. 操作方法不当	1. 适当延长启动时间但不宜超过10分钟 2. 向气水分离器中加足清水 3. 检修管路系统,尤其是砂石泵塞线和水龙头处 4. 检修或更换真空泵 5. 按正确操作方法操作
2	真空泵启动时,真空度达到要求,但不吸水,或吸水而启动砂石泵时不上水	1. 真空管路或循环管路被堵 2. 钻头水口被堵住 3. 水龙头弯管最高点过高	1. 检修管路,注意检查真空管路上的阀是否打开 2. 将钻头提离孔底,并冲堵 3. 水龙头弯管最高点离钻孔液面之间的距离降到6.5 m以下
3	灌注泵启动时管道阻力大,孔口不返水	1. 管路系统被堵塞物堵死 2. 钻头水口被埋住	1. 清理管路系统堵塞物 2. 把钻具提离孔底,用正循环冲堵
4	砂石泵启动正常循环后,循环突然中断或逐渐中断	1. 管路系统漏气 2. 管路突然被堵 3. 钻头水口被堵 4. 吸水胶管内层脱胶损坏	1. 检修管路,紧固砂石泵塞线压盖或水龙头压盖 2. 冲堵管路 3. 清除钻头水口堵塞物 4. 更换吸水胶管
5	在粘土层中钻进时,进尺缓慢,甚至不进尺	1. 钻头有缺陷 2. 钻头泥包或糊钻 3. 钻进参数不合理	1. 检修钻头,必要时重新设计钻头(更换钻头) 2. 清除泥包,调整冲洗液的密度、粘度,适当增大泵量或向孔内投入适量砂石,解除泥包糊钻 3. 调整钻进参数
6	在基岩中钻进时,进尺很慢甚至不进尺	1. 岩石较硬,钻压不够 2. 钻头切削具崩落,钻头有缺陷损坏	1. 加大钻压(可用加重块)调整钻进参数 2. 修复钻头或更换钻头
7	在砂层、砂砾层或卵石层中钻进时,有时循环突然中断或流量突然减小,钻头在孔内跳动厉害	1. 进尺过快,管路被砂石堵死 2. 冲洗液的密度过大 3. 管路被石头堵死 4. 冲洗液中钻渣含量过大 5. 孔底有较大的活动卵砾石	1. 控制钻进速度 2. 立即稍提升钻具,调整冲洗液密度至符合要求 3. 起闭砂石泵出水阀,以造成管路内较大的瞬时力波动,或用正循环冲堵。如无效,则应起钻予以排除 4. 降低钻速,加大排量,及时清渣 5. 起钻,用专用工具清除大块卵砾石
8	塌　孔	1. 地层松散,水头压力不够 2. 孔内漏失,水位下降 3. 操作不当 4. 泵量过大(松散层)	1. 向孔内补充足够泥浆,加大泥浆密度或抬高水头高度或下长护筒 2. 向漏水层投泥球堵漏 3. 注意操作,升降钻具应平稳 4. 调整泵量,减少抽吸

四、射流反循环回转钻进

1. 工作原理

射流反循环是用射流泵来驱动循环液流动的,因此在了解射流反循环之前有必要先了解一下射流泵的构造及工作原理。

射流泵的构造如图5-25所示。射流泵工作时,由供水管来的高压工作流体(质量流量为G_p;绝对压力为P_p;比容为V_p)经过喷嘴(1)进入吸入室(2)后,速度增高,压力降低,形成高速射流。高速射流对其周围的介质有卷吸作用,可带着其周围的介质一起向前运动;吸入室(2)中的流体介质被高速射流带走后,吸入室中的压力减小形成一定的真空,从而使引射流体(质量流量为G_H;绝对压力P_H;比容V_H)通过吸入管(6)不断地被吸入到吸入室,又不断地被高速射流带走,形成一个连续的抽吸过程。工作流体和引射流体在喉管(3)内进行动量和能量交换达到充分混合,混合流体经扩压管(4),速度降低,压力增大,把大部分动能转化为压力能通过排出管(7)排出。混合流体在扩压管出口处的质量流量为 G_c,绝对压力为 P_c,比容为 V_c。

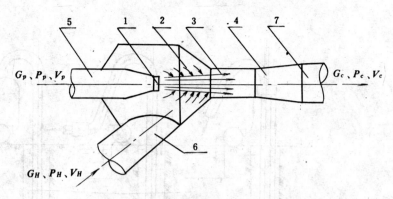

图 5-25 中心射流泵示意图
1—喷嘴;2—吸入室;3—喉管;4—扩压管;
5—供水管;6—吸入管;7—排出管

在射流反循环中,射流泵的供水管(5)与泵送净化过的泥浆或清水的工作泵相连,吸入管(6)和排出管(7)串接在钻屑和泥浆混合物流通的管路中。一般射流泵常用一个喷嘴,它和排出管安排在同一轴线上;吸入管道和排出管道轴线则不在一条轴线上。在射流反循环中,为了使大颗粒钻屑能顺利通过管道,常用多个喷嘴,布置成环形;吸入管道和排出管道在同一条轴线上,前者称为中心射流泵,后者称环形射流泵(图 5-26)。

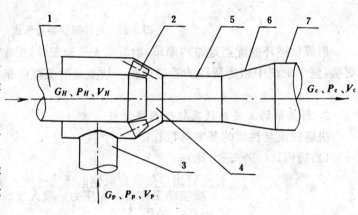

图 5-26 环形射流泵示意图
1—吸入管;2—喷嘴;3—供水管;4—吸入室;
5—喉管;6—扩压管;7—排出管

射流泵的工作流体和引射流体可以是液体也可以是气体。工作流体的随意性使得泥浆泵(包括离心泵和往复泵)和空压机都可作为射流泵的动力源。引射流体的随意性,使射流泵既能抽吸液体又能抽吸空气。射流泵的这一特性使得它在反循环钻进中的应用非常灵活。在气举反循环开孔时,可用空压机作为动力源进行射流反循环钻进;在泵吸反循环中,可用射流泵作为真空泵来启动砂石泵;当用泥浆泵作动力源进行抽吸射流反循环钻进时,射流泵能抽吸空气,不像砂石泵那样需要启动装置。

射流泵在反循环系统中,有三种常见的安装形式,如图 5-27。装置 a 是把射流泵放在井底钻头上部;装置 b 是把射流泵放在地表;装置 c 是把射流泵放在水龙头旁。装置 a 靠射流泵的扬程来驱动泥浆循环,驱动压力可超过一个大气压,但管路比较复杂,高压水流经路程长,沿程压力损失大。装置 b 和 c 是靠射流泵的吸程工作,射流泵的吸程一般比砂石泵高,但不可能超过一个大气压;在同样的条件下,装置 d 中的射流泵吸入压力比装置 c 中的高,对射流泵较为有利;对于大口径工程基桩孔钻进,钻孔一般不太深,三种装置中以选择装置 b 较好。

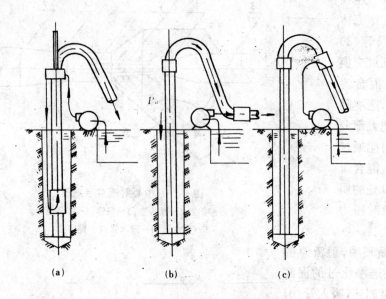

图 5-27 射流泵的装置形式

射流反循环的优点是结构简单,射流泵无运动部件,工作可靠,作业率高,机件磨损后易于更换,整个系统中钻屑所经的管路通畅。缺点是射流泵的机械效率在 25% 以下,消耗功率较大。

2. 射流泵的主要参数及特性曲线方程

决定射流泵性能的基本参数有:

(1) 扬程比(亦称压力比) h

$$h = \frac{\text{扩压管出口处混合流体的压力} - \text{吸入室前引射流体的压力}}{\text{喷嘴前工作流体的压力} - \text{吸入室前引射流体的压力}}$$

即

$$h = \frac{P_c - P_H}{P_P - P_H} = \frac{\Delta P_c}{\Delta P_P}$$

(2) 截面积比 m

$$m = \frac{\text{喉管截面积}}{\text{喷嘴出口截面积}} = \frac{f_3}{f_1} = \frac{1}{n}\left(\frac{d_3}{d_1}\right)^2$$

其中:n 表示喷嘴数量;f_3、d_3 分别为喉管截面积和直径;f_1、d_1 分别为喷嘴截面积和直径。

(3) 流量比 (q) 即

$$q = \frac{\text{引射流体的质量流量}}{\text{工作流体的质量流量}} = \frac{G_H}{G_P}$$

通过动量定理并结合实验数据所得的射流泵特性曲线方程为:

$$h = \frac{\varphi_1^2}{m}\left[2\varphi_2 + \left(2\varphi_2 - \frac{1}{\varphi_4^2}\right)\frac{V_H}{V_P}\frac{1}{m-1}q^2 - (2-\varphi_3^2)\frac{V_c}{V_P}\frac{1}{m}(1+q)^2\right] \tag{5-17}$$

式中:V_P、V_H、V_c 分别为工作流体、引射流体、混合流体的比容;φ_1、φ_2、φ_3、φ_4 分别为喷嘴、喉管、扩压管、喉管入口的速度系数。

当结构设计合理,并抽吸清水时,根据试验 $\varphi_1 = 0.95 \sim 0.975$,$\varphi_2 = 0.975$,$\varphi_3 = 0.9$,$\varphi_4 = 0.92$。当抽送泥浆时,流速系数原则上应通过试验确定,无条件时也可按上述数值计算。

射流泵的特性曲线方程反映了一定面积比 m 的射流泵的扬程比 h 与流量比 q 之间的关

系,它是设计和应用射流泵的最基本的方程式。

射流泵的喷嘴一般采用圆锥形喷嘴,圆锥角13°30′;喉管入口采用收缩圆锥形,收缩圆锥角16°~40°;喉管长度为其直径的6~7倍;扩压管的圆锥角为5°~8°,出口直径为喉管直径的2~4倍,无扩压管时,射流泵的性能会降低。

3. 用6 SPS正反循环两用射流泵进行射流反循环钻进

6 SPS射流泵是中国地质大学(北京)研制的专利产品,它采用的是射流泵安装在地表(图5-27b)的射流反循环钻进工艺。射流泵的结构示意图如图5-28。

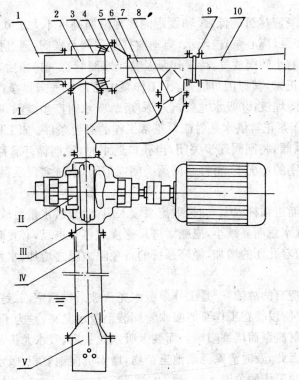

图5-28 正、反循环两用射流泵示意图

Ⅰ—射流泵;Ⅱ—轴封润滑油缸;Ⅲ—工作泵;Ⅳ—吸水胶管;Ⅴ—吸水龙头

1—射流泵吸水胶管;2—引射管;3—泵体;4—喷嘴;
5—吸入室;6—三通;7—喉管;8—蝶阀;9—闸阀;10—扩压管

(1)射流泵的主要特点和技术参数。6 SPS射流泵的主要特点:体积小、重量轻、抽吸力强,并集正、反、无循环三种功能于一身,且三种功能的转换只需操作两个阀,极为方便。当闸阀(9)开启,蝶阀(8)关闭时,工作泵Ⅲ的高压液流经喷嘴(4)高速喷出,吸入室(5)中产生负压,经引射管(2)和连接到钻杆水龙头上的胶管(1)抽吸孔底流体和钻渣,此时为射流反循环。当同时打开蝶阀及闸阀,则由工作泵来的工作液流经扩压管(10)和排出管排入泥浆池或泥浆净化设备,此时孔内泥浆不循环,用于投泥球堵漏或用于净化泥浆池内的泥浆(在配有泥浆净化设备的情况下)。如打开蝶阀,关闭闸阀。由工作泵来的工作流体绝大部分经蝶阀进入喉管、引射管、射流泵吸水胶管、水龙头及钻杆流至井底,然后由钻杆与井壁间环状空间返回井口,此时则形成正循环。正循环在大口径反循环钻进中常用于排除钻杆吸入口的堵卡,或钻进一些易于坍塌不适宜用反循环钻进的地层,如流砂层。

6 SPS 射流泵主要技术参数：

用于反循环时：真空度 9.5 m 水柱；引射流量 225～100 m³/h；配用钻杆内径 ϕ150 mm。

用于正循环时：最大泵压 0.6 MPa(60 m 水柱)；最大泵量 180 m³/h。

外形尺寸 1 885×1 332×860(长×宽×高)mm(不包括排出管)；重量 1 100 kg；功率 37～45 kW。

(2) 射流反循环回转钻进工艺。射流泵安装在地表的射流反循环回转钻进的施工工艺与泵吸反循环回转钻进基本相同。因此，这里着重介绍射流泵的使用及注意事项，其他问题不再重复。

泵的安装高度应尽可能低，泵轴线距泥浆池液面高度不大于 0.5 m 为宜。如射流泵组长时间不运转，工作泵(离心泵)内无水，启动前打开闸阀及蝶阀，通过排出管向泵内灌水，同时打开工作泵泵体上的小闸阀放气，待工作泵及其吸水胶管空气排净后，关闭小闸阀，启动工作泵。如工作泵供水不正常，其原因可能是：①工作泵内滞留空气未排净；②吸水龙头被杂物堵塞或被沉淀下来的钻渣埋没；③吸水龙头沉入深度浅，吸水时产生漩涡，吸入了空气。应针对不同情况设法排除。工作泵正常供水是射流泵正常工作的必要条件。如工作泵供水正常，可先试用一下正循环：打开蝶阀，将闸阀逐步关闭，当孔口返水时，说明循环管路无堵塞或堵塞已被冲开。在循环管路无堵塞的情况下，再打开闸阀关闭蝶形阀，系统实现反循环。反循环正常后，开动钻机回转并给进。

当大量钻渣涌进钻杆内上升时，射流泵吸入阻力增加，水量会减小。因此，司钻要随时注意水量变化，如发现水量明显减小，应减缓进尺速度或停止进尺，必要时稍提升钻具，等水量恢复正常后再进尺。随着孔深的增加，循环系统的各项阻力随之增加，水量会逐步减小一些，这是正常现象。

射流反循环特有的故障：一是工作泵吸水龙头被杂物堵塞，二是喷嘴被堵塞。这两个故障是密切联系的。之所以要在工作泵的吸水管端装上吸水龙头，是为了防止比喷嘴出口直径大的钻屑或杂物进入射流泵而堵塞喷嘴。而装上吸水龙头后，吸水龙头又易被杂物堵塞，影响射流泵的正常工作。因此，及时清除泥浆池里杂物，增大沉淀池容积；吸水龙头附近及时清砂、清泥是保证射流泵正常工作的关键。

五、气举反循环

1. 工作原理

气举反循环是利用气举泵的工作原理实现冲洗液反循环的，如图 5-29。压缩空气通过供气管路(可以是专门的风管，也可以是双壁钻杆的外环空间，图示为后者)送至孔内气水混合室，在这里空气膨胀、液气混合，形成一种密度小于液体的液气混合物，并在钻杆内外重度差和压气动量的联合作用下，沿钻杆内孔上升，带动孔内的冲洗液和岩屑一起向上流动，形成空气、冲洗液和岩屑混合的三相流，三相流流往地面沉淀池，空气逸散，钻渣沉淀，冲洗液流回钻孔。

由上述气举反循环的原理可知，气举反循环形成的前提条件是：混合器沉入水下一定深度，在钻杆内外形成足够大的反向压力差。如图 5-29 所示，设孔内冲洗液面与孔口持平，混合器沉入水下深度为 h_0，钻杆内三相流的重度为 γ_m，钻杆外液柱重度为 γ_a，作用于混合器液面上的内外液柱压力差 ΔP 为(不考虑排渣胶管的虹吸作用)：

$$\Delta P = \gamma_a h_0 - \gamma_m (g_0 + h_1) = (\gamma_a - \gamma_m) h_0 - \gamma_m h_1 \tag{5-18}$$

正是这个压力差，再加上高速喷出并迅速膨胀的压气动量的作用，驱动钻孔内的液体沿外环空间向下流动,尾管内的岩屑和冲洗液、混合器以上的三相混合物沿钻杆内孔上升,并克服循环过程中的各种阻力损失,形成连续的反循环。这些阻力损失包括:

①冲洗液沿外环空间流动的沿程阻力损失;

②两相流、三相流沿钻杆内流动的沿程阻力损失;

③冲洗液、钻屑流经钻头底部并进入钻头吸渣口的局部阻力损失;

④尾管部分即混合器以下部分由于内外重度不同而引起的压差;

⑤液体和混合流的动能增量。

从压差公式可以看出:在冲洗液重度 γ_a 和升液高度 h_1 一定的情况下,增大混合器的沉没深度,降低三相流的重度(通过增大压风量),将会提高驱动气举反循环的压力差。因此,混合器的沉没深度,送往孔内的空气流量和压力,是影响气举反循环钻进能力和钻进效率的重要参数。

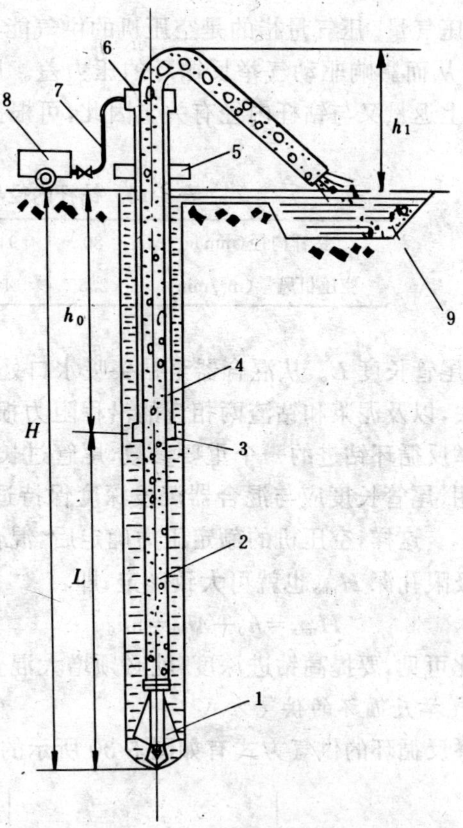

图5-29 气举反循环工作原理示意图
1—钻头;2—钻杆;3—混合器;4—双壁钻杆;5—转盘;
6—气水龙头;7—风管;8—空气压缩机;9—沉淀池

2. 气举反循环参数的选择与计算

(1)混合器的沉没深度。通常使用沉没系数的概念,用 ε 表示:

$$\varepsilon = \frac{h_0}{h_1 + h_0} \tag{5-19}$$

式中:h_1——升液高度(m);

h_0——混合器沉没深度(m)。

沉没系数 $0 < \varepsilon < 1$,沉没系数越大,则表示相对于升液高度来说,气水混合器沉入钻孔深度愈大,驱动气举反循环的压差就越大。在(5-18)式中的 $\Delta P > 0$ 时,才有可能形成反循环,若泥浆相对密度为1.1,气液混合物的相对密度为0.4~0.6(吸泥系数,气举反循环按0.6计算),要使 $\Delta P > 0$,则必须 $h_0 > 1.2h_1$,也就是 $\varepsilon > 0.55$ 时气举反循环才能工作。若水龙头弯管最高点距钻孔液面的高度为6 m,则混合器必须沉没7.2 m以上才能开始气举反循环,因此必须用其他方法开孔。

(2)空气压力。考虑到供气管道的压力损失,空气压力 P(MPa)应按下式计算:

$$P = \frac{\gamma_a h_0}{1\,000} + \Delta P \tag{5-20}$$

式中:r_a——孔内泥浆重度(kN/m³);

h_0——混合器沉没深度(m);

ΔP——供气管道压力损失,一般取 0.05~0.1 MPa。

当空压机的空气压力 P 已定,也可由上式反算混合器的最大允许沉没深度。

(3)压气量。压气量指的是空压机的供气能力(m^3/min)。压气量的大小影响杆内三相流的重度γ_m,从而影响驱动气举反循环的压力差。压气量与泥浆上返量有关,泥浆上返速度一定时,泥浆上返量又与钻杆内径有关。因此,可根据钻杆内径按表5-10选择空压机风量。

表5-10 钻杆内径与空压机风量关系

钻杆内径(mm)	80	94	120	150	200	300
空压机风量(m^3/min)	2.5	4	5	6	10	20

(4)尾管长度L。从混合器至钻头吸水口处的长度称为尾管长度,钻杆内外重度差引起的压力损失,以及泥浆和钻渣两相流的沿程阻力损失都与尾管长度L成正比。因此,尾管长度是影响气举反循环钻进的一个重要参数,尾管过长将会降低排渣效率甚至破坏气举反循环。实践经验证明,尾管长度应与混合器沉没深度保持适当关系,并以$L \leqslant (2 \sim 3)h_0$为宜,其极限值为$L_{max}=4h_0$。这样,空压机的额定压力确定后,混合器容许的最大沉没深度和使用该空压机所能钻进的极限孔深H_{max}也就可大致确定,即:

$$H_{max}=h_0+4h_0=5h_0 \tag{5-21}$$

由此可见,要提高钻进深度,就必须增大混合器的沉没深度,空压机的压力就要相应增大。

3. 气举反循环的供气方式

气举反循环的供气方式有如图5-30所示的三种,即并列式、环隙式和中心式。

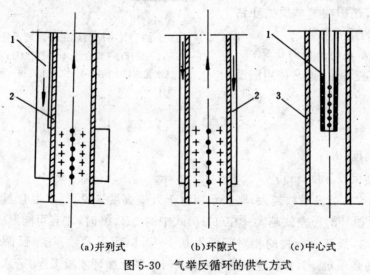

(a)并列式 (b)环隙式 (c)中心式

图5-30 气举反循环的供气方式
1—风管;2—双壁钻杆;3—钻杆

(1)并列式(外供气式),即通过与钻杆并列的输气管供气,结构非常简单,但钻杆之间一般用法兰盘联接,装拆较费事。目前桩孔施工气举反循环大多采用这种供风方式。图5-31是江苏沛县农机厂生产的JH-300、FX-360型钻机采用的外供风式钻杆,比较典型。钻杆用A10号钢$\phi 273$ mm×(12~16)mm无缝钢管制成,其外壁设1~2根风管,风管及钻杆均焊在两端的法兰盘上。两根钻杆之间用法兰盘联接,中间用橡皮垫圈密封,防止漏气漏水,如图5-32。在一侧的法兰盘上有凹槽,以环氧树脂粘合,另一侧法兰盘上无凹槽也无橡胶圈。橡胶圈粘合后凸出法兰盘顶面2~3 mm。

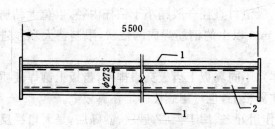
图5-31 外供风式钻杆
1—外风管；2—钻杆

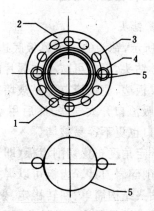
图 5-32 法兰盘胶垫圈示意图
1—钻杆；2—法兰盘；3—螺栓孔；
4—风管；5—橡胶圈

（2）环隙式即使用双壁钻杆（可参考图 5-29），沿双壁钻杆内外管之间的环状间隙供气，钻杆使用锥形螺纹联接，拆装方便，辅助时间少。但双壁钻杆的结构较复杂，成本高，非常重。因此，为降低钻杆重量和成本，双壁钻杆直径不宜太大，限制了它在大口径桩孔施工中的应用。目前地矿部勘探技术研究所与上海探矿机械厂生产的 SHB-ϕ114/70 和 SHB-ϕ127/87 两套气举反循环双壁钻杆，主要用于水井的气举反循环钻进。

上述两种供气方式在施工深孔时的一个共同缺点是：随着钻孔深度的不断延深，混合器的沉没深度增加，空压机的压力也相应升高。当压力接近空压机的额定压力时，必须将混合器提出孔口，增加尾管长度以减小混合器的沉没深度，这一操作称为"倒风管"，为此要升降数十米钻具，增加辅助时间。倒一次风管后，混合器的沉没比大大减小，也降低了反循环的排渣效率。但对于桩孔施工而言，由于孔深相对较浅，一般的钻孔在选用常用的空压机时，不用"倒风管"空压机的额定压力就能满足孔深的要求，即使要"倒风管"工作量也很小。

（3）中心式（宜称为悬挂风管式），供气的中心管通过水龙头悬置于钻杆中心，不随钻杆回转。这样，管路简单，也便于向上提起，以保持适当的沉没深度。但中心风管，占据钻杆一定截面积，大直径钻渣无法排出，还容易造成堵塞故障，故目前只应用于小颗粒地层钻进。

4. 气举反循环回转钻进特点

气举反循环与回转钻进相结合，即为气举反循环回转钻进，其钻进工艺基本上与泵吸反循环回转钻进类似。这种钻进方法的突出优点是：只要由高压空压机提供高压空气，就能钻进较深的孔。此外，气举反循环的管路平直，加上有较大的驱动压力，故管路不易堵塞，即使堵塞了，也易于排除。带有岩屑的三相流不流经任何工作机械，设备磨损小。在循环管路，特别是地面上的管路，各处压力都大于一个大气压，故不会像泵吸和射流泵安在地表的射流反循环那样，因管路局部密封不严，漏气而使冲洗液循环中断或不正常，也不会发生气蚀。由于以上原因，气举反循环工作比较可靠，故障较少，纯钻时间长，而且液流上返速度高，能排出大粒径岩屑，重复破碎少，其钻进效率也较高。气举反循环的缺点是：不能用它来开孔钻进，浅孔段时效率较低，因此只有较深的桩孔施工才用气举反循环钻进。

六、反循环回转钻进常用钻头

1. 锥形三翼钻头

如图 5-33 所示,钻头的三个翼板底边呈锥形,便于钻渣向中心吸渣口运动,开有较大吸渣口的双翼超前小钻头,不仅可减小主翼片的切削阻力,又为孔底聚渣创造有利条件。同时,吸渣口上边高出主翼板边,使吸渣口不易被堵塞。吸渣口直径一般稍小于钻杆内径,以免大钻屑堵塞钻杆;也可将吸渣口开大一些,然后用 $\phi 20$ mm 以上的钢筋焊成网格状,限制特大颗粒进入钻杆,同时吸渣口也更不容易被堵。

翼板上沿一定角度布置切削齿板(即刀体),不同翼板上齿板交错排列,齿板上镶焊硬质合金片,为直接切削碎岩刀具。齿板可以焊接在翼板上,也可用螺栓固定在翼板上。

锥形三翼钻头结构简单、回转稳定、聚渣作用好,适用于土层、砂层、砂砾层,是大口径反循环桩孔施工中最广泛采用的一种钻头。国内大多数施工单位多自己设计加工钻头,其结构大致相同,仅结构参数上有区别。为增加钻头刚度,常在翼板之前加焊辐板或拉筋。表 5-11 列出了这种钻头的基本尺寸和齿数,供参考。

还有一种可调式三翼钻头,如图 5-34,在三个主翼板上各装置一个活动的副翼板,工作时,可根据需要,沿主翼板滑动槽作径向滑移,以调节钻头直径。这种钻头用在有多种孔径的工地可以减小钻头数,降低钻头成本。表 5-12 列举了这种可调式三翼钻头的规格。

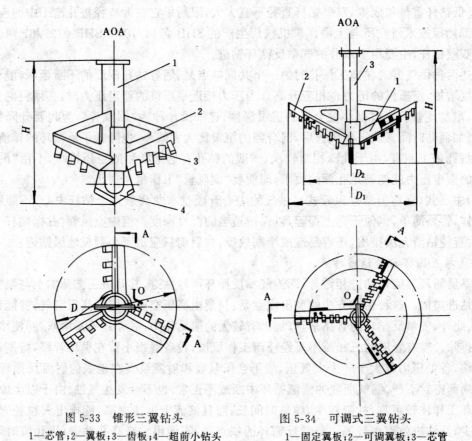

图 5-33 锥形三翼钻头
1—芯管;2—翼板;3—齿板;4—超前小钻头

图 5-34 可调式三翼钻头
1—固定翼板;2—可调翼板;3—芯管

国内一些施工单位常在一般的三翼钻头上加焊一圈钢板环带,即为单环式锥形三翼钻头

（又称单腰带式锥形三翼钻头），见图 5-35。圆环的下端面及其外侧面还可以嵌焊若干组硬质合金切削具，圆环的作用有三：连结各翼板，增加钻头的整体性和刚度；有导向作用，提高钻头工作稳定性和修圆钻孔。

表 5-11　锥形三翼钻头规格

钻头直径 D(mm)	钻头高度 H(mm)	齿数（个）
610	850	6
762	1 000	8
900	1 100	10
1 000	1 600	11
1 016	1 600	11
1 200	1 650	14
1 270	1 700	16
1 500	1 730	17
1 600	1 760	18
1 800	1 820	21
2 000	1 870	24
2 200	1 930	27
2 400	1 990	30
2 500	2 020	32
2 600	2 050	33
2 800	2 150	36
3 000	2 190	39
3 200	2 280	42

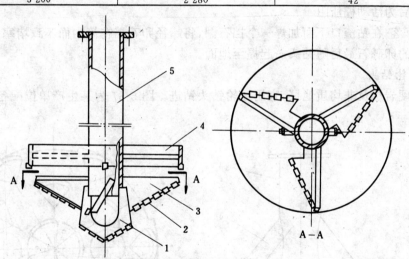

图 5-35　单环式三翼钻头
1—小两翼钻头；2—硬合金片；3—翼板；4—导向板；5—钻杆

表 5-12　可调式三翼钻头规格

钻头最大直径 D_1 (mm)	钻头最小直径 D_2 (mm)	钻头高度 H (mm)	齿数（个）
1 300	1 000	1 650	17
1 500	1 200	1 730	20
2 000	1 500	1 870	27
2 600	2 000	2 050	36
3 000	3 600	2 190	42
3 200	2 800	2 280	45

2. 筒式捞石钻头

图 5-36 为一种适用于砂砾、卵石层反循环钻进的钻头。钻头呈筒形,底唇面切制呈锯齿状(齿刃部还可喷敷碳化钨粉末)。靠近唇面,沿钻筒内壁镶焊固定棚,在上面以销轴装置活动棚,活动棚只能绕销轴向上摆动,而不能向下摆动。钻进时,被钻头齿刃松动的小砂砾将在冲洗液抽吸力和钻头压力作用下,沿活动棚间隙进入筒内上升,进入钻杆下吸渣口而被排往地面;大块卵砾石则推开活动棚进入筒内。其后为活动棚所阻

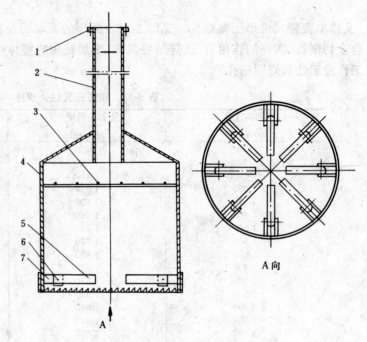

图 5-36 筒式捞石钻头
1—法兰盘;2—钻杆;3—挡石;4—筒体;5—活动棚;6—销轴;7—固定棚

挡,不会掉落。在钻渣口下面加焊一个挡石棚,将超径卵石挡在筒内而不致堵塞钻杆吸渣口。积存在筒内的卵砾石最后随钻头一起提至地面。

3. 牙轮钻头

对于硬岩层及非均质地层,宜用牙轮钻头钻进。图 5-37 为某生产单位配备泵吸反循环钻

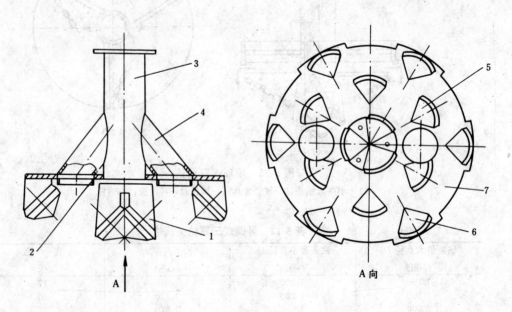

图 5-37 双吸口牙轮钻头
1—超前三牙轮;2—吸渣口;3—中心管;4—导管;5—正刀($9\frac{5}{8}''$)牙轮;6—边刀($9\frac{5}{8}''$)牙轮;7—刀盘

进用的双吸口牙轮钻头。该钻头使用国内 HP 系列 $9\frac{5}{8}''$ 牙轮钻头拼装。本体为 $\phi168\times14$ mm 的无缝钢管,与 $\phi850\times30$ mm 圆形刀盘焊成一体。刀盘中心焊接一个整体的 $9\frac{5}{8}''$ 三牙轮钻头,外侧焊接 6 个单牙轮(为边刀)。在中心钻头与外侧牙轮之间,对称焊接 6 个单牙轮(为正刀)。中心牙轮超前单牙轮 70~80 mm。刀盘上对称地开两个直径 $\phi150$ mm 的吸渣口,吸渣口以 $\phi146$ mm 导管与 $\phi168$ mm 中心管连通,并呈 45°角。

第四节　潜水钻机成孔

潜水钻机成孔原理与正反循环相同,只是钻机是密封的,潜入水中工作。

一、机具设备

国产潜水电钻构造如图 5-38 所示,主要型号及性能如表 5-13。

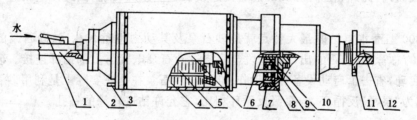

图 5-38　潜水电钻构造示意图

1—进水皮管;2—方钻杆;3—电缆;4—定子总成;5—转子总成;6—电机轴;7—固定内齿圈;
8—行星齿轮;9—心轴;10—中心齿轮;11—钻锥母体;12—出水(泥浆)口

表 5-13　国产 GZQ 型钻机主要技术性能

性能参数	钻机型号	GZQ-800	GZQ-1250	GZQ-1500
	钻孔直径 ϕ(mm)	500~800	1 250	1 500
	钻孔深度(m)	50	50	50
	钻杆(mm)	80×80、90×90(方形)	95×95(方形)、$\phi172$	$\phi172$
潜水主机	主轴转速(r/min)	200	60	38.5
	主轴转矩(kN·m)	1.18	4.46	5.46
	主电机功率(kW)	22	22	22
	主电机转速(r/min)	960	960	960
	主机重量(kg)	550	700	1 000
卷扬机	提升力(kN)	19.6	19.6	49
	提升速度(m/s)	0.067	0.067	0.23
	电机功率(kW)	10	10	13
泵	型号	3PN	3PN 或 3PS	Q4PS-1
	排量(m³/h)			120
	扬程(m)			20
	功率(kW)	22	22	30
	钻机总重量(t)	4.6	7.5	12.5
钻机外尺寸(长×宽×高)(mm)		4 300×2 230×6 450	5 350×2 220×7 642	7 530×3 160×10 250
生产厂		河北新河钻机厂		

GZQ-800型钻机工作图如图5-39所示。钻机顶上仍配有钻杆,但钻杆不旋转,钻杆把钻头旋转切削土层所产生的反转矩传给滚轮(5),进而传给机架。钻杆均不通水,只起提升潜水电钻、平衡反转矩和给潜水电钻导向的作用。GZQ-800型钻机的钻杆一般用 6.3×5 cm 等边角钢对角焊接成方形钻杆,也有用两根8号槽钢对焊而成。另外,在最下一节钻杆下端焊有进水管接头(参见图5-39)。地面上的泥浆泵产生的压力泥浆或清水通过泥浆压入管(4)、进水管接头,经电钻轴心通向钻头,进行正循环钻进。由于泥浆不通过钻杆,在滚轮(5)上面接钻杆时,不必停车停水,能争取时间将孔底钻渣进一步搅拌,孔底浓稠泥浆进一步稀释并溢流孔外,提高钻进速度,减少电机在水中频繁启动。

GZQ-1250型钻机既可用于正循环钻进又可用于反循环钻进(但GZQ-1250型电钻轴心不是通的),用作正循环时,钻机配备 95×95 mm 方形钻杆,高压泥浆由地面上的泥浆泵产生,并通过另外配备的高压胶管至图5-40所示的正循环分叉管的 $\phi75$ mm 钢管,再至分叉管处分为两路,经2根 $\phi50$ mm 钢管射入钻锥(钻头)下面。用作反循环时,配置如图5-41所示的反循环分叉管,泥浆(水)和钻渣被吸上经过 $\phi110$ mm 的两个分叉管,汇集到 $\phi172$ mm 的总管(也可以是方形截面)。此外,在 $\phi172$ mm 总管内还设有一高压风喷嘴,因此该电钻还可以使用气举反循环。

GZQ-1500型潜水电钻的最大特点就是砂石泵及其动力也潜入孔底,砂石泵的吸口直接接在图5-41的总管上,砂石的出口以一段弯管绕过砂石泵电机与上部钻杆连接。砂石泵在孔底可以直接启动,省去了启动设备和辅助作业时间,砂石泵在孔底实际上是利用砂石泵的扬程工作的,应称为"泵举"反循环,与泵吸反循环相比,它允许钻进较深的钻孔。

二、成孔工艺

1. 潜水电钻成孔特点

潜水电钻的成孔工艺实际上就是正循环或反循环成孔工艺,只不过要注意以下特点:

(1)潜水电钻适应于淤泥、粘土、粉土、砂土、砂夹小卵石层和强风化基岩。

(2)潜水电钻、卷扬机、泥浆泵的电缆要求接入配电箱,便于操纵。潜水电钻的电缆不得破损、漏电,须指定专人负责收、放电缆和进浆胶管。

(3)钻进时钻杆不转动,只起导向作用,并产生反转矩,必须将钻杆卡在钻架底层铁门的导向滚轮内。

(4)钻进时将钻锥、电钻吊入护筒内,关好钻架底铁门,起动泥浆泵(正循环)或吸浆泵(反循环),稍吊起钻锥,使电钻空转。待泥浆压进钻孔(正循环)或泥浆被吸出孔外(反循环)后,放下钻锥开始钻进。

(5)根据钻杆进尺放松电缆线,不可过多,防止缠扭。

(6)接长钻杆时,先停止电钻转动,提升钻杆。然后按正、反循环钻机的方法加接一节钻杆,放下电钻、钻锥继续钻进,如此连续作业直达设计标高为止。

2. 钻进时应注意事项

(1)为防止潜水电钻因钻杆折断或其他原因而掉入孔中,应在电钻上加焊吊环,系一保险钢丝绳通出钻孔外吊挂;

(2)电缆和进浆胶管上应用油漆标明尺度,便于和钻杆上所标尺度相校核;

(3)在钻进时,一般钻机电流为 30~40 A,如果突然上升说明电钻超负荷,应将电钻上提,相应收回电缆线及进浆胶管,并应设自动跳闸装置,以便钻进遇到阻碍,电流大大地超过负荷

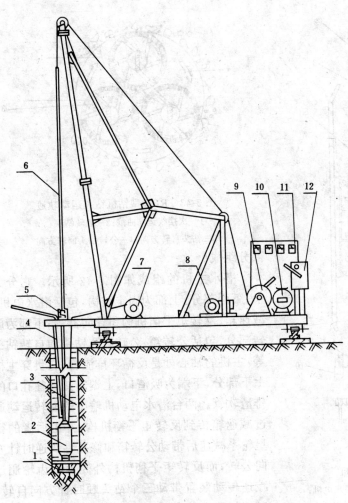

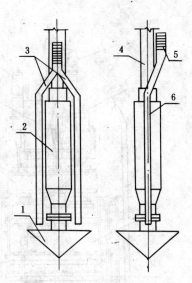

图 5-40 正循环分叉管示意图
1—钻头；2—电钻；3—分叉管；4—钻杆；5—内径 $\phi75mm$；6—内径 $\phi50mm$

图 5-39 潜水钻机工作示意图
1—钻锥（钻头）；2—钻机；3—电缆；4—泥浆压入或排出管；5—滚轮；6—方钻杆；7—电缆滚筒；8—卷扬机；9—卷扬机；10—防爆开关；11—电流电压表；12—启动开关

时，能自行停转；

(4)应根据土质情况控制电钻进尺。

3. 劳动组织及钻孔进度

潜水钻机需配工人 6 名。其中指挥兼操纵卷扬机 1 人，机电工兼记录 1 人，收放电缆、胶管及装卸钻杆 2 人，清除沉淀泥砂 2 人。

钻孔进度，对于一般细砂土和粉质粘土层，当钻孔直径为 1.08 m 时，每小时平均钻进 6~7 m，最快达 10 m。

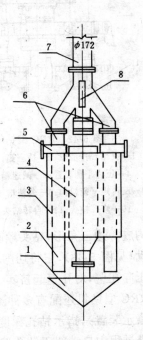

图 5-41 反循环分叉管示意图
1—钻头；2—内径 $\phi110 mm$；3—配重；4—电钻；5—孔壁支撑；6—分叉管；7—钻杆；8—高压风喷嘴

三、日本 RRC 潜水钻机成孔简介

RRC 型钻机是一种无钻杆反循环多钻头潜水钻机。这种钻机由潜水主机和地面设备两大

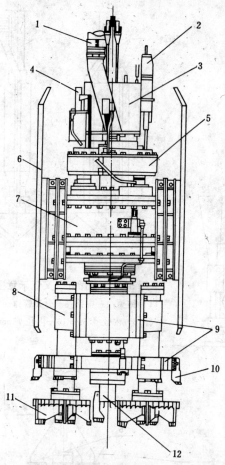

图 5-42 RRC 型钻机主机
1—反循环排渣管；2—插座箱；3—潜水电机；
4—压力平衡装置；5—减速箱；6—导向板；
7—反转矩平衡机构；8—公转箱；9—孔径调节板；
10—修孔钻头；11—自转钻头；12—吸渣口

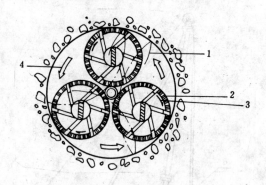

图 5-43 RRC 型钻机钻头运动轨迹
1—次摆线运动曲线；2—自转钻头；
3—钻头自转方向；4—公转钻头回转方向

部分组成。

潜水主机的组成如图 5-42 所示。它分为上、下两部分：上部为固定结构，包括潜水电机、减速箱、反转矩平衡机构和导向器等；下部为旋转部分，包括公转箱、公转修孔钻头和自转钻头等。主机的轴心处是反循环排渣管，它贯穿主机上下部分，下端为吸渣口，上端连接通往孔口的排渣软管。两台潜水电动机输出的回转运动通过减速箱传到反转矩平衡机构，并由后者的行星轮系减速后带动公转箱和修孔钻头逆时针方向公转；而反转矩平衡机构外壳上的齿轮通过减速传动装置带动三个钻头顺时针方向自转，以切削孔底砂土层。两组钻头（公转的修孔钻头和三个自转的孔底钻头）的反转矩，方向相反，大小大致相等，可互相抵消。三个自转钻头的回转轴构成等边三角形，钻头顺时针方向自转和钻头轴逆时针方向公转，使钻头刃尖沿次摆线轨迹运动（见图 5-43），它将切削下来的岩屑大部分拨向吸渣口，进入排渣管排往地面，一部分岩屑被压向孔壁，对孔壁起挤实、加固作用。

RRC 型钻机还配有多种测量仪表。包括：显示主机总重量（或钻头工作压力）的电子秤（或钻压指示装置），指示钻孔深度的深度计，利用超声波反射原理测量孔壁形状的偏位指示仪和在钻进过程中自动纠正钻孔偏位的装置。

RRC 型潜水钻机，能自动平衡钻进的反转矩，不使用钻杆，节省了加接拆装钻杆的时间，实现连续钻孔，纯钻时间长；钻头切削轨迹为次摆线，孔底光滑平整，有利于提高桩基承载力；钻孔精度较高，即钻孔直径偏差和轴线倾斜度均较小。该钻机适于钻进松软、松散的土层、砂层、含少量小砾石和砂土层和硬度较小的岩层，但不适于钻进大粒径卵砾层和硬基岩。

钻机的地面设施有起重机、电缆绞车、控制系统及泥浆循环及处理系统等组成，配置情况见图 5-44。

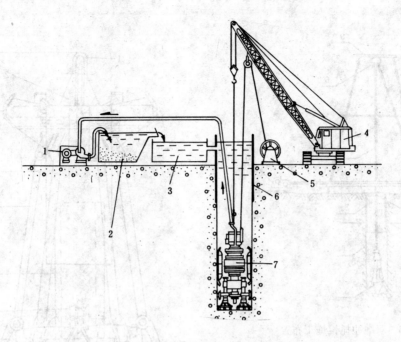

图 5-44 无钻杆反循环潜水钻机工作示意图
1—吸泥泵；2—沉淀池；3—贮浆池；4—吊机；5—绝缘电缆绞盘；6—护筒；7—潜水钻机

第五节 冲抓成孔

冲抓成孔是利用冲抓锥张开的锥瓣向下冲击切入土石中，再收拢锥瓣将土石抓入锥中，然后提升出孔外卸去土石，再向孔内冲击抓土石，如此循环钻进成孔。孔中泥浆只起护壁作用，土层较好的钻孔可用水头护壁，完全不用泥浆。从日本引进的 TH 型和 MT 型钻机则是利用压入钢护筒到桩底护壁，用冲抓锥钻进。

一、冲抓锥的形式和适用范围

按操纵锥瓣开合方法的不同，分为两种形式：双绳冲抓锥和单绳冲抓锥。

1. **双绳冲抓锥**

如图 5-45，由卷扬机卷筒伸出的两根主钢丝绳通过钻架上的滑轮后，一根与图 5-46 所示的双绳冲抓锥的锥顶吊环连接（称为外套绳或吊起钢丝绳）；另一根穿入锥体内，绕过开合机构的滑轮组（外套滑轮和内套滑轮）后连接到外套上端（称为内套绳或开合钢丝绳）。当外套绳提住锥时，内套绳不受力，锥的内套因重力作用向下坠，锥瓣张开。当收紧内套绳时，通过开合机构的上下滑轮组收缩内套，锥瓣就合拢。两条主绳是互相交替操作的。这种形式的冲抓锥一般配带离合器的双筒卷扬机一台。若用单筒卷扬机，则需用两台同时操作，一台接内套绳，另一台接外套绳。

2. **单绳冲抓锥**

单绳冲抓锥仅有一条内套绳，用一台带离合器的单筒卷扬机操作。抓土和提锥出孔与双绳形式相同，但是卸土和落锥冲击则采用下述两种方法进行。

(1) 人工挂钩。用一条短钢绳，一端绑一个活动钩，另一端编结在锥顶面的一段内套绳中。

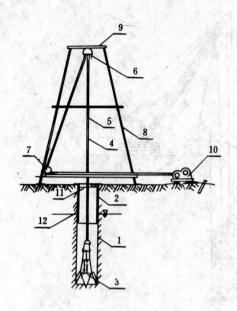

图 5-45 双绳冲抓锥施工布置
1—钻孔；2—护筒；3—冲抓锥；4—开合钢丝绳；
5—吊起钢丝绳；6—天滑轮；7—转向滑轮；8—钻架；
9—横梁；10—双筒卷扬机；11—水头高度；12—地下水位

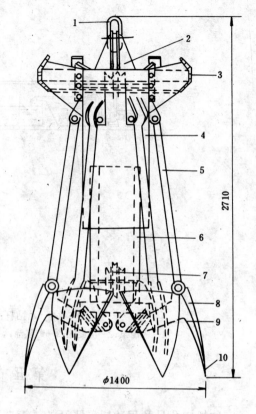

图 5-46 双绳冲抓锥
1—挂环；2—外套滑轮；3—导向圈；4—外套；
5—连杆；6—内套；7—内套滑轮；8—叶瓣；
9—瓣背；10—瓣尖

由钻架的横梁吊下来一个固定钩，并在钻塔中部搭一工作台，由专人在工作台上负责挂固定钩和活动钩。当用固定钩吊住锥时，内套绳不受力，锥瓣便张开卸土；当用活动钩提住锥的吊环时，内套绳虽已受力，但锥内开合机构滑轮组的钢丝绳仍然松着，开合机构暂时不起作用，故落锥冲击时锥瓣仍然张开。当锥落至孔底后，内套绳松着，活动钩因钩轻柄重便自动脱出吊环，这样就可以收紧内套绳通过开合机构合拢锥瓣抓土和提锥出孔，如图 5-47。

(2) 自动挂钩。自动挂钩装置如图 5-48 所示（浙江天台机械厂生产）。在冲抓锥锥顶用螺栓联接如图 5-49 所示的开闭装置，在钻塔(架)天滑轮下方设置如图 5-50 所示的挂钩器，在锥顶外的内套绳之间联接如图 5-51 所示的绳帽套。工作原理介绍如下：

① 挂钩。当冲抓锥以图 5-49a 的状态冲入孔底后，进一步松内套绳，绳帽套下部的肩胛离开开闭装置的支撑块，开闭装置上的套筒因重力作用下坠，直到它的顶部法兰与开闭装置的内圈贴合，套筒下坠迫使支撑块头部退出套筒内孔，尾部上翘。收卷扬机钢丝绳，此时支撑块的头部已退出套管内孔，不能阻挡绳帽套，因而可上提锥内的内套绳并通过开合机构的滑轮组，使锥瓣合拢抓土并提锥出孔。锥头继续上升至开闭装置的外圈将挂钩器的导向罩顶升时，挂钩器里的挂钩头上的小轴便不受压，在挂钩重力作用下，挂钩插入导向罩槽内，钩住开闭装置的套筒法兰，完成挂钩动作。稍放松卷扬机钢丝绳，使套筒法兰由挂钩吊住，进一步放松钢丝绳，锥瓣便张开卸土，同时绳帽套肩胛下行到支撑块下方后内套绳完全放松（不受力），冲抓锥重力由套筒肩胛传给挂钩，套筒法兰与开闭机构内圈脱开，支撑块头部不受套筒所压，因重力作用，其

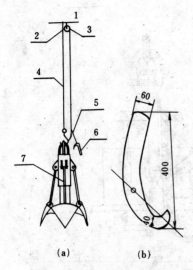

图 5-47 人工挂钩冲抓锥
(a)固定钩吊住冲抓锥情形;(b)活动钩大样
1—钻架顶横梁;2—内套绳;3—滑轮;
4—短钢丝绳(上系钻架下带固定钩);
5—短钢丝绳插入起吊钢丝绳;
6—活动钩;7—冲抓锥

尾部绕轴旋转到水平位置,头部插入套筒槽内。套筒法兰与开闭机构内圈脱开还意味着开闭装置的外圈相对下行,挂钩器的导向套不再受开闭装置的外圈顶托。

②脱钩。卸完土后,收拢卷扬机钢丝绳,支撑块头部便抵住绳帽套肩胛,冲抓锥通过支撑块由绳帽套肩胛提住。再稍收卷扬机钢丝绳,挂钩不受力,导向罩便下坠压住挂钩头小轴,迫使挂钩退出导向罩的槽外,与套筒法兰脱离,完成脱钩动作。脱钩后绳帽套提住锥头,锥的开合机构滑轮组钢丝绳不受力,则落锥冲孔时锥瓣是张开的。

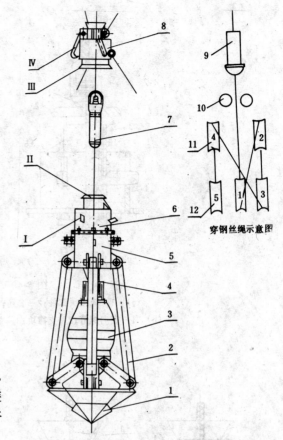

图 5-48 自动挂钩冲抓锥系统图
1—叶片;2—连杆;3—配重体;4—下滑轮架;
5—上滑轮架;6—开闭装置;7—绳帽套;
8—挂钩器;9—绳接头;10—小导向轮;
11—上滑轮组;12—下滑轮组;Ⅰ—支撑块;
Ⅱ—套筒法兰;Ⅲ—导向罩;Ⅳ—挂钩

3. 双绳和单绳形式的比较

(1)双绳形式在孔内和孔口都可以操纵锥瓣的开合。当遇到稍密实的地层,可不收紧内套绳而只操纵外套绳升降锥头,连续冲击孔底,待孔底土层冲松后才收紧内套绳抓土,能抓出较多的土渣。当提升锥头至孔口发现抓空或抓少时,可以立即转换外套绳落锥再冲抓,比单绳形式节约时间。

(2)双绳形式的两条主钢丝绳轮换受力,较少发生掉锥情况。

(3)双绳形式的两条主钢丝绳容易互相缠扭,要经常将它们展开。否则会损坏钢丝绳,这是不如单绳之处。

(4)单绳形式采用人工挂钩时,每次冲抓时间比双绳长,自动挂钩器则克服了此缺点。

4. 冲抓成孔的适用范围

149

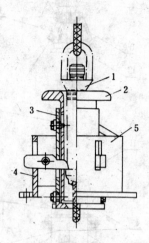
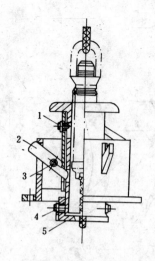

(a)叶片开启时　　(b)叶片合拢时

图 5-49　开闭装置

(a) 1—绳接头部件；2—套筒；3—内圈；4—外圈；5—开闭机构
(b) 1—定向螺钉；2—支撑块；3—支撑块开口销；4—紧固螺钉；5—挡盘

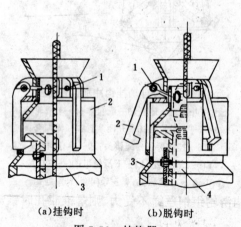
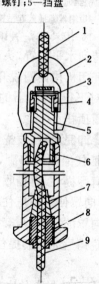

(a)挂钩时　　(b)脱钩时

图 5-50　挂钩器

(a) 1—定位螺钉及弹簧垫圈；2—挂架；3—开闭机构总成
(b) 1—挂钩销轴及开口销；2—挂钩；3—导向罩；4—绳接头部件

图 5-51　绳帽套

1—D型钢丝绳 ϕ17.5 mm；2—绳接头上段；3—开口销；
4—圆螺母；5—绳接头中段；6—绳接头下段；
7—三瓣锥夹头；8—压紧螺塞；9—D型钢丝绳

冲抓成孔适用于粘性土、砂性土、砂粘土夹碎石及粒径 50～100 mm 含量在 40% 以内的卵石层，在冲击钻头的配合下，冲抓成孔适用于各种复杂地层。冲抓成孔的钻进速度因锥重量、孔深不同而有差异。重量 2.0 t 的冲抓锥在砂土中钻直径 1.2～1.6 m 的孔、深度在 20 m 以内时，每台班进度为 4～8 m；深度为 20～40 m 时，每台班进度为 2～4 m。孔越深，冲抓钻头起落时间越长，钻孔进度越慢。因此，冲抓成孔主要用于孔深在 20 m 以内的浅孔，以及与冲击钻头配合作为回转钻进成孔的辅助方法。

二、冲抓成孔工艺

1. 冲抓锥操作步骤

双绳冲抓锥的操作步骤：

(1)收紧内套钢丝绳，将锥提起，检查锥的中心位置有无偏移，卷扬机、钻架、架上滑轮和锥的各部分工作是否正常。

(2)放松内套钢丝绳，由外套绳将锥吊住，这时锥瓣张开，然后松绳落锥到锥的导向环离护筒顶上方约1.5m处停住。由孔口工作人员用铁钩转动锥，使两根主绳不扭在一起(视孔深和钢丝绳的缠扭情况，往往将锥倒转几周以减轻以后的缠扭程度)，再继续落锥。在所要冲击高度(即冲程，一般为1.5～2.0m)处，完全放松内套钢丝绳。松放程度可根据卷扬机卷筒直径估计，不要松得太多，比冲程多1～2m即可。这时，松开卷扬机离合器使锥迅速向孔底冲进。

(3)收紧内套钢丝绳，通过开合机构合拢锥瓣抓土。锥开始上升后才逐渐收外套绳，但以外套绳松着恰好不受力为度。当锥头露出孔口时，孔口工作人员应及时检查，如发现两根钢丝绳互相缠扭时，应立即示意让卷扬机暂时停住，以便转动锥头导向环，将缠扭的钢丝绳展开，然后再通知卷扬机工作人员提锥至卸渣高度停住。

(4)孔口工作人员搭好跳板，推来出渣车，同时将护筒内的水或泥浆加满。

(5)收紧外套绳，待内套绳不受力时停住。这时锥瓣张开，土渣自行卸在出渣车内。

(6)推走出渣车，移开跳板，照前述步骤操纵外套绳落锥冲击。落锥前，内套绳照上述第二步松够长度。

单绳人工挂钩冲抓锥的操作步骤：

①收紧内套钢丝绳，提锥至挂环比固定钩稍高一点的地方停住。

②钻架上的工作人员持固定钩勾住挂环，然后指挥卷扬机稍松钢丝绳，使锥由固定钩吊住，这时主绳不受力，锥瓣张开，准备向孔底冲击。

③钻架上的工作人员持活动钩勾住锥的挂环，并指挥卷扬机稍为收紧内套绳将锥吊住，替换取出固定钩。这时内套绳受力，但活动钩与开合机构间的一段绳仍松着，故开合机构暂时不起作用。

④操纵卷扬机松放内套绳落锥到要冲击的高度，松开离合器，使锥迅即下冲。锥瓣切入土石后，钩轻柄重的活动钩便自动脱出挂环。

⑤收紧内套绳，经开合机构的作用，使锥瓣合拢抓土。然后提升锥至略高于固定钩处停住，钻架上的工作人员用固定钩勾住挂环，并指挥卷扬机稍松内套绳，由固定钩吊住挂环，则锥瓣张开卸土，卸土完毕后，回到上述第三步。

单绳自动挂钩和脱钩步骤已如前面所述，这里不重复。

2. 冲抓工艺

(1)粘土层的冲抓方法。对一般粘土层，可按上述操作步骤进行。若土质较松软，则不宜用太高的冲程，以免锥冲入土中过深而被土吸住，致使提锥困难，应拽住钢丝绳进行低冲，或不松离合器让锥落至孔底，便合拢锥瓣打土；若土质较为密实而按前述步骤抓出土渣较少时，可适当加大冲程为2～3m，并用外套绳提锥连续冲击几次，将土冲松，然后才收内套绳合拢锥瓣抓土，就可抓得多些。冲抓粘土层，一般可不用泥浆，仅保证水头高度便能达到护壁要求。但若粘土的含砂量大而又较疏松时，应采用泥浆，相对密度可为1.2左右。

(2)砂土层的冲抓方法。砂土层钻进的主要问题是容易塌孔，应采取低冲(冲程0.5～1.0

m)或不松离合器冲击,并要拽住外套绳使锥瓣刀片不全部切入土中。同时,每冲抓一次都要勤加泥浆。

(3)砂卵石层的冲抓方法。对于砂卵石层,锥瓣的刃口要厚钝和耐磨。若砂卵石比较疏松,可按前述操作步骤冲抓;若砂卵石较密实,可加大冲程,松离合器时落锥要猛,并可用外套绳连续多次冲击后才收内套绳并合拢锥瓣抓土。开始收内套绳时要慢,这样能多抓些土渣。也有的冲一次后便合拢锥瓣随即转换外套绳提锥冲孔,这样连续冲抓几次,将土渣集中到孔底中央,然后再抓出孔外卸掉。

(4)冲抓漂石。冲抓漂石的冲程太大容易损坏锥瓣,以应用外套绳提住锥头连续低冲为好。收内套绳时要慢,收一下松一下,然后再收紧内套绳合拢锥瓣抓土和提锥出孔。经过这样反复进行,把漂石旁的一部分土石抓出,并把漂石抓松动后,能将漂石整个地抓出来。

采用单绳形式遇到较密实的地层时,可先将活动钩和挂环绑牢,使锥内开合机构暂时不起作用,这样落锥连续冲击几次,待将土层冲松后,提锥出孔,解除绑绳,再落锥冲抓。

3. 冲抓锥与其他机具的配合

(1)十字冲击锥配合冲抓锥。对于粒径较大而伸出孔壁较少的"探头石",或几块叠在一起的大石,冲抓困难。最好用十字冲击锥将大石击碎,然后用冲抓锥冲抓就比较容易,进度就会快些。这种方法,仅添一个十字冲击锥,不需要增加其他设备,也不需要重新布置扬地,是一种比较简单而常被采用的方法。

(2)爆破配合冲抓锥。若缺乏十字锥或配用十字锥仍感钻进较慢时,可用爆破法配合。每次用药量一般为 0.5～1.0 kg(药量太大会引起坍孔)。爆破前,用钢钎探明大石位置,把炸药密封好,顺钢钎放下去,在做好孔口防护后才通电引爆。爆破后,要观察护筒内的水位有无显著下降和水面有无很多细泡等坍孔征象。如果发生大坍孔,则应向钻孔部分地或全部地回填土。若只有小坍孔,则可加水和泥膏或粘土,稍待片刻,继续进行冲抓。

第六节 泥浆护壁成孔灌注桩清孔工艺

一、清孔的目的及清孔质量标准

1. 清孔目的

(1)清除孔底沉渣,提高桩端承载力。
(2)清除孔壁泥皮,提高桩身摩阻力。
(3)减小孔内泥浆相对密度,便于导管法灌注水下混凝土。

2. 清孔质量标准

GBJ 202—83 规定:孔壁土质较好,用原土造浆的钻孔,清孔后泥浆相对密度应控制在 1.1 左右;孔壁土质较差时,清孔后的泥浆相对密度应控制在 1.15～1.25;灌注混凝土前,对于以摩阻力为主的桩,孔底沉渣厚度不得大于 300 mm;对于以端承力为主的桩,孔底沉渣厚度不得大于 100 mm。

JTJ 041—89 规定:清孔后泥浆的相对密度为 1.05～1.2,粘度为 17～20 Pa·s,含砂率<4%;孔内沉渣厚度摩擦桩不大于 $0.4～0.6d$(d 为设计桩径),端承桩不大于设计规定(一般不大于 50 mm)。

JGJ 94—94 规定:浇注混凝土前,孔底 500 mm 以内的泥浆密度应小于 1.25;含砂率≤8%;粘度≤28 Pa·s。

二、清孔方法

清孔方法应根据设计要求、钻孔方法、机具设备和土质情况决定。

1. 抽浆法

抽浆清孔比较彻底,适用于各种钻孔方法的摩擦桩、支承桩和嵌岩桩。但孔壁易坍塌的钻孔使用抽浆法清孔时,操作要注意,防止坍孔。

(1)用反循环方法成孔时,泥浆相对密度一般控制在1.1以下,孔壁不易形成泥皮。钻孔终孔后,只需将钻头稍提起空转,并维持反循环5~15 min左右就可完全清除孔底沉淀土。

(2)正循环成孔,空气吸泥机清孔。空气吸泥机清孔原理与气举反循环原理相同,但以灌注水下混凝土的导管作为吸泥管。高压风管可设在导管内也可设在导管外,图5-52是风管设在导管内的情形。在图5-52中,若在中间某节导管上设一风嘴(10),输气软管(7)在导管外与风嘴(10)相连就为外风管式吸泥机清孔。

用空气吸泥机清孔注意事项:

①高压风管沉入导管内的入水深度至少应大于水面至出浆口高度的1.5倍(即沉没比要大于0.6),一般不宜小于15 m,但不必沉至导管底部附近。钢筋笼须在吊入导管之前先放入。

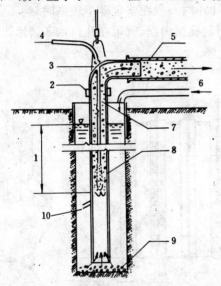
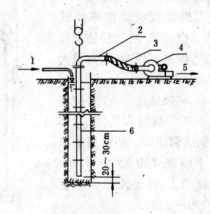

图5-52 内风管吸泥清孔
1—高压风管入水深;2—弯管和导管接头;
3—焊在弯管上的耐磨短弯管;4—压缩空气;
5—排渣软管;6—补水;7—输气软管;8—φ25
mm钢管(长度大于2 m);9—孔底沉渣;10—风嘴

图5-53 吸泥泵导管清孔
1—补水;2—特制弯管;3—软管;
4—离心吸泥泵;5—排渣;6—灌
注水下混凝土导管

②开始工作时应先向孔内供水或净化过的泥浆,然后送风清孔。停止清孔时,应先关气后断水,以防水头损失而造成坍孔。

③送风量根据导管直径按表5-10选取,风压按式(5-20)选取。清孔结束,弯管拆除,内风管吊走,准备灌注水下混凝土。

(3)正循环成孔,砂石泵或射流泵清孔,如图5-53,导管作为砂石泵或射流泵的吸浆管清孔。它的好处是清孔完毕,将特制弯管拆除,装上漏斗,即可开始灌注水下混凝土。用反循环钻机成孔时，也可等安好灌浆导管后再用反循环方法清孔，以清除下钢筋笼和灌浆导管过程中沉淀的钻渣。

2. 换浆法

正循环钻进，用正循环清孔。目前施工单位一般采用两次清孔，第一次清孔是在钻孔终孔后进行。终孔后，停止进尺，将钻头提离孔底 10～20 cm，以中速压入相对密度 1.15 左右，含砂率＜4%的泥浆，把孔内悬浮钻渣多的泥浆换出。第一次清孔的重点是搅碎孔底较大颗粒泥块，同时上返孔内尚未返出孔口的钻渣。第二次清孔是在安放好钢筋笼和灌浆导管后进行；导管就位后在导管上装上配套盖头，以大泵量向导管内压入相对密度 1.15 左右的泥浆，把孔底部在下钢筋笼和灌浆导管过程中再次沉淀的钻渣和仍然悬有钻渣的相对密度较大的泥浆换出，孔底沉渣厚度和孔内泥浆相对密度均达到清孔标准后清孔结束，立即开始灌注水下混凝土。

本法对正循环回转钻来说，不需另加机具。且孔内仍为泥浆护壁，不易坍孔，但本法缺点较多。首先，在下钢筋笼和灌浆导管过程中，难免会碰撞孔壁，若有较大泥团掉入孔底很难清除；再有就是相对密度小的泥浆是从孔底流入孔中，而上部泥浆相对密度较大，当钻孔直径较大而泥浆泵的泵量又有限时，轻重泥浆在孔内会产生对流运动，要花费很长时间才能降低孔内泥浆相对密度，清孔所花时间太长，不仅影响工效而且影响桩的承载力（泥浆对孔壁浸泡时间越短越好，钢筋笼下入到灌砼之间的时间不得超过 4 小时）；当泥浆含砂率较高时，绝不能用清水清孔，以免砂粒沉淀。而抽浆法清孔，只要不会引起孔壁坍塌，就可在孔口加入清水。

3. 掏渣法

人工推锥或机动推锥终孔后，孔内含沉渣较少。一般钻到设计标高后，间歇一段时间，再用大锅锥捞渣数次即可。

冲击、冲抓钻进过程中，冲碎的钻渣一部分被挤入孔壁，大部分则靠掏渣筒清除。要求用手摸掏渣筒中的泥浆中无 2～3 mm 大的颗粒为止，并使泥浆相对密度降到 1.1～1.25。

清孔底沉渣时，还可先向孔底投入一些泡过的散碎粘土，通过冲击锥低冲程地反复拌浆，使孔底沉渣悬浮后掏出。

降低泥浆相对密度的方法是掏渣后用水管插到孔底注水，用水流将泥浆冲稀，达到要求的标准后停止清孔。

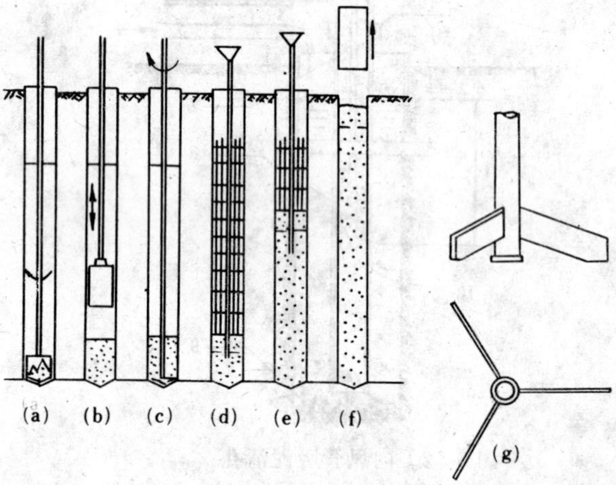

图 5-54 砂浆置换钻渣清孔
(a)用掏渣筒掏渣；(b)用活底箱灌注特殊水泥砂浆；(c)搅拌；(d)安放钢筋骨架及导管；(e)灌注水下混凝土；(f)灌注完毕拔出护筒；(g)搅拌器示意

4. 用砂浆置换钻渣清孔法

本法操作程序如图 5-54 所示。先用掏渣筒尽量清除钻渣，后以活底箱在孔底灌注 60 cm 厚的特殊砂浆。特殊砂浆系炉灰与水泥加水拌和，其相对密度较小，能浮托在混凝土之上。砂浆中加入适量的缓凝剂，使初凝时间延长到 6～12 小时，以保证砂浆从注入孔底直到一系列作业完成后，砂浆不致硬化。

灌注特殊砂浆后,插入比孔径稍小的搅拌器,作 20 r/min 慢速旋转,将孔底残留的钻渣拌入砂浆中,然后吊出搅拌器,插入钢筋骨架,灌注水下混凝土。混凝土从孔底置换了砂浆的位置后,砂浆大部分浮托在水下混凝土的顶面以上,一直被推到桩顶,在处理桩顶浮浆层时,一起被清除掉。本法在国外有数千根成桩的经验,并做过实验,效果较好,可满足柱桩的要求。

第七节　钢筋笼的制作与吊放

一、钢筋笼的结构

图 5-55 为某灌注桩工程 φ650 mm 桩的桩身配筋图,由图可见钢筋笼由主筋、箍筋(或称加劲筋)、螺旋筋组成,吊筋是辅助筋,对钢筋笼起轴向定位作用。

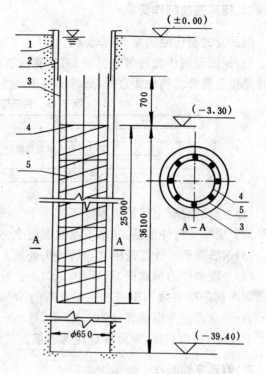

图 5-55　桩身配筋图
1—护筒;2—吊筋;3—主筋 8—φ18;
4—箍筋 φ12@2 000;5—螺旋筋 φ8@200

主筋一般用热轧Ⅰ级、Ⅱ级或Ⅲ级钢筋,其力学性能应符合表 5-14 的规定。主筋一般要铆入承台内 $(30\sim45)d$,d 为主筋直径。图 5-55 所示钻孔桩的桩顶标高为 -3.30 m,主筋铆入承台 700 mm,约为主筋直径 18 mm 的 40 倍。

当钢筋笼长度超过 4 m 时,应每隔 2 m 左右设一道 φ12～18 焊接加劲箍筋,焊接长度为箍筋直径的 8～10 倍。

螺旋筋采用 φ6.5～8 mm 碳素结构钢盘条缠绕在钢筋笼主筋外缘圆柱面上,螺距为 200～300 mm;受竖向荷载较大基桩和抗震基桩,桩顶 3～5 倍桩径范围内,螺旋筋可适当加密到 @100～150。

主筋与加劲箍筋之间点焊联接,螺旋筋与主筋之间可用细铁丝绑扎,并间隔点焊固定。

表 5-14　热轧钢筋的力学性能（GB 1499—84）

品　种		牌　号	公称直径 (mm)	屈服点 f_y (MPa)	抗拉强度 f_u (MPa)	伸长率 δ_5 %(%)	冷　弯 $d=$弯心直径 $a=$钢筋直径
外形	强度等级			不　小　于			
光圆钢筋	Ⅰ	Q235	8～25	235	370	25	180°$d=a$
			28～50				180°$d=2a$
变形钢筋	Ⅱ	20MnSi	8～25	335	510	16	180°$d=3a$
		20MnNb	28～25	315	490		180°$d=4a$
	Ⅲ	25MnSi		370	570	14	90°$d=3a$

二、钢筋笼的制作要求

钢筋笼的制作应满足下列规定：

(1)钢筋笼制作允许偏差见表5-15,实际制作偏差不得超出允许偏差。表5-15中的钢筋笼直径是指主筋外缘圆柱面直径,外缘圆柱面高度为钢筋笼长度。

表 5-15　钢筋笼制作允许偏差

项　次	项　　目	允许偏差(mm)
1	主　筋　间　距	±10
2	箍筋间距或螺旋筋螺距	±20
3	钢筋笼直径	±10
4	钢筋笼长度	±50

(2)主筋的混凝土保护层厚度不应小于35 mm,水下灌注混凝土不得小于50 mm。钢筋笼主筋保护层厚度允许偏差：非水下灌注混凝土±10 mm,水下灌注混凝土±20 mm。

(3)钢筋笼最小处直径应比导管接头处最大外径大100 mm以上。

(4)分段制作的钢筋笼,其长度以≤10 m为宜。每段钢筋笼连接应采用焊接。焊接时,在同一截面内钢筋接头数不得超过主筋总数的50%,两相邻接头应错开一定的距离(一般应大于40 cm)。焊缝高度为钢筋直径的0.25倍,且不小于4 mm;焊缝宽度为钢筋直径的0.7倍,且不小于10 mm;搭接长度,单面焊缝应为钢筋直径的8～10倍,双面焊缝为钢筋直径的4～5倍。

三、钢筋笼的制作

1. 钢筋笼制作的有关准备工作

(1)制作钢筋笼的主要设备和工具有：电焊机、钢筋调直机、钢筋切割机、钢筋圈(箍筋)制作台、支架或卡板等。

(2)根据设计图纸及设计要求计算箍筋用料长度、主筋用料长度、吊筋长度、螺旋筋长度。将所需钢筋整直后用切割机成批切好备用。由于切断待焊的箍筋、主筋、螺旋筋及吊筋规格尺寸不尽相同,应注意分别摆放,防止用错。

(3)在钢筋圈制作台上制作钢筋圈(箍筋)并按要求焊好。

2. 钢筋笼制作方法

可用三种方法

(1)木卡板成形法。用2～3 cm厚的木板制成两块半圆卡板。按主筋位置,在卡板边缘凿出支托主钢筋的凹槽,槽深等于毛筋直径的一半。制作钢筋笼时,每隔3 m左右放一块卡板,把主筋纳入凹槽,用绳扎好,再将螺旋筋或箍筋套入,并用铅丝将其与主筋绑扎牢固。然后,松开卡板与主筋的绑绳,卸去卡板,随即将主筋同螺旋筋或箍筋点焊,一般螺旋筋与主筋之间要求每一螺距内的焊点数不少于1个,相邻两焊点的平面投影相隔尽量接近90°,以保证钢筋笼的刚度。卡板构造如图5-56所示。

(2)木支架成形法。支架由固定部分和活动部分两部分组成,如图5-57。用3～4 cm厚的木板,按钢筋笼的设计尺寸,做成半圆固定支架(5),在它的周围边缘,按主筋位置凿出支托主筋的凹槽。固定支架用两根4×10 cm的支柱(4)固定于地面,它的上方有一个半圆活动支架,是用3～4 cm厚的木板(2)若干条(条数按支托的主筋根数决定)钉于下端向外倾斜的两根木条(3)上做成。活动支架各木条的两端也按主筋位置凿成凹槽。活动支架的斜木条下端用螺栓(8)固定于固定支架。这样,上下两个半圆支架连在一起,构成一个圆形支架,按钢筋笼的长度,每隔 2 m 左右设此支架一个。各支架应互相平行,圆心应位于同一水平线上。

制作时,把主筋逐根放入凹槽。然后,将箍筋按设计位置放在骨架主筋外围,即与主筋点焊连接。焊好箍筋后,把活动支架和固定支架的联接螺栓拆除,从钢筋笼两端抽出活动支架,整个钢筋笼可以从固定支架上取下,然后再焊螺旋筋。

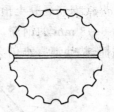

图 5-56　卡板图

(3)钢管支架成形法(图 5-58)。①根据箍筋的间隔和位置将钢管支架(5)和平杆(4)放正、放平、放稳,在每圈箍筋上标出与主筋的焊接位置;②按设计要求间隔放两根主筋(2)于平杆上;③按设计要求间隔绑焊箍筋,并注意与主筋垂直;④按箍筋上的标记焊其余主筋;⑤按规定螺距套入螺旋筋,绑焊牢固。

3. 钢筋笼的保护层

钢筋笼的保护层厚度以设计为准,设计没作规定时可定为 50～70 mm。保护层厚度的允许偏差水下灌注混凝土的桩±20 mm;非水下灌注混凝土的桩±10 mm。为此下放钢筋笼时,必须采用相应措施,保证钢筋笼中心与钻孔中心重合,使钢筋笼四周保护层均匀一致。否则将会影响钢筋笼在桩身中的作用,受横向荷载的桩的桩身混凝土有可能在保护层太厚的一侧开裂;保护层太薄一侧的钢筋则可能锈蚀。

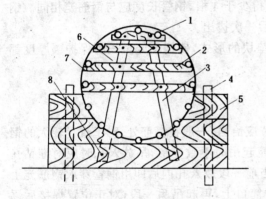
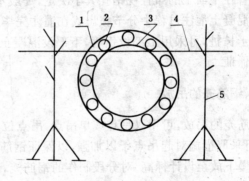

图 5-57　木支架
1—主筋;2—横木条;3—斜木条;
4—支柱;5—固定支架;6—铁钉;
7—箍筋;8—螺栓

图 5-58　钢管支架成形法示意图
1—箍筋;2—主筋;3—螺旋筋;
4—平杆;5—钢管支架

钢筋笼保护层的设置方法有:

①绑扎混凝土预制块。混凝土预制垫块为 15×20×8 cm,靠钻孔壁的方向制成弧面,靠钢筋笼的一面制成平面,并有十字槽,纵向为直槽,横向为曲槽。槽的曲率同箍筋的曲率相同,深度和宽度以能容纳主筋和箍筋为度。在纵槽两旁对称地埋设两根备绑扎用的"冂"型 12# 铅丝,见图 5-59。

垫块在钢筋骨架上的布置依钻孔土层变化而定,在松软土层垫块应布置较密,一般沿钻孔竖向每隔 2 m 左右设一道,每道沿圆周对称地设置 4 块。

这种垫块的优点是同孔壁接触面大,制作简单,设置方便。其缺点是用铅丝绑扎在钢筋笼上,遇碰撞易碎落。

②焊接钢筋混凝土预制垫块。形状同图5-59，不同的是在十字槽底部横、竖向各埋设一根直径为6～8 mm的钢筋，以便能分别焊在主筋和箍筋上。其布置与上同，较以上的牢固些，如遇到碰撞，垫块混凝土仍会脱落。

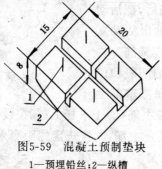

图5-59　混凝土预制垫块
1—预埋铅丝；2—纵槽

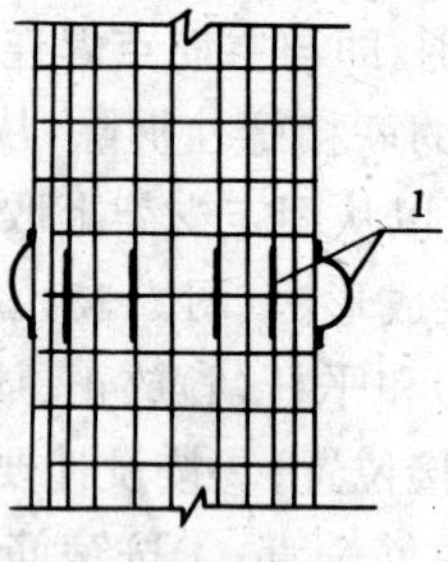

图5-60　钢筋"耳朵"
1—"耳朵"

③焊接钢筋"耳朵"。钢筋"耳朵"用断头钢筋（直径不小于10 mm）弯制成，长度不小于15 cm，高度不小于8 cm，焊接在钢筋笼主筋外侧，如图5-60。这个方法克服了上述两法的缺点，但与孔壁的接触面较小，易陷入孔壁土中，故布置时宜适当加密些或在钢筋"耳朵"上面加焊扁钢或在钢筋"耳朵"上加预制砼轮。

④用导向钢管控制保护层厚度。此法利用钢筋笼就位时靠孔壁垂吊的导向钢管设置保护层。钢管在平面上的布置视钻孔大小决定，一般不得少于4根，钢管长度应与钢筋笼相同。钢管可在混凝土灌注过程中分节拔出或在灌注完毕后一次拔出。

对于长桩，可采用上部设钢管，下部设混凝土垫块的形式，使钢筋笼全长的保护层厚度都能得到保证。

四、钢筋笼的吊放

钢筋笼的吊放，可用双吊点或单吊点，吊点位置应恰当，一般在箍筋处。对于直径较大的钢筋笼，可采取措施对起吊点予以加强，以保证钢筋笼起吊时不致变形，吊放入孔时应对准钻孔中心缓慢下放至设计标高。对分段制作的钢筋笼，当前一段放入孔内后即用钢管穿入钢筋笼上面的箍筋下面，临时将钢筋笼搁置在钻机大梁或护筒口上，再起吊另一段，对正位置焊接后逐段放入孔内至设计标高。钢筋笼全部入孔后，应按设计要求检查安放位置并做好记录，符合要求后，可将主筋点焊于孔口护筒上或用铁丝牢固绑扎于孔口，以便使钢筋笼定位，防止钢筋笼因自重下落或灌注混凝土时往上串动造成错位。当桩顶标高离孔口距离较大时，就必须在主筋上焊接或用螺纹联接2～4根吊筋，吊筋上部与护筒口点焊。吊筋与主筋之间用螺纹联接（主筋上焊螺母、吊筋上车螺纹）时，混凝土初凝前可回收吊筋，以重复使用。

下放钢筋笼过程中费时较多的是钢筋笼之间的焊接。因此，钢筋笼的分段长度应按钢筋笼总长、起吊高度和孔口焊接每段所需花的时间合理选定；也可采用部分焊接、部分绑扎的方法来缩短孔口焊接时间；也可考虑用两名以上电焊工加快焊接进度或主筋之间用锥螺纹联接。

下放钢筋笼时，应防止碰撞孔壁，下放过程中要观察孔内水位变化。如下放困难，应查明原因，不得强行下放。一般采用正反旋转，慢起慢落数次逐步下放。

桩身混凝土灌注完毕，即可解除钢筋笼的固定设施。

第八节 灌注机具与灌注工艺

一、混凝土搅拌机的选择

1. 类型与型号选择

钻孔灌注桩施工,场地经常变换,且希望搅拌机尽量靠近孔口,以减少灌注混凝土的中间运输环节,所以应选择移动式搅拌机。钻孔灌注桩混凝土所要求的坍落度相对于地面工程而言要大得多,属于大流动度混凝土,因此可选用自落式搅拌机(搅拌料由固定在旋转搅拌筒内的叶片带至高处,靠自重下落进行搅拌的搅拌机)和强制式搅拌机(搅拌叶片旋转搅拌混凝土)。自落式搅拌机有鼓形、双锥反转出料、锥形倾翻出料三种形式,在钻孔灌注桩施工中常用前两种形式。鼓形搅拌机适合于人力翻斗车运送混凝土,双锥反转出料搅拌机适合于机动翻斗车或混凝土泵运送混凝土。常用自落式搅拌机的性能参数见表 5-16。

表 5-16 混凝土搅拌机性能参数

性 能 参 数	鼓形搅拌机			双锥反转出料搅拌机				
	JG150	JG250	JG500	JZ150	JZ200	JZ250	JZ350	JZ500
出料容量(L)	150	250	500	150	200	250	350	500
每小时工作循环次数(不少于)	25	20	20	30	30	30	30	30
骨料最大粒径(mm)	60	60	80	60	60	60	60	80

2. 台数的选择

搅拌机的类型选好以后,搅拌机的台数可根据一台搅拌机的生产率、单桩需要灌注的混凝土数量和单桩合适的灌注时间进行计算。延长灌注时间虽可减少搅拌机的数量和劳动力,但灌注时间过长容易发生灌注质量事故和坍孔事故;过分压缩灌注时间,则不必要地增加设备和劳动力。根据目前施工经验,单桩合适的灌注时间按桩长或灌注量而变化,可参考表 5-17 选用。

表 5-17 单桩合适的灌注时间

桩长(m)	≤30		30~50			50~70			70~100		
灌注量(m³)	≤40	40~80	≤40	40~80	80~120	≤50	50~100	100~160	≤60	60~120	120~200
适当灌注时间(h)	2~3	4~5	3~4	5~6	3~5	6~8	7~9	4~6	8~10	10~12

注:①灌注时间从第一盘混凝土拌合加水起至灌注结束止;
②混凝土的初凝时间应大于单桩合适的灌注时间,要求初凝时间较长时,混凝土中要加外加剂。

混凝土搅拌机台数 n 可按下式计算:

$$n = \frac{V}{tP} \tag{5-22}$$

式中:V——钻孔中应灌注的混凝土数量(V=按设计桩身直径计算的钻孔体积×充盈系数),一般土质的充盈系数为 1.1,软土为 1.2~1.3;
t——单桩合适的灌注时间(h),查表 5-17;
P——单台混凝土搅拌机生产率(m³/h)
$$P = V_c \xi S$$

其中：V_c——搅拌机的额定出料容量(m^3)，查表 5-16；
　　　ξ——搅拌机的时间利用系数，一般取 0.9～0.95；
　　　S——搅拌机的每小时工作循环次数，查表 5-16。
计算出的 n 值应取整数，另外还应有备用台数，以备在机械发生故障时换用。

二、灌注水下混凝土的导管

导管是灌注水下混凝土的最重要的工具，对导管的基本要求是，通过混凝土的能力满足施工需要，联接要直，接头处密封可靠，不漏水、不漏气，有足够的强度和刚度。

导管一般用无缝钢管(套管)制作或用钢板卷制焊成，其直径应按桩径和每小时需要通过的混凝土数量而定。但一般最小直径不宜小于 ϕ200 mm(实际工程中，用 ϕ168 mm 的套管作导管灌注混凝土时很费劲)。导管的技术性能规格和适用范围可参考表 5-18。

表 5-18　导管规格和适用范围

导管内径(mm)	适用桩径(mm)	通过混凝土能力(m^3/h)	导管壁厚(mm)		备注
			无缝钢管	钢板卷管	
ϕ200	ϕ600～ϕ1 200	10	8～9	4～5	导管的联接和卷制焊缝必须密封不得漏水
ϕ230～ϕ255	ϕ800～ϕ1 800	15～17	9～10	5	
ϕ300	>ϕ1 500	25	10～11	6	

导管的分节长度应便于装拆和搬运，并小于导管提升设备的提升高度。中间节一般长 2～3 m 左右，下端节加长至 4～6 m，漏斗下可配长 1 m、0.5 m 的导管，以调节导管柱总长，使导管底离孔底保持一定的高度。最下一节导管底部，宜在外围焊钢圈加固，以防下口卷口或变形。

在我国，导管之间主要采用法兰盘联接(图 5-61(a))和双螺纹方扣快速接头联接见图 5-61(b)。

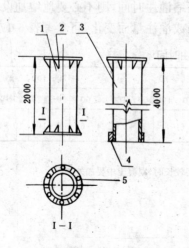 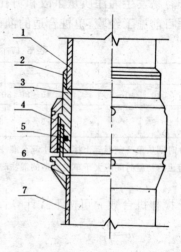

图 5-61(a)　法兰盘联接　　　　　图 5-61(b)　双螺纹方扣快速接头示意图
1—中间节；2—三角形钢板加固并防挂　　　1—导管；2—卡簧；3—插口管；4—螺母
3—下端节；4—焊钢圈加固；5—螺栓孔　　　5—"○"型密封圈；6—承口管；7—导管

采用法兰盘联接时，下节导管的上端焊有法兰盘，其余导管两端焊有法兰盘，法兰盘厚度10~12 mm，法兰边缘比导管外壁大出40~50 mm，有直径13~18 mm的螺栓孔6~8个，供φ12~16 mm的螺栓联接用。上下两节法兰盘间，垫4~5 mm厚的橡胶垫圈，其宽度外侧齐法兰盘边缘，内侧宜稍窄于法兰内缘。图5-61(a)所示的法兰盘联接方式的优点是，导管可以左右扭动，这在灌注工作不顺利时是需要的。其缺点是联接速度较慢，不易保证导管联接的直线性。当提导管时，法兰盘之间的预紧力减小，若初始预紧力不够(螺栓拧得不够紧)有可能破坏导管法兰盘之间的端面密封条件，图5-62所示的带有止口的法兰盘联接，对中心较好，而且它是靠侧面的"○"型密封圈密封的，密封可靠，不受法兰盘之间的预紧力的影响。

图5-61(b)所示的双螺纹方扣快速接头联接方式目前使用得最广泛，其优点是接头外径尺寸相对较小，提升时不易挂钢筋笼，对中性好，密封可靠，联接速度快。其缺点是在灌注过程中，导管左右扭动过大时有可能引起联接松脱。据资料介绍，国外现在使用插销固定的快速接头联接方式，它兼有以上两种方式的优点，但要求材料质量高，加工精度高，否则会不满足密封性要求。

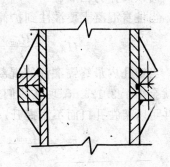

图5-62 带止口的法兰盘联接

导管下入孔中的深度和实际孔深必须严格丈量准确，使导管底口与孔底的距离能保持在0.4~0.6 m左右，以能顺利放出隔水塞和混凝土为度。当下口与孔底距离太小时，隔水塞出不了导管；当距离太大时，第一斗混凝土在泥浆中运动距离过长而被冲洗破坏，而且第一斗封底混凝土数量就不足以使导管下口埋没1 m以上，后续灌入的二三斗混凝土会冲破混凝土面而使泥浆、沉渣混入桩身，降低桩身混凝土质量。

导管内壁若粘有混凝土，再次使用时会卡住隔水塞，造成事故。因此，导管拆卸下来后要将接头和内壁外壁冲洗干净，若有相当的停顿时间，螺纹应上油防锈。

导管在使用前和使用一个时期后，除应对规格、质量和拼接构造进行认真检查外，还需做拼接、过球和水密、承压以及接头抗拉等试验。进行水密试验时，水压不应小于井孔内水深1.5倍的压力。试验方法是，把拼装好的导管先灌入70%的水，两端封闭，一端焊输风管接头，输入压力等于水密试验所需压力的压缩空气，将导管滚动数次，经过15分钟不漏水即为合格。导管内过球应畅通，符合要求后，在导管外壁用明显标记逐节编号并标明尺寸。导管总数应包括配备20%~30%的备用套管。

导管可在钻孔旁预先拼装，在吊放时再逐段拼装，分段拼装时，应仔细检查，变形和磨损严重的不得使用。

导管吊放时，应使位置居孔中，轴线顺直，稳步沉放，防止卡挂钢筋笼和碰撞孔壁。

三、超压力与初存量

1. 超压力与灌浆装备

超压力是指导管出口截面处导管内混凝土拌合物柱的静压力与导管外泥浆柱和混凝土拌合物柱静压力之差，如图5-63(a)所示，在$A-A$截面上有：

$$P=(h_1+h_2)\gamma_c-(\gamma_a H_w+\gamma_c h_2)=h_1\gamma_c-H_w\gamma_a \tag{5-23}$$

式中：P——超压力(kPa)，为了保证混凝土能顺利地通过导管下灌，对于桩孔而言，最小超压力为75 kPa；

γ_c——混凝土重度(kN/m^3),可取$\gamma_c=24\ kN/m^3$;

γ_a——孔内水或泥浆重度(kN/m^3),取$\gamma_a=10\sim12.5\ kN/m^3$;

h_1——导管内混凝土面到钻孔内已浇混凝土面的高度(m);

h_2——导管底端埋入混凝土面的深度(m);

H_w——钻孔内液面到已浇混凝土面的高度(m)。

根据(5-23)式可计算灌注桩顶混凝土时,漏斗应提升的最小高度$H_{A\min}$(图5-63(a))。

高度的计算基准为钻孔液面,由于灌注混凝土时,钻孔液面与护筒顶面相差不多,故也可将护筒顶面作为基准。

当桩身混凝土要灌注到护筒上口时,式(5-23)中$H_w=0$,$h_1=H_A$,漏斗最小提升高度:

$$H_{A\min}=\frac{P_{\min}}{\gamma_c}=\frac{75\ kN/m^2}{24\ kN/m^3}=3.125m$$

当钻孔内最终需灌注的混凝土面低于钻孔液面时,灌注桩顶混凝土漏斗需提升的最小高度就会小于3.125 m。现在我们来讨论一下在什么情况下漏斗需提升的最小高度为零,也就是漏斗可以架在孔口而不用提升。此时在(5-23)式中$h_1=H_w$,于是:

$$H_w=\frac{P_{\min}}{\gamma_c-\gamma_a}=\frac{75\ kN/m^2}{24\ kN/m^3-(10\sim12.5)\ kN/m^3}=5.36\sim6.52\ m$$

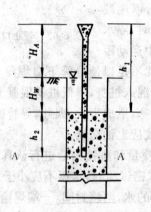
图5-63(a) 超压力计算

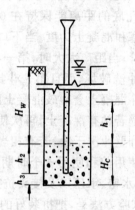
图5-63(b) 初存量

由此可见,当钻孔内最终需灌注的混凝面在护筒上口以下5.36~6.52 m以上时,漏斗可架在孔口灌注混凝土。现代高层建筑当设两层地下室时,桩顶标高离护筒口一般都在6 m以上,对于这样的工程,漏斗可架设在孔口灌桩身混凝土。即用型钢做一井字架,井字架中间分别用一个固定铰链和一个插销铰接两块中间开有半圆形孔的钢板,钢板打开时,导管可顺利通过;钢板合拢时,可卡住导管法兰或导管螺纹接头。将导管和漏斗支在井字架上,钻孔旁边的地面上放一提吊料斗(俗称哈巴斗),机动或人力翻斗车运来的混凝土拌合物倒入提吊料斗中,装满后用吊车吊起提吊料斗,将混凝土拌合物倒入漏斗,这样反复进行,直至结束。一般情况下可用如图5-64所示的灌浆平台灌注混凝土;也可用两台吊车来灌混凝土,一台吊车吊漏斗,另一台吊车吊提吊料斗;当用混凝土输送泵时,混凝土可由输送泵的管道直接送入漏斗,此时只需一台吊车提吊漏斗。

2. 首批混凝土储存量(初存量)

首批混凝土储(或贮)存量应使首批灌注下去的混凝土能满足导管初次埋置深度的需要。

首批混凝土储存在漏斗和储料斗中,因此漏斗和储料斗(或称提吊料斗)的总容积应满足初存量的要求,初存量可参照图 5-63(b)按下式计算:

$$V = \frac{\pi d^2}{4}h_1 + \frac{\pi D^2}{4}H_c \qquad (5-24)$$

式中:V——初存量或漏斗和储料斗容量之和(m^3);

h_1——孔内混凝土高度达到 H_c 时导管内混凝土柱与导管外水压平衡导管内混凝土柱高度(m),$h_1 = H_w \gamma_a / \gamma_c$;

H_c——钻孔初次灌注需要的混凝土面至孔底的高度,即导管初次埋深 h_2 加间距 h_3,h_2 至少为 1 m,h_3 为 0.4~0.6 m;

H_w——孔内液面至初次灌注需要的混凝土面距离(m);

D——钻孔实际直径(m);

d——导管内径(m);

r_a——孔内水、泥浆重度(kN/m^3);

r_c——混凝土拌合物重度(kN/m^3),一般取 24 kN/m^3。

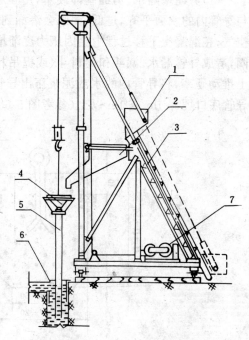

图 5-64 水下混凝土灌注示意图
1—进料斗;2—储(或贮)料斗;
3—滑道;4—漏斗;
5—导管;6—护筒;7—卷扬机;

【例 5-1】 设钻孔直径 1.5 m,无扩孔,导管直径 0.25 m,钻孔深度为孔内液面以下 60 m,泥浆重度为 11 kN/m^3,导管底离孔底 h_3 取 0.5 m,导管初次最小埋深 h_2 为 1.0 m,求首批混凝土最小储量。

【解】 $H_c = h_2 + h_3 = 1\ m + 0.5\ m = 1.5\ m$

$H_w = H - H_c = 60\ m - 1.5\ m = 58.5\ m$

$h_1 = H_w \dfrac{\gamma_a}{\gamma_c} = 58.5\ m \times \dfrac{11\ kN/m^3}{24\ kN/m^3} = 26.81\ m$

$V = \dfrac{\pi d^2}{4}h_1 + \dfrac{\pi D^2}{4}H_c = \dfrac{\pi \times (0.25\ m)^2}{4} \times 26.81\ m + \dfrac{\pi \times (1.5\ m)^2}{4} \times 1.5\ m$

$= 3.97\ m^3$

四、隔水塞及首批混凝土的隔水措施

1. **隔水塞**

隔水塞在混凝土开始灌注时起隔水作用,保证初灌混凝土质量,它分为软、硬两类。硬塞一般采用混凝土制作,其直径宜比导管内径小 20~25mm。采用 3~5 mm 厚的橡胶垫圈密封,橡胶垫圈外径宜比导管内径大 5~6 mm。混凝土塞一般做成圆柱形,圆柱形高度比导管内径大 50 mm,这样混凝土塞在下行过程中不致翻转。混凝土塞应具有一定强度(混凝土强度等级为 C15~C20),表面应光滑,形状尺寸规整。圆柱形混凝土塞的两种形式见图 5-65。混凝土塞下到孔底后,作为桩身的一部分。也有用木球作硬塞的,但要保证木球能从孔底返回孔口。

目前广泛使用的软塞是充气球胆。充气球胆可从孔内返回,只适合于直径很大的桩。

2. **隔水措施**

(1) 剪绳塞隔水。剪绳塞即硬塞,用8号铁丝将硬塞悬吊在导管内,初始位置即为硬塞顶面与导管内的水面平齐,过低,泥浆会渗漏到硬塞上面;过高,硬塞与导管内的泥浆面之间有一段空气,在混凝土下移过程中会因压力逐渐增高而形成高压气囊,有可能冲破导管接头处的密封圈,造成导管漏水。漏斗和储料斗(或提吊料斗)中备足了初存量后,即将铁丝剪断,第一批混凝土推动硬塞,将导管内的水或泥浆压出导管,硬塞落到孔底,大部分混凝土冲出导管并迅速将导管底口埋深1m或1m以上(参考图5-63(b))。

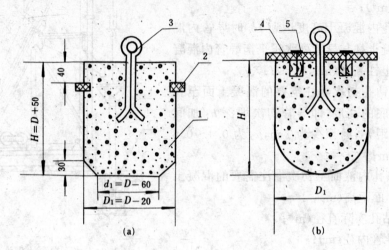

图 5-65 混凝土塞
1—混凝土;2—橡皮垫;3—φ6钢筋
4—预埋木块;5—铁钉

关于剪绳位置,现有两种。目前大多数是硬塞的初始位置即为剪绳位置,认为这样做,硬塞及混凝土排出导管内的泥浆或水的速度很快,孔底沉渣可彻底地被冲起来,孔底沉渣厚度为零。硬塞初始位置为剪绳位置时,漏斗和储料斗的容积必须大于初存量。对于直径大而深的孔,初存量可能很大,如例5-1中的初存量为3.97 m³,则储料斗或提吊料斗的容积就会很大。

故对于直径大而深的孔,也可以不在硬塞的初始位置剪绳,如前述的直径1.5 m,深60 m的孔,我们可以用铁丝拉着硬塞,混凝土推动硬塞下行30 m后再剪绳,孔底沉渣照样能完全被冲起来,而且上面的30 m长的导管可以储备初存量的混凝土,储料斗(或提吊料斗)的容积就可减小,导管直径为250 mm时,可减小的容积为1.875 m³,相当可观。值得提出的是,用铁丝拉着混凝土塞让其慢速下到预定位置后,混凝土塞上部的混凝土压力比混凝土塞下面的泥浆静压要大得多,因而铁丝所受的拉力较大,拉力F可按下式计算(参考图5-66):

$$F = \frac{\pi}{4}d^2(\gamma_c H_a + \gamma_c H_w - \gamma_a H_w) \tag{5-25}$$

式中:H_W——混凝土塞的预定剪绳深度(m);
H_A——漏斗顶面至孔内水位之距离(m);
γ_a——泥浆重度(kN/m³),按最小情况 $\gamma_a=10$ kN/m³ 考虑;
γ_c——混凝土拌合物重度(kN/m³),取 24 kN/m³;
d——导管内径(m);
F——提吊混凝土塞的铁丝(或钢丝)所受的拉力(kN)。

当混凝土塞的预定剪绳深度 H_W 和导管内径较大时，F 值很大，就不可能用铁丝提吊混凝土塞，而必须用细钢丝绳来提吊，但每次丢掉几十米长的钢丝绳太可惜了。可用一根顶部系直钢筋的辅助钢丝绳，主钢丝绳端部带圆环，穿过混凝土塞的吊环后，圆环套在直钢筋上，主钢丝绳通过直钢筋即可提拉混凝土塞，混凝土塞下到预定剪绳位置后，提拉辅助钢丝绳，将直钢筋从主钢丝绳的圆环中抽出，混凝土塞即失去提拉力，被其上部的混凝土拌合物压着下行，而主、辅钢丝绳均可提出来下次再用。

(2) 自由塞隔水。自由塞指前面所述的软塞——充气球胆。在冲气球胆未出导管底之前，导管内充气球胆上面可储备的混凝土拌合物可通过球胆上下的压力平衡关系计算出来。导管内储备了足够的混凝土后，再迅速将储料斗或提吊料斗中的混凝土灌入，球胆压出导管底口而从环空中返出孔口，混凝土迅速灌入孔底并将导管底埋深 1 m 以上。

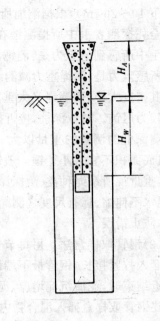

图 5-66　混凝土塞拉力计算图

充气球胆在大直径桩中是一种可以反复使用的材料，它既不需要用铁丝悬吊，与导管的密合性也好，下入孔底后又能靠浮力自动返出孔口，也不会在桩身内形成不连续面。在直径较小的桩中，由于导管和钢筋笼之间间隙小，球胆无法返出孔口，留在桩中等于人造一个空洞，不宜使用。

(3) 拔球法。图 5-67 所示的球塞多用混凝土或木料制成，球直径可大于导管直径 1～1.5 cm，灌注混凝土前将球置于漏斗顶口处，球下设一层塑料布或若干层水泥袋纸垫层，球塞用细钢丝绳引出，当达到混凝土初存量后，迅速将球向上拔出，称为拔球法。混凝土压着塑料布垫层基本上处于与水隔离的状态，排走导管内的水而至孔底。

本法每次只消耗一点塑料布或水泥袋纸，较剪绳塞隔水法经济，且无卡管的毛病，但必须有足够的初存量。

(4) 活门法。当使用混凝土灌注泵时，漏斗的容积应大于或等于初存量。漏斗与导管之间加一活门，关闭活门，漏斗中装满混凝土拌合物后再立即打开活门，混凝土拌合物快速下行，排出导管中的泥浆而达到孔底，并迅速将导管底口埋入一定深度。

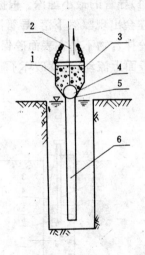

图 5-67　拔球法
1—漏斗；2—吊绳；
3—混凝土；4—球栓；
5—塑料布或水泥袋纸垫；
6—导管

五、混凝土面测量与导管埋深控制

1. 测深

灌注水下砼时，应探测水面或泥浆面以下的孔深和灌注的砼面高度，以控制沉淀层厚度、导管埋深和桩顶标高。如探测不准确，将会造成沉渣过厚、导管提漏、埋管过深而拔不出导管或断桩事故。因此，测深是一项重要工作，应采用较为准确的方法和工具。

(1) 测深锤法。目前多采用绳系重锤吊入孔内，使其通过泥浆沉淀层而停留在砼表面上（或表面下 10~20 cm），根据测绳所示锤的沉入深度作为砼面深度，本法简便易行，应用较广。本法完全凭探测者手中所提测锤在接触砼顶面前后不同重量的感觉而判别，测锤未接触到砼顶面时手中所感到的重力是：测锤重力加测绳重力减测锤和测绳的浮力；当测锤落到砼面上后，手中所感重力是：测绳重力减测绳浮力，前后重力相差为测锤重力减测锤浮力。因此，如测锤太轻或其密度太小，而测绳又太重，使锤比测绳重不了多少，则探测者的手对前后重力不同的感觉就较为迟钝。对于深桩，接近桩顶面时，由于沉淀增加和泥浆变稠等原因，就容易发生误测。

测深桩的测锤的重量以大一些为好，为防止测深锤接触到砼表面后陷入太深，以平底为宜，且底面积不宜太小。锤一般制成圆锥形，锤底直径 15 cm 左右，高 8~12 cm 左右，用铁铸成，其重量视所系绳种类、测探深度和泥浆相对密度而定（一般为 4~5 kg）。测绳用质轻、拉力强、遇水不伸缩、标有尺度之测绳，如尼龙皮尺为宜。探测时须仔细认真，并与已灌注的砼数量核对，防止错误。

(2) 钢管取样盒法。用每节长约 1~2 m 的钢管，钢管一端为公螺纹，另一端为母螺纹，可互相套入拧紧接长，钢管最下端设一铁盒，上有活盖，用细绳系在盖上，细绳随钢管引出，当灌注将近结束时，泥渣沉淀增厚，泥浆的相对密度、粘度和静切力增加，仅靠测深锤不易测准，可用上述钢管取样盒插入混合物内，牵引细绳将活盖张开、混合物进入盒内，然后提出取样盒，鉴别盒内之物是砼还是泥渣（如图 5-68 所示）。

2. 导管埋深控制

(1) 导管的最小埋深。根据观察发现，当导管插入砼内的深度不足 0.5~0.6 m 时，砼拌合物锥体会出现骤然下落，导管附近会出现局部隆起现象（图 5-69a），表面曲线有突然转折。这说明砼拌合物不是在表面砼保护层下流动，而是灌注压力顶穿了表面保护层，在已浇筑的砼拌合物表面上流动，这就破坏了砼的整体性和均匀性。

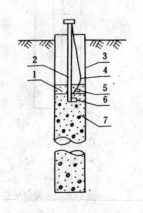
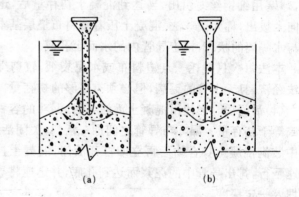

图 5-68 铁盒取样器
1—沉淀土；2—可接长的铁管；3—钻孔
4—绳；5—盖；6—铁盒；7—混凝土

图 5-69 导管插入深度不同时混凝土拌合物的扩散情况
(a) 插入深度不够时；(b) 正常深度时

当导管插入砼 1 m 以上时，砼表面坡度均一，新浇筑的砼拌合物在已浇砼体内部流动（图 5-69b），砼内质量也均匀，由此可见，导管插入深度，对砼的浇筑质量密切相关。灌注桩施工时，导管最小埋深可参考表 5-19 选定。

表 5-19　导管最小埋深值

导管内径(mm)	桩孔直径(mm)	初灌量埋深(m)	连续灌注埋深(m)	桩顶部灌注埋深(m)
φ200	φ600～φ1 200	1.2～1.5	2.0～3.0	0.8～1.2
φ230～φ255	φ800～φ1 800	1.0～1.2	1.5～2.0	1.0～1.2
φ300	>φ1 500	0.8～1.0	1.2～1.5	1.0～1.2

(2) 导管的最大埋深。导管埋入已浇砼内越深,砼向四周均匀扩散的效果越好,砼越密实,表层也越平坦。但埋入过深,砼在导管内流动不畅,易造成堵管事故。导管的允许最大埋深与砼拌合物流动性保持时间、砼的初凝时间、砼面在钻孔内的上升速度、导管直径等因素有关,砼流动性越好、初凝时间越长、单位时间灌注量越大、导管直径越大,允许的导管最大埋深就越大。在现有施工条件下,不加外加剂的砼导管最大埋深拟控制在 6 m 以内,加缓凝剂的砼导管最大埋深可控制在 12 m 以内。

(3) 导管埋深控制。施工中导管埋深能否控制得好,取决于两方面:一是要勤拆导管,砼面每上升 4～5 m 即可拆除相应数量的导管。根据经验,正确拆导管的时间应该是倒入砼后孔口不返泥浆了,稍稍提高孔口漏斗(<1 m),砼已不能迅速、顺利向下运动时,即应拆导管。二是要准确测量砼面的深度位置,因为拆导管数量是由此计算出来的,如果测错,可能导致导管拔出砼面等严重事故。防止的方法是,每次测量深度后立即根据砼灌入量和砼面上升高度推算一下是否正常,上升米数少说明有扩径现象,要少拆一些导管;上升米数偏多说明有缩径现象;如果上升米数偏得很多,可能是重锤中途受阻搁浅所造成的假象,应收回孔口换一个位置重测,直至测准为止。每次测量的深度、导管长度、拆导管米数、砼灌入量等基本数据均应填表记录,存档备查。

六、水下混凝土灌注步骤

(1) 灌注水下砼是钻孔灌注桩施工的重要工序,应特别注意。成孔和清孔质量检验合格后,才可开始灌注工作。

(2) 先拌制 0.1～0.2 m³ 水泥砂浆,置于导管内隔水塞的上部,水泥砂浆一方面可防止粗骨料卡住隔水塞或在隔水塞上"架桥",另一方面水泥砂浆易被冲到砼面的表层,可作为砼表面保护层。在向漏斗内倒入水泥砂浆时要将隔水塞逐渐下移,使砂浆全部进入导管,然后再向漏斗内倒砼,储足了初存量后再剪绳,将首批砼灌入孔底后,立即测量孔内砼面高度,计算出导管的初次埋深,如符合要求,即可正常灌注。如发现导管内大量进水,表明出现灌注事故,应按后述事故处理方法进行处理。

(3) 首批砼灌注正常后,应紧凑地、连续不断地进行灌注,严禁中途停工。在灌注过程中要防止砼拌合物从漏斗顶溢出或从漏斗外掉入孔底,使泥浆内含有水泥而变稠凝结,导致测深不准确。灌注过程中,应注意观察管内砼下降和孔口返水情况,及时测量孔内砼面高度,正确指挥导管的提升和拆除,保持导管的合理埋深。测量孔内砼面高度的次数一般不宜少于所使用的导管节数,并应在每次起升导管前,探测一次管内外砼面高度,特别情况下(局部严重超径、缩径、漏失层位,灌注量特别大的桩孔等)应增加探测次数,同时观察孔口返水情况,以正确地分析和判定孔内情况,并做好记录。

导管提升时应保持轴线竖直和位置居中,逐步提升,如果导管法兰卡挂钢筋笼,可转动导管,使其脱开钢筋笼后,移到钻孔中心。随着孔内砼的上升,需逐节(或两节)拆除导管。拆除导管的动作要快,时间不宜超过 15 分钟,拆下的导管应立即冲洗干净。

(4)在灌注过程中,当导管内砼不满,导管上段有空气时,后续砼要徐徐灌入,不可整斗地灌入漏斗和导管,以免在导管内形成高压气囊,挤出管节间的橡皮垫,而使导管漏水。而且空气从导管底部进入桩身后,若不能完全逸出,则是造成桩身上段砼疏松的原因之一。

(5)当砼面升到钢筋笼下端时,为防止钢筋笼被砼顶托上(升),可采取如下措施:①在孔口固牢钢筋笼上端;②当砼面接近和初进入钢筋笼时,应保持较大的导管埋深,放慢灌注进度;③当孔内砼面进入钢筋笼2～3 m后,应适当提升导管,减小导管埋置深度(但不得小于1 m),以增加钢筋笼在导管底口以下的埋置深度,从而增加砼对钢筋笼的总握裹力。

(6)为确保桩顶质量,在桩顶设计标高以上加灌一定高度,以便灌注结束后,将上段砼清除。增加的高度可按孔深、成孔方法、清孔方法而定,一般不宜小于0.5 m,深桩不宜小于1 m,JTJ 041-89中规定的为0.5～1 m(上海地基规范规定为2.5 m)。

(7)在灌注将近结束时,由于导管内砼柱高度减小,导管外泥浆重度增大,沉渣增多,超压力降低。如出现砼顶升困难时,可在孔内加水稀释泥浆,并掏出部分沉淀土或增大漏斗提升高度,使灌注工作顺利进行,在拔出最后一节长导管时,拔管速度要慢,以防止桩顶沉淀的浓泥浆挤入形成泥心。

(8)在灌注砼时,每根桩应制作不少于1组(3块)的砼试件。

(9)钢护筒在灌注结束,砼初凝前拔出,起吊护筒时要保持其垂直性,否则会将桩顶扭歪甚至破坏,特别是当桩顶标高高于护筒底面时更应注意。

(10)当桩顶标高很低时,砼灌不到地面,砼初凝后,可能还要回填钻孔。

第九节 灌注事故的预防与处理

灌注水下砼是成桩的关键性工序,灌注过程中应明确分工,密切配合,统一指挥,做到快速、连续施工,灌注成高质量的砼,防止发生质量事故。

如出现事故,应分析原因,采取合理的技术措施,及时设法补救。对于确实存在缺陷的桩,应尽可能设法补强,不宜轻易废弃,以便造成过多的损失。

经过补救、补强的桩,经认真地检验,认为合格后方可使用。对于质量极差,确实无法利用的桩,应与设计单位研究,采用补桩或其他措施。

常见的成桩事故有导管堵塞、钢筋笼上浮、断桩和各种桩身砼质量问题等等,下面分别进行分析。

一、导管堵塞

导管堵塞多数是发生在开始灌砼的时候,也有少数是在浇灌中途发生的,原因有下列几种:

(1)导管变形或内壁有砼硬结,影响隔水塞通过。

(2)隔水塞上没有先浇水泥砂浆,而砼的粘聚性又不太好,在搅拌储料斗或提吊料斗中的初存量砼时,漏斗中的砼离析,粗骨料卡入隔水塞或在隔水塞上"架桥"。

(3)砼品质差,例如:砼中混有大块石、卷曲的铁丝或其他杂物,造成堵塞;砼极易离析,在导管内下落过程中浆体与石子分离,石子集中而堵塞导管;砼较干稠,坍落度小于16 cm时也易堵塞导管;使用的砼坍落度损失大,因中途停顿时间稍长而堵塞导管。

(4)导管漏水,砼受水冲洗后,粗骨料聚集在一起而卡管。

为了消除卡管,可在允许的导管埋入深度范围内,略为提升导管,或用提升后猛然下插导管的动作来抖动导管,抖动后的导管下口不得低于原来的位置,否则反会使失去流动性的砼堵塞导管口。如果用上述方法仍不能消除卡管时,则应停止灌注,用长钢筋或竹竿疏通。如仍然无效,只有拔出导管。

如果刚开灌,孔内砼很少,提出导管疏通以后,将孔底抓或吸干净再重新开始灌注。

如果中途卡管需拔出导管才能处理,则会形成断桩,应按处理断桩的办法及时处理。

为了防止卡管,组装导管时要仔细认真检查,检查导管内有无局部凹凸,导管出口是否向内翻转。用法兰盘联接的导管靠端面橡皮垫密封时,看检查橡皮垫是否突入导管内,各螺栓的松紧程度是否一致,预紧力是否足够。应严格控制骨料规格、坍落度和拌和时间,尽量避免砼在导管内停留时间过久,经远距离运来的砼不可直接倒入漏斗,应倒入储料斗拌匀后再送进漏斗。灌注过程中要避免导管内形成高压气囊而破坏导管的密封圈,使导管漏水。

二、钢筋笼上浮

在不是全桩长配筋的桩中,钢筋笼上浮是较为常见的事故,上浮程度的差别对桩的使用价值的影响不同,轻微的上浮(上浮量小于 0.5 m)一般不致影响桩的使用价值,上浮量超过 1 m以上而钢筋笼本身又不长,则会严重影响桩的水平承载力。

造成上浮的原因有:

(1)砼品质差。易离析的、初凝时间不够、坍落度损失大的砼,都会使砼面上升至钢筋笼底端,导致钢筋笼难以插入或无法插入而造成上浮,有时砼面已升至钢筋笼内一定高度时,表层砼开始发生初凝结硬,也会携带钢筋笼上浮。

(2)操作不当。通常有如下几种情况:①钢筋笼的孔口固定不牢,不是用电焊而是用铁丝绑扎一下,有时甚至忘了固定,钢筋笼稍受上冲力即引起上浮;②提升导管过猛,不慎钩挂钢筋笼又未及时刹车,也可能造成上浮;③砼面到达钢筋笼底部时,导管埋深过浅,灌注量过大,砼对钢筋笼的上冲力过大;④砼面进入钢筋笼内一定高度后,导管埋深过大。

操作不当引起的钢筋笼上浮比较好预防。由于砼表层初凝而引起的钢筋笼上浮,则应通过配制砼和加快灌注速度予以避免,因为表层砼初凝不仅会使钢筋笼上浮,还有可能造成埋管事故,或断桩事故(导管必须提离初凝的表层砼上面)。

三、断桩、夹泥

泥浆或泥浆与水泥砂浆混合物把灌注的上下两段砼隔开,使砼变质或截面积受损,成为断桩。断桩是严重的质量问题,不作妥善处理,桩不能使用。因此,灌注时要十分注意防止断桩。断桩的常见原因有以下几种:

(1)灌注时间长,表层砼流动性差,导管埋深浅,继续灌注的砼冲破表层而上升,将混有泥浆的表层覆盖、包裹,就会造成断桩或桩身夹泥。

(2)导管提升过猛使混凝土卡管时,往往采用前述抖动导管的办法来迫使导管内砼下降,此时如导管没有提离砼面(只是埋深变浅),则可能有泥浆混入,形成桩身夹泥;如导管提离砼面太大,就成为断桩。

(3)测深不准,由于把沉积在砼面上的浓泥浆或泥浆中可能含有的泥块误认为砼,错误地判断砼面高度,使导管提离砼面成为断桩。由于拆除导管的长度时的统计错误,也会发生这种事故。

(4)灌注中途,砼卡管或导管严重漏水,需拔出导管才能处理,也将形成断桩。

(5)突然停电,现场没有配备发电机组或发电机组也突然发生故障,搅拌设备或吊机突然损坏,浇灌过程中突降暴雨无法继续浇灌等等,使中途停顿时间太长,不得不将导管提离砼面而形成断桩。

为了防止断桩、夹泥事故,施工中要采取如下的有效的预防措施:灌注前应很好地清孔;灌注时速度要快,应保证在适当的灌注时间内灌注完毕;提升不可过猛,若遇堵管应尽量不采用将导管提出的办法解决;要准确测量砼面,要保证设备的正常工作,要有备用设备,要注意天气预报,合理安排灌注时间。

当灌注中途导管因上述原因提离了砼面而形成断桩,如混杂泥浆的砼层不厚,能将导管插入并穿透此层到达完好的砼内时,则重新插入导管。但灌注前均应将进入导管内的水和沉淀土用吸泥和抽水的方法抽出。由于不可能将导管内水完全抽干,续灌的砼配合比应增加水泥量提高稠度,以后的砼可恢复正常的配合比。若砼面在水面以下不很深,且尚未初凝时,可于导管底部设置隔水塞,将导管重新插入砼内,导管上面要加压力,以克服水的浮力,导管内装满砼后,稍提导管,利用砼自身重力将底塞压出,然后继续灌注。

断桩位置较深,断桩处承受的弯矩不大,且断桩处以上已灌注砼时,可用压浆补强的方法处理,其做法是:①先用小型钻机沿桩身钻一探孔,探明断桩位置,另在探孔不远处,再沿桩身钻一孔,一个用作进浆孔,另一个用作出浆孔,孔深要求达到补强位置以下最少 1 m;②用高压水泵向一个孔内压入清水,压力不宜小于 0.5～0.7 MPa,将夹泥和松散的砼碎渣从另一个孔中冲出来,直到排出清水为至;③用压浆泵压浆,第一次压入水灰比为 0.8 的纯水泥稀浆(宜用 425 号水泥),进浆管应插入钻孔 1 m 以上,用麻絮填塞进浆管周围,防止水泥浆从进浆管口冒出,等孔内原有清水从出浆口压出后,再用水灰比 0.5 的浓水泥浆压入;④为使浆液得到充分扩散,应压一阵、停一阵,当浓浆从出浆口冒出时,停止压浆,用碎石将出浆口封填,并用麻袋堵实;⑤最后用水灰比 0.4 的水泥浆压入,并增大灌浆压力至 0.7～0.8 MPa,稳压闷浆 20～25 分钟,压浆工作即可结束。待水泥浆硬化后,应再作一次钻孔取芯,检查补强效果,如断桩、夹泥情况排除,认为合格后,可交付使用。

断桩位置不是很深但也有一定的深度,该处承受较大的弯矩,且断处以上已灌注砼时,为了加强其处理后的抗弯性能,则按照上述方法沿桩身钻的孔要大些,穿过断处要深些。用高压水冲洗后,在此孔中插入小钢轨或钢筋束,然后按上述办法压浆填满。这种处理方法的效果如何和检验方法,还要进一步探索,因为灌注孔中插入的钢筋所能提供的强度与整桩的强度相比是微不足道的。

根据具体情况,补桩也是可以考虑的一个方案。

四、桩身混凝土质量问题

属于这一类的事故有:桩身砼强度低于设计要求,桩身上部砼质量低,桩身砼夹泥、砼离析、没按要求超灌或测深不准等。

(1)砼强度低。这可以由原材料质量不合格而引起。例如:水泥质量不合标准,水泥已过有效期,受潮结块,砂子太细,碎石风化严重,砂石含泥量高,石子针片状含量太高等等,与提供配方时所使用的原材料质量有较大差别。

砼强度低也可能由未执行砼配合比而引起。如砂石材料、散包水泥不过磅,或者是未进行必要的临场配合比调整,这样拌制出的砼与按设计配合比拌制的砼质量有相当差别,强度就达不到设计要求。

（2）桩顶部砼质量低劣或桩顶标高不够。如前所述，目前导管法灌注水下砼是靠导管内砼柱的压力灌注的，砼靠自身重力压密实。由于接近地表时，超压力减小了，不得不减小导管埋深，因而桩顶段灌注的砼所受的自重压力始终较小，加之顶部砼始终与泥浆及沉渣接触，易混入杂质，因此桩身上部砼质量不如桩身中下部砼质量（这是一个带普遍性的问题）。这里我们仅讨论施工操作不当而引起的桩顶砼质量问题。

一般说来，考虑到水下浇灌的特点，桩顶标高之上应有一定超灌高度，待基坑开挖时凿去，期望由此排除掉顶部可能混有杂质的部分。实际施工中经常遇到的问题是未按要求超灌，或砼面测深不准完全未超灌，结果基坑开挖至设计标高时，桩顶仍是混有大量泥浆杂质的劣质砼，不得不继续下挖至桩身砼质量正常的部位，再接桩头至桩顶标高上来，这既浪费人力、物力、财力，又会大大延误工期。

上下提动导管幅度过大、速度过快也易将泥浆沉渣带入桩身上部；表层砼流动性差，从导管中被强行压入桩身砼中的空气不易逸出，也会使桩身上段砼疏松。

最后，由于砼和易性差或泥浆太稠、沉渣太厚等原因使砼灌注接近地表时阻力太大，不得不减小导管在砼中的埋深，也会将已混有泥浆杂质的砼压到下面处，使桩身上部夹有劣质砼。

（3）桩身砼离析。这类缺陷主要是由砼原材料级配差、拌制质量差、计量不准等原因造成，这些通过严格的管理可以避免。有时由于导管轻度漏水，使灌入的砼部分离析，这就不易发现，应该利用第一次拆导管的间隙，用手电筒照射导管内壁，检查有无漏水现象，问题严重时则应设法处理。还有一种情况，当桩身某段地层透水性较强，且地下水水力坡度较大时，灌入的砼在初凝之前可因地下水的流动冲刷，水泥浆被带走而发生离析事故。在这类地质条件的场地施工时应该使用粘聚性特别好的防冲刷砼。

五、其他事故

有时会发生一些与桩的施工单位没有直接关系只有间接关系的事故，由此会产生一些有关责任纠纷。作为桩的施工单位如果对此完全不了解是不行的。

例如：开挖基坑时，应绝对禁止挖土斗对桩的撞击（已经多次发生过撞断、撞裂桩头的事故）。挖土单位会推脱责任认为是桩的施工质量问题，桩的施工单位若无足够证据就难以说清。被撞裂的桩应有碰撞痕迹，桩身可查出多处水平裂缝，开挖验证可见裂缝中有后来渗入的，颜色、成分与桩不一致的泥水，这些裂缝用动测方法也可明显地被发现。

又如大型挖掘机的重量是很可观的，如果位置、运移路线不当，可因侧向挤压而使桩顶位移，如果无人监督及时制止，复测桩位时发现大批超差，施工单位也将蒙受不白之冤。

基坑边坡支护措施不及时、不得力，造成土体滑移，也会造成有关桩体的位移，虽然这些位移较有规律可寻，责任是可以查清的，但也不无麻烦。

还有凿桩头问题，不论是采用爆破还是风镐开凿，都会在桩头中产生一些微细裂隙，因此必须要求在桩顶标高之上预留10~30 cm高度，改用人工开凿确保桩顶标高以下无裂隙，否则检验桩身质量时发现桩顶有问题，就很难说清是谁造成的。桩顶绝对禁止用风镐垂直下冲开凿。

以上问题作为桩基施工单位应该了解，事前与有关单位接洽交涉予以提出。施工开挖过程中经常有人去现场观察，发生情况及时制止并通知有关各方，这样可以防患于未然。

第六章　挤土灌注桩与干作业法非挤土灌注桩

第一节　沉管灌注桩

一、工作原理及适用范围

1. 基本原理

沉管灌注桩又称套管成孔灌注桩,是国内目前采用得最为广泛的一种灌注桩。按其成孔方法不同可分为振动沉管灌注桩、锤击沉管灌注桩和振动冲击沉管灌注桩。

这类灌注桩是采用振动沉管打桩机或锤击沉管打桩机,将带有活瓣式桩尖、或锥形封口桩尖,或预制钢筋混凝土桩尖的钢管沉入土中,然后边灌注混凝土、边振动或边锤击、边拔出钢管而形成灌注桩。

2. 优缺点

(1)优点:

①设备简单,施工方便,操用简单;

②造价低;

③施工速度快,工期短;

④随地质条件变化适应性强。

(2)缺点:

①由于桩管口径的限制,影响单桩承载力;

②振动大,噪声高;

③因施工方法和施工人员的因素,偏差较大;

④施工方法和施工工艺不当,或某道工序中出现漏洞,将会造成缩颈、断桩、夹泥和吊脚等质量问题;

⑤遇淤泥层时处理比较难;

⑥在 $N>30$ 的砂层中沉桩困难。

3. 适用范围

锤击沉管灌注桩(指 $d \leqslant 480$ mm)可穿越一般粘性土、粉土、淤泥质土、淤泥、松散至中密的砂土及人工填土等土层,不宜用于标准贯入击数 N 大于 30 的砂土、N 大于 15 的粘性土以及碎石土。在厚度较大、含水量和灵敏度高的淤泥等软土层中使用时,必须制定防止缩颈、断桩、充盈系数过大等保证质量措施,并经工艺试验成功后方可实施。在高流塑、厚度大的淤泥层中不宜采用 $d \leqslant 340$ mm 的沉管灌注桩。大直径锤击沉管灌注桩($d \geqslant 600$ mm)应在使用过程中积累经验。

振动和振动冲击沉管灌注桩的适用范围与锤击沉管灌注桩基本相同,但其贯穿砂土层的能力较强,还适用于稍密碎石土层;振动冲击沉管灌注桩也可用于中密碎石土层和强风化岩层。在饱和淤泥等软弱土层中使用时,必须制定防止缩颈、断桩等保证质量措施,并经工艺试验成功后方可实施。

当地基中存在承压水层时,沉管灌注桩应谨慎使用。

二、施工机械与设备

1. 振动沉管打桩机

振动沉管打桩机由振动沉拔桩锤、桩架和套管组成。

(1)振动沉拔桩锤。振动沉拔桩锤具有沉桩和拔桩双重作用。

①振动沉拔桩锤分类:

按动力类型,可分为电动振动沉拔桩锤和液压振动沉拔桩锤;按振动频率,可分为低频(300～700 Hz)、中频(700～1 500 Hz)、高频(2 300～2 500 Hz)和超高频(约 6 000 Hz);按振动偏心块结构,可分为固定式偏心块和可调式偏心块。后者的特点是在偏心块转动的情况下,根据土层性质,用液压遥控的方法实现无级调整偏心力矩,从而达到理想的打桩效果,此外还有起动容易、噪声小、不产生共振和沉桩速度快等优点。

②振动锤的规格、型号及技术性能:振动锤又称振动器或激振器。关于振动锤分类的国标(GB 8517—87)见表 6-1。

表 6-1 国标 GB 8517—87 电动振动桩锤规格系列技术参数

型 号	电机功率 (kW)	偏心力矩 (N·m)	偏心轴转速 (r/min)	激振力 (kN)	空载振幅 (不小于) (mm)	容许拔桩力 (不小于) (kN)	桩锤全高 (不大于) (mm)	桩锤振动重量 (不大于) (kg)	导向中心距 (mm)
DZ4	3.7,4	12～41	600～1 500	16～30	2		1 000	900	
DZ8	7.5	25～83	600～1 500	33～62	2		1 300	1 400	
DZ11	11	36～122	600～1 500	49～92	3	60	1 400	1 800	330
DZ15	15	50～166	600～1 500	67～125	3	60	1 600	2 200	330
DZ22	22	73～275	500～1 500	76～184	3	80	1 800	2 600	330
DZ30	30	100～375	500～1 500	104～251	3	80	2 000	3 000	330
DZ37	37	123～462	500～1 500	129～310	4	100	2 200	3 400	330
DZ40	40	133～500	500～1 500	139～335	4	100	2 300	3 600	330
DZ45	45	150～562	500～1 500	157～378	4	120	2 400	4 000	330
DZ55	55	183～687	500～1 500	192～461	4	160	2 600	4 400	330
DZ60	60	200～750	500～1 500	209～503	4	160	2 700	5 000	330
DZ75	75	250～937	500～1 500	262～553	5	240	3 000	6 000	330
DZ90	90	500～2 400	400～1 100	429～697	5	240	3 400	7 000	330
DZ120	120	700～2 800	400～1 100	501～828	8	240	3 400	9 000	600
DZ150	150	1 000～3 600	400～1 100	644～947	8	300	4 200	11 000	600

注:①桩锤全高不包括夹桩器和钢丝绳悬挂式隔振装置; ②桩锤重量不包括夹桩器和配重;
③双电机驱动振动锤的主要参数、电机总功率就近靠系列标准。

③振动锤的构造:

A. 电动振动锤。其主体结构如图 6-1 所示,由减振器、振动器、夹桩器和电动机四大部分组成。

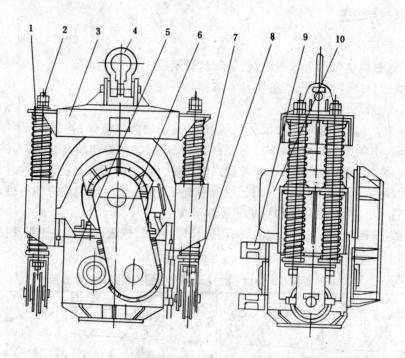

图 6-1 电动振动沉拔桩锤的主体构造（图中未画夹桩器）
1—弹簧；2—竖轴；3—横梁；4—起吊环；5—振动器；6—罩壳；7—吸振架；8—加压滑轮；9—导向板；10—电动机；

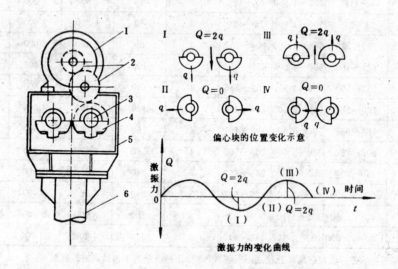

图 6-2 激振器工作原理示意图
1—电动机；2—传动齿轮；3—轴；4—偏心块；5—箱壳；6—桩管；
q—单根轴的离心力；Q—总激振力

电动振动锤的工作原理(图 6-2)是利用电动机带动两组偏心块(每组有 6～9 个偏心块)作同速相向旋转,使偏心块在旋转时产生的横向离心力相互抵消,而竖向离心力则相加,由于偏心块转速快,于是使整个系统沿桩的轴线方向产生按正弦波规律变化的激振力,形成竖直方向的往复振动。由于桩管和振动器是刚性联接的,因此桩管在激振力作用下,以一定的频率和振幅产生振动,减小桩管与周围土体间的摩阻力。当强迫振动频率与土体的自振频率相同时,土体结构因共振而破坏。与此同时,桩管受着加压作用而沉入土中。

B. 液压振动锤。液压振动锤,在振动原理上与电动振动锤完全相同,区别仅在于动力不同,它利用柴油发动机带动液压泵,输出一定压力的液压油,带动液压马达及其传动轴,传递到偏心块回转轴使偏心块旋转。

液压振动锤,其转动频率可实行无级调节,使其适应于各种不同地层。

(2)振动沉管桩架。桩架按行走方式可分为滚管式、轨道式、步履式和履带式,大部分桩架为多用桩架,既可用来打设沉管灌注桩,还能配合柴油锤或螺旋钻等。

滚管式桩架行走靠两根滚管在枕木上滚。结构简单,制作容易,成本低,图 6-3、图 6-4 为滚管式振动沉管桩架示意图。

(3)桩管与桩尖。桩管宜采用无缝钢管。钢管直径一般为 $\phi 273 \sim \phi 600$ mm。桩管与桩尖接触部分,宜用环形钢板加厚,加厚部分的最大外径应比桩尖小 10～20 mm 左右。桩管的表面宜焊有表示长度的数字,以便在施工中进行入土深度观测。

桩尖可采用混凝土预制桩尖(图 6-5)、活瓣桩尖(图 6-6)、锥形封口桩尖(图 6-7)和铸铁桩尖等。一般不宜采用活瓣桩尖,如果采用时,活瓣桩尖应有足够的强度和刚度,活瓣之间应紧密贴合。

表 6-2 为采用单振法工艺时预制桩尖直径、桩管外径和成桩直径的配套选用参考表。

(4)综合匹配性能。常用振动沉管打桩机的综合匹配性能见表 6-3。

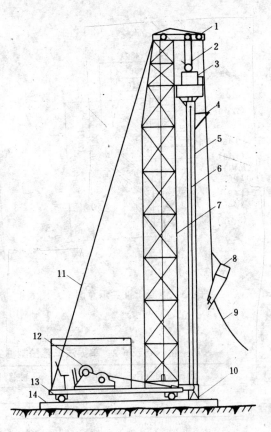

图 6-3 振动沉管灌注桩机示意图
1—导向滑轮;2—滑轮组;3—激振器;4—混凝土漏斗;5—桩管;6—加压钢丝绳;7—桩架;8—混凝土吊斗;9—回绳;10—活瓣桩靴;11—缆风绳;12—卷扬机;
13—行驶用钢管;14—枕木

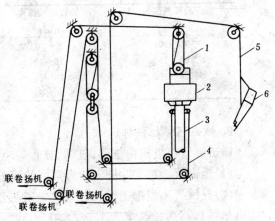

图 6-4 振动沉管灌注桩桩机滑轮组
1—升降激振器和桩管的滑轮组;2—激振器;
3—桩管;4—加压滑轮组;5—吊斗滑轮组;
6—混凝土吊斗

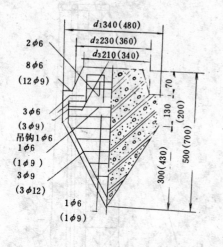 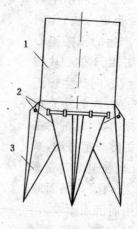 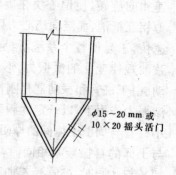

图 6-5　混凝土桩尖示意图　　图 6-6　活瓣桩尖示意图　　图 6-7　封口桩尖示意图

1—桩管；2—锁轴；3—活瓣

表 6-2　单振法工艺预制桩尖直径、桩管外径和成桩直径关系

预制桩尖直径 d_1(mm)	桩管外径 d_e(mm)	成桩直径 d(mm)
340	273	300
370	325	350
420	377	400
480	426	450
520	480	500

注：$d \approx (d_1 + d_e)/2$

表 6-3　常用振动沉管打桩机的性能

振动锤激振力 (kN)	桩管沉入深度 (m)	桩管外径 (mm)	桩管壁厚 (mm)
70～80	8～10	220～273	6～8
100～150	10～15	273～325	7～10
150～200	15～20	325	10～12.5
400	20～24	377	12.5～15

2．锤击沉管打桩机。

锤击沉管打桩机由桩架、桩锤、桩管等组成，其技术性能参见表 6-4。

(1)锤击沉管桩架。图 6-8 为常用的滚管式锤击沉管桩架示意图。

(2)桩锤。小型锤击沉管打桩机一般采用电动落锤(又称电动吊锤)和柴油机落锤(又称柴油机吊锤)，其落锤高度为 1.0～2.0 m；也可采用 1 t 级单作用蒸汽锤，落锤高度为 0.5～0.6 m。

中型锤击沉管打桩机一般采用电动落锤和单作用蒸汽锤，前者落锤高度为 1.0～2.0 m，后者落锤高度为 0.5～0.6 m；国外还有采用液压锤，落锤高度为 1.2～1.9 m。

大型锤击沉管打桩机一般采用柴油锤和柴油机落锤，前者落锤高度为 2.5 m，后者落锤高度为 1.0～2.0 m。

表 6-4　锤击沉管打桩机技术性能参考表

桩机类型	桩径(mm)	桩锤类型	桩锤重量(kg)	锤击频率 沉管(1/min)	动力类型	桩架高度(m)	底座尺寸 长度(m)	底座尺寸 宽度(m)	桩管规格 长度(m)	桩管规格 外径(mm)	桩管规格 内径(mm)	桩管规格 重量(kg)	行走滚筒 长度(m)	行走滚筒 外径(mm)	行走滚筒 重量(kg)	料斗容量(m³)	沉桩对现场最低要求 场地坡度(%)	桩中两桩最少(侧最少)面空位(m)	桩中前最少空位(m)	可打桩长(m)	总重量(包括设备)(kg)	落锤高度(m)
小型桩机	320~350	柴油锤吊锤	750~1 500	20~25 30~40	柴油爆炸	13~17	6.0~7.9	2.2~3.5	11.0~14.5	300~325	250~280	1 300~1 800	6.3~8.0	273	800	0.5	<0.5	1.6	1.0	9.5~13.0		1.0~2.0
小型桩机	320~350	电动吊锤	750~1 500	20~25 30~40	电动机	13~17	6.0~7.9	2.2~3.5	11.0~14.5	300~325	250~280	1 300~1 800	6.3~8.0	273	800	0.5	<0.5	1.6	1.0	9.5~13.0		1.0~2.0
中型桩机	450~480	单动汽锤	2 700~3 500	50~55 55~65	蒸汽锅炉或空压机	26~32	10.6~11.2	2.2	20~26	426~440	380~400	3 300~4 000	13	325	2 100	1.0	<0.5	1.8	1.3	24.5	40 000	0.5~0.6
中型桩机	450~480	电动吊锤	2 500~3 000	20~25 30~40	电动机	≈25	9.0	3.0	20	426~440	380~400	3 300	10	325	1 100	1.0	<0.5	1.8	1.3	18.0	27 000	1.0~2.0
大型桩机	560~650	柴油锤或吊锤	注1	48	20t振动机频率	柴油爆炸	30~40	9.3	3.0	20~30	560~610	510~570	10 000	15	445	3 000 (2根)	1.0	<1.0	3.0	2.5	30.0	100 000	2.5
大型桩机	700~800	柴油锤或吊锤	注2	48	20t振动机频率	柴油机	30~40	9.3	3.0	20~30	700	650	12 500	15	445	3 000 (2根)	1.0	<1.0	3.0	2.5	30.0	106 000	2.5

注：①柴油锤锤的冲击部分重量为 4 500kg，吊锤重量为 5 000~7 000kg。
②柴油锤锤的冲击部分重量为 7 200kg。
③柴油吊锤指柴油机自动落锤打桩机，电动吊锤指电动落锤桩机。

不同型号的柴油锤(表3-5),其冲击部分重量不同,适用于不同类型的锤击沉管打桩机,例如:D12、D18和D25柴油锤适用于小型桩机;D32、D35和D40柴油锤适用于中型桩机;D45、D50、D60和D72适用于大型桩机。

(3)桩管与桩尖。锤击沉管打桩机采用的桩管与桩尖同振动沉管打桩机。

3. 振动冲击沉管打桩机

振动冲击沉管灌注桩通常用DZC系列振动冲击锤作为动力,施工时以激振力和冲击力的综合作用,将桩管沉入土中,在到达设计的桩端持力层后,向管内灌注混凝土,然后边振动桩管边上拔桩管,而形成灌注桩。

振动冲击沉管灌注桩在四川省用得较多,通常采用DZC-26型振动冲击锤,多数配备外径为273 mm、长度不大于15 m的桩管,采用预制钢筋混凝土桩尖,并安装加压装置。

三、沉管灌注桩施工

1. 振动沉管灌注桩施工程序

(1)振动沉管打桩机就位。将桩管对准桩位中心,把桩尖活瓣合拢(当采用活瓣桩尖时)或将桩管对准预先埋设在桩位上的预制桩尖(当采用钢筋混凝土、铸铁和封口桩尖时),放松卷扬机钢丝绳,利用桩机和桩管自重,把桩尖竖直地压入土中。

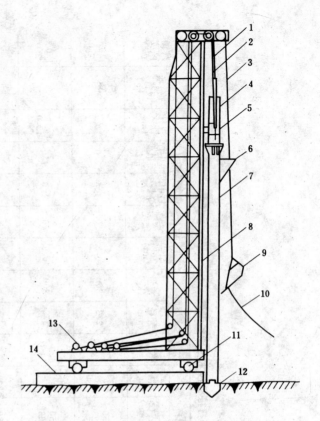

图6-8 锤击沉管灌注桩机械设备示意图
1—桩锤钢丝绳;2—桩管滑轮组;3—吊斗钢丝绳;4—桩锤;
5—桩帽;6—灌注漏斗;7—桩管;8—桩架;9—混凝土吊斗;
10—回绳;11—行驶用钢管;12—预制桩尖;13—卷扬机;
14—枕木

(2)振动沉管。以图6-3所示桩机为例。开动振动锤3,同时放松滑轮组2,使桩管逐渐下沉,并开动加压卷扬机,通过加压钢丝绳6对钢管加压。当桩管下沉达到要求后,便停止振动器的振动。

(3)灌注混凝土。利用吊斗8向桩管内灌入混凝土。

(4)边拔管、边振动、边灌注混凝土。当混凝土灌满后,再次开动振动器和卷扬机。一面振动,一面拔管;在拔管过程中一般都要向桩管内继续加灌混凝土,以满足灌注量的要求。

(5)放钢筋笼或插筋、成桩。振动沉管灌注桩施工程序示意见图6-9。

2. 锤击沉管灌注桩施工程序

(1)锤击沉管打桩机就位。此程序基本同振动沉管灌注桩。在预制桩尖与钢管接口处垫有稻草绳圈或麻绳垫圈,以作缓冲层和防止地下水进入桩管。

(2)锤击沉管。检查桩管与桩锤、桩架等是否在一条垂直线上,当桩管垂直度偏差≤0.5%后,即可用锤4(图6-8)打击桩管7。先用低锤轻击,观察偏差在允许范围内后,方可正式施打,直到将桩管打入至要求的贯入度或设计标高。

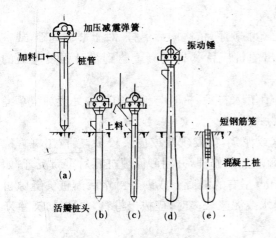

图 6-9 振动沉管灌注桩施工工艺
(a)—桩机就位;(b)—振动沉管;(c)—灌注混凝土;
(d)—边拔管、边振动、边灌注混凝土;(e)—成桩

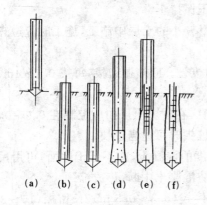

图 6-10 锤击沉管灌注桩施工工艺
(a)—就位;(b)—锤击沉管;(c)—开始灌注混凝土;
(d)—边拔管、边锤击、边继续灌注混凝土;
(e)—放钢筋笼、继续灌注混凝土;(f)—成桩

(3)开始灌注混凝土。用吊砣检查桩管内无泥浆或无渗水后,即用吊斗9将混凝土通过灌注漏斗6灌入桩管内。

(4)边拔管、边锤击、边继续灌注混凝土。当混凝土灌满桩管后,便可开始拔管。一面拔管,一面锤击;在拔管过程中向桩管内继续加灌混凝土,以满足灌注量的要求。

(5)放钢筋笼,继续灌注混凝土,成桩。锤击沉管灌注桩施工程序示意图见6-10。

3. 振动冲击沉管灌注桩的施工程序

这种施工方法是利用振动冲击锤将桩管沉入土中,然后灌注混凝土而成。其施工工艺与振动沉管灌注桩几乎相同。

4. 振动沉管灌注桩施工特点

(1)在振动锤竖直方向往复振动作用下,桩管也以一定的频率和振幅产生竖向往复振动,减少桩管与周围土体间的摩阻力。当强迫振动频率与土体的自振频率相同时(一般粘性土的自振频率为600~700 1/min;砂土的自振频率为900~1 200 1/min),土体结构因共振而破坏;与此同时,桩管受着加压作用而易沉入土中。

(2)边拔管、边振动、边灌注混凝土、边成形。振动沉管灌注桩的施工方法一般有单打法(又称单振法)、复打法(又称复振法)和反插法(详见后述)等。

5. 锤击沉管灌注桩施工特点

(1)利用桩锤将桩管和预制桩尖打入土中,其对土的作用机理与用锤击法沉入闭口钢管桩相似。

(2)边拔管、边低锤密击、边灌注混凝土、边成形。在拔管过程中,由于保持对桩管进行连续低锤密击,使钢管不断得到冲击振动,从而振实混凝土。锤击沉管灌注桩的施工方法一般有单打法和复打法。

6. 振动冲击沉管灌注桩施工特点

(1)振动冲击锤是用较高的频率给土层以冲击力及振动力。桩管顶部受一个随时间变化的激振力,形成竖向的往复振动;在冲击和振动的共同作用下,桩尖对四周的土层进行挤压,改变了土体结构的排列,使周围土层挤密,桩管迅速沉入土中。DZC系列振动锤的冲击力为激振力10倍左右,穿透力强,能使桩尖顺利地支撑在较坚硬的土层上。

(2)边拔管、边振动、边灌注混凝土、边成形。振动冲击沉管灌注桩的施工方法一般也用单打法和复打法。

7. 振动、振动冲击沉管灌注桩施工注意事项

(1)振动、振动冲击沉管施工应遵守下列规定：

①振动、振动冲击沉管灌注桩宜按桩基施工流水顺序，依次向后退打；对于群桩基础，或桩的中心距小于 3.5 倍桩径时，应跳打。中间空出的桩应待邻桩混凝土达到设计强度等级的 50%以后，方可施打。

②预制桩尖的位置应与设计相符，桩管应垂直套入桩尖，桩管与桩尖的接触处应加垫草绳或麻袋，桩管与桩尖的轴线应重合，桩管内壁应保持干净。

③沉管过程中，应经常探测管内有无地下水或泥浆，如发现水或泥浆较多，应拔出桩管检查活瓣桩尖缝隙是否过疏而漏进泥水。如果过疏应加以修理，并用砂回填桩孔后重新沉管；如再发现有小量水时，一般可在沉管前先灌入 0.1m³ 左右的混凝土或砂浆封堵活瓣桩尖缝隙再继续沉入。对于预制桩尖的情况，当发现桩管内水或泥浆较多时，应拔出桩管，采取措施，重新安放桩尖后再沉管。

④振动沉管时，可用收紧钢丝绳加压，或加配重，以提高沉管效率。用收紧钢丝绳加压时，应随桩管沉入深度随时调整离合器，防止抬起桩架而发生事故。

⑤必须严格控制最后两个两分钟的贯入速度，其值按设计要求，或根据试桩和当地长期的施工经验确定。测量贯入速度时，应使配重及电源电压保持正常。

(2)单打法施工。单打法又称单振法，适宜在含水量较小的土层中施工，施工时应遵守下列规定：

①桩管内灌满混凝土后，先振动 5~10 秒，再开始拔管。应边振边拔，每拔 0.5~1m，停拔 5~10 秒，但保持振动，如此反复，直至桩管全部拔出。

②拔管速度在一般土层中以 1.2~1.5 m/min 为宜，在软弱土层中应控制在 0.6~0.8 m/min。拔管速度，当采用活瓣桩尖时宜慢，当采用预制桩尖时可适当加快。

③在拔管过程中，桩管内应至少保持 2 m 以上高度的混凝土，或不低于地面，可用吊砣探测。桩管内混凝土的高度不足 2 m 时要及时补灌，以防混凝土中断，形成缩颈。

④要严格控制拔管速度和高度，必要时可采取短停拔(0.3~0.5 m)、长留振(15~20 秒)的措施，严防缩颈或断桩。

⑤当桩管底端接近地面标高 2~3 m 时，拔管应尤其谨慎。

⑥必须严格控制最后 30 s 的电流、电压值，其值按设计要求或根据试桩和当地经验确定。

(3)复打法施工。复打法又称复振法，适用于饱和土层。本方法特点是，对于活瓣桩尖的情况，在单打法施工完成后，再把活瓣桩尖闭合起来，在原桩孔混凝土中第二次沉下桩管，将未凝固的混凝土向四周挤压，然后进行第二次灌注混凝土和振动拔管。复打法能使桩径增大，提高承载力；此外，还可借助于复打法，从活瓣桩尖处将钢筋笼放进桩管内，然后合闭桩尖活瓣，进行第二次沉管和混凝土的灌注。一次复打后的桩径约为桩管外径的 1.4 倍。

对于预制桩尖的情况，当单打施工完毕，拔出桩管后，及时清除粘附在管壁和散落在地面上的泥土，在原桩位上第二次安放桩尖，以后的施工过程与单打法相同。

对于混凝土充盈系数小于 1.0 的桩，可以采用全复打；对于有断桩和缩颈怀疑的桩，可采用局部复打。全复打时，桩的入土深度宜接近原桩长；局部复打时，应超过可能断桩或缩颈区 1 m 以上。

(4)全复打桩施工时应遵守下列规定：

①复打施工必须在第一次灌注的混凝土初凝以前全部完成；

②第一次灌注的混凝土应达到自然地面,不得少灌;
③应随拔管而清除粘在套管壁和活瓣桩尖上以及散落在地面上的泥土;
④前后二次沉管的轴线应重合。
(5)反插法施工。反插法适用于饱和土层,施工应按下列规定进行:
①桩管灌满混凝土之后,先振动再开始拔管,每次拔管高度 0.5~1.0 m,反插深度 0.3~0.5 m;在拔管过程中应分段添加混凝土,保持管内混凝土面始终不低于地表面或高于地下水位 1.0~1.5 m 以上,拔管速度应小于 0.5 m/min;
②在桩端处约 1.5 m 范围内,宜多次反插以扩大桩的端部截面;
③穿过淤泥夹层时,应适当放慢拔管速度,并减少拔管高度和反插深度;
④在流动性淤泥中不宜采用反插法;
⑤桩身配筋段施工时,不宜采用反插法。

8. 锤击沉管灌注桩施工注意事项
(1)锤击沉管施工应遵守下列规定:
①施工顺序及预制桩尖与桩管就位要求同振动、振动冲击沉管灌注桩一并进行。
②锤击不得偏心。当采用预制桩尖,在锤击过程中应检查桩尖有无损坏,当遇桩尖损坏或地下障碍物时,应将桩管拔出,待处理后,方可继续施工。
③在沉管过程中,如水或泥浆有可能进入桩管时,应先在管内灌入高 1.5 m 左右的混凝土封底,方可开始沉管。
④沉管全过程必须有专职记录员做好施工记录。每根桩的施工记录均应包括总锤击数、每米沉管的锤击数的最后 1m 的锤击数。
⑤必须严格控制测量最后三阵(每阵十锤)的贯入度,其值可按设计要求,或根据试桩和当地长期的施工经验确定。
⑥测量沉管的贯入度应在下列条件下进行:桩尖未破坏;锤击无偏心;锤的落距符合规定;桩帽和弹性垫层正常;用汽锤时,蒸汽压力符合规定。
(2)拔管和灌注混凝土应遵守下列规定:
①沉管至设计标高后,应立即灌注混凝土,尽量减少间歇时间;
②灌注混凝土之前,必须检查桩管内有无吞桩尖或进泥、进水;
③用长桩管打短桩时,混凝土应尽量一次灌足;打长桩或用短桩管打短桩时,第一次灌入桩管内的混凝土应尽量灌满;当桩身配有不到孔底的钢筋笼时,第一次混凝土应先灌至笼底标高,然后放置钢筋笼,再灌混凝土至桩顶标高。
④第一次拔管高度应控制在能容纳第二次所需要灌入的混凝土量为限,不宜拔得过高,应保证桩管内保持不少于 2 m 高度的混凝土;在拔管过程中应设专人用测锤或浮标检查管内混凝土面的下降情况;
⑤拔管速度要均匀,对一般土层以 1 m/min 为宜;在软弱土层及软硬土层交界处宜控制在 0.3~0.8 m/min;
⑥采用倒打拔管的打击次数,单作用汽锤不得少于 50 次/min,自由落锤轻击(小落距锤击)不得少于 40 次/min;在管底未拔至桩顶设计标高之前,倒打或轻击不得中断;
⑦灌入桩管的混凝土,从拌制开始到最后拔管结束为止,不应超过混凝土的初凝时间。
(3)停止锤击的控制原则:
①桩端位于一般土层时,以控制桩端设计标高为主,贯入度可作参考;

②桩端达到坚硬、硬塑的粘性土、粉土、中密以上砂土、碎石类土以及风化岩时,以贯入度控制为主,桩端标高作参考;

(4)复打法施工。锤击沉管灌注桩的复打法的原则、方法和规定与振动沉管灌注桩相同。

9. 沉管灌注桩的桩身混凝土和预制桩尖

(1)桩身混凝土。沉管灌注桩桩身混凝土的强度等级不宜低于C15,应使用325号以上的硅酸盐水泥配制,每立方米混凝土的水泥用量不宜少于350 kg。

混凝土坍落度:当桩身配筋时宜采用8~10 cm;素混凝土桩宜采用6~8 cm。

碎石粒径,有钢筋时不大于25 mm;无钢筋时不大于40 mm。

(2)钢筋混凝土预制桩尖:

①钢筋混凝土桩尖的配筋构造见图6-5,并应符合下列规定:混凝土强度等级不得低于C30;制作时应使用钢模或其他刚性大的工具模;配筋量:$d_1=340$ mm 桩尖,不宜少于 4.0 kg;$d_1=480$ mm 桩尖,不宜少于 13.0 kg。

②钢筋混凝土桩尖的制作质量验收标准应符合表6-5的有关规定。

表6-5 钢筋混凝土桩尖的验收标准

类别	项次	项 目	容许偏差及要求	备 注
外形尺寸	1	桩尖总高度	±20 mm	
	2	桩尖最大外径	+10 mm,−0 mm	
	3	桩尖偏心	10 mm	尖端到桩尖纵轴线的距离
	4	顶部圆台(柱)的高度	±10 mm	
	5	顶部圆台(柱)的直径	±10 mm	
	6	圆台(柱)中心线偏心	10 mm	
	7	桩肩部台阶平面对纵轴线的倾斜	2 mm ($d_1=340$ mm) 3 mm ($d_1=480$ mm)	
混凝土质量	8	桩肩部台阶混凝土	应平整,不得有碎石露头	
	9	蜂窝麻面	不允许有蜂窝;麻面少于0.5%表面积	
	10	裂缝、掉角	不允许	

注:本表引自广东省建筑地基基础施工及验收规程 DBJ 15—201—91。

四、常遇问题的原因和处理方法

沉管灌注桩常遇问题、原因和处理方法见表6-6。

表 6-6 套管成孔灌注桩常遇问题、原因和处理方法

常遇问题	主要原因	处理方法
缩颈（桩身局部直径小于设计要求）	在饱和淤泥或淤泥质软土层中沉桩管时土受强制扰动挤压，产生孔隙水压，桩管拔出后，挤向新灌注的混凝土，使桩身局部直径缩小	控制拔管速度，采取"慢拔密振"或"慢拔密击"方法
	在流塑淤泥质土中，由于套管的振荡作用，使混凝土不能顺利灌入，被淤泥质土填充进来，造成缩颈	采用复打法（锤击沉管桩）或反插法（振动沉管桩）
	桩身埋置的土层，如上下部水压不同，桩身混凝土养护条件有别，凝固和收缩差异较大造成缩颈	采用复打法或反插法，或在易缩颈部位放置钢筋混凝土预制桩段
	桩间距过小，邻近桩施工时挤压已成桩使其缩颈	采用跳打法加大桩的施工间距
	拔管速度过快，桩管内形成真空吸力，对混凝土产生拉力，造成缩颈	保持正常拔管速度
	拔管时管内混凝土量过少	拔管时，管内混凝土应随时保持 2 m 左右高度，也应高于地下水位 1.0~15 m，或不低于地面
	混凝土坍落度较小，和易性较差，拔管时管壁对混凝土产生摩擦力造成缩颈	采用合适的坍落度：8~10 cm（配筋时）或 6~8 cm（素混凝土）
	在饱和淤泥土层中施工，灌入混凝土扩散严重不均匀，造成缩颈	采用反插法或复打法，或在缩颈部位放置混凝土预制桩段
断桩（裂缝是水平的或略有倾斜，一般均贯通全截面，常见于地面以下 1~3 m 不同软硬土层交接处）	混凝土终凝不久，强度弱，承受不了振动和外力扰动	尽量避免振动和外力扰动
	桩距过小，邻桩沉管时使土体隆起和挤压，产生水平力和拉力，造成已成桩断裂	控制桩距大于 3.5 倍桩径，或采用跳打法加大桩的施工间距
	拔管速度过快，混凝土未排出管外，桩孔周围土迅速回缩形成断桩	保持正常拔管速度，如在流塑淤泥质土中拔管速度应以不大于 0.5 m/min 为宜
	在流塑的淤泥质土中孔壁不能直立，混凝土重度大于淤泥质土，灌注时造成混凝土在该层坍塌形成断桩	采用局部"反插"或"复打"工艺，复打深度必须超过断桩区 1m 以上
	混凝土粗骨料粒径过大，灌注混凝土时在管内发生"架桥"现象，形成断柱	严格控制粗骨料粒径

续表 6-6

常遇问题	主要原因	处理方法
吊脚桩(桩底部的混凝土隔空,或混进泥砂在桩底部形成松软层)	预制桩尖强度不足,在沉管时破损,被挤入管内,拔管时振动冲击未能将桩尖压出,管拔至一定高度时才落下,但又被硬土层卡住,未落到孔底而形成吊脚桩	严格检查预制桩尖的强度及规格。沉管时可用吊砣检查桩尖是否进入桩管,若发现进入桩管,应及时拔出纠正或将桩孔回填后重新沉管
	桩尖被打碎进入桩管,泥砂和水同时也挤入桩管,与灌入的桩身混凝土混合而形成松软层	沉管时用吊砣检查,若发现桩尖进入桩管,应及时拔出纠正,或将桩孔回填后重新沉管
	有的单位在 N>25 的土层中施工时,采用先沉管取土成孔后放预制桩尖灌注的工艺,当二次沉管时,由于振动冲击,预制桩尖超前落入孔底,在桩管振动冲击和刮削的作用下,孔周土落在桩尖上,形成吊脚桩	尽量不采用此种工艺。若已采用,在二次沉管时用吊砣检查,若发现桩尖已超前落入孔底,应拔出桩管重新安放桩尖沉管
	桩入土较深,并且进入低压缩性的粉质粘土层,灌完混凝土开始拔管时,活瓣桩尖被周围土包围压住而打不开,拔至一定高度时才打开而此时孔底部已被孔壁回落土充填而形成吊脚桩	合理选择桩长,或采用预制桩尖
	在有地下水的情况下,封底混凝土灌得过早,沉管时间又较长,封底混凝土经长时间的振动被振实,形成"塞子",拔至一定高度,"塞子"才打开,形成吊脚桩	合理掌握封底混凝土的灌入时间,一般在桩管沉至地下水位以上 0.5~1.0 m 时灌入封底混凝土
桩身夹泥(桩身混凝土中有泥夹层)	采用反插施工工艺时,反插深度太大,反插时活瓣向外张开,把孔壁周围的泥挤进桩身,造成桩身夹泥	反插深度不宜超过活瓣长度的三分之二
	采用复打施工工艺时,管壁上的泥未清理干净,把管壁上的泥带入桩身混凝土中	复打前应把桩管上的泥清理干净
	在饱和的淤泥质土层中施工,拔管速度过快,而混凝土坍落度太小,混凝土未流出管外,土即涌入桩身,造成桩身夹泥	控制拔管速度,一般以 0.5 m/min 为宜,混凝土和易性要好,坍落度符合规范要求
桩尖进水、进泥砂	活瓣桩尖拢后有较大的间隙,或预制桩尖与桩管接触不严密,或桩尖打坏,地下水或泥砂进入桩管底部	对缝隙较大的活瓣桩尖及时修理或更换;预制桩尖的混凝土强度等级不得低于 C30,其尺寸和钢筋布置应符合设计要求,在桩尖与桩管接触处缠绕麻绳或垫硬纸衬等,使两者接触处封严
	桩管下沉时间较长	沉管工艺选择应合理,缩短沉管时间
	有较厚的淤泥质土或地下水丰富	当桩管沉至接近地下水位时,灌注 0.05~0.1m³ 封底混凝土,将桩管底部的缝隙用混凝土封住,使水及泥浆不能进入管内,如果管内进水及泥浆较多时,应将桩管拔出,清除管内泥浆后重新沉管

续表 6-6

常遇问题	主要原因	处理方法
钢筋下沉	桩顶插筋或钢筋笼放入孔后,在相邻桩沉入套管的振动下,使钢筋沉入混凝土	钢筋笼上端临时固定
混凝土的用量过大	地下遇枯井、坟坑、溶洞、下水道、防空洞等洞穴,灌注时混凝土流失	施工前应详细了解地下洞穴情况,预先开挖、清理、用素土填死后再沉桩
	在孔隙比大而又处于饱和的淤泥质软土中沉桩,土质受到沉管振动的扰动,结构破坏而液化,强度急剧降低,经不住混凝土的冲击和侧压力,造成混凝土灌入时发生扩散	在这样土层中施工,宜先试成桩,如发现混凝土用量过大,可改用其他桩型
卡管(当拔管时被卡住,拔不出来)	沉管穿过较厚硬夹层,如时间过长(超过 40 min)就难拔管	发现有卡管现象,应在夹层处反复抽动二三次,然后拔出桩管扎好活瓣桩尖或重设预制桩尖,重新打入,并争取时间尽快灌注混凝土后立即拔管,缩短停歇时间
	活页瓣的铰链过于凸出,卡于夹层内	施工前对活页铰链作检查,修去凸出部分
达不到最终控制要求	勘探点不够,或勘探资料粗略,对工程地质情况不明,尤其是持力层的起伏标高、层厚不明,致使设计考虑桩端持力层标高有误	施工前须在有代表性的不同部位打桩,数量不少于三个,以便核对工程地质资料
	设计过严,超过施工机械的能力	施工前在不同部位试打桩,检验所选设备、施工工艺以及技术要求是否适宜,若难于满足最终控制要求,应拟定补救技术措施或重新考虑或桩工艺
	遇层厚大于 1 m、$N>25$ 的硬夹层	可先用空管加装取土器,打穿该层,将土取出来,再迅速安放预制桩尖,沉管到持力层,桩尖至少要进入未扰动土层四倍桩径。若硬夹层很厚,穿越有困难,可会同设计、勘察、建设等有关单位,现场处理,允许承载力若能达到设计要求,则可将该层作为桩端持力层
	遇地下障碍物(石块、混凝土块等)	障碍物埋深浅,清除后填土再钻;障碍物埋深较大,移位重钻
	桩管长径比太大,刚度差,在沉管过程中,由于桩管弹性弯曲而使振动冲击能量减弱,不能传至桩尖处	桩管长径比不宜大于 40
	振动冲击参数(激振力、冲击力、振幅频率)选择不合适或由于正压力不足而使桩管沉不下	根据工程地质资料,选择合适的振动冲击参数;如因正压力不足而沉不下可用加配重或加压的办法来增加正压力
	群桩施工时,砂层逐渐挤密最后就有沉不下管的现象	适当加大桩距
	设备仪表或沉管深度不准确,没有反映出真实情况	设备仪表应经常检查、校准和标定,桩架上的沉管进尺标计,应随时保持醒目、准确、测量最终稳定电流强度时,应使配重及电源电压保持正常。电源电压下降10%,最终稳定电流强度相应增加10%

第二节 夯扩灌注桩

一、概述

夯扩灌注桩是在锤击沉管灌注桩的机械设备与施工方法的基础上加以改进,增加一根内夯管,按照一定的施工工艺,采用夯扩的方式将桩端现浇混凝土扩大成大头形的一种桩型,通过增大桩端截面积和挤密地基土,使桩的承载力有较大幅度的提高;同时桩身混凝土在柴油锤和内夯管的压力作用下成型,使桩身质量得以保证。大量工程实践证明:夯扩桩施工具有施工技术可靠、工艺科学、无泥浆污染和工程造价低等优点。夯扩桩最早于 80 年代初由浙江省有关单位研究成功,后在浙江、江苏、山东、湖北等省得到广泛应用,前景广阔。

二、夯扩桩的设计计算

1. 夯扩桩单桩承载力的计算

(1) 由试桩确定单桩竖向承载力标准值

$$R_k = \frac{R_u}{K} \tag{6-1}$$

式中:R_k——单桩竖向承载力标准值(kN);
R_u——试桩确定的单桩竖向极限承载力(kN);
K——安全系数,一般取 2。

(2) 用经验公式确定单桩竖向承载力标准值

$$R_k = \frac{\pi}{4} D^2 q_p + \pi d \sum_{i=1}^{n} q_{si} L_i \tag{6-2}$$

式中:R_k——单桩竖向承载力标准值(kN);
D——桩底扩大头计算直径(m);
q_p——桩端土的承载力标准值(kPa),可按表 6-7 选用;

表 6-7 夯扩桩桩端承载力标准值

粘 性 土		粉 土		砂 土	
p_{s0}(MPa)	q_p(kPa)	p_{s0}(MPa)	q_p(kPa)	p_{s0}(MPa)	q_p(kPa)
1.5	560	2.0	950	3.0	1 040
2.0	710	3.0	1 120	4.0	1 190
2.5	850	4.0	1 280	5.0	1 340
3.0	1 000	5.0	1 440	6.0	1 490
4.0	1 280	6.0	1 610	7.0	1 640
5.0	1 570			8.0	1 780
				9.0	1 930
				10.0	2 080
				11.0	2 220

注:① 当 $p_{s1} \leq p_{s2}$ 时,$p_{s0} = \frac{1}{2}(p_{s1} + p_{s2})$;当 $p_{s1} > p_{s2}$ 时,$p_{s0} = p_{s2}$;p_{s1} 为桩端标高以上 $4d$(d 为桩身直径)范围内比贯入阻力平均值;p_{s2} 为桩端桩高以下 $4d$ 范围内比贯入阻力的平均值。
② 此表摘自《武汉市夯扩桩设计施工技术规定》(WBJ 1—10—93)。

q_{si}——桩周第 i 层土的摩阻力标准值(kPa),可按表 6-8 选用,在计算中应扣除从桩端算起的二倍扩大头直径高度的摩阻力；

l_i——桩周第 i 层土的厚度(m)；

d——桩身设计直径，以外管外径确定(m)。

表 6-8 夯扩桩桩周摩阻力标准值 q_s (kPa)

土层类别	桩周土比贯入阻力平均值 p_s(MPa)	土层平均埋深(m)				
		3	5	10	15	≥20
淤泥及淤泥质土	0.3	3	3	4	4	4
	0.4	4	4	4	5	6
	0.5	4	5	6	6	7
	0.6	5	6	7	8	8
	0.7	6	7	8	8	9
	0.8	7	7	8	9	11
粘性土	1.0	8	9	10	11	13
	1.5	12	13	14	15	16
	2.0	15	16	17	18	19
	3.0	18	19	20	21	22
	4.0	20	21	22	23	25
	5.0	23	24	25	26	27
粉土	1.0	9	9	10	11	11
	2.0	13	13	13	14	15
	3.0	15	15	16	17	18
	4.0	17	17	18	18	19
	5.0	18	19	20	20	21
	6.0	20	20	21	22	22
砂土	3.0	12	13	14	15	16
	4.0	14	15	16	17	18
	5.0	16	17	18	19	20
	6.0	18	18	20	21	22
	7.0	20	21	22	23	24
	8.0	22	23	24	25	26
	9.0	24	25	26	27	28
	10.0	26	26	27	28	29
	11.0	27	28	29	31	32

注：此表摘自《武汉市夯扩桩设计施工技术规定》(WBJ 1—10—93)。

一般情况下，夯扩桩的单桩竖向承载力标准值应通过静载荷试验确定，在同一条件下的试桩数量不宜少于总桩数的 1%，且不少于 3 根；如有地质条件相同的试桩资料，也可根据对比情况验算确定；对初步设计，可按经验公式(6-2)式估算。

2. 夯扩桩桩端扩大头直径的计算

从经验公式(6-2)可知，在地层条件一定的情况下，夯扩桩单桩承载力主要取决于扩大头直径的大小，因此正确估算扩大头直径是夯扩桩设计中的重要内容。

根据不同的地层条件，夯击所形成的扩大头可能为腰鼓状、草垛状、纺锤状和球台状等。扩大头直径 D 是确定单桩承载力的重要参数。D 的大小与管内投料高度 H、外管上拔高度 h、夯击终止高度 c 及夯扩次数有关，也与扩大头处土层性质有关。为安全起见，可将扩大头理想化为一高呈 h 的圆柱体，其圆柱体直径 D 即为扩大头直径。扩大头形成过程如图 6-11 所示。扩大头直径计算简图如图 6-12 所示。一次夯扩时，设混凝土在外管内投料高为 H_1，外管内径为 d_0，则一次投入的混凝土体积为：

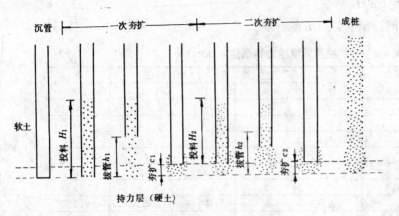
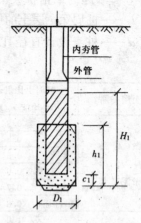

图 6-11 扩大头形成过程示意图 图 6-12 夯扩头直径计算图

$$V_1 = H_1 \frac{\pi}{4} d_0^2 \tag{6-3}$$

经夯扩后,体积为 V_1 的混凝土等量转换为以拔管高度 h_1 为长度,以扩大头直径为 D_1 为直径的圆柱体体积,即:

$$V_1 = h_1 \frac{\pi}{4} D_1^2 - (h_1 - c_1) \frac{\pi}{4} \cdot d_0^2 \tag{6-4}$$

由(6-3)、(6-4)式化简得:

$$D_1 = d_0 \sqrt{\frac{H_1 + h_1 - c_1}{h_1}} \tag{6-5}$$

在实际施工中,由于管内混凝土经夯扩后的一定程度上要变密实,且少部分混凝土可能向管底地基土中夯出,所以混凝土体积在等量转换过程中有一定折减,故在(6-5)式中需引入一个扩大头直径计算修正系数 α,该值一般小于 1。于是(6-5)式变为:

$$D_1 = \alpha d_0 \sqrt{\frac{H_1 + h_1 - c_1}{h_1}} \tag{6-6}$$

用同样的方法可推导出二次夯扩的扩大头直径计算公式:

$$D_2 = \alpha d_0 \sqrt{\frac{H_1 + H_2 + h_2 - c_2}{h_2}} \tag{6-7}$$

式中:$D_1 D_2$——一次、二次夯扩时扩大头计算直径(m);

α——扩大头直径计算修正系数,可按表 6-9 采用;

d_0——外管内径(m);

H_1、H_2——一次、二次夯扩时外管中灌注混凝土高度(m),一般取 1.5~4.0 m;

h_1、h_2——一次、二次夯扩时外管上拔高度(m),一般为 H_1 或 H_2 的 0.4~0.5 倍;

c_1、c_2——一次、二次夯扩时外管下沉底端至设计桩底标高之间的距离,一般取值为 0.2 m。

3. 夯扩桩其他参数的设计计算

(1)桩径。夯扩桩桩径等于夯扩外管外径,目前一般使用的外管外径为 $\phi 325$ mm、$\phi 377$ mm、$\phi 426$ mm,其中以 $\phi 377$ mm、$\phi 426$ mm 使用较多,必要时也可使用大于 $\phi 426$ mm 的桩径,目前最大桩径为 $\phi 530$ mm。与 $\phi 325$ mm、$\phi 377$ mm、$\phi 426$ mm 外管配套的内管分别为 $\phi 219$ mm、$\phi 247$ mm、$\phi 273$ mm。

表 6-9 夯大头直径计算修正系数

持力层土类	桩端土比贯入阻力 p_s(MPa)	每次夯扩投料高度 (m)	一次夯扩大头直径计算修正系数 α
粘性土	<2.0	3.0～4.0	1.00
	2.0～3.0	2.5～3.0	0.98
	3.0～4.0	2.0～2.5	0.94
	≥4.0	1.5～2.0	0.90
粉土	2.0～3.0	3.5～4.0	1.00
	3.0～4.0	2.5～3.0	0.98
	4.0～5.0	2.5～3.0	0.96
	≥5.0	2.0～2.5	0.91
砂土	<5.0	3.0～3.5	0.98
	5.0～7.0	2.5～3.0	0.96
	7.0～10.0	2.0～2.5	0.92
	≥10.0	1.5～2.0	0.89

注：①二次夯扩的扩大头直径计算修正系数可按表中所列的一次夯扩系数 α 乘以 0.9。
②此表摘自《武汉市夯扩桩设计施工技术规定》(WBJ 1—10—93)。

(2) 桩的长径比及中心距。桩的长径比一般不宜超过 50，当穿越深厚淤泥质土时不宜超过 40；桩的中心距一般不小于 3.5 倍桩身设计直径(d)，当穿越饱和软土时不小于 $4d$。桩的中心距还应大于或等于扩大头直径的 2 倍。

(3) 桩端进入持力层的深度。夯扩桩是一种以桩端扩大头支撑力为主、桩身侧摩阻力为辅的灌注桩。故夯扩桩对地基要求，首先是在一定深度范围内存在有一定厚度相对好的持力层。持力层可以是稍密—密实的砂土与粉土、可塑—硬塑状态粘性土及砂土与粘性土交互层。持力层埋深不宜超过 20 m，其厚度在桩端以下不宜小于扩大头直径的 3 倍。

夯扩桩施工技术的最大特点是桩端形成扩大头。如何合理确定桩端进入持力层的深度，以形成尽量大的扩大头是夯扩桩设计与施工应考虑的重要因素。桩端进入持力层的深度应根据持力层的性质、沉管与夯扩的可能性等因素确定，并不是越大越好。工程对比试验表明，在相同持力层中，桩端进入持力层深度较深的单桩承载力反而比进入持力层较浅的单桩承载力要低，其原因是进入持力层中深度过大反而不利于扩大头的形成，同时还可能造成机器的损坏。因此，桩端进入持力层中的深度以 1～3 倍桩径为宜，对较密的砂土与硬塑粘性土宜取小值，对较松散的砂土与可塑状态粘性土则取大值。

(4) 夯扩次数。夯扩扩大头时，可选用一次或二次夯扩，必要时也可采用三次夯扩。从理论上讲，设法增加夯扩次数能增大扩大头直径。但实践中桩端的扩大是有限的，夯扩次数也不可能很多。目前，夯扩桩工程多数采用二次夯扩，少数采用一次或三次夯扩。

(5) 夯扩桩桩位的平面布置原则与布置方式。排列基桩，宜使桩群形心与长期荷载重心重合；墙下桩基可沿墙的轴线采用单排或双排布桩，在墙的转角及纵横墙交接处一般应设置桩；对柱下桩基，当承受中心荷载时，可采用等桩距的行列式或梅花式布置；当承受偏心荷载时，可采用不等桩距布置。

(6) 桩身构造设计。夯扩桩的桩身构造设计包括桩身砼强度与桩身配筋两部分。

桩身砼强度等级要求不低于 C20。

桩身配筋应按下列要求进行：

①夯扩桩的桩身配筋是按加强构造筋的要求考虑，一般不采用通常配筋，钢筋笼的长度一

一般不小于桩长的 1/3 且不小于 3.5 m，但在某些特殊情况下应加强配筋：一是承受抗拔力的桩应采用通常配筋；二是桩身范围内有厚层淤泥时，配筋长度应不小于承台下淤泥土层底面深度。

②主筋一般采用 6 根 $\phi12\sim\phi14$ mm 圆钢；箍筋采用 $\phi6$ mm 钢筋，用间距 200～300 mm 螺旋绕扎。当钢筋笼长度超过 4 m 时，每隔 2 m 左右设一道 $\phi8\sim\phi12$ mm 的焊接加劲箍筋。

③主筋保护层厚≥35 mm，主筋伸入承台内的锚固长度应不小于其直径的 30 倍。

三、夯扩桩施工

1. 夯扩桩施工设备

夯扩桩施工设备是由沉管灌注桩施工设备改装而成，如图 6-13 所示，主要由机架、桩锤、内外夯管、行走机构等部分组成。

机架有井式、门式和桅杆式等型式。桩锤一般采用柴油锤。柴油锤又有导杆式和筒式之分。导杆式柴油锤主要技术参数见表 6-10。行走机构一般为走管式，少数为走轨式和履带式。

夯扩桩机具与沉管灌注桩机具的最大区别是在外桩管的基础上增加了一根内夯管。内夯管在夯扩桩施工中起主导作用：①作为夯锤的一部分在柴油锤的锤击作用下将内外管同步沉入地基土中；②在夯扩工序时将外管内砼夯出管

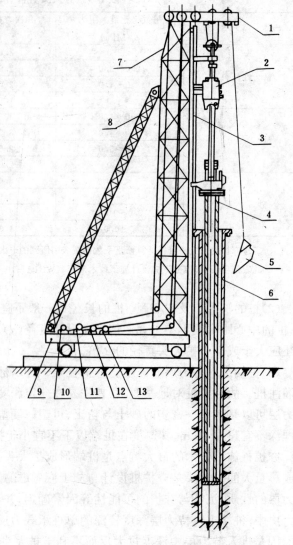

图 6-13 夯扩桩机
1—顶部滑轮组；2—机锤；3—导向架；4—内管；
5—料斗；6—外管；7—立柱；8—斜撑；
9—底架；10—拔桩卷扬；11—前后移架卷扬；
12—滑轮组卷扬；13—吊锤吊杆卷扬

外并在桩端形成扩大头；③在施工桩身时利用内夯管和柴油锤的自身重力将桩身砼压实。为满足采用干砼封底止淤的要求，内夯管长度应比外桩管短 100～200 mm，这个长度范围可根据不同土层条件适当调整，对土层性质较好、地下水位较低的可取小值，反之则应取大值。

2. 施工准备

(1) 夯扩桩基础施工前应具备的资料：

①建筑场地工程地质资料，目的在于施工中对整个场地能宏观控制，并针对土层情况的变化，制定相应的技术保证措施。

②桩基施工图，包括：a. 建筑场地平面布置图，用于确定建筑物的准确方位，以便测量定位；b. 建筑物基础与桩位平面布置图，以确定施工桩位；c. 桩的设计大样详图，以掌握桩长、桩

表 6-10 导杆式柴油锤主要技术参数

型号	DD18	DD25	DD40
锤击部分重量(缸锤)(kg)	1 800	2 500	4 000
锤击部分最大跳高(mm)	210	2 500/3 000	2 500/3 000
锤击频率(1/min)	45～50	42～50	42～50
锤击能量(kJ)	19.6	29.4	47
气缸孔径(mm)	290	370	450
活塞行径(mm)	540	499	585
压缩比	1:15	1:22	1:22
最大耗油量(L/h)	6.9	9.89	12
导向距(mm)	—	360	330
桩锤总重量(kg)	—	4 200	7 000
桩锤高度(mm)	—	4 888	5 025

顶标高、钢筋笼制作等要求；d.有关的桩基础技术要求，如试桩的组数、位置及要求、承台设计要求等。

③建筑场地内和邻近的高压电缆、通信线路、地下管线(管道、电缆等)、地下构筑物以及危房、精密仪器车间等调查资料。

④桩基础施工技术方案和施工组织设计。

⑤试成桩资料及桩静载荷试验资料。

(2)施工前应准备下列现场作业条件：

①现场内妨碍施工的障碍物和地下埋设物(如地下管线、旧基础等)已排除，有防(隔)震要求的邻近建筑物已采取保护措施。

②施工用水、电、道路及临时设施已畅通与就绪。

③施工前场地已平整，对影响施工机械进场与操作的松软场地已进行适当处理，并有排水措施。

表 6-11 夯扩桩施工记录表

工程名称：　　　　　　施工单位：　　　　　　桩锤型号：

序号	施工日期	桩号	沉管开始时间(时,分)	沉管深度(m)	沉管锤击总数(击)	最后10击贯入度(mm)	最后10击平均落距(m)	第一次夯扩			第二次夯扩			桩身投料(m)	桩顶标高(m)	成桩结束时间(时,分)	记录员	备注
								投料(m)	拔管(m)	沉管(m)	锤击(击)	投料(m)	拔管(m)	沉管(m)	锤击(击)					

工程负责人：　　　　施工负责人：　　　　班长：　　　　施工员：　　　　页数：

施工前应按设计要求进行建筑物定位和桩位测放,对建筑物定位应根据规划部门的红线图,由建设单位、规划部门等现场确定测量基准点,桩位测放由施工单位进行,但需得到建设单位或其他有关部门的签证认可。基准点应埋设在不受桩基施工及外界扰动影响之处。

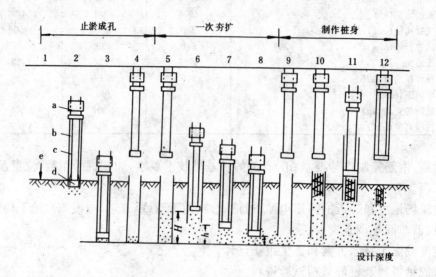

图6-14 夯扩桩施工工艺示意图

a. 柴油锤；b. 外管；c. 内管；d. 内管底板；e. 200# 干硬混凝土

说明：1. 在桩位处按要求放置干混凝土； 2. 将内外管套叠对准桩位；
3. 通过柴油锤将双管打入地基土中至设计深度；
4. 拔出内夯管； 5. 向外管内灌入高度为H的混凝土；
6. 内管放入外管内压在混凝土面上,并将外管拔起一定高度h；
7. 通过柴油锤与内夯管夯打外管内混凝土；
8. 继续夯打管下混凝土直至外管底端深度略小于设计桩底深度处(其差值为ε),此过程为一次夯扩；如需第二次夯扩,则重复4～8步骤；
9. 拔出内夯管；
10. 在外管内灌入桩身所需的混凝土,并在上部放入钢筋笼；
11. 将内管压在外管内混凝土面上,边压边缓缓起拔外管；
12. 将双管同步拔出地表,则成桩过程完毕。

施工前必须进行试成桩,数量为1～3个,以便核对地质资料,检验设备及技术要求是否适宜。试成桩位置选择在紧靠地质钻孔和有代表性的部位。试成桩时应详细记录有关的夯扩参数及沉管贯入度等参数,以作为施工控制的依据。施工记录表格式参考表6-11。夯扩桩施工工艺流程如图6-14所示。夯扩桩的沉管与止淤方法在初期是采用钢筋混凝土预制桩靴,后经改进采用干混凝土的止淤方法。其做法是在沉管前于桩位处预先放上高100～200 mm的与桩身混凝土同标号的干混凝土,然后将双管扣在干混凝土上开始沉管。该干混凝土在沉管过程中不断吸收地基中的水分,形成一层致密的混凝土隔水层,其止淤效果很好,且不影响夯管内混凝土的夯出。但对某些特殊地基条件(例如地表存在有成分复杂的杂填土),当沉管与封底有困难时,也可采用钢筋混凝土预制桩靴的成桩方式。

夯扩桩的桩端入土深度应以设计桩长的桩底标高和锤击贯入度进行双项控制,一般情况均应以贯入度控制为主,以设计标高控制为辅。贯入度的控制指标则是以沉管进入桩端持力层时最后 10 击贯入度为准,具体数据可按试桩施工时的参数确定。

夯扩桩施工的允许偏差同表 5-2 的沉管灌注桩允许偏差;WBJ 1—10—93 规定的夯扩桩施工允许偏差见表 6-12。

表 6-12 夯扩桩施工允许偏差

项 目	桩位允许偏差	桩径允许偏差(mm)	垂 直 度
桩数为 1~2 根或单排桩基中的桩	70 mm	$^{+50}_{-20}$	1%
桩数 3~20 根的桩基中的桩	1/2 桩径		
桩数大于 20 根的桩基中的桩			
最外边的桩	1/2 桩径		
中间的桩	一个桩径		

注:①桩径允许偏差的负值是指个别断面;
②此表摘自 WBJ 1—10—93。

表 6-13 施工中常见问题及处理

常 见 问 题	发 生 原 因	处 理 方 法
1. 管内进水止淤失败	1. 止淤干混凝土量不足 2. 内管底板直径偏小与外管内径的间隙过大	1. 加足止淤干混凝土量 2. 加大内管底板直径
2. 地面隆起	1. 桩间距过小 2. 桩长过短 3. 地基中孔隙水压力不易消散	1. 调整桩间距,减少桩数 2. 调整设计桩长 3. 采取塑料板或砂井等排水方法以降低孔隙水压力
3. 钢筋笼下沉和笼顶低于设计标高	1. 钢筋笼预留长度不够 2. 混凝土超灌量不够 3. 桩身混凝土坍落度过大	1. 积累施工经验,认真做好试成桩工作 2. 以较准确地掌握混凝土超灌量和钢筋笼高度 3. 掌握好混凝土坍落度
4. 钢筋笼上浮	1. 混凝土中粗骨料粒径过大 2. 钢筋笼箍筋间距过密 3. 钢筋笼制作质量不好	1. 控制好粗骨料粒径不大于 40 mm 2. 对钢筋笼调整箍筋间距,控制好制作质量
5. 桩身缩颈	1. 拔管过快,或内夯管未压在混凝土上 2. 桩间距过小 3. 混凝土坍落度不好	1. 控制好拔管速度,内夯管匀速下压 2. 调整桩间距或跳打 3. 控制好混凝土坍落度
6. 断桩	1. 桩间距过小 2. 混凝土初凝后,在桩附近堆放重物或车辆行走 3. 混凝土坍落度过小,形成脱空	1. 跳打:在跳打时须等相邻桩达到设计强度的 70%以上再进行 2. 注意现场保护 3. 增大混凝土坍落度
7. 夯扩困难	1. 进入持力层过深 2. 投料高度 H 过大,拔管高度 h 过小	1. 调整进入持力层的深度 2. 减少投料高度或增大拔管高度或增加夯扩次数

夯扩桩混凝土的配合比应按设计要求的强度等级(按第四章所述方法)确定。混凝土的坍落度,对扩大头部以4~6 cm为宜,桩身部分以10~14 cm为宜。

夯扩桩拔管时应将内夯管连同桩锤压在超灌的混凝土面上(超灌高度为2~4 m),随外管缓慢均匀地上拔,内夯管徐徐下压,直至同步终止于施工要求的桩顶标高处,然后将内外管提出地面。拔管的速度应控制在2~3 m/min,在淤泥或淤泥质土地层中应控制在1~2 m/min。

(3)施工时应按下面的顺序施打:

①可采用横移退打的方式自中间向两端对称进行或自一侧向单一方向进行;

②根据基础设计标高,按先深后浅的顺序进行;

③根据桩的规格,按先大后小,先长后短的顺序进行;

④当持力层埋深起伏较大时,宜按深度分区进行施工。

施工中应按表6-11认真作好施工记录,并参考表6-13及时处理好施工中出现的有关问题。

四、夯扩桩质量检测与验收

1. 施工质量检测

材质检查:对所使用的主要原材料,包括钢筋、水泥、砂、石应作材质检验,各项指标必须符合规定要求,其中钢筋应具有材质证明,水泥应具有出厂质量合格证。

钢筋笼制作与埋设应符合设计要求,钢筋笼的制作偏差不得大于下列数值:主筋间距为±10 mm,箍筋间距±20 mm,钢筋笼直径±10 mm,钢筋笼长度±50 mm。钢筋笼的埋设应根据经验,在其顶部预留一定高度的混凝土,其高度一般为50~100 mm,以防止钢筋笼弯曲变形。

灌注混凝土时应按要求制作试件,同一配合比混凝土试件每班不得少于一组,混凝土试件的强度应满足混凝土强度检验评定标准(GBJ 107—87)的规定

现场施工过程中必须随时检查施工记录,并对照预定的施工工艺进行质量评定。

基坑开挖后应及时检查桩数、桩位及桩头外观质量,如发现有漏桩、桩位偏差过大等质量问题,必须及时采取补救措施。

工程施工结束后,应随机抽样进行桩的动测检验,以检查桩身质量,检测数量为工程桩总数的10%。

2. 夯扩桩工程验收时应具备的主要资料

(1)桩位测量放线定位图;

(2)施工组织设计或施工方案;

(3)施工材料合格证及检验报告;

(4)混凝土试件试压报告及汇总表;

(5)隐蔽工程验收记录;

(6)施工记录汇总表;

(7)设计变更通知单、事故处理记录及有关文件;

(8)有关的桩质量检测资料(包括试成桩、静荷载试验及动测检验等资料)

(9)基桩竣工平面图及竣工报告。

竣工报告的主要内容有:工程概况与工程地质条件;设计要求及施工技术措施;施工情况及质量检测;基桩质量评价。

第三节 爆扩灌注桩(爆扩桩)

爆扩桩是用钻机成孔,桩下端爆扩成扩大头的就地灌注砼的短桩。桩体包括桩柱和扩大头两部分,用桩基承台把爆扩桩顶部连成整体基础。爆扩桩在粘土层中使用效果效好,但在软土中不易成型,在碎石或砂土中也难于成型,在持力层复杂、岩溶土洞及漂石较多的地区不宜采用,在地下水位以下施工时需用套管。一般当地基表层为软弱土层,深度在 2.5~7 m 以内有较好的地基承力层时,在山区基岩起伏土层厚薄不均时,可考虑采用爆扩桩。

爆扩桩基础与深埋实体式基础相比,具有造价低、土方量少、节省工时等优点,与打入桩相比,爆扩桩施工简单、操作方便。但爆扩桩施工要求严格,不便于检查质量,特别要防止桩身偏斜和桩外形尺寸上的缺陷等质量事故。

一、构造

1. 材料和桩型

爆扩桩所用的材料,对桩柱、扩大头和承台,其砼强度等级不宜低于 C15,对预制承台梁不低于 C20。受压柱的钢筋一般采用 I 级钢筋,当受偏心荷载、水平荷载或者受有抗拔力时宜采用 II 级钢筋。

按桩的排列一般可分为以下几种桩型:

(1)单桩。当刚度和稳定性都能满足上部结构的要求时,可采用单桩基础,如图 6-15(1)所示。

(2)并联桩。当桩基中桩数布置较多时,为了缩小承台面积,在垂直于弯矩作用平面方向可采用并联桩,如图 6-15(2)所示。

(3)糖葫芦桩。当地基土层均匀时,可采用糖葫芦桩,因为这种类型的桩承载力较单桩为大,如图 6-15(3)所示。

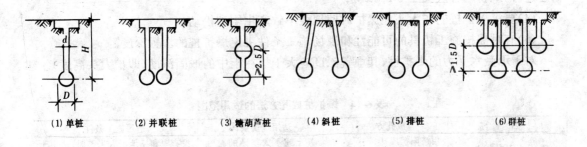

图 6-15 爆扩桩形状分类

(4)斜桩。桩顶需要承受较大水平力时须采用斜桩,如挡土墙基础,预应力台座基础等,如图 6-15(4)所示。

(5)排桩。当上部荷载较大,须布置较多桩数时,可采用排桩,如图 6-15(5)所示,平面上呈方形或梅花形排列。

(6)群桩。对基础平面尺寸较小或桩基承台受到一定限制且桩数很多的构筑物,如烟囱、水塔、筒仓等,采用一般的爆扩桩有困难时,则采用扩大头上下交错排列,如图 6-15(6)所示。

2. 桩柱直径

小直径爆扩桩一般取 200～400 mm,但不宜小于 200 mm,可根据建筑物的性质选定:一般民用建筑直径为 250～300 mm;工业厂房直径为 300～350 mm;重型工业厂房可用到直径为 1 200～1 500 mm,对于素砼爆扩桩的直径则宜采用 $d \geqslant H/30$(H 为桩的埋置深度)。

3. 扩大头直径 D

扩大头直径一般为桩柱直径的 2.5～3.5 倍,通常采用 3 倍,但不宜大于 3.5 倍。

4. 桩位布置

群桩布置时,宜将上部结构传给桩顶的荷载重心与群桩的形心重合,务使在竖向荷载作用下,群桩中的各桩承受的荷载尽可能均匀。

桩的间距应考虑爆扩桩在爆炸时对其相邻桩的影响和充分发挥其单桩承载力,可根据不同地基土的性质来选择控制桩的最小间距:

在硬塑和可塑状态的粘土中: 不小于 $1.5D$

在软塑状态的粘土或人工回填土中: 应不小于 $1.8D$

桩的布置,根据基础的形式按以下原则设计:

(1)独立基础。当独立柱基承受中心荷载时,桩的布置可采用行列式或梅花式,桩距以等距离为宜。当承受偏心荷载时,可采取不等距布置,弯矩平面内桩距大一些,弯矩平面外桩距小一些。为了施工方便起见,一般宜按基底的形心轴对称布置。

(2)条形基础。沿基础或墙体的中心线单行或成对布置,但桩距不宜大于 4 m。

5. 埋置深度

从地表到扩大头中心的距离叫桩的埋置深度,选择埋深时应考虑以下几种因素:

(1)桩的埋置深度要大于当地冻结深度;

(2)扩大头应支撑在较好的地基土层上,如硬塑或可塑状态的粘土、粉土、大块碎石类土、砂类土、非湿陷性黄土等;

(3)为不影响邻近建筑物基础、设备基础和管网的正常工作,应尽量使扩大头的标高低于上述建、构筑物基础底面 1.5 m 以上;

(4)要求爆扩桩的扩大头在爆扩时使地表不致产生剧烈松动;

(5)有时需按施工机具的可能性和现场施工条件决定爆扩桩的埋置深度。

对于承受水平力的爆扩桩,其埋置深度应大于桩在土中的嵌固深度(即扩大头高度)。建

表 6-14 爆扩桩成孔方法的适用范围

名 称	成孔方法	适用地质条件	适用施工条件
人工成孔法	用洛阳铲成孔 用手摇钻成孔	黄土或不太坚硬的粘性土	没有电和场地不太平整时,适用于大、小面积的施工
机钻成孔法	用螺旋钻机成孔	透水速度较小的粘性土	大小面积均可施工,并适用于斜桩
打拔管成孔法	用打桩机把桩管打入土中,然后拔出桩管而成孔	各种土质条件和地下水位高的填土	适宜于大面积施工
冲抓锥成孔法	用冲抓锥冲击和抓土而成孔	坚硬夹杂物的粘性土、大块碎石类土、砂卵石类土	大面积均可施工
爆扩成孔法	用洛阳铲或钢钎等打成导孔,再爆扩成孔	没有地下水的粘性土	大小面积均可施工,并适用于斜桩

议:民用建筑不小于2m,工业厂房不小于2.5m,抗拔桩不小于3m。当地基土的土质均匀,且可作为持力层时,埋置深度不宜过大,一般以3~6m为宜。

二、成孔成桩

爆扩桩成孔方法很多,常用的有人工、机钻、打拔管和爆扩成孔,各种成孔法的适用范围见表6-14,爆扩成孔法施工程序见图6-16,图中(a)至(e)为爆扩成孔,(f)至(i)为扩大头施工。用其他成孔方法成孔后,可按图6-16(f)至(i)进行扩大头施工。桩孔的底部,应达到设计扩大头的中心标高。

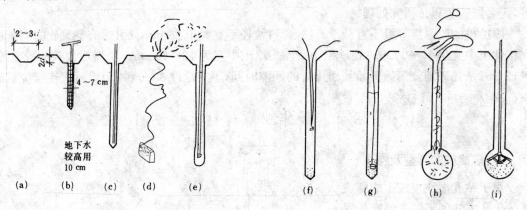

图6-16 爆扩成孔法施工程序示意图

d—柱直径;(a)挖喇叭口;(b)成导孔;(c)下药条;(d)引爆成孔;(e)检查桩引;
(f)填砂、下药包;(g)浇灌混凝土;(h)引爆;(i)检查扩大头

三、扩大头施工

扩大头的爆扩,宜采用硝铵炸药和电雷管进行。同一工程中宜采用同一种类的炸药和雷管。

1. 药包制作应符合下列规定

(1)炸药用量应由现场试爆试验确定;
(2)每个药包应放2个电雷管,用并联法与引爆线路连结;
(3)引爆线路应采用绝缘及防潮性能良好的导线;
(4)药包应制成近似球体,并能防水,一般可用塑料薄膜等包装。

施工前应在现场做爆扩成型试验,在每一种土层中试爆的数量不应少于2个。通过试验检验扩大头的尺寸是否符合设计要求。试爆时用药量可按表6-15选用。施工时,应按试爆资料调整用药量。

表6-15 爆扩桩用药量

扩大头直径(m)	0.6	0.7	0.8	0.9	1.0	1.1	1.2
用药量(kg)	0.30~0.45	0.45~0.60	0.60~0.75	0.75~0.90	0.90~1.10	1.10~1.30	1.30~1.50

注:①表内数值适用于地面以下深度3.5~9.0m的粘性土,土质松软时采用较小值,坚硬时采用较大值;
②在地面以下2~3m的土层中爆扩时,用药量应减少20%~30%;
③在砂土中爆扩时用药量应增加10%。

2. 引爆时,必须符合下列规定

桩距小于扩大头直径的 1.5 倍时,应同时引爆。桩距等于或大于 1.5 倍扩大头直径时,可逐个引爆。

(1)距爆扩桩位 15 m 的范围内应做好危险警戒,不得有人员停留或穿行;

(2)经专职人员发出装药信号后,爆破人员方可安装药包,药包应放置在桩孔底面中心,在药包上填砂和检验引爆线路完好后,再浇填砼,其数量不宜超过估计扩大头的 50%;

(3)经专职人员检查现场安全无误后,方可发出引爆信号。

对于"瞎炮",应由专职人员检查,并设法诱爆,或采取措施破坏药包。因"瞎炮"未制成的桩,应会同有关单位研究处理。

爆扩桩的砼强度等级不宜低于 C15,骨料粒径不宜大于 25 mm。引爆前浇筑砼的坍落度:在粘性土中宜为 10~12 cm;在砂土中及人工填土中宜为 12~14 cm。引爆后浇筑的砼宜为 8~12 cm。从爆破前浇筑砼开始至引爆时的间隙时间,不宜超过 30 分钟,引爆后应连续浇筑砼。

第四节 干作业螺旋钻孔灌注桩

一、螺旋钻的类型及特点

用于钻孔灌注桩施工的螺旋钻按成孔方式的不同主要有长螺旋钻和短螺旋钻两种型式。

1. 长螺旋钻

(1)长螺旋钻成孔原理。长螺旋钻的整个钻杆柱上有连续不断的叶片,当钻杆以高于某一临界转速旋转时,钻头切削下来的钻屑自动地沿螺旋叶片上升,不断地被输送到地表,如图 6-17 所示;当钻杆转速太低时,螺旋叶片上的钻屑随钻杆一起原位转动而不上升;当钻杆转速高于某一临界转速时,由于离心力的作用,钻屑摔向孔壁,孔壁对钻屑的摩擦力使钻屑的旋转速度低于螺旋叶片的旋转速度。这样在螺旋叶片的斜面的作用下,钻屑就能上升,因而长螺旋钻杆就可连续不断地把孔底土输送到地面,达到连续成孔的目的。

(2)长螺旋钻的特点如下:

①具有其他成孔方法无法比

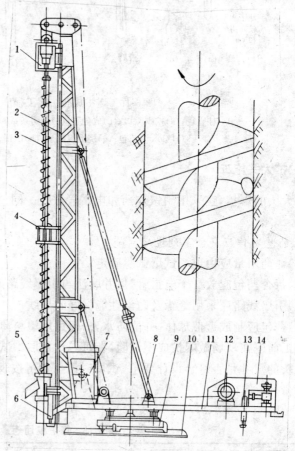

图 6-17 BQZ-Ⅱ型螺旋钻机
1—电动力头;2—桅杆;3—螺旋钻杆;4—导向套;5—出土装置;
6—前支腿;7—操作室;8—斜撑;9—中盘;10—下盘;11—上盘;
12—卷扬机;13—后支腿;14—液压系统

拟的快速度,在土层中施工,直径 ϕ400 mm,深 8 m 的钻孔只需 7～8 min 就可完成,并且螺旋叶片输送上来的钻屑可通过孔口出土装置流入翻斗车全部运走。

②不使用冲洗液,现场不开挖泥浆池、循环槽,无泥浆污染,无泥浆制备和处理费用。

③长螺旋钻具一般用动力头式钻机带动。近年来,施工单位也有用转盘来带动长螺旋钻具的,这时长螺旋钻杆的叶片上沿直径方向需开一对槽口,转盘上配一能带动径向开有一对槽口的螺旋钻具旋转的套筒。

④对于地下水位以下的地层,由于摩擦系数降低,钻屑易沿叶片滑落,聚集于孔底,不能正常排渣,这就限制了长螺旋钻的应用范围。对于动力头式长螺旋钻机,可将动力头设计成大通孔的形式(如 LZ-800 型钻机和 G-4 型钻机)。在地下水位以上地层,用长螺旋钻,能发挥其高效、无泥浆处理问题等优点;在地下水位以下地层,卸下螺旋钻具,接上普通钻杆就可进行正循环或反循环钻进。

⑤长螺旋钻由于整个钻杆柱上都有螺旋叶片,都与孔壁发生摩擦,钻孔越深,钻孔直径越大,回转阻力矩(切削阻力矩、叶片与孔壁的摩擦阻力矩、叶片上的钻屑与孔壁的摩擦阻力矩)就越大,而且长螺旋钻具必须以高于某一临界转速旋转才能向上输土。这样,钻大直径的深孔就要配备相当大的动力,且钻机的结构尺寸、重量也大。因此,国内的长螺旋钻机钻孔直径和钻孔深度都不大。BQZ-Ⅱ型钻机,钻孔直径和钻孔深度分别为 ϕ300～ϕ400 mm,8 m;LZ-10 型钻机分别为 ϕ300～ϕ400 mm,10 m;LZ-400 型钻机分别为 ϕ400 mm,12 m;LZ-600 型钻机分别为 ϕ600 mm,16 m。

⑥长螺旋钻只适合于钻松软层即土层、砂层和粒径小的砂砾石层。

2. 短螺旋钻

短螺旋钻只是在靠近钻头部分的钻杆上有几个螺距的螺旋叶片(如图 6-18),而且短螺旋的螺旋叶片一般为双线,在钻进过程中,后面的钻屑推挤前面的钻屑沿螺旋面上升,当所有几个螺旋叶片之间都被钻屑所充满后,将钻头提出孔口,旋转就位机构将整个钻具旋至一侧,开较高速的反转摔掉钻屑。然后,将钻头复位开始另一回次的钻进。短螺旋钻省去了输送钻屑的功率消耗,回转阻力矩小,同时钻屑并不完全靠螺旋面输送,它可以在低于临界转速的低速下工作。这样,短螺旋钻就可应用功率相对较小

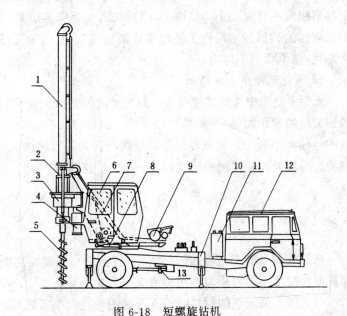

图 6-18 短螺旋钻机
1—钻杆护套;2—加压油缸;3—回转变速箱;4—回转马达;5—钻头;
6—操纵室;7—斜撑油缸;8—回转就位机构;9—卷扬机系统;
10—支腿;11—油箱;12—驾驶室;13—油泵

的动力机械。因此,它可用来钻大直径的深孔,孔径可达 3 m。

由于短螺旋钻每钻一个回次之后都要提钻摔土,在钻较深一点的孔时,每次提钻摔土都要拆装拧卸钻杆,这势必增加大量辅助时间,影响钻进效率。因此,短螺旋钻一般都需配备像收音

机天线那样的伸缩钻杆。伸缩钻杆由一套尺寸不同的方管(亦有用圆管)组成,一般为三层,内层管可以在外层管内滑动,通过特殊结构构造,可以同时传递转矩和钻压。利用伸缩钻杆,在其所能达到的深度范围内(这个深度范围可设计为大多数灌注桩孔所处的深度范围)可以不用装卸钻杆,大大节省辅助时间,降低操作人员的劳动强度以及人员配备定额。因此,伸缩钻杆为各国短螺旋钻机广泛采用。

国内专门设计的短螺旋钻机较少,主要有天津探矿机械厂引进生产的 TEXOMA300 型、600 型和 700Ⅱ型钻机和无锡探矿机械厂生产的 G-4 型钻机,它们都是汽车装载的螺旋钻机,能达到的钻孔直径和深度见表 6-16。在国内很多施工单位利用现有的转盘或立轴钻机进行短螺旋钻施工,像用螺旋钻施工工程勘察孔那样来施工基桩孔。

短螺旋钻对地层的适应范围比长螺旋钻广。

表 6-16　国内短螺旋钻机成孔能力

型　号	300	600	700Ⅱ	G-4
成孔直径(mm)	1 800	1 800	1 800	100,扩底 1 800
成孔深度(m)	6	10.6	18	20

二、螺旋钻参数的确定

对于不同的螺旋钻,由于其输送钻屑的原理不尽相同,因此其参数设计亦不完全相同。例如,长螺旋钻钻进时,其钻屑靠螺旋面输送至地表,参数设计就必须保证这一点。而短螺旋则是把钻屑积聚在有限几个螺旋面上,然后二者一起提至地表,参数设计就不能照搬长螺旋的。水平螺旋钻的钻屑虽然同样也是由螺旋面输送,但它与垂直输送工作原理及参数设计存在着较大差别,这里我们不讨论。

1. 螺旋面倾角 α 和螺距 s

螺距 s 是指相邻两螺旋叶片上对应点之间的轴向距离(图 6-19)。螺旋面上不同直径处,因各螺旋线的螺距相等,升角是不相同的。因此,螺旋面上不同点的螺旋升角与螺距 s 及该点所处的半径大小有关。如果将螺旋面外侧及内侧的螺旋线展开,则可得到如图 6-20 所示的二条斜线。显然外侧和内侧的螺旋倾角 α_D 和 α_d 分别为:

$$\alpha_D = \text{tg}^{-1}\frac{s}{\pi D}$$

$$\alpha_d = \text{tg}^{-1}\frac{s}{\pi d} \tag{6-8}$$

在螺旋面上被垂直输送的钻屑,只有当它与螺旋面之间的摩擦角 φ 大于螺旋面在该处的螺旋倾角时才不会因重力作用而滑落下来。

螺旋面上某一点的倾角随该点所处的半径大小不同而不同,半径越小,螺旋倾角越大。在靠近中心钻杆处,由于焊接螺旋面的钻杆的直径 d 是根据其强度和刚度确定的,一般不会太大,所以此处钻屑与叶片之间的摩擦角常常会小于螺旋倾角,钻屑会因重力作用而下滑。有些螺旋钻中为了减轻这一现象,常把中心钻杆设计得很粗,但这样会导致螺旋通道变小和整个螺旋钻杆重量过大。

实际使用的螺旋钻杆有二个区域,一个区域 $\varphi > \alpha$,另一个区域 $\varphi < \alpha$,分界处 $\varphi = \alpha$。据此,我们可以求出分界处的直径 D':

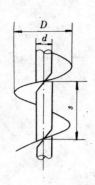 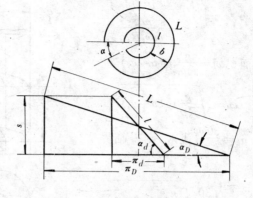

图 6-19　螺旋钻杆　　　图 6-20　螺旋线展开图

$$D' = \frac{s}{\pi \cdot \mathrm{tg}\varphi} \tag{6-9}$$

一般钻屑与叶片之间的摩擦系数可取为 0.3～0.6。对于长螺旋钻，两个区域的分界处可取在螺旋叶片中间，即取分界处直径 D' 为 $(D+d)/2$，这样当钻孔直径和钻杆直径确定后，就可按(6-9)式确定螺距 s。在长螺旋中 D' 以内的区域 $\varphi<\alpha$，这一区域的钻屑只有依靠钻杆旋转时产生的离心力摔到螺旋叶片外侧才能输送上来，否则只有被随后切削下来的钻屑不断推着向上走，这很容易造成钻屑挤实而堵塞。因此，钻垂直孔的长螺旋钻的转速是个很关键的参数。对于短螺旋钻，其钻屑是积聚在螺旋面上后被提出孔口的，为了使积聚在螺旋面上的钻屑不会因重力作用而掉下来，就应使大部分螺旋面的螺旋倾角小于钻屑与叶片的摩擦角，可取 D' 稍大于 d，然后按(6-9)式计算螺矩。对于用于水平钻孔的长螺旋钻，螺距选择比较灵活。

长螺旋一般钻头部分一至二个螺距为双螺旋，其余都为单螺旋。短螺旋一般为双螺旋，整个钻头的螺距数为 1～4，在粘土层中钻进时取小值，在砂层中钻进时取大值。一般情况下取 2～3 个螺距。

2. 转速

这里主要讨论钻铅垂孔的长螺旋钻的转速。

(1)临界转速的概念。转速较低时，钻屑的离心惯性力小，孔壁对钻屑的摩擦力不足以使钻屑与叶片之间产生相对运动，钻屑只随叶片旋转而不上升。随着钻杆转速的增大，孔壁对钻屑的摩擦力也增大，转速超过某一临界值后，孔壁对钻屑的摩擦力足以使钻屑与螺旋叶片之间产生相对运动，钻屑就会上升，这一转速的临界值称为临界转速。

(2)临界转速的计算。取单颗钻屑为研究对象，当螺旋钻杆以临界转速 n_k（角速度为 ω_k）旋转时，颗粒仍随螺旋叶片一起旋转而不上升，处于临界状态。此时颗粒在以下几种力的作用下处于"动静法"的平衡状态：重力 mg，惯性力 F_t，孔壁对颗粒的法向反作用力（与惯性力为作用力和反作用力），孔壁对颗粒的摩擦力 $F_t\mu_t$（μ_t 为颗粒与孔壁之间的摩擦系数），螺旋叶片对颗粒的全反力（用分力 F_{sx} 和 F_{sy} 表示）。

如图 6-21(b)所示，将钻屑颗粒所在的螺旋线展开，在临界转速下，颗粒没有上升运动，孔壁作用于颗粒的摩擦力必是水平方向的。在螺旋线展开的平面上，颗粒在三种力的作用下处于动平衡：重力 mg；螺旋面作用在颗粒上的全反力 F_s（F_s 与法线方向偏转一摩擦角 φ_s）；孔壁作用于颗粒的摩擦力 $F_t\mu_t$。

由图 6-21(c)的力多边形，可以得出：

$$\text{tg}(90°-\alpha-\varphi_s)=\frac{mg}{F_t\mu_t}$$

$$=\frac{mg}{m\omega_k^2 R\mu_t}$$

因而 $\omega_k^2=\dfrac{g}{R\mu_t}\text{tg}(\alpha+\varphi_s)$

或 $\omega_k=\sqrt{\dfrac{g}{R\mu_t}\text{tg}(\alpha+\varphi_s)}$

以 $n_k=\dfrac{30\omega_k}{\pi}$ 代入,则得临界转速为:

$$n_k=\frac{30}{\pi}\sqrt{\frac{g}{R\mu_t}\text{tg}(\alpha+\varphi_s)} \tag{6-10}$$

式中:n_k——临界转速(r/min);
R——钻孔半径(m);
μ_t——钻屑与孔壁之间的摩擦系数,比钻屑与叶片之间的摩擦系数大;
α——螺旋叶片外径处的螺旋升角;
φ_s——钻屑与螺旋叶片之间的摩擦角,即摩擦系数的反正切,摩擦系数为 0.3~0.6。

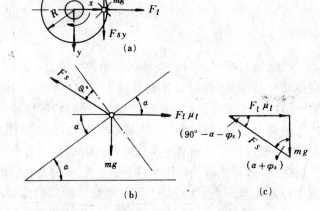

图 6-21 在极限情况下作用于土颗粒上的力

(3)实际转速。长螺旋钻为了能向上输土,实际转速应大于临界转速,取 $n=K\cdot n_k$,K 值越大,向上输送钻屑的速度越快,但所需的功率也越大,一般取 $K=1.2\sim1.3$,当功率允许时可选大一些。

对于短螺旋钻 $n<n_k$。

3. 钻压

(1)根据工程地质勘察标准贯入试验所得的 N 值确定土层的单轴抗压强度 σ_c:

当 $N\leqslant 50$ 时, $\sigma_c=0.0122N$

当 $N>50$ 时, $\sigma_c=0.033N$

一般情况下取平均值, $\sigma_c=0.023N$ \qquad(6-11)

(2)根据土层单轴抗压强度确定钻压 P

$$P=0.262\sigma_c^{0.46}D \tag{6-12}$$

式中:D——钻头直径(cm);
σ_c——土层单轴抗压强度(MPa)。

长螺旋钻的钻杆柱较重,钻进时孔壁对钻具也有一个向下的力(像木螺钉),再加上叶片上土的重力,钻压较大,因此长螺旋钻一般是用减压钻进,用卷扬机控制给进速度。对于短螺旋钻,一般应考虑加压钻进。

三、螺旋钻具

1. 螺旋钻杆

螺旋叶片焊接到心轴上便制成螺旋钻杆。螺旋叶片一般都是做成标准形式,即螺旋面母线是一垂直于心轴轴线的直线。螺旋钻杆的整个螺旋面带是由各单个螺旋叶片螺旋面组成,单个螺旋叶片由厚 4~12 mm 的钢板下料成图 6-20 所示的带缺口的圆环,然后冲压而成。

下料钢板圆周的大小,可用如下方法确定:

$$L=\sqrt{(\pi D)^2+s^2}$$
$$l=\sqrt{(\pi d)^2+s^2}$$

由于螺旋线 L 和 l 在平面上是圆心角相同的两条同心圆弧,若此两圆弧的直径为 D_L 和 d_l,则

$$\frac{D_L}{d_l}=\frac{L}{l}$$

由于 $D_L=2b+d_l$, $b=\frac{D_L-d_l}{2}$,代入上式则有

$$l(2b+d_l)=d_l \cdot L$$

$$d_l=\frac{2bl}{L-l}=(D_L-d_l)\frac{l}{L-l} \tag{6-13}$$

$$D_L=2b+d_l=(D_L-d_l)\frac{L}{L-l} \tag{6-14}$$

根据 D_L 和 d_l 的大小进行下料,然后再根据圆心角 α 切开,冲压成单个叶片,α 的大小为:

$$\alpha=\frac{\pi D_L-L}{\pi D_L}\times 360° \tag{6-15}$$

螺旋钻钻杆一般都是右旋。长螺旋靠近钻头部分为双线,其余为单线。短螺旋一般都是双线。

螺旋钻杆的联接方式有法兰盘式和接头式。法兰盘式联接方式,靠联接螺栓传递轴向力和回转力矩。接头式联接有多种不同形式,包括插接式、牙嵌式和螺纹式等。插接式即采用不同截面形状的公母接头(三角形、四方、六方等)插接后再穿销,靠接触面传递转矩,以销轴传递轴向力。牙嵌式接头以齿牙与牙槽对正插入后,再以销钉或螺栓联接,以牙嵌传递转矩,以销钉或螺栓承受轴向力。螺纹式接头,则在钻杆两端加焊公母接头(可以加焊标准钻杆接头)以螺纹联接。

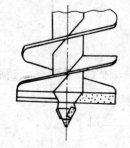
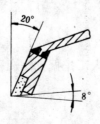
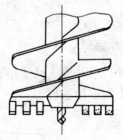

图 6-22 平底钻头　　　　　　　　图 6-23 耙式钻头

2. 螺旋钻头

(1)平底钻头,如图 6-22 所示,由芯管、螺旋带、平刀与中心尖刀、接头(图中未画出)组成,

钻头的平刀长度(即钻头直径)应比螺旋叶片外径大 10~20 mm。该钻头适用于一般的土层。

(2)耙式钻头,如图 6-23 所示,由芯管、螺旋带、中心尖刀、切削刀齿等组成。该钻头适用于含有大量砖头、瓦块的杂填土层。在该钻头的切削刀齿上镶焊硬质合金后,还可用于软岩层钻进。

(3)筒式钻头,如图 6-24 所示,适用于钻混凝土块、条石等障碍物,每次钻取厚度应小于筒身高度,钻进时应适当加水冷却。

四、钻进技术措施与注意事项

(1)钻屑顺利上升,是长螺旋钻顺利钻进的首要条件。为此,必须适当控制给进速度,防止钻屑量太大而产生堵塞。现场判断给进速度是

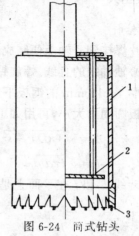

图 6-24 筒式钻头
1—筒体；2—推土盘；3—八角硬质合金刀头(YG-8)

否正常的主要依据是回转电机的电流表读数。一旦给进速度过快,孔内阻力猛增,则电流表指针将迅速向增大方向偏摆。因此,钻进时操作者要密切注视电机的电流表。

(2)螺旋钻进,应注意防止钻孔偏斜。为此,开孔前应平整施工场地,调平钻机,使钻机回转轴线垂直;严格检查钻杆的垂直度和钻杆接头的同心度,不使用弯曲的钻杆和偏心的接头;长螺旋钻具回转时,坚持带导向套作业,以防止钻杆中部变曲;开始钻进或穿过软硬土层交界处时,应保证钻杆垂直,缓慢进尺;在含砖头、瓦块的杂填土层或含水量较大的软塑性土中钻进时,应尽量减少钻杆晃动,以免扩大孔径。

(3)采用长螺旋钻孔到要求深度时,一般应在原处空转清土(清除孔底和叶片上的土),然后停止回转,提升钻杆。如孔底虚土超过允许厚度,应使用掏土工具掏除或用夯实工具夯实孔底。

(4)短螺旋钻进,应注意根据地层性质和钻头长度正确掌握回次进尺。钻进砂、粉土层,回次进尺可达 0.8~1.2 m,而对粘土、粉土地层,每回次进尺宜控制在 0.6 m 以下,甚至减至 0.3~0.4 m。回次进尺一般不宜超过短螺旋钻头长度的 2/3。否则,在钻头上部将形成泥包,增加提钻阻力,严重时甚至提不动钻具。

第五节 人工挖(扩)孔灌注桩

一、基本原理

人工挖(扩)孔灌注桩是指在桩位采用人工挖掘方法成孔(或桩端扩大),然后安放钢筋笼、灌注混凝土而成为基桩。

二、优缺点

1. 优点

(1)成孔机具简单,作业时无振动、无噪声,当施工场地狭窄,邻近建筑物密集或桩数较少时尤为适用。

(2)施工工期短,可按施工进度要求分组同时作业,若干根桩孔齐头并进。

(3)由于人工挖掘,便于清底,孔底虚土能清除干净,施工质量可靠。
(4)由于人工挖掘,便于检查孔壁和孔底,可以核实桩孔地层土质情况。
(5)桩径和桩深可随承载力的情况而变化。
(6)桩端可以人工扩大,以获得较大的承载力,满足一柱一桩的要求。
(7)国内因劳动力便宜,故人工挖(扩)孔桩造价低。
(8)灌注桩身各段混凝土时,可下人入孔采用震捣棒捣实,混凝土灌注质量较好。

2. 缺点

(1)桩孔内空间狭小,劳动条件差,施工文明程度低。
(2)人员在孔内上下作业,稍一疏忽,容易发生人身伤亡事故。
(3)混凝土用量大。

三、适用范围

人工挖(扩)孔桩宜在地下水位以上施工,适用于人工填土层、粘土层、粉土层、砂土层、碎石土层和风化岩层,也可在黄土、膨胀土和冻土中使用,适应性较强。

在覆盖层较深且具有起伏较大的基岩面的山区和丘陵地区建设中,采用不同深度的挖孔桩,将上部荷载通过桩身传给基岩,技术可靠,受力合理。

因地层或地下水的原因,以下情况挖掘困难或挖掘不能进行:

(1)地下水的涌水量多且难以抽水的地层。
(2)有松砂层,尤其是在地下水位下有松砂层。
(3)有连续的极软弱土层。
(4)孔中氧气缺乏或有毒气发生的地层。

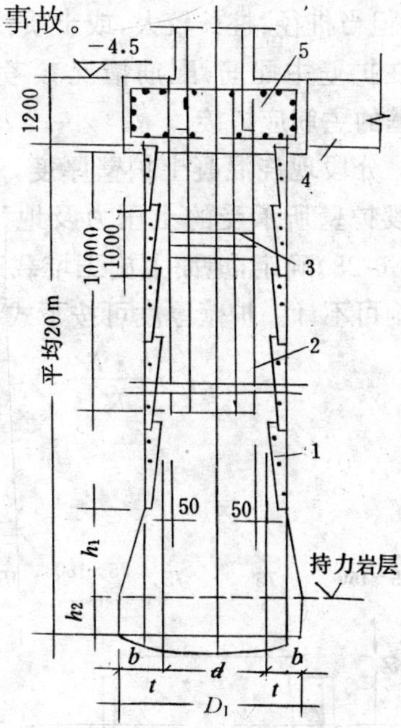

根据以上情况,当高层建筑采用大直径钢筋混凝土灌注桩时,人工挖孔往往比机械成孔具有更大的适应性。

图 6-25 人工挖孔桩构造图
1—护壁;2—主筋;3—箍筋;4—地梁;5—承台

四、人工挖孔桩的桩身构造

1. 桩长与桩径

如图 6-25,人工挖孔桩的桩长不宜超过 25 m,过长就不易施工。考虑到人员操作方便,桩径也不宜过小。根据广东的经验:当桩长 $l\leqslant 8$ m 时,桩身直径(不含护壁)不应小于 0.8 m;当桩长为 8 m$<l\leqslant$15 m 时,桩身直径不应小于 1.0 m;当桩长为 15 m$<l\leqslant$20 m 时,桩身直径不应小于 1.2 m;当桩长为 20 m 时,桩径应适当加大。

人工挖孔桩的桩端扩大头直径 D_1 不宜大于 2 倍桩芯直径 d,加宽部分的宽度 b 与高度 h_1 之比,视地质条件而定。当在岩层内扩孔时,b/h_1 不宜大于 1/2;当在土层内扩孔时,不宜大于 1/4。加宽部分的直壁高度 h_2 宜为 300~500 mm,加宽部分总高度(h_1+h_2)大于 1 000 mm。

2. 人工挖孔桩的护壁形式

除极少数地层情况特别好,孔深又不大的孔可不采取护壁措施外,一般都应采取护壁措施。

按护壁所用材料的不同,有红砖护壁、混凝土护壁、钢套管护壁和波纹钢模板护壁。

红砖护壁按护壁厚度有 1/4 红砖护壁、1/2 红砖护壁和 1/1 红砖护壁。

混凝土护壁分为外齿式和内齿式两种,见图 6-26。外齿式的优点:作为施工用的衬体,抗塌孔的作用更好;便于人工用钢钎等捣实混凝土,增大桩摩阻力。

混凝土护壁起着护壁与防水双重作用,上下护壁间搭接 50~70 mm。护壁通常为素混凝土,但当桩径、桩长较大,或土质较差,有渗水时应在护壁中配筋,配筋情况参考图 6-27,上下护壁的主筋应搭接。

分段现浇混凝土护壁厚度,一般由地下最深段护壁所承受的土压力及地下水的侧压力(图 6-28)确定,地面上施工堆载产生侧压力的影响可不计。护壁厚度可按下式计算:

$$t \geqslant \frac{k \cdot N}{f_c} \tag{6-15}$$

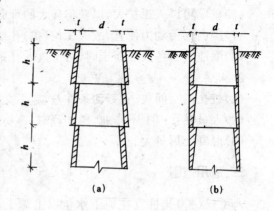

图 6-26 混凝土护壁型式
a—外齿式;b—内齿式

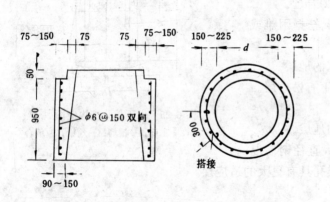

图 6-27 混护壁配筋图　　图 6-28 护壁受力简图

式中:t——护壁厚度(m);

N——作用在护壁截面上的压力,

$$N = p \times \frac{d}{2} (\text{kPa}) \tag{6-16}$$

p——土及地下水对护壁的最大压力(kPa);

d——挖孔桩桩身直径(m);

f_c——混凝土的轴心抗压设计强度(kPa);

k——安全系数,取 1.65。

护壁混凝土强度采用 C25 或 C30,厚度一般取 10~15 cm;加配的钢筋可采用 6~9 mm 光圆钢筋。

第一节混凝土扶壁宜高出地面20cm,便于挡水和定位。

对于流砂地层、地下水丰富的强透水地带或承压水地层,采用强行抽水挖掘并构筑混凝土护圈是有一定困难的,它不但施工缓慢,甚至会威胁挖土工人的安全。在深圳新火车站联检大楼的挖孔桩施工中,应用了钢套管护壁,即在桩位测量定位并构筑井圈后,用打桩机将直径1.32 m和1.60 m的钢管强行打入土层,穿越流砂等强透水层,一直打入风化岩不透水层。这样在钢套管保护下,可安全可靠地进行人工挖孔和底部扩孔。待桩孔挖掘结束,吊下钢筋笼,浇筑混凝土结束后,立即拔出钢管。用这种方法挖孔,直径为1.6 m的桩每天可挖10 m以上;直径为1.32 m的桩每天可挖深15 m,施工效率很高。

打入钢管可用柴油桩锤。用K-45型柴油锤打设直径1.32 m的钢管;用K-72型柴油锤打设直径1.6 m和1.8 m的钢管。钢管下端要打入不透水的基岩内一定深度,以截断水流。

桩身混凝土浇筑后,要立即拔出钢管,拔钢管可用振动锤和人字把杆,用振动锤产生振动,破坏管壁与土层及混凝土间的摩擦阻力,然后用较大的上拔力强行拔出。

3. 桩间距及混凝土强度等级

人工挖孔桩的最小中心距一般不少于$2.5d$,且不小于4.5 m;当采用跳挖办法进行施工时,桩距可小于$2.5d$,但桩的净距(含护壁)应不小于1 m(有扩底的人工挖孔桩则以扩底部分计);在确保安全的情况下,不受限制。

人工挖孔桩护壁的混凝土强度等级不宜小于C25。

4. 人工挖孔桩的单桩承载力

人工挖孔桩的单桩承载力按第二章有关规定计算,桩身内径d作为计算直径。

五、人工挖(扩)孔灌注桩施工

1. 施工机具

人工挖(扩)孔灌注桩施工用的机具设备比较简单,主要有:

(1)电动葫芦(或手摇辘轳)和提土桶,用于垂直运输以及供施工人员上下。
(2)扶壁钢模板或木模板(国内常用)或波纹模板(日本施工人工挖孔桩时用)。
(3)潜水泵,用于抽出桩孔中的积水。
(4)鼓风机和送风管,用于向桩孔中强制送入新鲜空气。
(5)镐、锹、土筐等挖土工具,若遇到硬土或岩石还需准备风镐。
(6)插捣工具,以插捣护壁混凝土。
(7)应急软爬梯。

2. 采用现浇混凝土分段护壁的人工挖孔桩的施工工艺流程

(1)放线定位。按设计图纸放线、定桩位。

(2)开挖土方。采取分段开挖,每段高度决定于土壁保持直立状态的能力,一般以0.8～1.0 m为一施工段。挖土由人工从上到下逐段用镐、锹进行,遇坚硬土层用锤、钎破碎。同一段内挖土次序为先中间后周边。扩底部分采取先挖桩身圆柱体,再按扩底尺寸从上到下削土修成扩底形。

弃土装入活底吊桶或箩筐内。垂直运输则在孔口安支架、工字轨道、电葫芦或架"三木搭",用10～20 kN慢速卷扬机提升。桩孔较浅时,亦可用木吊架或木辘轳借粗麻绳提升,吊至地面上后用机动翻斗车或手推车运出。

在地下水以下施工应及时用吊桶将泥水吊出。如遇大量渗水,则在孔底一侧挖集水坑,用高扬程潜水泵排出桩孔外。

(3)测量控制。桩位轴线采取在地面设十字控制网、基准点。安装提升设备时,使吊桶的钢丝绳中心与桩孔中心线一致,以作挖土时粗略控制中心线用。

(4)支设护壁模板。模板高度取决于开挖土方施工段的高度,一般为1m,由4块或8块活动钢模板组合而成。护壁支模中心线控制,系将桩控制轴线、高程引到第一节混凝土护壁上,每节以十字线对中,吊大线锤控制中心点位置,用尺杆找圆周。

(5)设置操作平台。在模板顶放置操作平台,平台可用角钢和钢板制成半圆形,两个合起来即为一个整圆,用来临时放置混凝土拌合料和灌注扶壁混凝土用。

(6)灌注护壁混凝土。

(7)拆除模板继续下一段的施工。当护壁混凝土达到一定强度(按承受土的侧向压力计算)后便可拆除模板,一般在常温情况下约24小时可以拆除模板,再开挖下一段土方,然后继续支模灌注护壁混凝土,如此循环,直到挖到设计要求的深度。

(8)钢筋笼沉放。钢筋笼就位,对重量1 000 kg以内的小型钢筋笼,可用带有小卷扬机和活动"三木搭"的小型吊运机具,或用汽车吊放入孔内就位。对直径、长度、重量大的钢筋笼,可用履带吊或大型汽车吊进行吊放。

(9)排除孔底积水,灌注桩身混凝土。在灌注混凝土前,应先放置钢筋笼,并再次测量孔内虚土厚度,超过要求应进行清理。混凝土坍落度为8~10 cm。

混凝土灌注可用吊车吊混凝土吊斗,或用翻斗车,或用手推车运输向桩孔内灌注。混凝土下料用串桶,深桩孔用混凝土导管。混凝土要垂直灌入桩孔内,避免混凝土斜向冲击孔壁,造成塌孔(对无混凝土护壁桩孔的情况)。

混凝土应连续分层灌注,每层灌注高度不得超过1.5 m。对于直径较小的挖孔桩,距地面6 m以下利用混凝土的大坍落度(掺粉煤灰或减水剂)和下冲力使之密实;6 m以内的混凝土应分层振捣密实。对于直径较大的挖孔桩应分层捣实,第一次灌注到扩底部位的顶面,随即振捣密实;再分层灌注桩身,分层捣实,直至桩顶。当混凝土灌注量大时,可用混凝土泵车和布料杆,在初凝前抹压平整,以避免出现塑性收缩裂缝或环向干缩裂缝。表面浮浆层应凿除,使之与上部承台或底板连接良好。

3. 施工安全措施

人工挖(扩)孔桩是人力挖掘成孔,必须在保证安全的条件下作业。

(1)从事挖孔桩作业的工人以健壮男性青年为宜,并须经健康检查和井下、高空、用电、吊装及简单机械操作等安全作业培训且考核合格后,方可进入现场施工。

(2)在施工图会审和桩孔挖掘前,要认真研究钻探资料,分析地质情况,对可能出现流砂、管涌、涌水以及有害气体等情况应制定有针对性的安全防护措施。如对安全施工存在疑虑,应事前向有关单位提出。

(3)施工现场所有设备、设施、安全装置、工具、配件以及个人劳保用品等必须经常进行检查,确保完好和安全使用。

(4)为防止孔壁坍塌,应根据桩径大小和地质条件采取可靠的支护孔壁的施工方法。

(5)孔口操作平台应自成稳定体系,防止在护壁下沉时被拉垮。

(6)在孔口设水平移动式活动安全盖板,当提土桶提升到离地面约1.8 m,推活动盖板关闭孔口,手推车推至盖板上卸土后,再开盖板;放下提土桶装土时,要防土块、操作人员掉入孔内伤人;桩孔四周应设安全栏杆。

(7)孔内必须设置应急软爬梯,供人员上下孔使用的电葫芦、吊笼等应安全可靠并配有自动卡紧保险装置,不得使用麻绳和尼龙绳吊扶或脚踏井壁凸缘上下。电葫芦宜用按钮式开关,使用前必须检验其安全起吊力。

(8)吊运土方用的绳索、滑轮和盛土容器应完好牢固,起吊时其正下方严禁站人。

(9)施工场地内的一切电源、电路的安装和拆除必须由持证电工操作,电器必须严格接地、接零和使用漏电保护器。各孔用电必须分闸,严禁一闸多用。孔上电缆必须架空 2.0 m 以上,严禁拖地和埋压土中,孔内电缆电线必须有防湿、防潮、防断等保护措施。照明应采用安全矿灯或 12 V 以下的安全灯。

(10)护壁要高出地表面 200 mm 左右,以防杂物滚入孔内。

(11)施工人员必须戴安全帽,穿绝缘胶鞋。孔内有人时,孔上必须有人监督防护,不得擅离岗位。

(12)当桩孔开挖深度超过 5 m 时,每天开工前应进行有毒气体的检测;挖孔时要时刻注意是否有毒气体;特别是当孔深超过 10 m 时要采取必要的通风措施,风量不宜少于 25L/s。

(13)挖出的土方应及时运走,机动车不得在桩孔附近通行。

(14)加强对孔壁土层涌水情况的观察,发现异常情况,及时采取处理措施。

(15)灌注桩身混凝土时,相邻 10 m 范围内的挖孔作业应停止,并不得在孔底留人。

(16)暂停施工的桩孔,应加盖板封闭孔口,并加设 0.8~1 m 高的围栏。

(17)现场应设专职安全检查员,在施工前和施工中应进行认真检查;发现问题及时处理,待消除隐患后再行作业;对违章作业有权制止。

4. 挖孔注意事项

(1)开挖前,应从桩中心位置向桩四周引出四个桩心控制点,用牢固的木桩标定。当一节桩孔挖好安装护壁模板时,必须用桩心点来校正模板位置,并应设专人严格校核中心位置及护壁厚度。

(2)修筑第一节孔圈护壁(俗称开孔)应符合下列规定:

①孔圈中心线应和桩的轴线重合,其与轴线的偏差不得大于 20 mm。

②第一节孔圈护壁应比下面的护壁厚 100~150 mm,并应高出现场地表面 200 mm 左右。

(3)修筑其他孔圈护壁应遵守下列规定:

①护壁厚度、拉节钢筋或配筋、混凝土强度等级应符合设计要求。

②桩孔开挖后应尽快灌注护壁混凝土,且必须当天一次性灌注完毕。

③上下护壁间的搭接长度不得少于 50 mm。

④灌注护壁混凝土时,可用敲击模板或用竹杆木棒等反复插捣。

⑤不得在桩孔内水淹没模板的情况下灌注护壁混凝土。

⑥护壁混凝土拌合料中宜掺入早强剂。

⑦护壁模板的拆除,应根据气温等情况而定,一般可在 24 小时后进行。

⑧发现护壁有蜂窝、漏水现象应及时加以堵塞或导流,防止孔外水通过护壁流入桩孔内。

⑨同一水平面上的孔圈两正交直径的极差不宜大于 50 mm。

(4)多桩孔同时成孔,应采取间隔挖孔方法,以避免相互影响和防止土体滑移。

(5)对桩的垂直度和直径,应每段检查,发现偏差,随时纠正,以保证尺寸及位置正确。

(6)遇到流动性淤泥或流砂时,可按下列方法进行处理:

①减少每节护壁的高度(可取 0.3~0.5 m),或采用钢护筒、预制混凝土沉井等作为护壁。

待穿过松软层或流砂层后,再按一般方法边挖掘边灌注混凝土护壁,继续开挖桩孔。

②当采用①方法后仍无法施工时,应迅速用砂回填桩孔到能控制坍孔为止,并会同有关单位共同处理。

③开挖流砂严重的桩孔时,应先将附近无流砂的桩孔挖深,使其起集水井作用。集水井应选在地下水流的上方。

(7)遇塌孔时,一般可在塌方处用砖砌成外模,配适当钢筋($\phi 6 \sim \phi 9$ mm,间距 150 mm)再支钢内模灌注混凝土护壁。

(8)当挖孔至桩端持力层岩(土)面时,应及时通知建设、设计单位和质检(监)部门对孔底岩(土)性进行鉴定。经鉴定符合设计要求后,才能按设计要求进行入岩挖掘或进行扩底端施工。不能简单地按设计图纸提供的桩长参考数据来终止挖掘。

(9)扩底时,为防止扩底部塌方,可采取间隔挖土扩底措施,留一部分土方作为支撑,待灌注混凝土前挖除。

(10)终孔时,应清除护壁污泥、孔底残渣、浮土、杂物和积水,并通知建设单位、设计单位及质检(监)部门对孔底形状、尺寸、土质、岩性、入岩深度等进行检验。检验合格后,应迅速封底、安装钢筋笼、灌注混凝土。孔底岩样应妥善保存备查。

5. 常见质量问题及处理方法

人工挖孔桩施工中常见的质量问题及其处理方法见表 6-17。

表 6-17 挖孔桩施工中常见的质量问题及其处理方法

序号	常见质量问题	产生原因	处理方法
1	涌砂、涌泥	1. 地下水位高、土层中夹有粉细砂或淤泥质土层 2. 缺少行之有效的护壁阻挡措施	1. 人工降低地下水位,尽可能降到设计桩底标高以下 2. 沉没钢套管,以阻挡流砂、流泥
2	沉渣过厚 (大于 10 cm)	1. 地下水位高,降低水拉不够,致使清孔后地下水渗入时夹带泥、砂 2. 吊置钢筋笼和串筒时,碰撞孔壁,使孔底泥砂增厚 3. 吊置钢筋笼和串筒后,搁置时间过长,使孔底积土增加 4. 孔口处堆土未及时运走,落入孔中	1. 降低地下水位到足够深度 2. 混凝土浇注前,再次清孔 3. 应及时浇注混凝土 4. 孔口不可堆土,土渣应及时运走
3	桩端基岩有夹层	基岩地层较复杂,在不厚的微风化基岩下面有破碎带或夹中风化岩层	在拟终孔时,用 $\phi 2 \sim \phi 3$ cm 直径的钻头向下钻进 $4 \sim 5$ m,如钻进速度较均匀,则可判定合格,如发现有软弱夹层,应再向下挖至设计要求的岩层,并用钻孔(深度仍为 $4 \sim 5$ m)进行监测,直至符合设计要求

续表 6-17

序号	常见质量问题	产 生 原 因	处 理 方 法
4	桩身混凝土质量不佳	1. 浇注混凝土时未用串筒,或串筒下口距浇注面大于 3 m,造成混凝土离析 2. 孔内有地下水渗出,而浇注混凝土又不连续,不仅每次量少,而且间隔时间长 3. 混凝土配合比不当 4. 振捣不良	1. 浇注混凝土时必须采用串筒,筒下口距离浇注面不大于 2 m 2. 混凝土搅拌站要有足够的生产力,并连续快速浇灌 3. 孔底积水尽量抽排干净,或孔外降水使孔底疏干。当孔内积水过多,须用水下混凝土导管法施工 4. 保证混凝土的配合比符合设计要求,保证混凝土的振捣、振点不可疏漏
5	桩孔歪斜	1. 成孔时,未严格控制垂直度 2. 孔成后,迟迟未浇注混凝土,孔壁变形	1. 成孔时,严格控制桩位及垂直度,发现歪斜,应及时修正 2. 孔成后,应及时检验,并及时灌注混凝土

第七章 桩、土复合地基

第一节 深层搅拌桩

深层搅拌桩是一种加固饱和软粘土地基的新方法,它是利用水泥、石灰等材料作为固化剂的主剂,通过特制的深层搅拌机械,在地基深处就地将软土和固化剂(浆液或粉体)强制搅拌,利用固化剂和软土之间所产生的一系列物理-化学反应,使软土结硬成具有整体性、水稳定性和一定强度的良好地基。国外使用深层搅拌法加固的土质有新吹填的超软土、沼泽地带的泥炭土、沉淀的粉土和淤泥质土等。被加固的有陆地上的软土,也有海底软土。加固深度达到五六十米。国内采用深层搅拌桩加固的土质有淤泥、淤泥质土、粘土和粉质粘土等;加固场地局限于陆上,加固深度达到 20 m。

深层搅拌桩加固的目的是提高地基的承载力,减少沉降量和提高边坡的稳定性。因此,它可用于建筑物和构筑物的地基;有地面荷载的厂房地坪、高填方地基的加固,可以防止码头堤岸的滑动、深基坑边坡的坍方,还可作为地下防渗墙防止地下水的渗流。

根据固化剂的状态和施工方法,深层搅拌桩的加固可以分为干法和湿法两类。干法是采用干燥状态的粉体材料作为固化剂,如石灰、水泥、矿渣粉等;湿法是采用水泥浆等浆液材料作为固化剂。本节只介绍用水泥作为固化剂的干法和湿法深层搅拌桩。

一、水泥加固土原理

软土与水泥采用机械搅拌加固的基本原理是基于水泥加固土的物理-化学反应过程。它与混凝土的硬化机理有所不同,混凝土的硬化主要是水泥在粗填充料(即比表面积不大、活性很弱的介质)中进行水解和水化作用,所以凝结速度较快。而在水泥加固土中,由于水泥的掺量很小(仅占被加固土重量的 7%~15%),水泥的水解和水化反应完全是在具有一定活性的介质——土的包围下进行,所以硬化速度缓慢且作用复杂,因此水泥加固土强度增长的过程也比混凝土缓慢。

1. 水泥的水解和水化反应

普通硅酸盐水泥主要由硅酸三钙、硅酸二钙、铝酸三钙、铁铝酸四钙等组成。用水泥加固软土时,水泥颗粒表面的矿物很快与软土中的水发生水解和水化反应,生成氢氧化钙、含水硅酸钙、含水铝酸钙及含水铁铝酸钙等化合物。

各自的反应过程如下:

(1)硅酸三钙($3CaO \cdot SiO_2$):在水泥中含量最高(约占全部重量的 50%左右),是决定强度的主要因素。

$$2(3CaO \cdot SiO_2) + 6H_2O \longrightarrow 3CaO \cdot 2SiO_2 \cdot 3H_2O + 3Ca(OH)_2$$

(2)硅酸二钙($2CaO \cdot SiO_2$):在水泥中含量较高(占 25%左右),它主要产生后期强度。

$$2(2CaO \cdot SiO_2) + 4H_2O \longrightarrow 3CaO \cdot 2SiO_2 \cdot 3H_2O + Ca(OH)_2$$

(3)铝酸三钙($3CaO \cdot Al_2O_3$):占水泥重量的 10%,水化速度最快,促进早凝。

$$3CaO \cdot Al_2O_3 + 6H_2O \longrightarrow 3CaO \cdot Al_2O_3 \cdot 6H_2O$$

(4)铁铝酸四钙($4CaO \cdot Al_2O_3 \cdot Fe_2O_3$):占水泥重量的 10%左右,能促进早期强度。

$$4CaO \cdot Al_2O_3 \cdot Fe_2O_3 + 2Ca(OH)_2 + 10H_2O \longrightarrow$$
$$3CaO \cdot Al_2O_3 \cdot 6H_2O + 3CaO \cdot Fe_2O_3 \cdot 6H_2O$$

在上述一系列的反应过程中所生成的氢氧化钙、含水硅酸钙能迅速溶于水中,使水泥颗粒表面重新暴露出来,再与水发生反应,这样水泥颗粒周围的水溶液就逐渐达到饱和。当溶液达到饱和后,水分子虽然继续深入颗粒内部,但新生成物已不能再溶解,只能以细分散状态的胶体析出,悬浮于溶液中,形成胶体。

(5)硫酸钙($CaSO_4$),虽然在水泥中的含量仅占3%左右,但它与铝酸三钙一起与水发生反应,生成一种被称为"水泥杆菌"的化合物:

$$3CaSO_4 + 3CaO \cdot Al_2O_3 + 32H_2O \xrightarrow{\triangle} 3CaO \cdot Al_2O_3 \cdot 3CaSO_4 \cdot 32H_2O$$

根据电子显微镜的观察,水泥杆菌最初以针状结晶的形式在比较短的时间里析出,其生成量随着水泥掺入量的多寡和龄期的长短而异。由X射线衍射分析可知,这种反应迅速,反应结果把大量的自由水以结晶水的形式固定下来,使土中自由水的减少量约为水泥杆菌生成量的46%,这对于高含水量的软粘土的强度增长有特殊意义。当然,硫酸钙的含量不能过多,否则这种由32个水分子固化形成的水泥杆菌针状结晶会使水泥土发生膨胀而遭致破坏。

2. 粘土颗粒与水泥水化物的作用

当水泥的各种水化物生成后,有的自身继续硬化,形成"水泥石"骨架;有的则与其周围具有一定活性的粘土颗粒发生反应。

(1)离子交换和团粒化作用。软土和水结合时就表现出一般的胶体特征。例如,土中含量最多的二氧化硅遇水后,形成硅酸胶体微粒,其表面带有钠离子Na^+或钾离子K^+,它们能和水泥水化生成的氢氧化钙中的钙离子Ca^{2+}进行当量吸附交换,使较小的土颗粒形成较大的土团粒,从而使土体强度提高。

水泥水化生成的凝胶粒子的比表面积约比原水泥颗粒大1 000倍,因而产生很大的表面能,有强烈的吸附活性,能使较大的土团粒进一步结合起来,形成水泥土的团粒结构,并封闭各土团之间的空隙,形成坚固的联结。从宏观上来看也就是使水泥土的强度大大提高。

(2)凝硬反应。随着水泥水化反应的深入,溶液中析出大量的钙离子,当其数量超过上述离子交换的需要量后,则在碱性的环境中,能使组成粘土矿物的二氧化硅及三氧化二铝的一部分或大部分与钙离子进行化学反应。随着反应的深入,逐渐生成不溶于水的稳定的结晶化合物:

$$\begin{matrix}SiO_2\\(Al_2O_3)\end{matrix} + Ca(OH)_2 + nH_2O \longrightarrow \begin{matrix}CaO \cdot SiO_2 \cdot (n+1)H_2O\\(CaO \cdot Al_2O_3 \cdot (n+1)H_2O)\end{matrix}$$

这些新生成的化合物在水中和空气中逐渐硬化,增大了水泥土的强度。而且,由于其结构比较致密,水分子不易侵入,从而使水泥土具有足够的水稳定性。

从扫描电子显微镜的观察可见,天然软土的各种原生矿物颗粒间无任何有机联系,孔隙很多。拌入水泥7天时,土颗粒周围充满了水泥凝胶体,并有少量水泥水化物结晶的萌芽。一个月后,水泥土中生成大量纤维状结晶,并不断延伸充填到颗粒间的孔隙中,形成网状构造。到5个月,纤维状结晶辐射向外伸展,产生分叉,并相互连结形成空间网状结构,水泥的形状和土颗粒的形状已不能分辨出来。

3. 碳酸化作用

水泥水化物中游离的氢氧化钙能吸收水和空气中的二氧化碳,发生碳酸化反应,生成不溶于水的碳酸钙: $Ca(OH)_2 + CO_2 \longrightarrow CaCO_3 \downarrow + H_2O$

这种反应也能使水泥土增加强度,但增长的速度较慢,幅度也较小。

从水泥加固土的机理分析可见,对软土地基深层搅拌加固技术来说,由于机械的切削搅拌作用,实际上不可避免地会留下一些未被粉碎的大小土团。在拌入水泥后将出现水泥浆包裹土团的现象,使土团之间的大孔隙基本上被水泥颗粒填满。所以,加固后的水泥土中形成一些水泥较多的微区,而在大小土团内部则没有水泥,只有经过较长的时间,土团内的土颗粒在水泥水解产物渗透作用下,才逐渐改变其性质。因此,在水泥土中不可避免地会产生强度较大的和水稳定性较好的"水泥石"区和强度较低的土块区。两者在空间相互交错,从而形成一种独特的水泥土结构。因此,可以得出定性的结论:水泥和土之间的强制搅拌越充分,土块被粉碎得越小,水泥分布到土中越均匀,则水泥土结构强度的离散性越小,其宏观的总体强度也就越高。

二、水泥土的室内配合比试验

1. 试验方法

(1)试验目的:

①了解用水泥加固每一个工程中不同成因软土的可能性;

②了解加固不同种软土最合适的水泥品种;

③了解加固某种软土所用水泥的掺入量;

④了解水泥土强度增长的规律,求得龄期与强度的关系。

通过室内试验,可为深层搅拌法的设计计算和施工工艺提供可靠的参数。

(2)土样制备。制备水泥土的土样一般分两种:

①风干土样,将现场挖掘的原状软土经过风干、碾碎、过筛而制成;

②原状土样,将现场挖掘的天然软土立即封装在双层厚塑料袋内,基本保持天然含水量。

(3)固化剂。制备水泥土的水泥可用不同品种(普通硅酸盐水泥、矿渣水泥、火山灰水泥及其他特种水泥)、各种标号的水泥。水泥掺入比可根据要求选用5%、7%、10%、12%、15%、20%等。水泥掺入比 a_w 是指水泥重量与被加固的软土重量之比,即

$$a_w = \frac{掺加的水泥重量}{被加固的软土重量} \times 100\% \tag{7-1}$$

(4)外掺剂。在深层搅拌工艺中使用的水泥浆需用灰浆泵输送,要求流动度较大,水灰比一般为0.5~0.6,由于软土的含水量高,因此对水泥加固土强度的增长很不利(水泥粉体喷射搅拌法可克服此缺点)。为减少用水量,又利于泵送,可选用目前国内货源广、价格低的木质素磺酸钙减水剂。根据试验经验,当采用水灰比为0.5时,可掺0.2%水泥用量的木质素磺酸钙,同时掺2%水泥用量的石膏或0.05%水泥用量的三乙醇胺。石膏、三乙醇胺对水泥加固土早期强度有增强作用(掺0.2%的木钙能减水10%左右)。

(5)试件的制作和养护。按照拟订的试验计划,根据配方分别称量土、水泥、外掺剂和水,放在容器内搅拌均匀,然后在7×7×7 cm或5×5×5 cm的试模内装入一半试料,放在振动台上振动一分钟再填入其余试料,再振动一分钟,最后刮平试件表面,盖上塑料布,1至3天后拆模,拆模后试件放入标准养护室进行标准养护。试件养护到要求龄期时,一般进行无侧限抗压强度试验作为抗压强度的标准。

2. 水泥土的无侧限制抗压强度及其影响因素

水泥土的无侧限抗压强度 q_u 一般为300~4 000 kPa,即比天然软土大几十倍至数百倍。其变形特征随强度不同而介于脆性体与弹性体之间。水泥土受力开始阶段,应力与应变关系基

本上符合虎克定律。当外力达到极限强度的70%～80%时,试件的应力和应变关系不再继续保持直线关系。当外力达到极限强度时,对于强度大于2 000 kPa的水泥土很快出现脆性破坏,破坏后的残余强度很小(如图7-1中的A_{20}、A_{25}试件);对于强度小于2 000 kPa的水泥土则表现为塑性破坏(如图7-1中的A_5、A_{10}和A_{15}试件)。

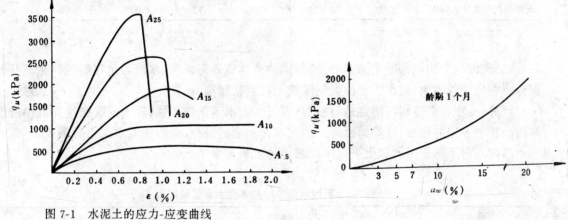

图7-1 水泥土的应力-应变曲线
A_5,A_{10},A_{15},A_{20},A_{25}表示水泥掺入比
a_w=5%,10%,15%,20%,25%

图7-2 水泥掺入比与水泥土强度的关系

影响水泥土抗压强度的因素很多,主要有:

(1)水泥掺入比a_w。水泥土的强度随着水泥掺入比的增加而增大(参见图7-2),当a_w<5%时,由于水泥与土的反应过弱,水泥土固化程度低,强度离散性也较大,故在深层搅拌法的实际施工中,选用的水泥掺入比以大于5%为宜。

(2)龄期对强度的影响。众所周知,混凝土的强度随养护龄期的增长而增大,在标准养护条件下,3～5天内强度增长最快,28天内强度增长较快,超过28天,强度便增长缓慢。所以,混凝土是以28天龄期的抗压强度作为抗压强度标准值。而水泥土的强度随着龄期的增长而增大,一般情况下,7天的水泥土强度可达标准强度的30%～50%,30天可达60%～75%,在龄期超过30天后仍有明显增加(见图7-3)。当水泥掺入比为7%时,120天的强度为28天的2.03倍;当水泥

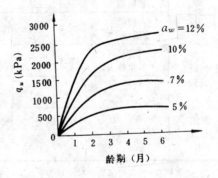

图7-3 水泥土龄期与强度的关系

掺入比为12%时,180天的强度为28天强度的1.83倍。当龄期超过3个月后,水泥土的强度增长才减缓。根据电子显微镜观察,水泥和土的硬凝反应约需3个月才能充分完成。因此,选用3个月龄期强度作为水泥土的抗压强度标准值较为适宜。

(3)水泥标号对强度的影响。水泥土的强度随水泥标号提高而增加,水泥标号每提高100号,水泥土的强度q_u约增大20%～30%。

(4)加固土中含水量的影响。水泥土的无侧限抗压强度q_u随土样含水量的降低而增大,当含水量从157%降为47%时,水泥土强度则从260 kPa增加到2 320 kPa,见表7-1。当土样含水量在50%～85%范围内变化时,含水量每降低10%,强度可增高30%～50%。

表 7-1 含水量与强度的关系

含水量(%)	天然土	47	62	86	106	125	157
	水泥土	44	59	76	91	100	126
无侧限抗压强度 q_u(kPa)		2 320	2 120	1 340	730	470	260

注:水泥掺入比10%,龄期28天。

(5)水泥与土的搅拌效果的影响。被加固的土体破碎得越细,水泥与水强制搅拌越充分,水泥分布在土中越均匀,则水泥土的无侧限抗压强度就越高。

此外,土中有机质和可溶性盐,使土具有过大的水容量和塑性,较大的膨胀性和低渗透性,并使土具有一定的酸性,这些都阻碍了水泥水化反应的进行,从而影响水泥土的强度。

国内几种不同成因的软土采用水泥加固的效果见表 7-2 所示。

表 7-2 不同成因软土的水泥加固试验结果

土层成因	土 名	土的性质						掺加水泥试验			
		含水量 W (%)	天然密度 ρ (g/cm³)	孔隙比 e	液性指数 I_L	塑性指数 I_p	压缩系数 a_{1-2} (MPa^{-1})	无侧限抗压强度 q_u (kPa)	水泥标号	水泥掺入比 a_w (%)	龄期 (d)	水泥土无侧限抗压强度 $f_{cu,k}$ (kPa)
滨海相沉积	淤泥	50.0	1.73	1.39	1.21	22.8	1.33	24	325	10	90	1 096
	淤泥质粉质粘土	36.4	1.83	1.03	1.26	10.4	0.64	26	425	8	90	1 415
	淤泥质粘土	68.4	1.56	1.80	1.71	21.8	2.05	19	425	14	90	1 097
河川沉积	淤泥质粉质粘土	47.4	1.74	1.29	1.63	16.0	1.03	28	425	10	120	998
	淤泥质粘土	56.0	1.67	1.31	1.18	21.0	1.47	20	525	10	30	880
湖沼相沉积	泥炭	448.0	1.04	8.06	0.85	341.0		≈0	425	25	90	155
	泥炭化土	58.0	1.63	1.48	0.65	26.0	1.78	15	425	15	90	714

注:此表摘自《建筑地基处理技术规范》JGJ 79—91。

3. 水泥土的抗拉强度

水泥土的抗拉强度(σ_l)是随着水泥土的无侧限抗压强度的提高而增大,当 $q_u=500\sim4\,000$ kPa 时,$\sigma_l=100\sim700$ kPa,即 $\sigma_l=(0.15\sim0.25)q_u$。

4. 水泥土的抗剪强度

水泥土的抗剪强度可用水泥土的粘聚力和水泥土的内摩擦角来表示,当 $q_u=500\sim4\,000$ kPa 时,水泥土的粘聚力 $C=100\sim1\,100$ kPa,即 $C=(0.2\sim0.3)q_u$;水泥土的内摩擦角 $\varphi=20°\sim30°$。

5. 水泥土的压缩模量

水泥土的压缩模量(E_p)随水泥土的无侧限抗压强度的提高而提高,一般 $E_p=(120\sim150)q_u$。

6. 水泥土的渗透系数

水泥土的渗透系数随水泥掺入比的增大而减小,深层搅拌桩作为防渗墙时,一般要求水泥土的渗透系数小到 $10^{-6}\sim 10^{-7}$cm/s,水泥掺入比一般要求大于或等于 15%。

三、深层搅拌桩复合地基施工设计

1. 加固形式的确定

搅拌桩的布置型式对处理效果影响较大,一般根据工程地质特点和上部结构要求可采用柱状、壁状、格栅状以及长短桩相结合等不同处理形式。

(1) 柱状处理形式。当表层及桩端土质较好,需处理局部饱和软粘土夹层时,采用柱状处理形式可充分利用桩身材料强度与桩周摩阻力。

(2) 壁状和格栅状处理形式。在深厚软土层或土层分布很不均匀的场地,对于上部建筑长高比大、刚度小、易产生不均匀沉降的长条状住宅楼,采用壁状或格栅状处理形式可以有效地克服不均匀沉降。尤其是采用搅拌桩纵横方向搭接成壁的格栅状处理形式,使全部搅拌桩形成一个整体,可减少产生不均匀沉降的可能性。

(3) 长短桩相结合的处理形式。当地质条件复杂,同一建筑物坐落在两类不同性质的地基土上时,采用长短桩相结合的处理形式可以调整沉降量和节省材料降低造价。当设计计算的桩数不足以使纵横方向相连接时,可用 3 m 左右的短桩将相邻长桩连成壁状或格栅状,从而大大增加整体刚度。

(4) 块状。上部结构单位面积荷载大,对不均匀下沉控制严格的构筑物地基进行加固时可采用这种布桩型式。另外在软土地区开挖深基坑时,为防止坑底隆起和封底时也可采用块状加固型式,它是纵横两个方向的相邻桩搭接而形成的。

2. 加固范围的确定

搅拌桩按其强度和刚度是介于刚性桩(钢筋混凝土预制桩、就地灌注桩)和柔性桩(砂桩、碎石桩)之间的一种桩型,但其承载性能又与刚性桩相近。因此,在设计搅拌桩时可仅在上部结构基础范围内布桩,不必像柔性桩那样在基础以外设置保护桩。

3. 单桩承载力的确定

搅拌桩单桩竖向承载力标准值应通过现场单桩载荷试验确定,也可按下列二式计算,取其中较小值:

$$R_k^d = \eta f_{cu,k} A_p \tag{7-2}$$

$$R_k^d = U\Sigma q_{si} l_i + a A_p q_p \tag{7-3}$$

式中:R_k^d——单桩竖向承载力标准值(kN);

$f_{cu,k}$——与搅拌桩加固土配比相同的室内水泥土试块(边长为 70.7 mm 立方体,也可采用边长为 50 mm 的立方体)的无侧限抗压强度平均值(kPa);

η——强度折减系数,可取 0.35~0.50;

A_p——搅拌桩单桩横截面面积(m²);

q_{si}——桩周第 i 层土的平均摩阻力,对淤泥可取 5~8 kPa,对淤泥质土可取 8~12 kPa,对粘性土可取 12~15 kPa;

U——桩身横截面周长(m);

l_i——桩周第 i 层的厚度(m);

q_p——桩端天然地基土的承载力标准值(kPa),按 GBJ 7—89 第三章第二节的有关规定

确定,即可采用勘察报告提供的地基承载力值;

a——桩端天然地基土的承载力折减系数,可取 0.4~0.6。

4. 搅拌桩复合地基承载力的确定

搅拌桩复合地基承载力标准值应通过现场复合地基荷载试验确定,也可按下式计算:

$$f_{sp,k}=m\frac{R_k^d}{A_p}+\beta(1-m)f_{s,k} \tag{7-4}$$

式中:$f_{sp,k}$——复合地基承载力标准值(kPa);

m——面积置换率,$m=A_p/A_e$;

A_p——搅拌桩单桩横截面面积(m²);

A_e——单桩所承担的加固土的面积 m²;

$f_{s,k}$——桩间天然地基土承载力标准值(kPa);

β——桩间土承载力折减系数,当桩端土为软土时,可取 0.5~1.0;当桩端土为硬土时,可取 0.1~0.4;当不考虑桩间软土的作用时,可取零。

5. 设计步骤

(1)明确复合地基要求,即对复合地基承载力标准值 $f_{sp,k}$ 及复合地基压缩模量 E_{sp} 的要求。一般由设计院提出,也可根据建筑物的荷载情况和地基情况综合确定。

(2)确定桩长、桩径或桩的横截面面积。当天然地基土的相对硬层埋深不大时,应使深层搅拌桩的桩端进入相对硬层,以提高深层搅拌桩的单桩承载力和降低桩端下未处理的土层的变形;当天然地基土的相对硬层埋深很深时,桩长取决于设备能力,在设备能达到的范围内尽量增大桩长。桩径或桩的横截面面积一般由设备能力确定。

(3)由(7-3)式计算由土对桩的支承力所确定的深层搅拌桩单桩承载力的标准值 R_k^d,再将所求得的 R_k^d 代入(7-2)式算出需要的室内水泥土试块的无侧限抗压强度平均值 $f_{cu,k}$。

(4)由 $f_{cu,k}$ 值根据大量的工程资料或室内水泥土抗压强度试验资料确定水泥品种、标号及水泥掺入比。

(5)由式(7-4)求水泥土搅拌桩的面积置换率 m,即

$$m=\frac{f_{sp,k}-\beta f_{s,k}}{\frac{R_k^d}{A_p}-\beta f_{s,k}} \tag{7-5}$$

式中各符号意义同式(7-4)。

(6)求出所需桩数,并进行桩的平面布置

$$n=\frac{A_m}{A_p} \tag{7-6}$$

式中:n——桩数;

A_m——总加固面积(m²)。

式中其他符号同前述。

(7)下卧层地基强度验算。深层搅拌桩往往以群桩形式出现,群桩中各桩与单桩的工作状态迥然不同。从现场两组"○○"形单桩并列而形成的双桩载荷试验来看,双桩承载力小于两根单桩承载力之和,双桩沉降量均大于单桩沉降量。可见当桩间距较小时,由于应力重叠,产生"群桩"效应。因此,在设计中,当搅拌桩的置换率较大($m>20\%$),且非单行排列,桩端以下仍然存在较软弱的土层时,尚应验算下卧层地基强度(验算方法参见第二章)。

(8)搅拌桩复合地基变形验算。搅拌桩复合地基的变形包括桩群体的压缩变形和桩端下未

处理土层的压缩变形之和。即
$$s = s_1 + s_2$$
式中：s——搅拌桩复合地基变形；
　　　s_1——群桩体的压缩变形；
　　　s_2——桩端下未处理土层的压缩变形。

群桩体的压缩变形可按下式计算：
$$s_1 = \frac{(p_0 + p_{0l})l}{2E_{ps}} \tag{7-7}$$

式中：p_0——群桩体顶面处的平均压力(MPa)；
　　　p_{0l}——群桩体底面处的附加压力(MPa)；
　　　l——实际桩长(mm)；
　　　E_{ps}——群桩体压缩模量(MPa)；
$$E_{ps} = mE_p + (1+m)E_s \tag{7-8}$$

式中：E_p——搅拌桩的压缩模量(MPa)，可取$(120\sim150)f_{cu,k}$；
　　　E_s——桩间土的压缩模量(MPa)，由勘察报告提供。

大量搅拌桩设计计算及实测结果表明，桩体的压缩变形量仅变化在 $10\sim30$ mm 之间。当荷载大、桩较长或桩体强度小时取大值；反之取小值。

桩端下未处理土层的压缩变形 s_2，可按国家标准《建筑地基基础设计规范》的有关规定进行计算。

四、深层搅拌桩作为重力式挡土防渗墙的设计

1. 墙体类型

深层搅拌桩作为重力式挡土防渗墙时墙体类型一般有下述几种。

(1) 板式。当施工场地比较狭窄，墙体加固厚度受到限制，地层情况又较好，基坑开挖深度又不大时，可采用如图 7-4a 所示板型墙体。它是将深层搅拌桩相互搭接 $5\sim20$ cm，密打成板状的水泥土挡墙。当采用灌注桩或预制桩挡土，深层搅拌桩只起止水作用时，也可布置成图 7-4a 所示的板型挡墙。

当基坑开挖深度较大时，可将深层搅拌桩布置成如图 7-4b 所示的厚板状（桩间搭接，排间相切）。

(2) 格栅型。当施工场地比较宽敞，墙体加固厚度不受限制时，在满足围护结构安全，保证墙体一定厚度的前提下，可减少墙体中的部分桩数，将水泥土墙体制成格栅型，即将几排桩密打成板状的墙体，隔一定距离，再用桩将它们相互连接起来，形成格栅型挡墙，见图 7-4c（为了增强整体性，也可布置成排间搭接的型式）。这种型式的挡墙可用较少的桩数获得较大的挡墙厚度。

(3) 变断面型。为增强墙体的抗倾覆、抗滑动能力，增加支护结构的安全系数，可采取局部加强措施，在基坑内侧的基坑底面下打设一、二排搅拌桩，形成下宽上窄的变断面型水泥土挡墙，如图 7-4d 所示。

(4) 墙体加筋型。由于水泥土挡墙的抗拉强度较低，为增强墙体的抗弯能力，可在深层搅拌桩组成的墙体内加筋，可加型钢、钢筋或毛竹。

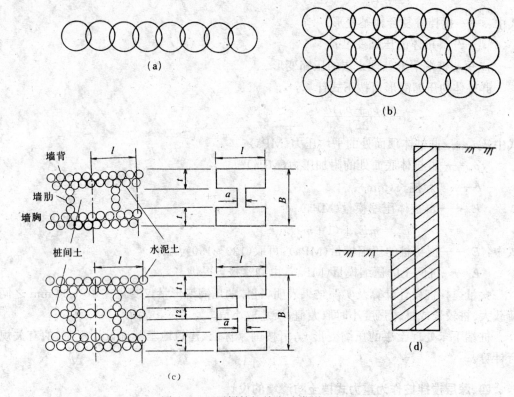

图 7-4 深层搅拌桩挡土墙类型
(a)板式;(b)厚板式;(c)格栅型;(d)变断面型

2. 按重力式挡墙设计计算

(1)初步拟定挡墙参数。水泥土挡墙主要参数为挡墙厚度及挡墙深度,挡墙厚度可初步确定为基坑开挖深度的 0.5 倍,挡墙深度可初步确定为基坑开挖深度的 1.6~2 倍。

(2)挡墙验算。根据初步拟定的挡墙参数进行验算,必要时进行修改,直到满足设计要求为止。

挡墙验算主要包括滑动稳定性验算、倾覆稳定性验算和墙身材料应力验算(图 7-5)。

①滑动稳定性验算:假设滑动面发生在水泥土挡墙底面与下卧土层之间的接触面,则

$$K_h = \frac{\mu W + K E_p}{E_a} \geqslant 1.3 \tag{7-9}$$

式中:K_h——抗滑稳定系数;
W——水泥土挡墙自重;
μ——挡墙与地基土的摩擦系数;
E_p——被动土压力;
K——被动土压力折减系数,为防止墙顶位移过大,$K<1$;
E_a——主动土压力。

②倾覆稳定性验算:

$$K_q = \frac{W_b + K E_p h_p}{E_a h_a} \geqslant 1.5 \tag{7-10}$$

式中：K_q——抗倾覆稳定系数；

$b、h_p、h_a$——分别为 $W、E_p、E_a$ 对墙脚 A 的力臂(m)。

其余符号同前述。

③墙身材料应力验算：

$$\sigma = \frac{W_1}{2b} < \eta f_{cu,k} \quad (7-11)$$

$$\tau = \frac{E_{a1} - KE_{p1}}{2b} < \frac{1}{K_2}(\sigma \operatorname{tg}\phi + C) \quad (7-12)$$

式中：$\sigma、\tau$——分别为验算截面处的法向应力和剪切应力(kPa)；

W_1——验算截面以上的墙重；

E_{a1}——验算截面以上土的主动土压力；

E_{p1}——验算截面以上土的被动土压力；

$f_{cu,k}$——与现场配合比相同的室内水泥土无侧限抗压强度标准值((kPa)；

η——水泥土强度折减系数，取 0.35～0.5；

K_2——抗剪安全系数，K_2 取 1～1.43；

$\phi、C$——分别为墙身水泥土的内摩擦角(°)和粘聚力(kPa)。

其余符号同前述。

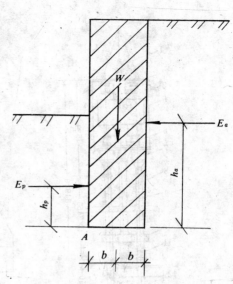

图7-5 重力式挡墙验算

五、施工工艺

1. 湿法深层搅拌

(1)施工机具及配套机械。深层搅拌机是进行深层搅拌施工的关键机械。目前，国内有中心管喷浆方式和叶片喷浆方式两种。后者是使水泥浆从叶片上若干个小孔喷出，使水泥浆与土体混合较均匀，这对于大直径叶片和连续搅拌是合适的。但因喷浆孔小易被浆液堵塞，它只能使用纯水泥浆而不能使用其他固化剂，且加工制造较为复杂。中心管输浆方式中的水泥浆是从两根搅拌轴之间的另一根管子输出，当叶片直径在 1 m 以下时也不影响搅拌的均匀度。而且可以适用于多种固化剂，除纯水泥浆外，还可用水泥砂浆，甚至掺入工业废料等粗粒物质。

图 7-6 为 SJB-1 型深层搅拌机的构造示意图。其配套设备见图 7-7。

(2)施工程序。深层搅拌法的施工工艺流程参见图 7-8。

①定位。起重机或塔架将深层搅拌机吊至预定桩位、对中，当地面起伏不平时，应使起吊设备保持水平；

②预搅下沉。待深层搅拌机的冷却水循环正常后，启动搅拌机电机，放松起重机钢丝绳，使搅拌机沿导向架搅拌切土下沉。下沉速度可由电机的电流监测表控制，工作电流不应大于70 A。如果下沉速度太慢，可从输浆系统补给清水以利钻进。

③制备水泥浆。待深层搅拌机下沉到一定深度时，即开始按设计确定的配合比制水泥浆。待压浆前将水泥浆倒入集料斗中。

④喷浆提升搅拌。深层搅拌机下沉到设计深度后，开启灰浆泵将水泥浆压入地基中，并且边喷浆、边旋转，同时严格按照设计确定的提升速度来提升深层搅拌机。

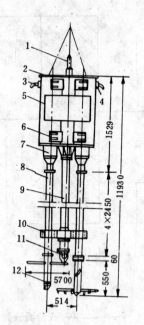
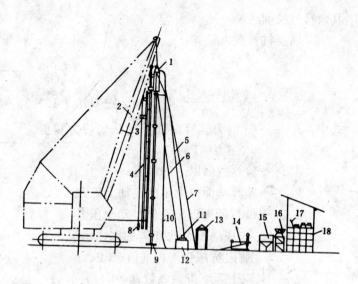

图 7-6 SJB-1 型深层搅拌机
1—输浆管；2—外壳；3—出水口；4—进水口；
5—电动机；6—导向滑块；7—减速器；8—搅拌轴；
9—中心管；10—横向系板；11—球形阀；12—搅拌头

图 7-7 深层搅拌机配套机械和控制仪表
1—搅拌机；2—起重机；3—测速仪；4—导向架；5—进水管；6—回水管；7—电缆；8—重锤；9—搅拌头；10—输浆胶管；11—冷却泵；12—储水池；13—控制柜；14—灰浆泵；15—集料斗；16—灰浆拌制机；17—磅称；18—工作平台

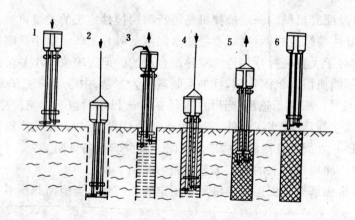

图 7-8 深层搅拌法施工工艺流程
1—定位；2—预搅下沉；3—喷浆搅拌上升；4—重复搅拌下沉；5—重复搅拌上升；6—搅拌完毕

⑤重复上、下搅拌。深层搅拌机提升至设计加固土层的顶面标高时，集料斗中的水泥浆应正好排空。为使软土和水泥浆搅拌均匀，可再次将搅拌机边旋转边沉入土中，至设计加固深度后再将搅拌机提升出地面。

⑥清洗。向集料斗中注入适量清水，开启灰浆泵，清洗全部管路中残存的水泥浆，直至基本干净，并将粘附在搅拌头的软土清洗干净。

⑦移至下一根桩位,重复上述步骤,继续施工。

考虑到搅拌桩顶部与基础或承台的接触部分受力较大,通常可对桩顶 1.0～1.5 m 范围内再增加一次输浆,以提高其强度。

2. 干粉喷射搅拌法

(1)施工机械。施工机械主要有钻机、空气压缩机、发送器等,见图 7-9。

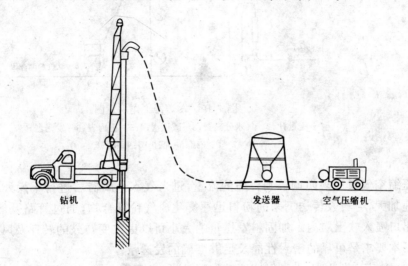

图 7-9 干粉喷射搅拌机设备组成

①钻机。钻机是粉体喷射搅拌法施工的主要成桩设备。由于桩的间距小,必要的情况下甚至桩与桩相连呈壁状或呈网格状,因此要求钻机能自动移位。钻机采用车装式或液压步履式。

钻头的型式优劣关系到成桩质量的好坏以及成桩效率的高低,同时也影响到转距的大小。钻头的设计原则:满足钻速快、喷粉搅拌均匀的要求;钻头的型式应保证反向旋转提升时,对桩中土体有压密作用,而不是使灰、土向地面翻升降低其桩体质量。

对钻杆要求具有一定的刚度,其长度由加固深度决定。全长应是一个整根,连结方式应满足正转、反转以及能承受足够提升能力的要求。钻杆的截面形状应为方形,以便气粉分离后顺利气体排出。

因为提升速度、喷粉数量、搅拌次数三者是有机联系的,提升设备必须满足加固材料与软土的均匀搅拌,等速提升是保证桩体质量的关键。由于钻头直径较大,所以提升力的设计必须考虑足够的安全系数。

在整个成桩过程中,从钻头入土至提出地面,不允许在中途停顿接长或减少钻杆,以防在停风的一刹那,使管路及钻杆中的灰粉降落,集中于较低段,特别是钻杆下端。因停风会使钻杆内压力消失,造成地下水倒涌入钻杆内,使粉体加固料成为不易流动的粘糊状物。以上现象当第二次送风时,往往造成堵塞,所以钻架设计高度必须满足加固深度的要求。钻架的型式根据运行、加工条件的不同可分为折叠式或拉杆式。

②空气压缩机。空气压缩机的选择原则,主要应满足压力及风量的要求。风压及风量的大小取决于加固深度及钻杆的型式。风压小则表现为孔深时送粉困难;风量过小则表现为携带水泥粉的能力不够,特别是当供灰罐需要加大风量时,则感到力不从心,往往导致返工。风压风量过大除浪费能源、增大体积和自身质量外,更糟的是容易把加固料喷出地表造成污染和浪费。

③发送器。这是用来定时定量发送粉体加固材料的设备。其工作原理如图 7-10 所示。

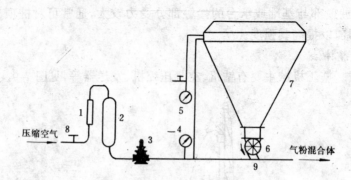

图 7-10 发送器工作示意图
1—流量计；2—气水分离器；3—减压阀；4、5—压力表；6—发送器转鼓；
7—贮灰罐；8—截止阀；9—喉管

压缩空气通过阀门调节到合适的流量，进入气水分离器后进行干燥处理，经喉管后，空气的流速加大，与转鼓传送下来的粉料迅速雾化成气粉混合物，通过管路及旋转接头，经钻杆由钻头出口喷入软土层内。加固料发送量的大小可以由改变转鼓的转速及风量来实现。对发送器的基本要求是可靠的密封性能及足够准确的发送量。

(2)施工工艺设计。为了保证地基加固效果，必须事先进行工艺性设计，并在施工过程中据此严格控制。

①灰土搅拌效果控制。灰、土的搅拌效果，通常用土体中任一点经钻头搅拌的次数 t 来控制。t 值可通过室内模拟试验或现场试验获得。施工中 t 值应满足式 7-13 的要求。

$$t = \frac{h \sum Z}{v} n \geqslant 20 \sim 40 \tag{7-13}$$

式中：h——钻头叶片垂直投影高度(m)；

$\sum Z$——钻头叶片总数；

v——钻头提升速度(m/min)；

n——搅拌轴转速(r/min)。

由(7-13)式可知，施工中主要是通过控制提升速度和转速来达到控制搅拌次数的。

②单位时间内的粉体喷出量计算。粉体发送器单位时间内粉体的喷出量 q 按下式计算：

$$q = \frac{\pi}{4} D_1^2 \rho_d a_w v \tag{7-14}$$

式中：ρ_d——软土的干密度(t/m³)；

a_w——水泥或石灰掺入比，由室内试验提供；

v——钻头提升速度(m/s)；

D_1——钻头直径(m)。

③在正式施工前，应先打试验桩，最后验证喷粉量和施工技术参数是否符合要求。

(3)施工顺序如图 7-11 所示：

①清理场地。当工作场地表层硬壳很薄时，要先铺填砂，以便施工机械在场区内顺利移动和施钻。但不宜铺垫碎石材料，以免给施钻造成困难。如果场地内埋有石质材料或植有树木，需将石质材料搬走，树木及其根部挖除。

②钻机对位。移动喷射搅拌机,使钻头对准设计桩位,并使钻杆(搅拌轴)保持垂直。

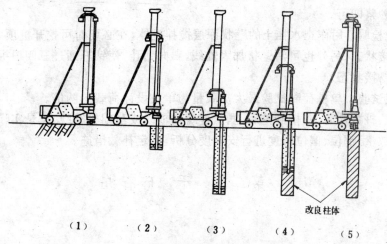

图 7-11 干粉喷射搅拌法的施工顺序
(1)就位;(2)贯入;(3)贯入结束;(4)提升;(5)提升结束

③下钻。启动搅拌钻机及空压机,钻头边旋转边钻进,当钻进地表以下 0.5 m 时开始送压缩空气,直至钻至预定深度。在这个过程中,虽然不喷粉,但为了钻头的冷却、防止喷射口堵塞、减小阻力及防止地下水侵入钻杆内部,压缩空气一直不停止供给。随着钻进,准备加固的土体在原位被搅碎。

④钻进结束。钻头钻至加固设计标高后停钻。

⑤提升。改变钻头的旋转方向,钻头边反向旋转边提升,同时通过粉体发送器将加固粉料喷入被搅动的土体中,使土体和粉体料进行充分拌合。

⑥提升结束、桩体形成。当钻头提升至上部加固设计标高(距地面 0.5 m)时,发送器停止向孔内喷射粉料,成桩结束。在整个喷粉搅拌过程中应随时注意监视流量、转速、压力、提升速度等仪表的运转情况。

以上是指一般情况下正常的施工工艺操作顺序。有时也可采用两次搅拌法或先喷灰后搅拌等工艺作业顺序。因此,应根据不同的地质条件及工程类别,事先进行工艺性设计。

六、质量检验

(1)检查施工记录。施工过程中应随时检查施工记录,并对每根桩进行质量评定。对于不合格的桩应根据其位置和数量等具体情况,分别采取补桩或加强邻桩等措施。

(2)轻便触探检验。在成桩后 7 天内用轻便触探器进行桩身质量检验,通过触探击数检验桩身水泥土强度,当桩身 1 天龄期击数 N_{10} 已大于 15 击时,桩身强度已能满足设计要求,或者当 7 天龄期击数 N_{10} 已大于原天然地基击数的 1 倍以上时,桩身强度一般也能达到设计要求。

用轻便触探器中附带的勺钻在搅拌桩身中心钻孔,取出水泥土桩芯,观察其颜色是否一致,是否存在水泥富集的"结核"和未被搅匀的土团。

(3)桩身取样强度检验。为保证试件尺寸不小于 $50 \times 50 \times 50$ mm,钻孔直径不宜小于 108 mm。一般可在轻便触探后,对桩身强度有怀疑的区段截取芯样,制成试件,进行桩身实际强度测定。

(4)桩顶强度检验。可用直径 φ16 mm、长度 2 m 的平头钢筋,垂直放在桩顶。如用人力能压入 100 mm(龄期 28 天),表明桩顶施工质量有问题,一般可将桩顶挖去 0.5 m,再填入 C10 的混凝土或砂浆即可。

(5)开挖检验。用作止水挡土的壁状深层搅拌桩体,在必要时可挖开桩顶3～4 m深度,检查其外观搭接状态。另外也可沿壁状加固轴线,斜向钻孔,使钻杆通过三四根桩身,即可检查深部相邻桩的搭接状态。

(6)荷载试验。单桩荷载试验最大加载量为单桩设计荷载的两倍。

(7)桩位、桩数检验。基槽开挖后,测量建筑物轴线或基础轮廓线,记录实际桩数和桩位,根据偏位桩的数量、部位、偏位程度进行安全度分析,确定补救措施。

第二节 干冲碎石桩

一、概述

目前碎石桩主要有两种施工方法,一是振冲碎石桩法;二是干冲碎石桩法。所谓振冲碎石桩法就是用起重机吊起如图 7-12 所示的振冲器启动振动器中的潜水电机后带动偏心块,使振冲器产生高频振动,同时开动水泵,使高压水通过射水管喷嘴喷射高速水流冲击孔底(振冲法施工配套机械见图 7-13)。在边振、边冲的联合作用下,将振冲器沉到预定深度,并形成

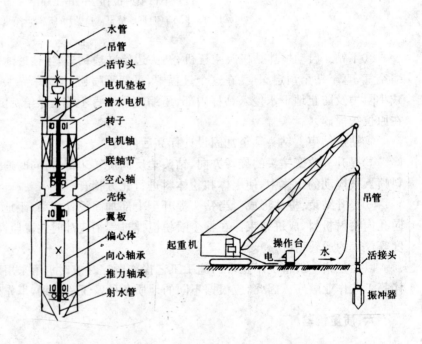

图 7-12 振冲器构造图　图 7-13 振冲法施工配套机械

钻孔。经过清孔后就可从地面向孔中逐段填入碎石,当填入的每段碎石料在振动器的振动作用下均被振挤到要求的密实度后,可提升振冲器再投入下一段碎石料,如此重复填料和振密直至地面,从而在地基中形成一根大直径的密实的碎石桩,这种施工方法称为振冲碎石桩法。江苏省江阴市振冲器厂生产的振冲器其型号及参数见表 7-3。由于振冲碎石桩法需要泥浆循环和排除泥浆,且需要有专用设备,因而产生了干冲碎石桩施工法。

如图 7-14 所示,通过冲锤在套管(俗称成孔管)内不断地冲击套管底部的碎石塞,将套管带到预定深度,然后稍提起套管将碎石塞冲出管底,再分段填入碎石料,分段提升套管,分段将套管内的碎石冲出管底并冲密,从而在地基中形成一根直径较大的密实的碎石桩,这种成桩方法称为干冲碎石桩法。它克服了振冲碎石桩法需排除大量泥浆的弊病,还具有使用简单设备,

配套设备少及操作简便等优点,本节主要介绍这种施工方法。

表 7-3 振冲器系列参数

类别	型号		ZCQ13	ZCQ30	ZCQ55
潜水电机	功率	kW	13	30	55
	转速	r/min	1 450	1 450	1 450
	额定电流	A	25.5	60	100
	振动频率	次/min	1 450	1 450	1 450
振动机体	不平衡部分重量	kg	31	66	104
	偏心距	cm	5.2	5.7	8.2
	动力矩	N·cm	1 490	3 850	8 510
	振动力	N	35 000	90 000	200 000
	振幅(自由振动时)	mm	2	4.2	5.0
	加速度(自由振动时)	m/s²	4.5	9.9	11
	振动体直径	mm	φ274	φ351	φ450
	长度	mm	2 000	2 150	2 359
	总重量	kg	780	940	1 800

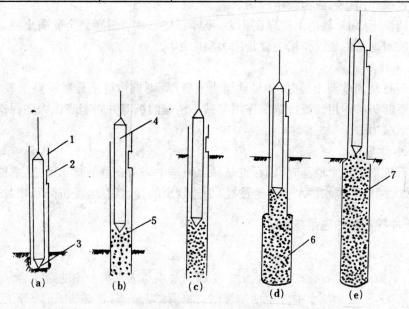

图 7-14 干冲碎石桩成桩程序
(a)桩点挖坑竖起成孔管;(b)扶正成孔管投石待冲;(c)冲击碎石成孔管到底
(d)初次提管冲成桩底;(e)桩体形成拔出成孔管
1—成孔管;2—投石口;3—桩位;4—冲锤;5—碎石;6—打桩底;7—成桩

二、干冲碎石桩对地基的加固作用

1. 挤密作用

在成桩过程中,碎石将地基土中小于或等于碎石体积的土体挤向碎石桩周围,对碎石桩周围的土层产生很大的横向挤压力,使桩周土层的孔隙比减小,密度增大,承载力提高,即对桩周土起到了挤密作用。碎石桩对桩周土的挤密作用的大小随桩周土的土性的不同而不同,对于人工填土和松散—稍密的砂土,挤密效果最好;但对于饱和软粘土,挤密效果较差,且会造成较大的土层侧向流动和地表隆起。

2. 置换作用(应力集中作用)

软弱地基经碎石桩加固后,变成由碎石桩和桩间土组成的物理力学性质各异的"复合地基",如图 7-15 所示。

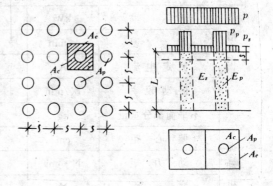

图 7-15 碎石桩复合地基

当荷载作用于复合地基上时(假设基础是刚性的),则在基础底面的平面内,碎石桩和桩间土的沉降量是相等的。由于桩的压缩模量大于桩间土的压缩模量($E_p > E_s$),则荷载将向碎石桩上集中。与此相应地作用于桩间土上的荷载就降低了,从而使复合地基承载力较原天然地基承载力高,压缩性比原天然地基低。这就是碎石桩的置换作用或称应力集中作用。

一般情况下,如果软弱土层厚度不大,则碎石桩桩体可贯穿整个软弱土层,直达相对硬层,此时碎石桩对地基的加固作用主要是应力集中作用。

3. 垫层作用

用碎石桩加固软弱土层时,如果软弱土层较厚,则桩体可不必贯穿整个软弱土层,此时复合地基主要起垫层作用。通过垫层作用来减小地基的沉降并将基底压力向深部扩散而提高地基的整体承载力。

4. 排水作用

用碎石桩加固粘土地基时,碎石桩是粘土地基中一个良好的排水通道,它能起到排水砂井的作用,大大缩短孔隙水的水平渗透途径,加速软土的排水固结,使沉降稳定加快。

三、干冲碎石桩的应用范围

1. 适应的地层情况

(1)人工填土。碎石桩在人工填土中的加固效果与人工填土中的杂质含量与性质、堆积时间等因素有关,一般杂填土中含生活垃圾时,加固效果较差;含砖块、石块等工业垃圾时,含量越多加固效果越好。另外,人工填土填筑时间在 10 年以上,粗碎石块含量达 30%~50% 时效果也还可以。人工填土用干冲碎石桩处理后,地基承载力可提高 20% 左右,有时甚至可成倍提高。

(2)粘性土及粉土。粘性土具有孔隙比大而渗透系数小的特点,用干冲碎石桩加固粘性土时,粘性土的早期强度不是增加而是降低,随着粘性土中的孔隙水的缓慢排出和粘性土结构的逐步恢复,粘性土的强度逐步恢复并有所提高。据统计,粘土及粉质粘土的强度可增强8%～9%左右,粉土的强度可增加18%左右。

(3)粉细砂。粉细砂层一般作为碎石桩的桩端承力层,粉细砂渗透系数较大,能较迅速地排出孔隙水,用碎石桩加固的效果较好。

2. 适应的基础类型

碎石桩可用于筏基、条基及独立基础下面的地基处理,其优劣顺序为筏基优于条基,条基优于独立基础。

3. 不宜采用的情况

当地基土为不排水、抗剪强度平均值小于20 kPa的粘性土时,由于成桩困难,不宜采用。

四、碎石桩复合地基的设计计算

1. 碎石桩复合地基承载力标准值 $f_{sp,k}$

(1)碎石桩复合地基载荷试验确定。单桩复合地基载荷试验的压板可用圆形或方形,其面积为一根桩所承担的处理面积;多桩复合地基载荷试验的压板可用方形或矩形,其尺寸按实际桩数所承担的处理面积确定。压板材料为钢筋混凝土板或厚钢板,压板底高程应与基础底面设计高程相同,压板下宜设中粗砂作平层。

加荷等级可分8～12级。总加载量不宜小于设计要求值的两倍。每加一级荷载Q,在加载前后应各读记压板沉降s一次,以后每半小时读记一次。当一小时内沉降增量小于0.1 mm时即可加下一级荷载。对于饱和粘性土地基中的振冲桩或碎石桩及砂石桩,一小时内沉降增量小于0.25 mm时即可加下一级荷载。当出现下列现象之一时,可终止试验:①沉降急骤增大,土被挤出压板或压板周围地面出现明显裂缝;②累计的沉降量已大于压板宽度或直径的10%;③总加载量已为设计要求值的两倍以上。卸荷可分三级等量进行,每卸一级,读记一次回弹量,直至变形稳定。绘出压板上所加的载荷Q与下压沉降量s之间的关系曲线,即Q-s曲线。

复合地基承载力基本值通过Q-s曲线按下列方法确定:①当Q-s曲线上有明显的比例极限时,可取该比例极限所对应的荷载;②当极限荷载值能确定,而其值又小于对应比例极限荷载值的1.5倍时,可取极限荷载的一半;③按相对变形值确定:对于砂石及碎石桩以粘性土为主的地基,可取s/b或$s/d=0.02$所对应的荷载(b或d分别为压板宽度或直径);对于以粉土或砂土为主的地基,可取s/b或$s/d=0.015$所对应的荷载;对于土挤密桩复合地基,可取s/b或$s/d=0.010～0.015$所对应的荷载;对于灰土挤密桩复合地基,可取s/b或$s/d=0.008$所对应的荷载;对于深层搅拌桩或旋喷桩复合地基,可取s/b或$s/d=0.004～0.010$所对应的荷载。

试验点的数量不应少于3点,当满足基本值的极差(最大值与最小值之差)不超过平均值的30%时,可取基本值的平均值为复合地基承载力标准值。

(2)分别做单桩静载荷试验及桩间土的静载荷试验,再按下式确定复合地基承载力标准值:

$$f_{sp,k}=mf_{p,k}+(1-m)f_{s,k} \tag{7-15}$$

式中:$f_{sp,k}$——复合地基承载力标准值(kPa);

$f_{p,k}$——桩体单位横截面积承载力标准值(kPa);

$f_{s,k}$——桩间土的承载力标准值(kPa);

m——面积置换率。

$$m=\frac{d^2}{d_e^2} \tag{7-16}$$

式中：d——桩的直径(m)；

d_e——等效影响圆的直径(m)；

等边三角形布桩　　$d_e=1.05S$

正方形布桩　　$d_e=1.13S$

矩形布桩　　$d_e=1.13\sqrt{S_1 \cdot S_2}$

S、S_1、S_2 分别为桩的间距、纵向间距和横向间距。

(3)按天然地基土承载力标准值和桩土应力比(图 7-15 中的 P_p/P_s)的经验值确定：

对小型工程的粘性土地基，如无现场静载荷试验资料，复合地基的承载力标准值可按 JGJ 79—91 中经验公式计算：

$$f_{sp,k}=[1+m(n-1)]f_{s,k} \tag{7-17}$$

或

$$f_{sp,k}=[1+m(n-1)](3S_v) \tag{7-18}$$

式中：n——桩土应力比，无实测资料时可取 2～4，原土强度低取大值，原土强度高取小值；

S_v——桩间土的十字板抗剪强度，也可用处理前地基土的十字板抗剪强度代替(kPa)；

式中其他符号同(7-15)式所示。

2. 碎石桩复合地基变形(s)计算

如果碎石桩未打穿高压缩性土层，则复合地基变形由经过碎石桩加固后的复合地基压缩变形值和下部未加固土层的变形值两部分组成：

$$s=s_{sp}+s_s = \psi_{sp}\sum_0^L \frac{\bar{\sigma}_{zi}}{E_{sp}}\Delta H_i + \psi_s \sum_L^{Z_n}\frac{\bar{\sigma}_{zi}}{E_{si}}\Delta H_i \tag{7-19}$$

式中：s_{sp}——复合地基压缩变形值(mm)；

s_s——未加固土层变形值(mm)；

L——从基础底面算起的碎石桩长度(mm)；

Z_n——地基沉降计算深度(mm)，按 $\sigma_{zn}/(\sigma_c)_{zn}=0.2$(一般土层)或 0.1(软弱土层)确定；

σ_{zn} 及 $(\sigma_c)_{zn}$ 分别为 Z_n 处地基土的附加应力和自重应力；

ΔH_i——分层土的厚度(mm)；

σ_{zi}——第 i 层分层地基土所受的平均附加压力(MPa)；

ψ_{sp}——复合地基沉降计算修正系数，由实测资料统计求得，无统计资料时可取 $\psi_{sp}=1$；

ψ_s——下卧层沉降计算修正系数，可参考《上海市地基基础设计规范》在 0.7～1.3 之间取值；

E_{sp}——碎石桩复合地基压缩模量(MPa)：

$$E_{sp}=[1+m(n-1)]E_s \tag{7-20}$$

或

$$E_{sp}=\eta f_{sp,k} \tag{7-21}$$

式中：E_s——桩间土压缩模量，无实测资料时可取天然地基土的压缩模量(MPa)；

$f_{sp,k}$——复合地基承载力标准值(kPa)；

n——桩土应力比，无实测资料时，对粘性土可取 2～4；对粉土可取 1.5～3；原土强度低

取大值,原土强度高取小值;

m——面积置换率;

η——经验系数,对以粗颗粒为主的填土、粉土、砂土,$\eta=0.04\sim0.05$;对淤泥、淤泥质土,$\eta=0.025\sim0.035$。

3. 碎石桩复合地基设计计算步骤

(1)收集资料。设计之前需要收集的资料有:工程地质勘察资料,基础设计资料,对碎石桩复合地基承载力的要求及复合地基变形要求,已建工程的地基处理经验等。

(2)确定桩径及桩长。碎石桩的设计直径取决于导管直径:使用 $\phi 325$ mm 导管时,碎石桩的设计直径为 $\phi 500$ mm;使用 $\phi 377$ mm 导管时,碎石桩的设计直径一般为 $\phi 550\sim\phi 600$ mm,不得大于 $\phi 600$ mm。

桩长必须穿过软弱土层至压缩性较低的硬层,从地面标高算起宜在 10 m 以内,并应满足桩端持力层和下卧层强度以及沉降变形的要求。基底标高以下,桩长不应小于 4 m;基底标高以上,桩长应大于 0.5 m。桩端的终孔标准宜在现场试打,通过试打测定最后 500 mm 桩长的锤击数作为工程桩终孔的控制标准。

(3)由(7-17)式或(7-18)式算出面积置换率 m。

(4)根据单桩设计直径 d 求出单桩加固面积 A_e,$A_e=\dfrac{\pi}{4m}d^2$,进而求出桩间距离:

等边三角形布桩 $\qquad S=1.075\sqrt{A_e}$ (7-22)

正方形布桩 $\qquad S=\sqrt{A_e}$ (7-23)

矩形布桩 $\qquad S_1\cdot S_2=A_e$ (7-24)

(5)计算每米桩长投石量 $q(\text{m}^3/\text{m})$

$$q=\frac{\pi}{4}d^2 k \qquad (7\text{-}25)$$

式中:d——设计桩径(m);

k——挤密系数,一般取值为 $1.2\sim1.3$。

(6)确定干冲碎石桩的复合地基构造。筏板基础宜优先采用等边三角形布桩,也可采用正方形布桩;条形基础最少应设置两排桩,并宜采用正方形布桩。

桩径一般为 $\phi 500\sim\phi 600$ mm,对于淤泥及淤泥质土宜选用较大的桩径。

桩距不宜小于桩径的两倍,且不得小于 1 m,也不得大于桩径的 4 倍;桩中心至基础边缘的距离宜等于桩径,不得小于 0.5 倍桩径;当条形基础因构造需要而布置二排桩时,可不设保护桩,其他基础边缘外均宜设置保护桩 $1\sim3$ 排;对基础设有沉降缝处,应在缝的两侧局部范围内加密桩距或对原桩进行复打。

基础施工前应将基底以下松散体清除,清除厚度不小于 300 mm,然后回填碎石垫层,并夯实或碾压密实,筏板基础的回填垫层应超出基础边缘 $300\sim500$ mm。

五、干冲碎石桩施工与检验

1. 施工设备

干冲碎石桩施工设备包括:桩架、提升卷扬、导管和冲击锤等几部分。它们应分别满足以下基本性能:

(1)桩架应有足够的刚度、高度、底面积和整体性,以保证安全作业和桩架的移位。

(2)导管为厚壁无缝钢管。当设计桩径为 ϕ500 mm 时,导管直径应不小于 ϕ325 mm;当设计桩径为 ϕ600 mm 时,导管直径应不小于 ϕ377 mm。导管长度必须保证入土深度不小于设计桩长。导管投料口开口宽度不大于导管周长的 1/5,投料口间距不小于 1 500 mm。

(3)冲击锤重 10~15 kN,锤底端应为平面或顶角不小于 160°的缓锥形。冲击锤和提缆的联接应为活动连结。

(4)提升卷扬应保证足够的提升力,冲击卷扬应保证冲击锤自由下落。

2. 桩的施工顺序

在软弱粘性土地层采用由里向外或从一边推向另一边的方式(如图 7-16a、b),因为这种方式有利于挤走部分软土。如果由外向里制桩,中心区的桩很难制好。对于抗剪强度很低的软

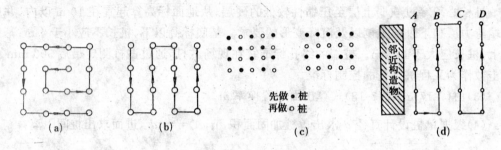

图 7-16 桩的施工顺序
(a)由里向外方式;(b)一边推向另一边方式;(c)间隔跳打方式;(d)减少对邻近建筑物振动影响的施工顺序

粘土地基,为了减少制桩时对软土的扰动,也可采用间隔跳打的方式,如图 7-16c。当加固区毗邻其他建筑物时,为了减少对建筑物的振动影响,宜采用如图 7-16d 的施工顺序。对于大面积沙土地基,可用"围幕法"施工,即可先在外围造 2~3 圈(排)桩,再由外向内隔圈跳打或依次向中心区造桩,以便更好地对砂基挤密。

3. 施工步骤

(1)定桩位:

①根据提供的基点坐标,测放基线,测放建筑物角点及轴线,基线布置在不受施工干扰和稳定的地方,精度应符合规范要求。

②根据建筑物轴线,用钢尺丈量桩位,为了保证桩位的精度,可采用挖坑定位,坑径 350 mm,坑深 300 mm。

(2)下成孔管:

①机架就位,对准桩位,调平机架,拉起成孔管(内套冲锤),直立于桩位上,并力求扶正。成孔管在下沉过程中应始终保持直立状态,如图 7-14a。

②提起冲锤,使下端高出投石口,沿投石口投石,装入管内的石桩高度约 0.5~1.5 m,如图 7-14b。

③用冲锤冲击碎石,把成孔管带到预定深度,如图 7-14c。开始用锤冲击碎石时应控制冲锤行程,轻冲缓下,待成孔管能够稳固直立时,再逐渐加大行程冲击,以碎石和管壁的摩擦力带动成孔管下行,直到带至预定深度。成孔管下行途中碎石柱可能被冲透(全部冲出管底),这时应补投碎石后再冲。下成孔管的全过程都是在成孔管内冲击碎石的。

(3)成桩:

①将成孔管上提约 1 m,以便管底脱离碎石柱。

②试透成孔管。轻冲管底 1～2 次，如成孔管不随冲击而下沉，可判定碎石已脱离管底，这时可提起冲锤投石。

③打桩底。前面所述的把成孔管带到"预定深度"，是指比设计桩深少 0.5～1 m 的那个深度。留下这段位置可供打桩底之用，也可避免将管口挂环或滑轮打进土层。打桩底这一阶段共需碎石 0.3～0.4 m³，每次投石约 0.03 m³，每次冲击 2～3 次，每次成孔管都可能下沉，因此每次都要把成孔管重新提到所谓"预定深度"，形成"投石—冲击—提管"三步一循环，直到桩底碎石密实度达到要求为止，如图 7-14d。若成孔管不随冲击下沉则不需提管，即遵循投石—冲击的循环方式。

④打桩身。打桩身时仍要坚持投石—冲击—提管的程序，与打桩底不同的是，每个"投石—冲击—提管"循环都要把成孔管均匀上提 0.3～0.5 m，在保证桩身密实度的情况下，逐渐增高桩身，直到打满（如图 7-14e）。

在打桩底、桩身时，也有把成孔管和冲锤提到桩孔旁，一次投石 0.1 m³ 左右，然后插入成孔管，使管随冲击而下行，如此依次把碎石冲至桩底，逐次升高桩身，把桩打满。这可大大减少透管时间，提高制桩速度，而仍能保证制桩质量。

在成桩过程中，经常会遇到局部过松或过软层，在这些部位要适当增加贯入量和锤击数，使桩径局部变粗，提高局部松软地层的置换率，以满足对桩体密实度的要求。

⑤打桩顶。承载时桩顶段应力较大，控制桩体上部质量是减少复合地基沉降量的重要途径，在成桩离地表 2～3 m 时，应适当增加碎石的贯入量和锤击数。

在实际工作中，成孔管的长度和桩长并不一定必须是对应的。当设计桩长大于成孔管长度较多时，成孔管仅在有限的长度内起防止孔眼缩径和导入碎石的作用。在成孔管下端的成孔过程是通过投入碎石，冲击后碎石挤入孔壁，由碎石形成孔壁并逐渐随着冲击往下延伸到设计孔深，然后再自下而上投石冲击成桩，这叫做"先护壁后制桩"。实践证明，当成孔管有效长度仅 6 m，桩长达 12 m 时，制桩仍可顺利进行。

4. 施工质量控制

(1) 碎石材料的选用。碎石材料可就地取材，一般采用未风化或微风化的硬质岩石。常用的粒径为 30～50 mm，含泥量应小于 10%，且不得含粘土块。

从理论上讲，粒径越大，级配越好，加固效果越好。但最大粒径超过 100 mm 时，会因下料困难或碎石形成架桥结构，影响桩体密实度，反而效果不好，故碎石最大粒径应控制在 80mm 为宜。若粒径过细，会影响成桩和桩体质量，故碎石料的最小粒径一般应控制在 20 mm。

制桩实践表明，当桩距较大时，可采用较大粒径的碎石料；当在被加固的土体中不易成桩时（淤泥或淤泥质土），制桩时可作一点改性处理，在每立方米的碎石料中掺入 20 公斤左右的生石灰，生石灰吸水使地层固结，生石灰还能对散粒状碎石起一定的胶结作用。

(2) 投石量控制。每米桩长投石量按 (7-25) 式计算，控制每米桩长投石量是获得连续的碎石桩身，避免缩径或断桩的关键途径，实际每米桩身投石量不得小于计算投石量的 1.1 倍。

(3) 桩体密实度控制。振冲碎石桩桩体密实度靠观测密实电流值予以控制。干冲碎石桩桩体密实度主要靠贯入度控制及"少吃多餐"予以保证。

贯入度控制就是在保证桩长和投石量的前提下，每米桩段要见到"不进锤"（即在锤击行程大于 3 m，一次锤击后桩面下降小于 50 mm 的这一锤），才能继续投石造桩。显然，若碰到软弱夹层，要保证桩体密实度，碎石的贯入量就会大于理论贯入量。现场操作者从桩体对重锤"反击波"的手感及夯实的声音可直观定性地判断桩体的密实度。

"少吃多餐"就是根据设计桩身直径和所用的成孔管直径,计算好每次投石量,控制每次投石量在导管内堆高应小于 1.5 m,成桩高度小于 0.34 m,导管内石料堆高过大,则石料与导管之间的摩擦力就过大,导管内的石料不易冲透,影响成桩效率;每次成桩高度过大,则桩体密实度难以保证,一般在投料后,提升成孔管约为投料高度的三分之一再开始冲击。

(4)桩位及桩体垂直度控制。桩位中心与桩点应尽量重合,偏差不得大于相邻桩距的 5%,严禁漏桩。垂直度偏差<3°。

5. 碎石桩加固软弱地基效果检验

加固效果检验包括对桩身密实度、桩间土的强度以及复合地基强度检验。检验时间,在砂类土及粗粒料为主的填土中,应在成桩后 15 天进行;粘性土则应在成桩 20 天后进行。

(1)桩身密实度检验:①方法及数量,采用重型动力触探进行检验,检验数量应不少于总桩数的 5%。

②合格标准,单桩平均击数不小于设计击数。小于设计击数的连续长度不大于 500 mm,累计长度不大于桩长的 15%。最小击数不小于设计击数的 70%。设计击数不小于 7 击/100 mm。

③检测桩数的合格率不应低于 90%,如低于 90%,再抽检总桩数的 5%,如合格率仍不超过 90%,则应按补桩处理。

(2)桩间土的检验,采用静力触探进行。检验点数应不少于总桩数的 3%。

(3)复合地基检验:采用载荷试验进行。压板面积应不小于单桩加固面积。试验数量不少于总桩数的 1%,并不应少于 3 点。

第三节 高压喷射注浆法(旋喷桩)

一、概述

高压喷射注浆法一般是用工程钻机成孔至设计处理的深度后(图 7-17a、b),用高压泥浆泵等高压发生装置,通过安装在钻杆杆端的特殊喷嘴,向周围土体喷射化学浆液(一般使用水泥浆液),同时钻杆以一定的速度渐渐向上提升,高压射流使一定范围内的土体结构遭到破坏,并使土与化学浆液混合、胶结、硬化,在地基土中形成直径均匀的圆柱体或尺寸一定的板壁(图 7-17c、d)。其分类详见表 7-4。

高压喷射注浆法是在灌浆法的基础上,应用高压喷射技术而发展起来的一项新的地基处理技术。灌浆法主要适用于砂类土,也可应用于粘性土。但在很多情况下,由于土层和土性的关系,其加固效果常不为人们所控制。尤其在沉积的分层地基和夹层多的地基中,注入剂往往沿着层面流动,而且在细颗粒的土中,注入剂难以渗透到颗粒的孔隙中,因此经常出现加固效果不明显的情况。高压喷射注浆法克服了上述灌浆法的缺点,将注入剂形成高压喷射流,借助高压喷射流对土体的切削混合,使硬化剂和土体混合,达到改良土质的目的。但对于砾石直径过大、含量过多及有大量纤维质的腐殖土,高压喷射注浆法的效果较差,有时还不如静压灌浆法的效果。在有地下水径流的地层、永久冻土层和无填充物的岩溶地段,不宜采用高压喷射注浆法。

高压喷射注浆法有下述作用:

①增加地基强度:提高地基承载力,减少土体压缩变形;

②挡土围堰及地下工程建设:保护邻近构筑物、基坑支护和防止基坑底部隆起以及地下管

道、涵洞坑道、遂道的护拱；

表 7-4 高压喷射注浆法分类

分类依据	类别	主 要 特 点
喷射流的移动方式	旋 喷	喷射时喷嘴一边提升、一边旋转，固结体呈圆柱状
	定 喷	喷射时喷嘴只提升、不旋转或作微摆，固结体呈板壁状
注浆管的类型	单管法	用单层注浆管，只喷射浆液
	二重管法	用双层注浆管，喷射浆、气同轴射流
	三重管法	用三层注浆管，喷射水、气同轴射流，同时注入浆液
	多重管法	用多层注浆管，喷射超高压水射流，被冲下的土全部抽出地面再用其他材料充填
置换的程度	半置换法	被冲下来的土部分排出地表，余下的和浆液搅拌混合凝固
	全置换法	被冲下来的土全部排出地表，形成的空间用其他材料充填

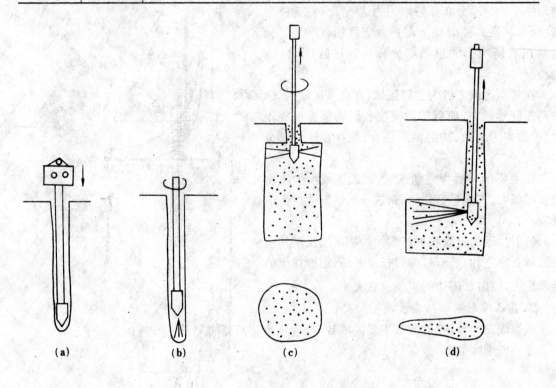

图 7-17 旋喷桩形成示意图
(a)振动法成孔；(b)水冲法成孔；(c)旋喷成桩；(d)定向喷射成壁

③增大土的摩擦力及粘聚力，防止小型坍方滑坡，锚固基础；
④减少设备基础振动，防止砂土液化；
⑤降低土的含水量：整治路基翻浆，防止地基冻胀；
⑥防渗"帷幕"：堤坝基防渗，采用地下井巷"帷幕"，防止管道漏气，地下连续墙补缺，防止涌砂冒水；
⑦防止桥涵、河堤及水工建筑物基础被水流冲刷。

二、加固机理

1. 高压喷射流结构

高压喷射加固的浆液通过装在钻杆侧面的喷嘴喷出后,具有很大的动能,产生高速射流。

当水流通过喷嘴在空气中喷出时,其喷射流的结构模型如图 7-18 所示。它由三个区域组成,即保持出口压力 p_0 的初期区域 A、紊流发达的主要区域 B 和喷射水变成不连续喷流的终期区域 C 等三部分。

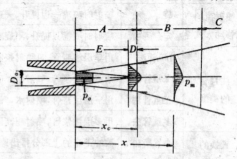

图 7-18 高压喷射流结构图

在初期区域中,喷嘴出口处速度分布是均匀的,轴向动压是常数。保持速度均匀的部分向前面愈来愈小,当达到某一位置后,断面上的流速分布不再是均匀的了。速度分布保持均匀的这一部分称为喷射核(即 E 区段),喷射核末端扩散宽度稍有增加。轴向动压有所减小的过渡部分称为迁移区(即 D 区段)。

在初期区域之后为主要区域,在这一区域内,轴向动压陡然减弱,喷射扩散宽度和距离平方根成正比,扩散率为常数,喷射流的混合、搅拌在这一部分内进行。

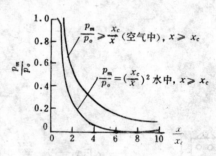

图 7-19 喷射流在中心轴上的压力分布曲线

在主要区域后为终期区域,到此区域喷射流能量衰减很大,末端呈雾化状态,这一区域的喷射流能量较小。

喷射加固的有效喷射长度为初期区域长度和主要区域长度之和,若有效喷射长度愈长,则搅拌土的距离愈大,喷射加固体的直径也愈大。

2. 高压喷射流动压力衰减

根据理论计算,喷射流在主要区域 B 中,动压力与距离的关系见图 7-19。

在空气中喷射水时:
$$\frac{p_m}{p_0}=\frac{x_c}{x} \tag{7-26}$$

在水中喷射水时:
$$\frac{p_m}{p_0}=\left(\frac{x_c}{x}\right)^2 \tag{7-27}$$

式中: x_c——初期区域的长度(m);

x——喷射流中心距喷嘴距离(m);

p_0——喷嘴出口压力(kPa);

p_m——喷射流中心轴上距喷嘴 x 距离之压力(kPa)。

根据实验结果

在空气中喷射时: $x_c=(75\sim100)D_0$

在水中喷射时： $x_c = (6 \sim 6.5) D_0$

式中：D_0——喷嘴直径。

3. 高压喷射流对土的破坏作用

破坏土的结构强度的最主要因素是喷射动压。根据动量定律,在空气中喷射时的破坏力为：

$$F = \rho \cdot Q \cdot v_m \tag{7-28}$$

式中：F——破坏力；

ρ——喷射流介质的密度；

Q——喷射流的流量，$Q = v_m \cdot A$；

v_m——喷射流的平均速度。

$$F = \rho \cdot A \cdot v_m^2 \tag{7-29}$$

式中：A——喷嘴面积。

由上式可见,破坏力 F 与平均流速 v_m 的平方成正比。所以在一定的喷嘴面积 A 的条件下,为了取得更大的破坏力,需要增加平均流速,也就是需要增加旋喷压力。一般要求高压脉冲泵的工作压力在 20 MPa 以上,这样就使射流像刚体一样,冲击破坏土体,使土与浆液搅拌混合,凝固成圆柱状的固结体。

4. 水、气同轴射流对土的破坏作用

单射流虽然具有巨大的能量,但由于压力在土中急剧衰减,因此破坏土的有效射程较短,致使旋喷固结体的直径较小。

当在喷嘴喷出的高压水射流的周围加上圆筒状空气射流,进行水、气同轴喷射时,在高压水喷射流和高速空气的共同作用下,破坏土体,并造成较大的空隙。同时,边注浆边旋转和边提升喷头,于是在土中旋喷成柱状加固体。图 7-20 为不同类喷射流中动水压力与距离的关系,表明高速空气具有防止高速水射流动压急剧衰减的作用。

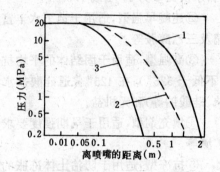

图 7-20 喷流轴上动水压力与距离的关系图

1—射流在空中单独喷射；2—水、气同轴喷射流在水中喷射；3—射流在水中单独喷射

图 7-21 喷射最终固结状况示意图

水、气同轴射流的结构也由初期区域、主要区域和终期区域所组成。而水、气同轴射流的初期区域大大地增大。例如,当 $p_0 = 20$ MPa 时,它的初期区域长度 $x_c = 10$ cm,而单独喷射水流的初期区域长度 x_c 约为 1.5 cm。同时,因水、气同时搅拌土体,如同沸腾,增加对土体的破坏,有利于旋喷桩土粒的细化和搅拌均匀。

高压喷射流在地基中的加固范围就是以喷射距离加上渗透部分和压缩部分长度为半径的圆柱体。一部分细小的土粒被喷射的浆液所置换,随着液流被带到地面上(俗称冒浆),其余的土粒与浆液搅拌混合,形成了如图7-21所示的结构。随着土质的不同,横断面的结构多少有些不同。由于固结体不是等颗粒的单体结构,固结质量不太均匀,通常中心的强度低,边缘部分强度高。

三、喷射浆液

1. 喷射注浆材料及配方

喷射注浆材料可分为水泥系浆液和化学浆液两大类。目前,广泛采用前者。

(1)水泥系浆液的类型较多,随地质条件不同,浆液材料各异。

①普通型,适用于无特殊要求的一般工程。一般采用325#或425#硅酸盐水泥,不加添加剂,水灰比多为1:1或1.5:1。

②速凝早强型,适用于地下水丰富或要求早期承重的工程。常用的早强剂有氯化钙、水玻璃及三乙醇胺等。

③高强型,适用于固结体的平均抗压强度在20 MPa以上的工程。措施:选用高强度水泥(不低于525#);在425#普通硅酸盐水泥中添加高效能的扩散剂(如NNO、三乙醇胺、亚硝酸钠、硅酸钠等)和无机盐。

④填充剂型,适用于早期强度要求不高的工程,以降低工程造价。常用的填充剂为粉煤灰、矿渣等。

⑤抗冻型,适用于防治土体冻胀的工程。常用的添加剂有:沸石粉(加量为水泥的10%～20%),NNO(加量0.5%),三乙醇胺和亚硝酸钠(加量分别为0.05%和1%)。注意不宜用火山灰质水泥,最好用普通水泥,也可用高标号矿渣水泥。

⑥抗渗型,适用于堵水防渗工程。常用2%～4%水玻璃作添加剂。水玻璃的模数(即其中SiO_2与Na_2O摩尔数的比值)要求为2.4～3.4,浓度要求为30～45波美度。注意应用普通水泥,不宜用矿渣水泥,如无抗冻要求也可使用火山灰质水泥。

⑦改善型,适用于某些有特殊要求的工程。如水坝的防渗墙,可在喷射浆液中加入10%～50%的膨润土,使固结体有一定可塑性并较好防渗性。

⑧抗蚀型,适用于地下水中有大量硫酸盐的工程,采用抗硫酸盐水泥和矿渣大坝水泥。

(2)水泥系浆液的水灰比可按注浆管类型加以区别,即

水灰比 $\begin{cases} 单管法、二重管法 1:1～1.5:1 \\ 三重管法、多重管法 1:1 \text{ 或更小} \end{cases}$

2. 浆液量计算

浆液量常用下列两种方法的计算结果,选用其大值。

(1)体积法(旋喷时适用):

$$Q=0.785[D_s^2 K_1 L_1(1+\beta)+D_k^2 K_2 L_2] \tag{7-30}$$

(2)喷量法:

$$Q=L_1 q(1+\beta)/v \tag{7-31}$$

式中:Q——需用总浆量(m^3);

　　　K_1——填充率,与注浆管类型,加固直径、土质等有关,变化范围为0.6～1.3,一般取0.75～0.9;

K_2——未旋喷部分土的填充率;一般取 0.5~0.75;
β——损失系数,一般取 0.1~0.2;
D_k、D_s——未旋喷部分直径、旋喷体直径(m);
L_1、L_2——已旋喷和未旋喷部分长度(m);
q——单位时间喷浆量(m^3/min)
v——喷嘴上升速度(m/min)。

四、设计计算

1. 旋喷桩桩体直径与桩体(固结体)强度

旋喷桩的桩体直径应通过现场制桩试验确定,它与喷射工艺、土的种类和密实程度密切相关,当喷射技术参数在表 7-8 的范围内时,可参考表 7-5。

表 7-5 旋喷加固土体直径(参考值)

土 质	标准贯入 N 值	旋喷加固土体直径(m)			
		单管法	二重管法	三重管法	多重管法
粘性土	0~10	1.2±0.2	1.6±0.3	2.2±0.3	2~4
	10~20	0.8±0.2	1.2±0.2	1.8±0.3	
	20~30	0.6±0.2	0.8±0.2	1.2±0.3	
砂类土	0~10	1.0±0.2	1.4±0.2	2.0±0.3	
	10~20	0.8±0.2	1.2±0.2	1.6±0.3	
	20~30	0.6±0.2	1.0±0.3	1.2±0.3	
砂 砾	20~30	0.6±0.2	1.0±0.3	1.2±0.3	

固结体强度主要取决于下列因素:①原地土质;②喷射材料及水灰比;③注浆管的类型和提升速度;④单位时间的注浆量。

注浆材料为水泥时,固结体抗压强度的初步设定可参考表 7-6。对于大型或重要工程,应通过现场喷射试验后采样测试来确定固结体的强度和渗透性等性质。

表 7-6 固结体抗压强度变动范围

土质	固结体抗压强度(MPa)		
	单管法	二重管法	三重管法
砂类土	3~7	4~10	5~15
粘性土	1.5~5	1.5~5	1~5

2. 旋喷桩单桩承载力

旋喷桩单桩竖向承载力标准值(R_k^d)通常可用两种方法来确定。
(1)按现场静载荷试验确定,参考本章第二节中的"碎石桩复合地基载荷试验"。
(2)按经验公式计算:
单桩竖向承载力标准值(R_k^d)可按下列二式计算,取其中较小值

$$R_k^d = \eta f_{cu,k} A_p \tag{7-32}$$

$$R_k^d = \pi \bar{d} \sum_{i=1}^n l_i q_{si} + A_p q_p \tag{7-33}$$

式中：$f_{cu,k}$——桩身试块(边长为 70.7 mm 的立方体)的无侧限抗压强度平均值；

η——强度折减系数，可取 0.35～0.50；

A_p——桩的平均截面积(m^2)；

$\bar{d}$——桩的平均直径(m)；

n——桩长范围内所划分的土层数；

l_i——桩周第 i 层土的厚度(m)；

q_{si}——桩周第 i 层土的摩擦力标准值(kPa)，可采用钻孔灌注桩侧壁摩擦力标准值；

q_p——桩端天然地基土的承载力标准值(kPa)，可按国家标准《建筑地基基础设计规范》GBJ 7—89 第三章第二节的有关规定确定。

3. 复合地基承载力

旋喷桩复合地基承载力标准值($f_{sp,k}$)应通过现场复合地基载荷试验确定。也可按下式计算或结合当地情况及与其土质相似工程的经验确定。

$$f_{sp,k}=\frac{1}{A_e}[R_k^d+\beta f_{s,k}(A_e-A_p)] \qquad (7-34)$$

式中：A_e——单桩承担的处理面积(m^2)；

A_p——桩的平均截面积(m^2)；

$f_{s,k}$——桩间天然地基土承载力标准值(kPa)

β——桩间天然地基土承载力折减系数，可根据试验确定，在无试验资料时，可取 0.2～0.6，当不考虑桩间软土的作用时，可取零。

4. 复合地基变形模量

桩长范围内复合土层以及下卧层地基变形值应按国家标准《建筑地基基础设计规范》GBJ 7—89 的有关规定计算。其中，旋喷桩复合土层的压缩模量(E_{ps})可按下式确定：

$$E_{ps}=\frac{E_s(A_e-A_p)+E_pA_p}{A_e} \qquad (7-35)$$

式中：E_s——桩间土的压缩模量(MPa)，可用天然地基土的压缩模量代替；

E_p——桩体的压缩模量(MPa)，可采用测定水泥土试体割线弹性模量的方法确定。

高压喷射注浆用于深基坑底部加固时，加固范围应满足按复合地基计算圆弧滑动或抵抗管涌的要求。

高压喷射注浆用于深基坑挡土时，应根据所承受的土压力进行相应的计算。

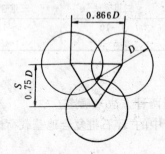

图 7-22 旋喷桩帷幕的孔距与排距

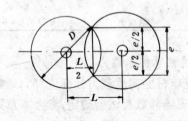

图 7-23 旋喷桩的交圈厚度

高压喷射注浆用作防水帷幕时，应根据防渗要求进行设计计算。

5. 喷射孔间距及布置

(1) 旋喷桩帷幕，最好按双排或三排布孔(图7-22和图7-23)。推荐：孔距 $L=0.866D$，排距 $S=0.75D$；旋喷桩的交圈厚度 $e=\sqrt{D^2-L^2}$。

(2) 定喷墙帷幕，形式如图7-24。

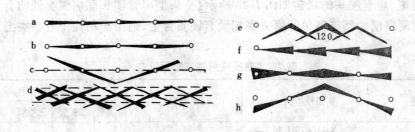

图 7-24 定喷帷幕的形式

a. 单喷嘴单墙首尾连接；b. 双喷嘴单墙前后对接；c. 双喷嘴单墙折线连接；
d. 双喷嘴双墙折线连接；e. 双喷嘴夹角单墙连接；f. 单喷嘴扇形单墙首尾连接；
g. 双喷嘴扇形单墙前后连接；h. 双喷嘴扇形单墙折线连接

(3) 地基加固工程，各旋喷桩不必交圈。推荐：孔距 $L=(2\sim3)D$ (D为旋喷设计直径)，布孔形式按工程需要而定。

五、旋喷桩施工

如前所述，喷射注浆法施工可分为单管法、二重管法和三重管法，其加固原理基本是一致的，施工工艺流程概括如图7-25所示。

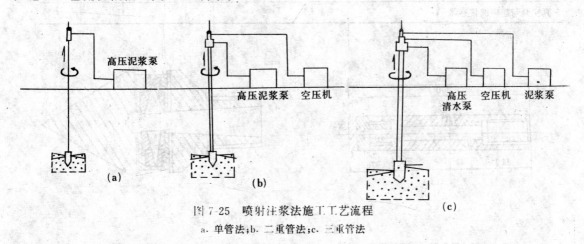

图 7-25 喷射注浆法施工工艺流程

a. 单管法；b. 二重管法；c. 三重管法

单管法和二重管法中的喷射管较细，因此当要将其贯入土中时，可借助喷射管本身的喷射或振动贯入，只是在必要时才在地基中预先成孔(孔径为 $\phi6\sim\phi10$ cm)，然后放入喷射管进行喷射加固。采用三重管法时，喷射管直径通常为 $7\sim9$ cm，结构复杂，因此往往需要预先钻一直径为 15 cm 的孔，然后置入三重喷射管进行加固。成孔可采用一般钻探机械，也可采用振动机械等。

1. 施工设备、器具

(1)设备。高压喷射注浆所需设备按所用注浆管类型不同而异,见表7-7。

(2)专用器具。①单层注浆管总成,包括单层注浆管、单管导流器和单管喷头。

单层注浆管一般用外径ϕ50 mm或ϕ42 mm的地质钻杆。每根长1~3.5 m,其连接螺纹处要采取密封措施。单管喷头的结构如图7-26所示。平头型单管喷头底端镶有硬质合金,可以钻进碎石土或较硬夹层。圆锥型单管喷头底端没有硬质合金,适用于粘性土或砂类土。

表7-7 高压喷射注浆需用设备

设备名称	型号举例	主要性能	所用注浆管			
			单管	二重管	三重管	多重管
钻机	XJ-100,SH-30 76型震动钻	依工程条件而不同	√	√	√	√
高压泥浆泵	SNC-H300型注浆车 Y-2型液压泵	泵量80~230 L/min 泵压20~30 MPa	√	√		
高压水泵	3XB 3W-6B 3W-7B	泵量80~250 L/min 泵压20~30 MPa			√	√
泥浆泵	BW-150 BW-200 BW-250	泵量90~150 L/min 泵压2~7 MPa			√	√
空压机	YV-3/8 ZWY-6/7 BH6/7 LGY20-10/7	风量3~10 m³/min 风压0.7~0.8 MPa		√	√	√
浆液搅拌机		容量0.8~2 m³	√	√	√	√
真空泵与超声波传感器						√

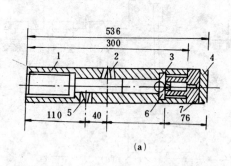
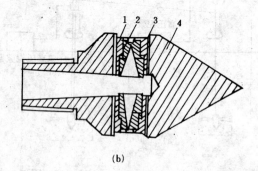

(a) (b)

图7-26 单管喷头

(a)平头型;1—喷嘴杆;2—喷嘴;3—钢球;4—硬质合金;5—喷嘴;6—球座;7—钻头;
(b)圆锥型;1—喷嘴套;2—喷嘴;3—喷嘴接头;4—钻尖。

②二重注浆管总成,包括二重管导流器、二重注浆管和二重管喷头。TY-201型二重注浆管的结构如图7-27所示,外管规格:ϕ42 mm×5 mm;内管规格:ϕ18 mm×2 mm。TY-201型二

重管喷头结构如图7-28所示,其侧面有浆、气同轴喷嘴,其环状间隙为1～2 mm。

③三重注浆管总成,包括三重注浆管、三重管导流器和三重管喷头。TY-301型三重注浆管的结构如图7-29所示,其内管规格为$\phi 18$ mm×3 mm;中管为$\phi 40$ mm×2 mm;外管为$\phi 75$ mm×4 mm。内管输送高压水,内—中管环隙输送压缩空气,外—中管环隙输送浆液。在外管表面对称地通常焊接两条宽×厚为30 mm×4 mm的扁钢。三重管喷头的结构如图7-30所示。

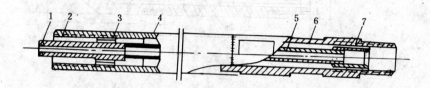

图7-27　TY-201型二重钻杆结构
1—"○"型橡胶圈;2—外管母接头;3—定位圈;4—$\phi 42$地质钻杆;
5—内管;6—卡口管;7—外管公接头

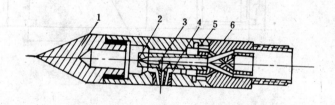

图7-28　TY-201型二重喷头结构
1—管尖;2—内管;3—内喷头;4—外喷嘴;5—外管;6—外管公接头

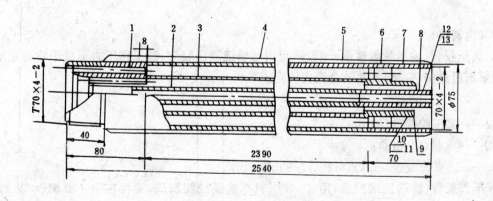

图7-29　TY-301型三重注浆管
1—内母接头;2—内管;3—中管;4—外管;5—扁钢;6—内公接头;7—外管;
8—内管公接头;9—定位器;10—挡圈;11—"○"型密封圈;12—挡圈;13—"○"型密封圈

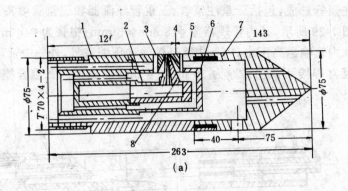

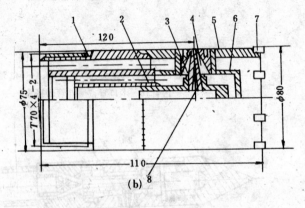

图 7-30 三重管喷头
(a)圆锥形喷头：1—内母接头；2—内管总成；3—内管喷嘴；4—中管喷嘴；5—外管；6—中管总成；
7—尖锥钻头；8—内喷嘴座
(b)平口型喷头：1—内母接头；2—内管总成；3—内管喷嘴；4—中管喷嘴；5—外管；6—中管总成；
7—硬质合金；8—"〇"型圈

④其他器具

A. 高压胶管(输送喷射浆液)一般采用钢丝缠绕液压胶管，其工作压力不低于喷射泵压；其内径根据流量按(7-36)式并结合查表确定。

$$d \geqslant 4.6\sqrt{Q/v} \tag{7-36}$$

式中：d——高压胶管内径(mm)；

Q——流量(L/min)；

v——适宜的流速(m/s)，可按 4～6 m/s 计算。

B. 压气胶管(输送压缩空气)用 3～8 层帆布缠裹浸胶制成，工作压力 1.0 MPa 以上，内径 $\phi16～\phi32$ mm。

C. 液体流量计为电磁式，量程 10～20 L/min。

D. 风量计为玻璃转子流量计，如 LZB-50 型，最大流量 3 m/min，工作压力 0.6 MPa。

2. 施工工艺

(1)施工程序(图 7-31)：

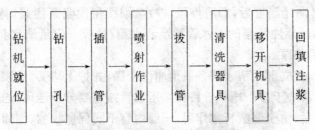

图 7-31 高压喷射注浆施工程序图

注:在标准贯入 N 值小于 40 的土层中进行单管喷射作业时,多使用振动钻机直接将注浆管插入地层。

(2)喷射技术参数:

国内采用的高压喷射注浆技术参数见表 7-8。

表 7-8 中国通常采用的高压喷射注浆技术参数

技术参数		单管法	二重管法	三重管法
水	压力(MPa)	—	—	20～30
	流量(L/min)	—	—	80～120
	喷嘴孔径(mm)	—	—	2～3.2
	喷嘴个数	—	—	1～2
空气	压力(MPa)	—	0.7	0.5～0.7
	流量(m³/min)	—	1～2	0.5～2
	喷嘴间隙(mm)	—	1～2	1～3
浆液	压力(MPa)	20	20	0.5～3
	流量(L/min)	80～120	80～120	70～150
	喷嘴孔径(mm)	2～3	2～3	8～14
	喷嘴个数	2	1～2	1～2
注浆管	提升速度(cm/min)	20～25	10～20	7～14
	旋转速度(r/min)	约 20	10～20	11～18
	外径(mm)	42、50	42、50、75	75、90

(3)操作要领及注意事项:

①钻机或旋喷机就位时机座要平稳,立轴或转盘要与孔位对正,倾角与设计误差一般不得大于 0.5°。

②喷射注浆前要检查高压设备和管路系统。设备的压力和排量必须满足设计要求,管路系统的密封圈必须良好,各通道和喷嘴内不得有杂物。

③要预防风、水喷嘴在插管时被泥砂堵塞,可在插管前用一层薄塑料膜包扎好。

④喷射注浆时要注意设备开动顺序。以三重管为例,应先空载起动空压机,待运转正常后,再空载起动高压泵,然后同时向孔内送风和水,使风量和泵压逐渐升高至规定值。风、水畅通后,如系旋喷即可旋转注浆管,并开动注浆泵,先向孔内送清水,待泵量泵压正常后,即可将注浆泵的吸浆管移至储浆桶,开始注浆。待估算水泥浆的前峰已流出喷头后,才可开始提升注浆管,自下而上喷射注浆。

⑤根据施工设计控制喷射技术参数,注意冒浆情况的观察,并做好记录。

⑥喷射注浆中需拆卸注浆管时,应先停止提升和回转,同时停止送浆,然后逐渐减少风量和水量,最后停机。拆卸完毕继续喷射注浆时,开机顺序也要遵守第④条的规定。同时,开始喷射注浆的孔段要与前段搭接 0.1 m,防止固结体脱节。

⑦喷射注浆达到设计深度后,即可停风、停水,继续用注浆泵注浆,待水泥浆从孔口返出后,即可停止注浆,然后浆注浆泵的吸水管移至清水箱,抽吸一定量清水将注浆泵和注浆管路中的水泥浆顶出,然后停泵。

⑧卸下的注浆管,应立即用清水将各通道冲洗干净,并拧上堵头。注浆泵、送浆管路和浆液搅拌机等都要用清水清洗干净。压气管路和高压泵管路也要分别送风、送水冲洗干净。

⑨喷射注浆作业后,由于浆液析水作用,一般均有不同程度收缩,使固结体顶部出现凹穴,所以应及时用水灰比为 0.6 的水泥浆进行补灌。并要预防其他钻孔排出的泥土或杂物混入。

⑩所用水泥浆、水灰比要按设计规定不得随意更改。禁止使用受潮或过期的水泥。在喷射注浆过程中应防止水泥浆沉淀。

⑪为了加大固结体尺寸,或避免深层硬土固结体尺寸减小,可以采用提高喷射压力、泵量或降低回转与提升速度等措施。也可以采用复喷工艺:第一次喷射(初喷)时,不注水泥浆液;初喷完毕后,浆注浆管边送水、边下降至初喷开始的孔深,再抽送水泥浆,自下而上进行第二次喷射(复喷)。

⑫在喷射注浆过程中,应观察冒浆的情况,以及时了解土层情况、喷射注浆的大致效果和喷射参数是否合理。采用单管或二重管喷射注浆时,冒浆量小于注浆量 20% 为正常现象;超过 20% 或完全不冒浆时,应查明原因并采取相应的措施。若系地层中有较大空隙引起的不冒浆,可在浆液中掺加适量速凝剂或增大注浆量;如冒浆过大,可减少注浆量或加快提升和回转速度,也可缩小喷嘴直径,提高喷射压力。采用三重管喷射注浆时,冒浆量则应大于高压水的喷射量,但其超过量应小于注浆量的 20%。

⑬对冒浆应妥善处理,及时清除沉淀的泥渣。在砂层用单层或双层注浆旋喷时,可以利用冒浆补灌已施工过的桩孔。但在粘土层、淤泥层旋喷或用三层注浆管旋喷时,因冒浆中掺入粘土和清水,故不宜利用冒浆回灌。

⑭在加固工程中,为使桩顶与原基础严密结合,可于旋喷作业结束后 24 小时在旋喷桩中心钻一小孔,再用小径(如 $\phi30$ mm)单层注浆管补喷一次。

⑮在粘性土中用二重管旋喷时,因粘土表面张力,使固结体中存在很多气孔,影响防渗性能和强度。西北有色工程勘测公司采用在原喷嘴下方 100 mm 处的相反方向加一个喷浆喷嘴的办法来消泡,效果较好。

⑯在软弱地层旋喷时,固结体强度低。可以在旋喷后用砂浆泵注入 150 号砂浆来提高固结体的强度。

⑰在湿陷性地层进行高压喷射注浆成孔时,如用清水或普通泥浆作冲洗液,会加剧沉降,此时宜用空气洗孔。

⑱在砂层尤其是干砂层中旋喷时,喷头的外径不宜大于注浆管,否则易夹钻。

3. 常见故障的防治

(1)喷嘴或管路被堵塞,表现是压力骤然上升。预防措施有:

①在高压泵和注浆泵的吸水管进口和水泥浆储备箱中都设置过滤网,并经常清理。高压水泵的滤网筛孔规格以 1 mm 左右为宜。注浆泵和水泥浆储备箱的滤网规格以 2 mm 左右为宜;筛网的面积不要过小。

②若喷射过程出现水泥供不应求时,应将注浆管提起一段距离,抽送清水将管道中的水泥浆顶出喷头后再停泵。

③喷射结束后,按要求做好各系统的清理工作。

(2) 高压泵排量达不到要求或压力上不去。处理办法是：
①检查阀、活塞缸套等零件，磨损大的及时更换；有杂物影响阀关闭时，要清理。
②检查吸水管道是否畅通，是否漏气，避免吸入空气，尽量减少吸水管道的流动阻力。
③检查活塞每分钟的往复次数是否达到要求，防止传动系统中的打滑现象。
④检查安全阀、高压管路，消除泄漏。
⑤检查喷嘴直径是否符合要求，更换过度磨损的喷嘴。

六、质量检验

1. 检验内容
(1) 固结体的整体性、均匀性和垂直度；
(2) 固结体的有效直径或加固长度、宽度；
(3) 固结体的强度特性（包括轴向压力、水平推力、抗酸碱性、抗冻性和抗渗性等）；
(4) 固结体的溶蚀和耐久性能。

2. 检测方法
(1) 开挖检查。
(2) 室内试验，包括设计过程制作试件，进行物理力学性能试验和施工后开挖取样试验。
(3) 钻孔检查，包括：①钻孔取样观察，并做成试件进行物理力学性能试验；②渗透试验，包括钻孔压力注水渗透试验和钻孔抽水渗透试验；③标准贯入试验。一般距注浆孔中心 0.15～0.20 m，每隔一定深度作一次。
(4) 载荷试验，包括平板载荷试验和孔内载荷试验。
(5) 其他非破坏性试验方法，包括电阻率法、同位素法和弹性波法等。

3. 检验方法的选用
选定质量检验方法时，应根据机具设备条件，因地制宜。开挖检查法通常在浅层进行，虽简单易行，但难以对整个固结体的质量作全面检查。钻孔取芯和标准贯入法是检验单孔固结体质量的常用方法，选用时需以不破坏固结体为前提。载荷试验是检验建筑地基处理质量的良好方法，有条件的地方应尽量采用。压水试验通常在取芯困难或工程有防渗要求时采用。建筑物的沉降观测是全面检验建筑地基处理质量的不可缺少的重要方法。

4. 检验点的布置
检验点的位置应重点布置在建筑工程的关键地方，如承重大、帷幕中心线等部位。对喷射注浆时出现过异常现象和地质条件复杂的地段亦应检验。

每个建筑工程喷射注浆处理后，不论工程大小，均应进行检验。检验量为施工总数的 2%—5%；少于 20 孔的工程，至少要检验两个点。检验不合格者，应在不合格的点位附近进行补喷或采取有效补救措施，然后再进行质量检验。

高压喷射注浆处理地基的强度较低，28 天的强度在 2～10 MPa 之间，强度增长速度较慢。检验时间应在喷射注浆后 4 周进行，以防由于固结体强度不高时，因检验而受到破坏，影响检验的可靠性。

第八章　桩基工程检测与验收

第一节　预留混凝土试件检验与抽芯验桩

一、混凝土试件检验

1. 取样

混凝土试样应在混凝土浇筑地点随机抽取。作为灌注桩混凝土取样,应在灌注漏斗中取样,当混凝土搅拌机就设在施工现场时,也可在搅拌地点取样。取样应注意随机性,不应故意挑选质量好的,也不可故意挑选质量次的。

2. 混凝土试件制作

(1) 试件数量。《地基与基础工程施工及验收规范》(GBJ 202—83)规定,浇筑混凝土时,同一配合比的试件,每班不得小于 1 组;泥浆护壁成孔灌注桩每根桩不得少于 1 组。《公路桥涵施工技术规范》(JTJ 041—89)规定每根桩的试件不得少于 2 组。《建筑桩基技术规范》规定,桩身混凝土必须留有试件,直径大于 1 m 的桩,每根桩应有一组试块,且每个浇注台班不得少于 1 组,每组 3 件。

(2) 试件尺寸。《钢筋混凝土工程施工及验收规范》(GBJ 204—83)中规定标准试件为边长 15 cm 立方体,其他尺寸试件所得的强度分别乘以系数 0.95(边长 10 cm 试件)和 1.05(边长 20 cm 试件)折算为标准试件强度。

(3) 试件成型。试件成型方法应视混凝土的稠度而定。一般来说,坍落度不大于 70 mm 的混凝土,用振动台振实;坍落度大于 70 mm 的混凝土用捣棒进行人工捣实;导管法灌注的水下混凝土,坍落度很大,用捣棒稍加捣动就能自密。

(4) 试件养护。试件成型后应覆盖,以防止水分蒸发,并在室温为 20℃±5℃ 条件下至少静止一昼夜(但不得超过两昼夜),然后编号拆模。拆模后放在温度为 20℃±3℃、相对湿度 90% 以上的潮湿空气中或 20℃±3℃ 的静水中养护。钻孔灌注桩混凝土试件一般是放在静水中养护的。水温对混凝土试件的强度有很大影响,温度较高时,对于用硅酸盐水泥和普通水泥拌制的混凝土,其前期强度高,但后期(养护 28 天)强度反而低;对于用矿渣水泥、火山灰水泥及粉煤灰水泥配制的混凝土,因为温度高可加速混合材料内的活性 SiO_2 及活性 Al_2O_3 与水泥水化析出的 $Ca(OH)_2$ 的化学反应,使混凝土不仅提高早期强度,且后期强度也能得到提高。

3. 试件强度取值

GBJ 107—87、GB 50204—92 规定,每组(三块)应在同盘混凝土中取样制作,其强度代表值按下列规定确定:

(1) 取三个试件试验结果的平均值作为该组试件强度代表值,其单位为 MPa;

(2) 当三个试件中过大或过小的强度值,与中间值相比超过 15% 时,以中间值代表该组的混凝土试件的强度。如某两组混凝土试件强度分别为 17.5 MPa、20.5 MPa、22.5 MPa 和 16.5 MPa、20.0 MPa、22.5 MPa,则对于第一组

$$f_{cu}=\frac{(17.5+20.5+22.5)}{3}=20.2 \text{ MPa},$$

对于第二组 $f_{cu}=20.0$ MPa

③当三个试件中过大和过小的强度值与中间值相比都超过15%，该组试件作废，即不参加统计。

4.《混凝土强度检验评定标准》(GBJ 107—87)及GB 50204—92规定的混凝土强度评定法

(1)统计评定法。对于现场拌制混凝土的灌注桩工程，应由不小于10组的试件组成一个验收批，其强度应同时满足下列公式要求：

$$\overline{f}_{cu}-\lambda_1 S_n \geqslant 0.9 f_{cu \cdot k} \tag{8-1}$$
$$(f_{cu})_{\min} \geqslant \lambda_2 f_{cu \cdot k} \tag{8-2}$$

式中：$\lambda_1 \lambda_2$——合格判定系数，按表8-1取用；

$\overline{f}_{cu}$——n组试件的平均强度(MPa)，$\overline{f}_{cu}=\frac{1}{n}\sum_{i=1}^{n}(f_{cu})_i$；$(f_{cu})_i$为第$i$组试件强度取值，$n$为参加统计的试件组数；

S_n——标准差(MPa)，$S_n=\sqrt{\frac{\sum((f_{cu})_i-\overline{f}_{cu})^2}{n-1}}=\sqrt{\frac{\sum(f_{cu})_i^2-n(\overline{f}_{cu})^2}{n-1}}$；

$f_{cu \cdot k}$——混凝土的强度等级值(MPa)；

$(f_{cu})_{\min}$——n组试件中的最小强度值(MPa)。

表8-1 混凝土强度的合格判定系数

试件组数	10~14	15~24	>25
λ_1	1.7	1.65	1.6
λ_2	0.90	0.85	

(2)非统计评定法。按非统计方法评定混凝土强度时，其强度应同时满足下列要求：

$$\overline{f}_{cu} \geqslant 1.15 f_{cu \cdot k} \tag{8-3}$$
$$(f_{cu})_{\min} \geqslant 0.95 f_{cu \cdot k} \tag{8-4}$$

式中各符号意义同(8-1)(8-2)式。

【例8-1】某灌注桩工程共有18条桩，混凝土强度等级为C20，每条桩取了一组混凝土试件，18组混凝土试件强度值分别为25.0、24.7、24.4、24.1、23.8、23.5、23.2、22.9、22.6、22.3、22.0、19.7、19.4、19.1、18.8、18.5、18.2、18.1 MPa，试按GBJ 107—87规定的统计方法对混凝土进行评定。

【解】混凝土试件强度平均值 $\overline{f}_{cu}=\frac{1}{n}\sum_{i=1}^{n}(f_{cu})i=21.68$ MPa

混凝土试件强度标准差 $S_n=\sqrt{\frac{\sum(f_{cu})_i^2-n(\overline{f}_{cu})^2}{n-1}}=2.49$ MPa

$\overline{f}_{cu}-\lambda_1 S_n=21.68-1.65\times 2.49=17.57$ MPa

$0.9 f_{cu \cdot k}=0.9 \times 20=18$ MPa；$\lambda_2 f_{cu \cdot k}=0.85\times 20=17$ MPa

由此可见 $\overline{f}_{cu}-\lambda_1 S_n \leqslant 0.9 f_{cu \cdot k}$

$(f_{cu})_{\min}=18.1 > 0.85 f_{cu \cdot k}$

由于起控制作用的是第一个式子,所以判断结果为不合格。

通过对预留混凝土试件的强度检验,可以检验施工单位的混凝土实际配制技术。混凝土试件强度不合格就很难让人相信桩身混凝土会符合要求,因此对混凝土试件的制作养护要认真对待。混凝土试件检验法反映不了桩身混凝土的缺陷,需要有其他检验方法配合。混凝土试件检验合格是桩基工程检验合格的必要条件。

二、抽芯验桩

1. 抽芯验桩的特点和适用范围

抽芯验桩具有以下三个特点:

(1)可检查整个桩长范围内混凝土的胶结、密实度是否良好和测出桩身混凝土的实际强度,既可检查出混凝土的配制技术又可检查出桩身混凝土的灌注质量;

(2)可测出桩底沉渣厚度并检验桩长;

(3)可直观认定桩端持力层岩性,并可测定桩端岩石的抗压强度。

抽芯验桩在国外和我国南方地区应用比较广泛,它特别适合于大直径($>1\,m$),桩长相对较短的端承桩的质量检测。因为,这些桩做静载试验比较困难,而进行抽芯验桩技术上可行,经济上合算,能较准确地判断桩的质量能否满足设计要求。对于长径比较大的摩擦桩,钻探抽芯时,易因孔斜而使钻具中途穿出桩外,故使用受到限制。

2. 验桩孔施工要求

(1)芯样的直径必须大于骨料最大粒径的两倍,若不满足此要求,但芯样直径能大于骨料最大粒径1.5倍时,允许避开大粒径骨料截取抗压芯样。芯样直径有55 mm、71 mm、91 mm和100 mm几种,钻头应是金刚石或人造金刚石钻头(符合 ZB 400—85 要求),用单动双管岩芯管。

(2)混凝土采取率要达到100%,否则检测结果不能完全令人信服。

(3)钻孔垂直度要求较高,要求钻具到达桩底前不穿出桩身。

(4)钻进参数(钻压、转速、泥浆泵泵量)尽量保持一致,钻进过程中每30秒记一个进尺读数,机械钻速的快慢均匀与否就能反映桩身混凝土的情况。

(5)钻孔深度为超过桩1.5倍桩径。

3. 工艺过程

(1)找准基桩的中心位置,对于设有地下室的高层建筑,桩顶可能被泥土或浓废泥浆所覆盖,要用经纬仪测定桩位中心。

(2)钻机安装。钻机一般用导向性能好的立轴式岩芯钻机,泥浆泵用BW250/50。安装钻机前,清除桩位附近的浮泥,挖至硬基(或增加枕木),确保安装稳定,确保立轴的垂直度并使天车、立轴中心、桩位中心三点成一线。

(3)开孔。用单管钻具合金钻头开孔。为保证钻孔的垂直度,开孔时靠钻具自身重力不送水慢速钻进,遇人工回填土较密实时宜采用人工注水钻进,当钻具接触混凝土桩头时,采用小泵量(或间断送水)钻至混凝土内0.3~0.5 m,立即取尽岩芯,下入套管。套管作垂线校正,底部止水,顶部卡固定位。

(4)换径。套管下好后,改用金刚石单动双管钻具(福建地质工程公司研制了用于钻探取芯验桩的130/114金刚石单动双管钻具),换径前必须校正钻机立轴垂直度。钻进中为防止钻孔偏斜,可用 7～9 m 长的长岩芯管或用直径较大的钻杆,尽量减少环状间隙,增强钻具的稳定性(俗称满眼钻进)。

(5)严格控制回次进尺。为了保证混凝土芯不折断、不磨损,孔深 20 m 以内回次进尺应控制在 2.5 m 以内,20 m 以后回次进尺控制在 1.5 m 以内,在松软混凝土层和桩底与基岩接触部,回次进尺控制在 1 m 以内。

(6)钻进时,如发现混凝土芯堵塞,或钻速变慢,或钻速突然加快,或孔内异常声响时,应立即起钻,查明原因并采取适当措施后方可继续钻进。

钻进时,如遇冲洗液返出孔口时呈黄水或泥浆水或带出大量混凝土拌合用砂,则可能为断桩、夹泥、混凝土稀释层等情况,应立即停钻,测量孔深位置,记录出现异常现象的孔深,然后控制钻速,掌握好泵压和泵量,必要时可在冲洗液中添加一定量的提高粘度和密度的处理剂,以稳定质量事故层位,穿过事故层位后再提钻取芯。

钻进回次终了卡取混凝土芯时,必须先停止回转,用立轴将钻具慢慢提离孔底,使卡簧抱紧混凝土芯。提断混凝土芯时,不得将钻具再放到孔底试探,以免混凝土芯脱落。每回次都应尽量采净混凝土芯,以免下回次损坏钻头和影响采取率。

(7)钻桩底。当钻孔深度距桩底 0.2～0.4 m 时,需降低钻进参数,密切观察钻压、泵压变化。当钻压、泵压出现突然下降,钻具出现突然落钻时,说明已钻穿桩底,必须立即停泵干钻 10～15 分钟后停钻,静待 5～10 分钟提钻,将桩底混凝土芯、桩底沉渣、基岩一并取出。

(8)对于有断桩、夹泥、混凝土稀释层的桩,按前述的压浆补强的方法进行处理。对于基本上无缺陷的桩进行压浆封孔。终孔后,下入钻杆,向钻孔内泵压清水,将孔内岩粉、桩底沉渣冲洗干净,排出孔外;洗孔后用钻杆向孔内泵压配制好的水泥浆(水泥标号 525,水灰比 0.45～0.5),将钻孔内清水压出孔外;孔口返出水泥浆后,逐渐减少孔内钻杆数,继续向孔内压浆至水泥浆充满全孔后,起拔套管。

4. 资料整理

(1)对已编录、整理的混凝土芯,分桩号进行彩色摄影,供提供钻探取芯验桩报告时使用。

(2)取样、抗压试验,在有效桩长范围内,每桩取抗压芯样的数量不少于 10 个,取样位置沿桩长均匀分布,每个芯样必须标明取样深度(或由设计部门选定),经切样、磨光后做抗压强度试验。抗压强度按下列公式计算:

$$f_{cu} = \alpha_1 \alpha_2 \alpha_3 \frac{4F}{\pi d^2} \tag{8-5}$$

式中:f_{cu}——芯样试件换算为边长为 150 mm 立方体试件抗压强度值(MPa);

F——芯样试件抗压试验测得的最大压力(N);

d——芯样试件的平均直径(mm);

α_1——不同芯样直径的混凝土强度换算系数,按表 8-2 选用;

α_2——不同高径比的芯样试件混凝土强度换算系数,按表 8-3 选用;

α_3——芯样龄期修正系数。

表 8-2 芯样混凝土强度换算系数 α_1

芯样直径(mm)	100	91	71	55
α_1	0.95	0.94	0.92	0.91

表 8-3　芯样混凝土强度换算系数 a_2

高径比(h/d)	1.0	1.1	1.2	1.3	1.4	1.5	1.6	1.7	1.8	1.9	2.0
a_2	1.00	1.04	1.07	1.10	1.13	1.15	1.17	1.19	1.20	1.22	1.24

(3)取芯验桩报告。根据钻孔时发现的质量事故种类、事故层位、事故层钻进情况,绘制实际桩身剖面图,并标明实际桩长、桩顶和桩底标高、桩底沉渣及桩的嵌岩深度、质量事故类别及位置等。对每条桩的桩身混凝土质量进行全面描述,并附混凝土芯的抗压强度试验报告和按顺序放入岩芯箱的混凝土芯的彩色照片一套。

第二节　超声波检桩

一、基本原理

1. 概念

频率在人耳可闻的范围内(16~20 000 Hz)的机械波叫声波,频率低于此范围的叫次声波,而频率超过 20 000 Hz 的则叫超声波。

发射换能器(发射探头),将电脉冲能量转化为机械振动的能量(利用反压电效应)。

接收换能器(接收探头),将机械振动能量转化为电振动能量(利用压电效应)。

2. 基本原理(图 8-1)

当已知混凝土构件厚度 L(叫声程),超声仪可以测出超声波传递的时间 t_c(称声时),L/t_c 即为声速 v_c。若事先建立了混凝土强度 f_{cu} 与声速 v_c 之间的经验关系式或经验关系曲线(f_{cu}-v_c)曲线,则可根据在被测件上测得的声速 v_c,反推被测混凝土的强度 f_{cu}。理论上来说,当发射探头与接收探头距离不变时(通过桩身内预埋平行的空管来实现),如果桩身混凝土均匀一致,

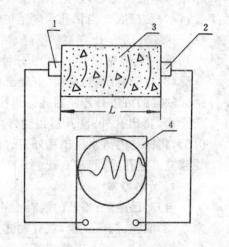

图 8-1　超声波验桩原理
1—发射探头;2—接收探头;
3—混凝土构件;4—超声仪

则不同深度处测得的声速 v_c(反映桩身混凝土强度)、波幅 A 和波形应该是一致的,如果在某一部位发生了显著变化,则在相应位置桩身混凝土有异常出现,我们可以根据桩身的不同缺陷在波速、波幅、波形等方面的不同表现来判别它们的质量。

二、钻孔灌注桩超声检测方式

根据超声检测的基本原理,必须使超声脉冲穿过待测的部位,为了达到这一要求,有以下三种检测方式。

1. 双孔测量

把发射探头和接收探头分别置于两管道中,超声脉冲穿过两管之间的混凝土(见图 8-2)。这种方式检测的实际范围,即为超声波束从发射探头到接收探头所扫过的范围。因此,为了尽可能扩大在桩的横截面上的有效测试面积,必须使声测管合理布置。

双孔测量又分为平测(两个换能器在同一水平面上)、斜测(两个换能器一上一下,距离不变)和扇形扫测(一个换能器不动,另一换能器上下移动),在检测中,可视实际需要灵活运用。

2. 单孔测量

在某些特殊情况下,只能有一个检测孔道。例如,在抽芯验桩后需进一步了解芯样以外的混凝土质量,这时可采用单孔测量(见图8-3),超声波从水中及混凝土中分别绕射到接收探头,所得的接收信号为水及混凝土中传播而来的信号叠加,分析这一叠加信号,并测出不同声通路的声时、波幅、频率等物理量,即可分析孔道周围混凝土的质量情况。

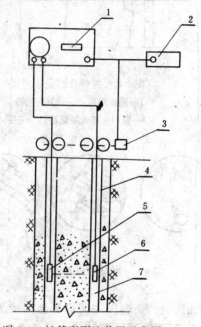
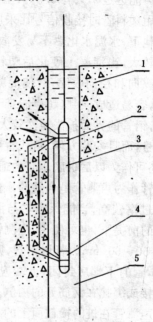

图8-2 桩基声测法装置示意图
1—超声仪;2—计算机;3—升降器;
4—声测管;5—发射探头;6—接收探头;7—水

图8-3 单孔测量示意图
1—混凝土;2—发射换能器;3—隔声体;
4—接收换能器;5—水

用这一方式进行检测时,必须进行波形分析,较难解释测量结果,而且检测有效范围不大。

3. 桩外孔测量

当上部结构已施工或桩内没有预埋管子时,可在桩外的土层中钻一孔,埋入套管作为检测通道。桩外孔测量装置如图8-4所示。在桩顶上置一较强功率的低频发射探头,超声脉冲沿桩身向下传播,接收探头从桩外孔中慢慢放下,超声脉冲沿桩身并穿过桩与测孔之间的土进入接收换能器,逐段测读各物理量,即可作为分析桩身质量的依据。由于超声脉冲在混凝土及土层中的衰减现象,这种方式的可检深度受仪器穿透能力限制。

以上三种方式中,双孔测量是桩基测量的基本形式,它要求在灌注混凝土前即预埋检测管道,虽增加了少量费用,但此管可一管多用,一举数得,并非浪费,其他两种检测方式在检测结果的分析上较为困难,可作为特殊情况下的补救措施。

三、声测管的预埋

为了使探头能达到检测部位,必须预留若干检测通道。因此,在采用超声检测时,必须在灌注混凝土前预埋声测管,混凝土硬化后无法抽出,该管道即为桩的一部分,也是声通路的一部分,必然影响接收信号的分析。而且它在桩的横截面上的布局,决定了检测的有效面积和探头提拉次数。所以,声测管的预埋是影响检测方式和信号分析判断的基本问题。

声测管材质的选择应考虑声能损失和安装定位的问题。根据计算和试验,采用钢管时,双孔测量的声能透过率只有0.5%,塑料管则为42%。可见采用塑料管时接收信号比采用钢管时强。但由于在地下,水泥水化热不易发散,而塑料温度变形系数较大,当混凝土硬化后塑料管因温度下降而产生纵向和径向收缩,致使混凝土与塑料管局部脱开,容易造成误判(超声波难于通过空气)。试验证明,钢管的界面损失虽然较大,但仍有较强的接收信号,而且安装方便,可代替部分钢筋截面,还可作为以后桩底压浆的通道,所以采用钢管作为声测管是合适的。塑料管的声能透过率较高,当能保证它与混凝土良好粘接的前提下,也可使用。声测管的内径一般为50~60 mm。若用钢管,则宜用螺纹联接,管的下端应封闭,上端应加盖,钢管可焊接或绑扎在钢筋笼的内侧。

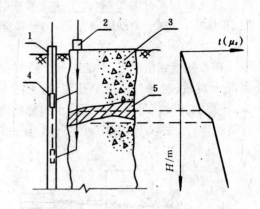

图8-4 桩外孔测量示意图
1—桩外测孔;2—发射换能器;
3—桩;4—接收换能器;5—夹层

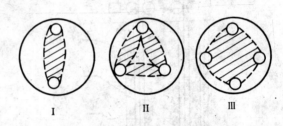

图8-5 声测管的布置方案

声测管在桩的横截面上的布局有如图8-5所示的三种方式,图中阴影部分为检测有效区。根据工地实测验证,直径1 m以下的桩,采用方案Ⅰ(两管对测),即可基本反映全断面各部位的主要缺陷;1 m以上的桩应采用方案Ⅱ(三管三次对测),该方案的"盲区"在中心位置,而中心位置产生缺陷的可能性最小;对于直径2.5 m以上的大直径桩,则采用方案Ⅲ(四管六次对测)。

声测管之间的不平行度应控制在一定的范围内,但在实际施工中,由于钢筋笼刚度不足,对平行度提出过高的要求是不现实的。在检测内部缺陷时,不平行度的影响,可在数据处理中予以鉴别和消除,所以对不平行度不必苛求;但在检测混凝土强度时,则必须严格控制不平行度。

四、测式仪器设备

1. 换能器

换能器应采用柱状径向振动的换能器。其共振频率宜为25~50 kHz,长度宜为20 cm,换能器宜装有前置放大器,前置放大器的频带宽度宜为5~50 kHz。换能器的水密性应满足在1 MPa水压下不漏水。

发射换能器与接收换能器的长度、频带宽度及水密性应相同。

2. 声波检测仪器的技术性能

接收放大系统的频带宽度宜为5~50 kHz,增益应大于100 dB,并应带有0~60(或80)dB的衰减器。

发射系统应输出 250~1 000 V 的脉冲电压,其波形可为阶跃脉冲或矩形脉冲。

显示系统应同时显示接收波形和声波传播时间,其显示时间范围应大于 2 000 μs,计时精度应大于 1 μs。

五、现场检测

在检测管内应注满清水。

现场检测前应测定声波检测仪发射至接收系统的延迟时间 t_0 及声时修正值 t'：

$$t' = \frac{D-d}{v_c} + \frac{d-d'}{v_w} \tag{8-6}$$

式中：D——检测管外径(mm)；

d——检测管内径(mm)；

d'——换能器外径(mm)；

v_t——检测管壁厚度方向声速(km/s)；

v_w——水的声速(km/s)；

t'——声时修正值(μs)。

t_0 的测取方法是将发、收换能器置于水中,间距 0.5 m 左右,接收信号波幅调节到二或三格,改变发、收换能器间距,测量不同距离的声时值,绘出时距曲线,由时距曲线求出 t_0 值。

检测注意事项：

(1)接收及发射换能器应在装设扶正器后置于检测管内,并能顺利提升及下降。

(2)发射与接收换能器可置于同一标高,即平测。发射与接收换能器也可以不置于同一标高,即可斜测,此时水平测角可取 30°~40°。

(3)测量点距 20~40 cm。当发现读数异常时,应加密测量点距。

(4)发射换能器与接收换能器应同步升降。各测点发射与接收换能器累计相对高差不应大于 2 cm,并应随时校正。

(5)检测宜由检测管底部开始。发射电压值应固定,并应始终保持不变,放大器增益值也应始终保持不变。调节衰减器的衰减量,使接收信号初至波幅度在荧光屏上为 2 或 3 格。由光标确定首波初至,读取声波传播时间及衰减器衰减量,依次测取各测点的声时及波幅并进行记录。

(6)每组检测管则试完成后,测试点应随机重复抽测 10%~20%。其声时相对标准差不应大于 5%；波幅相对标准差不应大于 10%。并对声时及波幅异常的部位应重复抽测。测量的相对标准差可按下式计算：

$$\sigma'_t = \sqrt{\sum_{i=1}^{n}(\frac{t_i - t_{ji}}{t_m})^2 / 2n} \tag{8-7}$$

$$\sigma'_A = \sqrt{\sum_{i=1}^{n}(\frac{A_i - A_{ji}}{A_m})^2 / 2n} \tag{8-8}$$

$$t_m = \frac{t_i + t_{ji}}{2} \tag{8-9}$$

$$A_m = \frac{A_i + A_{ji}}{2} \tag{8-10}$$

式中：σ'_t——声时相对标准差；

σ'_A——波幅相对标准差;

t_i——第 i 个测点声时原始测试值(μs);

A_i——第 i 个测点波幅原始测试值(dB);

t_{ji}——第 i 个测点第 j 次抽测声时值(μs);

A_{ji}——第 i 个测点第 j 次抽测波幅值(dB)。

六、检测数据的处理与判定

1. t_c-z、v_c-z 曲线

由现场所测数据应绘制声时(t_c)-深度(z)曲线及声速(v_c)-深度(z)曲线,其声时 t_c 及声速 v_c 应按下列公式计算:

$$t_c = t - t_0 - t' \tag{8-11}$$

$$v_c = L/t_c \tag{8-12}$$

式中:t_c——混凝土中声波传播时间(μs);

t——声时原始测试值(μs);

t_0——声波检测仪发射至接收系统的延迟时间(μs)。

t'——声时修正值(μs);

L——两个检测管外壁间的距离(mm);

v_c——混凝土中声速(km/s)。

2. 桩身完整性判定

(1)用声时平均值 μ_t 与声时 2 倍标准差 $2\sigma_t$ 之和($\mu_t + 2\sigma_t$)作为桩身有无缺陷的临界值。

$$\mu_t = \sum_{i=1}^{n} t_{ci}/n \tag{8-13}$$

$$\sigma_t = \sqrt{\sum_{i=1}^{n} (t_{ci} - \mu_t)^2 / n} \tag{8-14}$$

式中:n——测点数;

t_{ci}——混凝土中第 i 测点声波传播时间(μs);

μ_t——声时平均值(μs);

σ_t——声时标准差。

(2)按声时-深度曲线相邻测量的斜率 k_{tz} 及相邻两点声时差值 Δt 的乘积($k_{tz} \cdot \Delta t$)作为缺陷的判据。

$$k_{tz} = \frac{t_{ci} - t_{ci-1}}{z_i - z_{i-1}} \tag{8-15}$$

$$\Delta t = t_{ci} - t_{ci-1} \tag{8-16}$$

$$k_{tz} \cdot \Delta t = \frac{(t_{ci} - t_{ci-1})^2}{z_i - z_{i-1}} \tag{8-17}$$

式中:t_{ci}——第 i 测点的声时(μs);

t_{ci-1}——第 $i-1$ 测点的声时(μs);

z_i——第 i 测点的深度(m);

z_{i-1}——第 $i-1$ 测点的深度(m)。

$k_{tz} \cdot \Delta t$ 值能在声时-深度曲线上明显地反映出缺陷的位置和性质,可结合 $\mu_t + 2\sigma_t$ 值进行

综合判定。

(3) 缺陷性质和大小的细测判断

所谓细测判断,就是对有缺陷存在的区段,综合运用声时、波幅、接收频率、波形(或频谱)等物理量,找出缺陷所造成的声阴影的范围,从而准确地判定缺陷的位置、性质和大小。

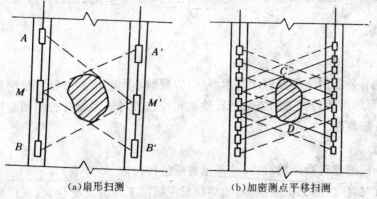

(a) 扇形扫测　　　(b) 加密测点平移扫测

图 8-6　孔洞大小及位置的细测判断

双管对测时,各种缺陷的细测判断方法示于图 8-6 至 8-9,其基本方法是斜测和扇形扫测,找出声阴影所在的边界位置。在混凝土中,由于各种不均匀界面的散射和低频波的绕射等原因,使阴影边界较模糊,但通过上述物理量的综合运用仍可定出其范围。图 8-7、8-8 中的 A 点为波幅和声时突变点。图 8-9 中的 1、3、5 位置声波通过缺陷,波幅低、声时长,2、4 位置声波不通过缺陷,波幅高、声时短。

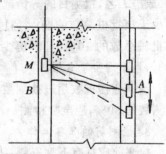

图 8-7　断层位置的细测判断

七、埋管超声波验桩的优缺点

优点:测试速度快,费用比抽芯验桩低,能检查的桩截面大,测试结果准确可靠,缺陷位置、类型、严重程度和混凝土强度的判断准确性是任何动测方法无法相比的;声测管还可作为桩端、桩侧压浆通道。

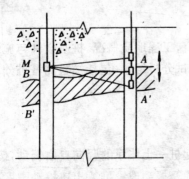
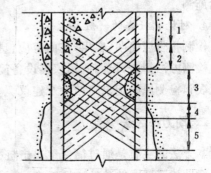

图 8-8　厚夹层上下界面的细测判断　　图 8-9　颈缩现象的细测判断

缺点:必须预埋管子,不能随机抽样。目前只是在重要工程中才布置 10%~20% 检测桩数,若 100% 桩都要检测,则埋管超声波验桩对整个工程作出的评价就准确可靠。埋管超声波验桩不能直接确定土对桩的支承力。

第三节 基桩低应变动力检测

基桩低应变动力检测方法很多,本节介绍常用的动力参数法、反射波法和机械阻抗法。

一、一般要求

1. 检测方法的选用

上述方法均有各自的适用范围和技术要求,应根据不同的检测对象和检测要求选用。可选用一种方法,也可选用两种以上的方法进行检测和校核。对于多段接长的预制桩,宜采用多种方法进行综合分析判断。

2. 检测数量

对于一柱一桩的建筑物或构筑物,全部基桩应进行检测。

非一柱一桩时,应按施工班组抽测,抽测数量应根据工程的重要性、抗震设防等级、地质条件、成桩工艺、检测目的等情况,由有关部门协商确定。检测混凝土灌注桩完整性时,抽测数不得少于该批桩总数的20%,且不得少于10根;检测混凝土灌注桩承载力时,抽测数不得少于该批桩总数的10%,且不得少于5根;对于混凝土预制桩,抽测数也不得少于该批桩总数的10%,且不得少于5根。

当不合格桩数超过抽测数的30%时,应加倍重新抽测。加倍抽测后,若不合格桩数仍超过抽测数的30%,应全数检测。

3. 检测前的准备工作

检测前应具有下列资料:工程地质资料、基础设计图、施工原始记录(打桩记录或钻孔记录及灌注记录)和桩位布置图。

检测前应做好下列准备:进行现场调查;对所需检测的单桩应做好测前处理工作;检查仪器设备性能是否正常;根据建筑工程特点、桩基的类型及所处的工程地质环境,明确检测内容和要求;选定检测方法与仪器技术参数。

灌注桩应达到规定的养护龄期方可施测,对于打入桩,应达到地基土有关规范规定的休止期后施测。

4. 对检测报告的一般要求

检测报告应简明、实用,其内容应包括:前言,工程地质概况,桩基设计与施工概况,检测原理及检测方法简介,检测所用仪器设备简介,测试分析结果(包括被检测基桩分布图、分析结果一览表和检测原始记录),结论及建议。

二、动力参数法

本方法的实质是通过简便地敲击桩头,激起桩—土体系的竖向自由振动,按实测的频率及桩头振动初速度或单独按实测频率,根据质量弹簧振动理论推算出单桩动刚度,再进行适当的动静对比修正,换算成单桩竖向承载力的推算值。

1. 基本原理

如图 8-10 所示,质量为 m_0 的穿心锤自 H 高度自由下落,碰撞桩头后回弹,回弹高度为 h,穿心锤的回弹高度 h 和碰撞系数 ε 可按下列公式计算:

$$h = \frac{1}{2}g\left(\frac{t}{2}\right)^2 \tag{8-18}$$

$$\varepsilon = \sqrt{h/H} \tag{8-19}$$

式中：g——重力加速度，取 $g=9.81$ (m/s²)；

t——第一次冲击与回弹后第二次冲击的时间间隔(s)，参见图 8-13；

H——穿心锤落距(m)。

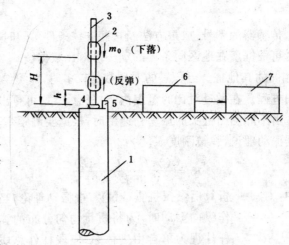

图 8-10 动力参数法检测
1—桩；2—穿心锤；3—导杆；4—垫板；
5—传感器；6—滤波及放大器；7—采集、记录及处理器

桩在竖向受冲击力作用后产生竖向自由振动，并通过桩侧摩擦力及桩端振动力带动桩周及桩端部分土体参与振动，形成较复杂的桩—土振动体系，可简化为如图 8-11 的质量—弹簧振动体系模型，根据碰撞理论，参加振动的桩和土的质量的理论值按下式计算：

$$m = \frac{G_p + G_e}{g} = 0.452 \frac{(1+\varepsilon)m_0\sqrt{H}}{v_0} \tag{8-20}$$

式中：G_p——参振桩重量(kN)；

G_e——参振土重量(kN)；

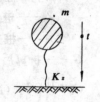

图 8-11 质量—弹簧体系模型

v_0——桩头振动初速度(m/s)，用频率—初速度法可测出 v_0 值。

设质量—弹簧体系的固有振动频率为 f_0(Hz)，则弹簧刚度 $K_z = (2\pi f_0)^2 m$，结合动—静实测对比求得弹簧刚度与单桩静极限承载力的比例关系，最后换算为单桩承载力标准值的公式为：

$$R_k = \frac{f_0^2(1+\varepsilon)m_0\sqrt{H}}{kv_0}\beta_v \tag{8-21}$$

式中 k——安全系数，宜取 2；

β_v——频率—初速度法的调整系数。

β_v 中包含换算时出现的数字系数，以简化公式形式。β_v 与仪器性能、冲击能量的大小、桩在土中长度、桩底支撑条件及成桩方式等多种因素有关，应按动—静实测对比求得。

当仪器不变，冲击能量按表 8-5 选取，则 β_v 主要与桩在土中的长度(L_e)及桩底支撑条件有关。某单位对 $L_e = 10 \sim 30$ m 的钻(或挖)孔灌注桩测得的 β_v 随 L_e 的变化范围如表 8-4 所示。

表 8-4 钻(或挖)孔灌注桩的 β_v 随 L_e 变化范围

桩在土中长度 L_e(m)	10~15	15~30
调整系数 β_v	0.038~0.070	0.070~0.197

注：1. β_v 与 L_e 不呈比例关系，不得用插入法求中间数值；
2. 对 L_e 小于 10 m 的端承桩，β_v 随 L_e 减小而递增；
3. 打入桩及桩身强度有保证的锤击(或振动)沉管灌注桩的 β_v 值高于钻(或挖)孔灌注桩的 β_v 值。

传感器的型号、成桩方法及桩底支撑条件不同时，β_v值均有变化，不能套用表8-4。初用本法者可根据所在地区同条件的动—静对比数据按式 8-21 反算出相应的 β_v 值。此 β_v 值适用于 L_e 相同的其他桩。当积累的对比数据较多时，即可绘成 β_v-L_e 散点图，再通过统计分析求得其回归方程。在做过对比的范围内，对任意 L_e 均可算出相应的 β_v 来。

当不能测出桩头的振动初速度时，根据实测频率，仍可求单桩承载力标准值，称为频率法。根据振动理论，弹簧刚度 K_z 为：

$$K_z = \frac{(2\pi f_0)^2 (G_p + G_e)}{2.365 \times 9.81} \tag{8-22}$$

式中：G_p——折算后参振桩重(kN)。按振动理论，当杆作纵向振动时，为将质量均匀分布的弹性杆件视为单自由度体系，应取杆件总质量的 1/3 作为折算的集中质量。$G_p = \frac{1}{3} AL\gamma_1$。

L——桩身全长(m)；

γ_1——桩身重度(kN/m³)；

A——桩身横截面面积(m)；

G_e——折算后参振土重(kN)。

$$G_e = \frac{1}{3}\left[\frac{\pi}{9} r_e^2 (L_e + 16 r_e) - \frac{L_e}{3} A\right]\gamma_e$$

$$r_e = \frac{1}{2}\left(2 \times \frac{L_e}{3} \mathrm{tg}\frac{\phi}{2} + d\right)$$

r_e——参振土体扩散半径(m)；

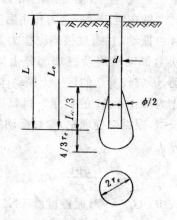

图 8-12 Q_2 计算示意

L_e——桩在土中长度(m)；

d——桩身直径(m)；

γ_e——桩体下段 $L_e/3$ 范围内土的重度(kN/m³)；

ϕ——桩身下段 $L_e/3$ 范围内土的内摩擦角(°)。

单桩竖向承载力标准值 R_k 按下式计算：

$$R_k = \frac{0.00681 f_0^2 (G_p + G_e)}{k}\beta_f \tag{8-23}$$

式中：k——安全系数，宜取 2；

β_f——调整系数，与仪器性能、冲击能量的大小及成桩方式等有关，也须预先通过动—静实测对此加以确定。当桩尖以下土质远较桩侧的密实时，β_f 可酌情加大。

2. 测量方法

(1)仪器设备。激振设备：激振设备宜采用带导杆的穿心锤，穿心锤底面应加工成球面。导杆的作用在于利用其上插销调整穿心锤的落距，并防止穿心锤偏离桩轴方向，伤害操作人员和仪器，导杆的直径可分为 20 mm 及 25 mm 两种，供不同质量的穿心锤共同使用。锤底加工成球面可使回弹方向尽量保持竖直。为减少锤与导杆间的摩擦，穿心孔直径比导杆直径大 3 mm 左右，孔壁及导杆表面均抛光。为防导杆移位，导杆下端有一直径 10 mm，高 8 mm 的突出小圆柱，将导杆固定在钢垫板的盲孔内。

为了便于人力操作，对特大桩，穿心锤质量取 100 kg，桩较小时，锤的质量相应递减。为使冲击能量与被测桩的承载力大致成比例，锤的重量和落距可参照表 8-5 选取。

表8-5 承载力与冲击能量的对应关系

承载力(kN)	20 000~7 000	7 000~2 500	2 800~900	1 400~700	700~350	350~180
锤重(kg)	100	50	20	10	5	2.5
落距(mm)	500~180	350~180	350~180	350~180	350~180	350~180

传感器:宜采用竖、横两向兼用的速度型传感器。传感器的频率响应宜为10~300 Hz;最大可测位移量的峰—峰值不应低于2 mm,速度灵敏度不应低于200 mV(cm·s^{-1})。传感器的固有频率不得处于20 Hz附近。

接收系统:放大器增益应大于40 dB(可调),长期绝对变化量应于小1%,折合到输入端的噪声信号不大于10 μV。频响范围为10~300 Hz;接收系统宜采用数字式采集、处理和存储系统,并应具有时域显示及频谱分析功能;模/数转换器的位数不应小于8 bit,采样时间间隔宜为50~1 000 μs,并分数档可调。每道数据采集暂存器的容量不应小于1 KB。

(2)现场检测。检测前的准备工作应符合下列要求:

①清除桩身上段浮浆及破碎部分;

②桩顶中心部分应凿平,并用粘结剂(如环氧树脂)粘贴一块钢垫板,待其固化后方可施测,对承载力标准值小于2 000 kN的桩,钢垫板面积宜为100×100 mm²,其厚度宜为10 mm,钢垫板中心应钻一盲孔,孔深宜为8 mm,孔径宜为12 mm;对承载力大于或等于2 000 kN的桩,钢垫板面积及厚度加大20%~50%。

③传感器、滤波器、放大器与接收系统连线应采用屏蔽线。确定仪器的参数,并检查仪器、接头及钢板与桩顶粘结情况,在检测瞬间应暂时中断附近振源。测试系统不可多点接地。

(3)测试步骤:

①将导杆插入钢垫板的盲孔中;

②按选定的穿心锤质量(m_0)及落距(H),提起穿心锤,任其自由下落,并在撞击垫板后自由回弹再自由下落,以完成一次测试,加以记录。宜重复测试三次,加以比较。

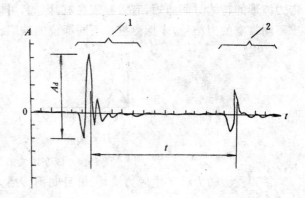

图8-13 波形记录示例
1—第一次冲击的振动波形
2—回弹后第二次冲击的振动波形

③每次激振后,应通过屏幕观察波形是否正常,要求出现清晰而完整的第一次及第二次冲击振动波形,并要求第一次冲击振动波形的振幅值基本要保持一致,当不能满足上述要求时,应改变冲击能量,确认波形合格后方可进行记录。典型波形如图8-13。

(4)数据处理。桩—土体系固有频率f_0宜通过频谱分析确定。

桩头振动初速度v_0可按下式计算:

$$v_0 = aA_d \tag{8-24}$$

式中:a——与f_0相应的测试系数的灵敏度系数(m·s^{-1}/mm);

A_d——第一次冲击振动波初动相位的最大峰之峰值(mm)。

碰撞系数 ε 可按下式计算：

$$\varepsilon = 1.107\, 4t\frac{\sqrt{H}}{H} \tag{8-25}$$

求出 f_0、ε、v_0 后，即可按 8-21 式(频率—初速度法)或 8-23 式(频率法)求出单桩承载力标准值。

3. 适用范围

当有可靠的同条件动静试验对比资料时，频率—初速度法可用于推算用不同工艺成桩的摩擦桩和端承桩的竖向承载力。

频率法是按摩擦桩桩周土体的振动模式导出的，故仅适用于摩擦桩，并应有准确的地质勘探及土工试验资料作为计算依据，其中主要包括地质剖面图及各地层的内摩擦角和重度；桩在土中的长度不宜大于 40 m，也不宜小于 5 m。

三、反射波法

1. 原理

反射波法是对桩施加一冲击力，它的作用时间只有几毫秒，时域波形接近于半个正弦波，其波形及力谱见图 8-14。从力谱图可见，它包含许多频率成分，即一次冲击力相当于将无数个不同频率的正弦作用力同时施加在桩头上，但分配在各个频率上的激励能量是不均匀的，要测定的是前面(即低频段)能量较大的有效频带。如果被测讯号频率在冲击力讯号的有效频带内，这个冲击力就可以激起反映桩特性的各个频率。根据振动与冲击测量理论，锤头刚度愈大，冲击力波形的持续时间愈短，有效频带愈宽。因此，可以选择不同锤头材料及不同锤重量，以激励出不同带宽的力信号，来探测桩身不同部位的缺陷。

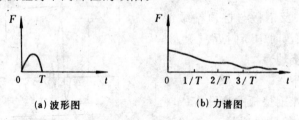

(a) 波形图　　(b) 力谱图

图 8-14　瞬态法波形、力谱示意图

桩顶受激励力后产生应力波，沿桩身向下传播，可简化为应力波在弹性直杆中传播的一维波动方程：

$$\frac{\partial^2 u}{\partial t^2} - v_c^2 \frac{\partial u}{\partial x^2} = 0 \tag{8-26}$$

式中：u——桩身质点位移；

x——波的传播方向；

v_c——纵波传播速度($v_c = E/\rho$)；

E——材料的弹性模量；

ρ——材料的质量密度。

桩在瞬态冲击激励的情况下，桩的各阶谐振频率可以用下述频率方程来表示：

(1) 两端自由或两端固定的桩：

$$\omega_n = \frac{n\pi}{L}\sqrt{E/\rho} \qquad (n=0,1,2,\cdots,n)$$

$$f_n = \frac{n}{2L}\sqrt{E/\rho} \quad (n=0,1,2,\cdots,n) \tag{8-27}$$

(2) 一端固定,另一端自由的桩:

$$\omega_n = \frac{2n+1}{2L}\pi\sqrt{E/\rho} \quad (n=0,1,2,\cdots,n)$$

$$f_n = \frac{2n+1}{4L}\sqrt{E/\rho} \quad (n=0,1,2,\cdots,n) \tag{8-28}$$

式中：ω_n——振动谐振圆频率(rad/s);

f_n——振动谐振频率(s^{-1});

n——振型的阶数;

L——弹性材料(桩)的长度(m);

其他符号意义在前面已经叙述。

图 8-15 为完整桩在不同固定条件下的幅值谱。由图可见,桩两端不同固定条件下的谐振频率 f_0 不同,但 f_0 以后两相邻谐振频率差 Δf 是一样的。由式(8-27)和式(8-28)可得

$$\Delta f = f_n - f_{n-1} = \frac{1}{2L}\sqrt{E/\rho} = \frac{v_c}{2L} \tag{8-29}$$

或者

$$v_c = 2L\Delta f \tag{8-30}$$

上式将桩身纵向应力波传播速度和桩长及振动频率有机地联系起来,给桩的动力测试资料分析提供了理论依据。

2. 测试方法

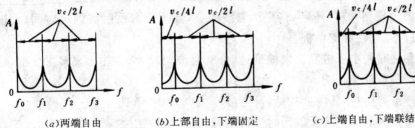

(a) 两端自由　　　(b) 上部自由,下端固定　　　(c) 上端自由,下端联结

图 8-15　完整桩不同固定条件下的幅值谱

反射波法的测试装置如图 8-16。用作激励桩头产生激发信号的力锤,锤头上安装有力传感器以接收力信号。当桩受到冲击激励力时,固定在桩头上的速度或加速度传感器即接收到桩受振以后的响应信号,它与力信号一样经放大器放大并由模/数转换后,送入计算机进行信号记录分析处理,可得信号时程曲线、频谱图和相关函数等。

测试时,可根据测试目的要求,选择不同的锤头材料(如橡皮头、尼龙头、铝头、钢头等)和改变锤体重量等,以激发出不同有效带宽的力信号,获得反映桩身不同部位的各个频率。为了提高信噪比,一般需多敲几下,分析仪可对信号进行多次叠加平均,从而可获得满意结果。

3. 检测数据的处理与判定

(1) 依据波列图中的入射波和反射波的波形、相拉、振幅、频率及波的到达时间等特征,可判定单桩的完整性。

(2) 桩身砼的波速 v_c、桩身缺陷的深度 L' 可分别按下列公式计算:

$$v_c = \frac{2L}{t_r} \tag{8-31}$$

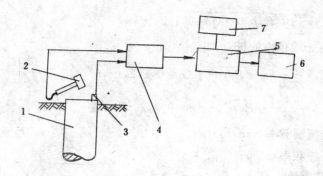

图 8-16 瞬态激励法测试装置示意图
1—桩；2—力锤；3—速度或加速度传感器；4—放大器与模/数转换器；5—计算机；
6—打印机；7—显示器；

$$L' = \frac{1}{2} v_{cm} t'_r \tag{8-32}$$

式中：L——桩身全长(m)；

L'——桩身缺陷位置深度(m)；

t_r——桩底反射波的到达时间(s)；

t'_r——桩身缺陷部位反射波的到达时间(s)；

v_{cm}——同一工地内多根已测合格桩桩身纵波速度的平均值(m/s)。

(3)反射波波形规则,波列清晰,桩底反射波明显,易于读取反射波到达时间,及桩身砼平均波速较高的桩为完整性好的单桩。

(4)反射波到达时间小于桩底反射波到达时间,且波幅较大,往往出现多次反射,难以观测到桩底反射波的桩,系桩身断裂。

(5)桩身砼严重离析时,其波速较低,反射波幅减少,频率降低。

(6)缩径与扩径的部位可按反射历时进行估算,类型可按相位特征进行判别。

(7)当有多处缺陷时,将记录到多个相互干涉的反射波组,形成复杂波列。此时应仔细鉴别,并应结合工程地质资料、施工原始记录进行综合分析。有条件时高可使用多种检测方法进行综合判断。

(8)桩体浅部断裂的定性评价,可通过横向激振,比较同类桩横向振动特征之间的差异进行辅助判断。

(9)在上述时域分析的基础上,尚可采用频谱分析技术,利用图 8-15 所示的幅值谱进行辅助判断。

(10)桩身砼强度等级可依据波速来估算。波速与混凝土强度等级的关系,应通过对混凝土试件的波速测定和抗压强度对比试验确定(也可参考表 8-6)。

四、机械阻抗法

1. 测试原理

机械阻抗是从电学系统中导出来的概念,当对一机械系统(或结构系统)的动态特性进行研究时,常将这个系统的力学模型中的各个元件(质量块、弹簧、阻尼器)组成的机械网络类比电器系统中由各种电器元件(电阻、电容、电感)组成的电路网络。即用分析电阻抗的原理来分析机械系统(或结构系统)受外力激励后,激励力与其所产生的振动响应之间的关系。

所谓机械阻抗,就是使系统或元件产生单位振动速度所需要的力,即 $Z=F_0/V_0$,即激励力与响应之比;反之,则称谓导纳,即响应与激励力之比。

机械阻抗反应了一个系统(机械系统)在频率域上的动态特性,故目前在分析机器与机构的强度、刚度或抗震性能以及系统的振动响应等,都采用机械阻抗法。但采用稳态激励机械阻抗法对基桩进行非破损检测,在国内外应用是近几年的事。

把桩—土体系看成一线性振动系统,在桩头施加一激励力 $f(t)$,就可在桩头同时观测到该系统的振动响应信号,如位移、速度、加速度,如图 8-17。

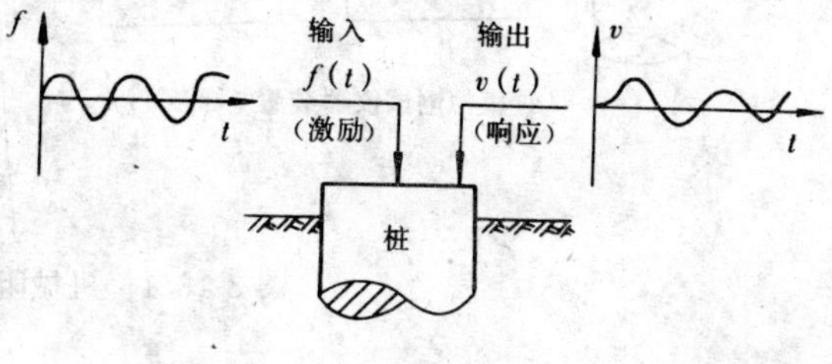

在桩基检测中通常观测的响应量是速度响应。所以,下面提到的机械阻抗是速度阻抗。

当对系统施加一简谐交变力 $f(t)$ 时,必产生一稳态响应 $v(t)$、并且是同频率的简谐振动。

图 8-17 机械阻抗法原理

设 $$f(t)=F\sin(\omega t+\phi_1)$$
则有: $$v(t)=V\sin(\omega t+\phi_2) \tag{8-33}$$

式中:F——激励力的力幅;
V——稳态响应速度的振幅;
ω——稳态响应的圆频率;
ϕ_1——激励力的初相角;
ϕ_2——稳态响应速度的初相角。

上述两式中只有两点不同:一是幅值不同($F/V\neq 1$);二是相角不同,其相位差为 $\phi=\phi_1-\phi_2$,滞后时间 $t=\phi/\omega=(\phi_1-\phi_2)/\omega$。

振动理论与实践都证明:激励与响应之间的幅值比:F/V 及相位差 $\phi_1-\phi_2$ 不仅与激振频率 ω 有关,更主要的是取决于系统本身的固有特性(不随时间变化)。系统的这种固有特性,一般是指惯性、弹性以及阻尼特性。对于桩—土系统,主要是指桩身断裂、扩颈、缩颈、混凝土质量以及桩周土特性等。所以在进行桩基质量检测时,采用这两个量作为判据,即激励与响应的幅值比和相位差,从整体上描述桩—土系统在 ω 频率条件下的频响特性或传递特性。

如果在足够宽(理论上讲从 $0\rightarrow\infty$)的频率范围内,对桩—土系统进行简谐振动,就能获得这两个相对量(幅值比和相位差)随频率的变化曲线,可从整体上完全确定桩—土系统的动态特性。

2. 测试仪器及设备

机械阻抗测试仪器根据激励方式的不同分为稳态激励和瞬态激励,按对信号处理方式的不同又分为模拟测试仪器和数字化测试仪器,如图 8-18。

测试仪器由三部分组成:激振系统、传感系统和分析系统。

(1)激振系统。稳态激振应采用电磁激振器,并宜选用永磁式激振器。激振器的技术要求应符合下列规定:

①频率范围:5~1 500 Hz;

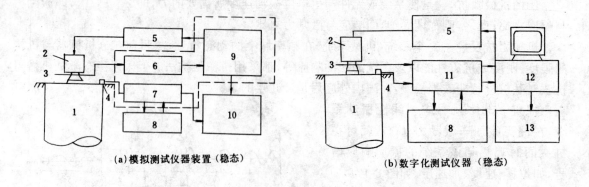

(a)模拟测试仪器装置（稳态）　　　　　　(b)数字化测试仪器（稳态）

图 8-18.1　机械阻抗测试仪器示意

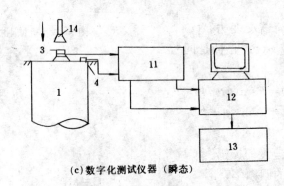

(c)数字化测试仪器（瞬态）

图 8-18.2　机械阻抗测试仪器示意

1—桩；2—激振器；3—力传感器；4—速度传感器；5—功率放大器；6—电荷放大器；
7—测振放大器；8—跟踪滤波器；9—振动控制仪；10—x-y 函数记录议；
11—信号采集前端；12—微计算机；13—打印机（绘图仪）；
14—力棒、力锤

注：信号采集前端可采用双通道以上的各种频响分析仪，也可采用 FM 磁带记录仪作脱机采集分析。

②激振力：当桩径小于 1.5 m 时，应大于 200 N；当桩径为 1.5～3.0 m 时，应大于 400 N；当桩径大于 3.0 m 时，应大于 600 N；

③非线性失真应小于 1%；

④横向振动系数（ζ<10%），谐振时量大值≤25%。

稳态激振器可采用柔性悬挂（橡皮绳）或半刚性悬挂装置进行悬挂。在采用柔性悬挂时应避免高频段出现横向振动。在采用半刚性悬挂时，当激振频率在 10～1 500 Hz 的范围内时，激振系统本身特性曲线出现的谐振峰（共振及反共振）不应超过 1 个。

瞬态激振应通过试验选择不同材质的锤头进行冲击，使可用于计算的频谱宽度大于 1 500 Hz。在冲击桩头时，冲击锤应保持为自由落体。

(2)传感系统：

①力传感器：频率响应 5～1 500 Hz；幅度畸变<1 dB；灵敏度≥1.0 pC/N；量程按激振力最大值（稳态激振时）确定或按冲击力最大值（瞬态激振时）确定。

②测量响应的传感器：频率响应 5～1 500 Hz；灵敏度：当桩径小于 60 cm 时，速度传感器

的灵敏度S_v应大于300 mV/(cm·s^{-1});加速度传感器的灵敏度S_a应大于1 000 pC/g[*];当桩径大于60 cm时,S_v应大于800 mV/(cm·s^{-1})、S_a应大于2 000 pC/g;横向灵敏度不应大于5%;加速度传感器的量程不应小于5g(稳态激振时)或20g(瞬态激振时)。

传感器的灵敏度应每年标定一次,力传感器可采用振动台进行相对标定,或采用压力试验机作准静态标定。进行准静态标定所采用的电荷放大器,其输入电阻不应小于$10^{11}\Omega$。测量响应的传感器可采用振动台进行相对标定。

(3)放大及分析系统。压电传感器的信号放大应采用电荷放大器;磁电式传感器应采用电压放大器。频带宽度宜为5~2 000 Hz,增益应大于80 dB,动态范围应在40 dB以上,折合到输入端的噪声应小于10 μV。在稳态测试中,应采用跟踪滤波器或在放大器内设置性能相似的滤波器。滤波器的阻带衰减不应小于40 dB。在瞬态测试中分析仪应具有频域平均和计算相关函数的功能。当采用数字化仪器进行数据采集分析时,其模/数转换器位数不应小于12 bit。

信号处理分析的记录设备可采用磁记录器、X-Y函数记录器、与计算机配合的笔式绘图仪或打印机。磁记录器不得少于两个通道,信噪比不得低于45 dB,频率范围不得低于5 kHz。采用的各类记录仪的系统误差应小于1%。

3. 现场检测

(1)检测前的准备工作:

①首先应进行桩头的清理,去除桩头上的浮浆,露出密实的桩顶。将桩头顶面大致修凿平整,并尽可能与周围地面保持齐平。在桩顶面的正中和径向两侧边沿,用石工凿精心修整出直径约20 cm的圆面1个和直径各10 cm的圆面1~4个,使凹凸不平处的高差小于0.3 cm。

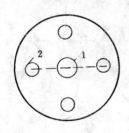

图8-19 被测桩桩顶小钢板粘贴位置
1—固定激振器用;
2—固定传感器用

②粘贴在桩顶的钢板,必须在放置激振装置和传感器的一面用磨床加工成光洁度在0.8以上的光洁度表面。接触桩顶的一面则应保持粗糙,以使其与桩头粘贴牢固。将加工好的圆形钢板用粘结剂进行粘贴,大钢板粘贴在桩头中心处,钢板圆心与桩顶中心重合;小钢板粘贴在桩顶边部1~4个小圆面上(图8-19)。粘贴之前应先将粘贴处表面刷干净,再均匀涂满粘结剂。贴上钢板并挤压,使钢板和桩之间填满粘结剂。此时立即用水平尺反复校正,务必使钢板表面水平。保护好校平的钢板,勿使其移动变位。待粘结剂完全固化后,即可进行检测,同时在钢板上涂上黄油,以防锈蚀。桩头上不要放置与检测无关的东西。主钢筋露出桩头部分不宜过长,过长时应切割至可焊接和绑扎的最小长度,否则将产生谐振干扰。

③半刚性悬挂装置和传感器必须用螺丝紧固到桩头的钢板上。

④在安装和连结测试仪器时,必须妥善设置接地线,要求整个检测系统一点接地,以减少电噪声干扰。传感器的连接电缆应采用屏蔽电缆并且不宜过长,以30 m以内为宜。速度传感器在标定时应使用测试时的长电缆(联接),以减小测量误差。

⑤桩的振动响应测试点的布置原则:

桩径小于60 cm时,可布置一个测点;桩径为0.6~1.5 m时,应布置2~3个测点;桩径大于1.5 m时,应在相互垂直的两个径向布置4个测点。

---

[*] g为重力加速度(1g=9.81m/s^2);pC/g为在单位加速度时,传感器的电荷量。

在桥梁桩基础测试中,当只布置两个测点时,其测点应位于顺流向的两侧,当布置 4 个测点时应在顺流向两侧和顺桥纵轴方向两侧各布置 2 个测点。

(2)测试过程中注意事项:

① 安装全部设备后,应确认各项仪器设备处于正常工作状态。

② 在测试前应正确选定仪器系统的各项工作参数,使仪器在设定的状态下进行试验。

③ 在瞬态激振试验中,重复测试的次数应大于或等于 4 次。

④ 在测试中应观察各设备的工作状态,当全部设备均处于正常状态,则该次测试有效。

⑤ 在同一工地,当某桩的实测机械导纳曲线幅度明显过大时,应增大扫频上限,并判定桩的缺陷位置。

4. 测试数据的处理与判定

(1)典型导纳曲线。对于一根完整无缺陷的好桩,当在桩顶施加一定频率范围的稳态扫频激振,并在桩头边缘处接收振动响应,就可获得如图 8-20 所示的典型速度导纳曲线。该速度导纳曲线表明,在较低频率时的振动以刚体运动为主,在较高频率段时,则相继出现各阶波动,以波动为主。从刚体运动到开始波动是一个连续的缓慢过渡的过程,不可能有明显的频率分界点。

通过对速度导纳曲线的分析,可提供下列信息:

① 桩身混凝土波速值可由波动理论得出:

$$\Delta f = V_c/(2L) \quad (8\text{-}34)$$
$$V_c = 2\Delta f L \quad (8\text{-}35)$$

式中:Δf——导纳曲线上两谐振峰之间的频率差(Hz);

V_c——应力波在桩身混凝土中的传播速度(m/s);

L——已知桩长(m)。

按上式计算,一般正常钻孔灌注桩的桩身混凝土波速 $V_c = 3\,500 \sim 3\,900$ m/s;一般正常预制桩的桩身混凝土波速 $V_c = 4\,000 \sim 400$ m/s,若计算的 V_c 值小于此范围,说明桩身砼质量较差,混凝土强度不够,表 8-6 是评价桩身混凝土强度值的指标。

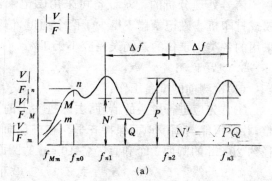

图 8-20 正常桩的典型导纳曲线
(a)幅频曲线;(b)相频曲线

表 8-6 混凝土质量按波速分类表

混凝土波速值(m/s)	混凝土质量	混凝土参考强度等级
>4 100	最优良	>C38
3 500~4 100	优良	C23~C33
3 000~3 500	良好	C18~C23
2 700~3 000	较差	C13~C18
<2 700	差	<C13

② 检验桩身实际施工长度和判断桩身缺陷的位置。根据频率差 Δf 值和正常桩的桩身砼波速值 V_c,可反算出桩长 L',对于一根完整无缺陷的好桩,计算出的桩长 L' 和实际施工的桩长 L 基本相等。若计算出的 L' 和已知的实际施工桩长 L 差异很大,可以认为在 L' 处桩身有缺

陷存在。

③特征导纳 N 和 N' 值计算：

从理论上讲，导纳曲线上的波幅平均值为：

$$N=\frac{1}{\rho_c A_c V_c} \tag{8-36}$$

式中：N——理论平均导纳；

ρ_c——混凝土质量密度(kg/m³)；

A_c——桩身截面积(m²)；

V_c——桩身砼波速值(m/s)。

此外，在测得的导纳曲线上，计算波幅的几何平均值为

$$N'=\sqrt{P \cdot Q} \tag{8-37}$$

式中：N'——实测的平均导纳；

P——导纳曲线上的峰值；

Q——导纳曲线上的谷值。

对于完整无缺陷的好桩，一般 $N' \approx N$。若 $N' > N$，A_c 变小或 V_c、ρ_c 降低。说明桩身局部砼疏松，致使平均速度和密度降低，A_c 变小说明桩身局部有缩颈。若 N' 随频率增高而减小，表示桩径上大下小，反之亦然。

④动刚度 K_d 值计算：

$$K_d=\frac{2\pi f_M}{|\frac{V}{F}|_M} \tag{8-38}$$

式中：f_M——导纳曲线低频直线段(1～30 Hz) M 点的频率(1/s)；

$|\frac{V}{F}|_M$——导纳曲线上 M 点的导纳值。

(2)桩身完整性判别。根据所计算的参数及导纳曲线形状，可按表 8-7 和表 8-8 判定桩身砼的完整性，确定缺陷类型，计算缺陷在桩身中出现的位置。

(3)单桩竖向承载力的推算：

搜集本地区同类地质条件下桩的静载荷试验资料，确定在单桩外部尺寸相似情况下的允许沉降值，或根据上部结构物的类型及重要程度或按设计要求确定单桩允许沉降值，然后按下式推算单桩承载力：

$$R=\frac{K_d}{\eta}[s] \tag{8-39}$$

式中：K_d——单桩的动刚度(kN/mm)；

η——桩的动静刚度测试对比系数，宜为 0.9～2.0；

$[s]$——单桩的允许沉降值。

表 8-7 按机械导纳曲线推定桩身结构完整性

机械导纳曲线形态	实测导纳值 N'		实测动刚度 K_d	测量桩长 L_0	实测桩身波速平均值 v_{pm}(m/s)	结 论
与典型导纳曲线接近	与理论值 N 接近		高于	与施工长度接近	—	嵌固良好的完整桩
			接近 工地平均动刚度值 K_{dm}		3 500~4 500	表面规则的完整桩
			低于			桩底可能有软层
呈调制状波形	高于	导纳实测几何平均值 N_1	低于 工地平均动刚度值 K_{dm}	与施工长度接近	<3 500	桩身局部离析,其位置可按主波的 Δf 判定
	低于		高于		3 500~4 500	桩身断面局部扩大,其位置可按主波的 Δf 判定
与典型导纳曲线类似,但共振峰频率增量 Δf 偏大	高于理论值 N 很多		远低于 工地平均动刚度值 K_{dm}	小于施工长度	—	桩身断裂,有夹层
	低于工地平均值 N'_m 多		远高于		—	桩身有较大鼓肚
不规则	变化或较高		低于工地动刚度平均值 K_{dm}	无法由计算确定桩长	—	桩身不规则,有局部断裂或贫混凝土

注:$N=\dfrac{1}{v_p A \rho_c}$

表 8-8 按机械导纳曲线异常程度进一步推定桩身结构完整性

初步辨别有异常	可能的异常位置	异常性质的判断		异常程度的判断
$v_c = 2\Delta f L =$ 正常波速 (v_p),只有桩底反射效应,桩身无异常	—	$N' \approx N$ 优质桩	波峰间隔均匀,整齐	全桩完整,混凝土质量优而均匀
			波峰间隔均匀,但不整齐	全桩基本完整,外表面不规则
		$N' \approx N \quad K_d \approx K'_d$ 混凝土质量稍有不均匀	波峰间隔均匀,整齐	全桩完整,混凝土质量基本完好
			波峰间隔不太均匀,欠整齐	全桩基本完整,局部混凝土质量不太均匀
$\Delta f_1 < \Delta f_2$ $v_{c1} = 2\Delta f_1 L = v_p$ 有桩底反射效应,同时 $v_{c2}=2\Delta f_2 L > v_p$, $L'=\dfrac{v_p}{2\Delta f_2} < L$,表明有异常处反射效应	$L' = \dfrac{v_p}{2\Delta f_2}$	$N' < N$ $K_d > K'_d$	波峰圆滑,N' 值小	有中度扩径
			波峰圆滑,N' 值大	有轻度扩径
		$N' > N \quad K_d < K'_d$ 缩径或混凝土局部质量不均匀	波峰尖峭,N' 值大	有中度裂缝或缩径
$v_c = 2\Delta f L > v_p$, $L' = \dfrac{v_p}{2\Delta f} < L$,表明无桩底反射效应,只有其他部位的异常反射效应	$L' = \dfrac{v_p}{2\Delta f}$	$N' > N \quad K_d < K'_d$ 缩径或断裂	波峰尖峭,N' 值小	有严重缩径
			波峰间隔均匀,尖峭,N' 值大	严重断裂,混凝土不连续
		$N' < N \quad K_d > K'_d$ 扩径	波峰圆滑 N' 值小	有较严重扩径
			波峰间隔均匀,圆滑,N' 值小	有严重扩径

注:Δf_1——有缺陷桩导纳曲线上小峰之间的频率差;v_p——正常波速;
K'_d——完整桩动刚度;Δf_2——有缺陷桩导纳曲线上大峰之间的频率差。

第四节 锤击贯入法

一、测试原理

用重锤冲击桩顶,测量出桩顶动力与桩贯入度的关系曲线,即 $F_{max}(t)\text{-}\Sigma(e)$ 曲线,然后通过分析该关系曲线,评估出单桩的动测极限承载力,称为锤击贯入法。

锤击贯入法所得 $F_{max}(t)\text{-}\Sigma(e)$ 曲线与静载荷试验方法所得 $Q\text{-}s$ 曲线非常类似,不同之处是,前者在桩顶施加动载,后者在桩顶施加静载。锤击贯入法所得数据直观,可信程度高。

该方法的基本思路,主要是沿用人们把打桩过程中打至最后 1~2 m 桩长内的锤击数(或者说最后锤击的贯入度),作为评价桩尖是否打入设计者原定的土层中及单桩承载力是否满足原设计要求的一项控制指标。

如图 8-21,把桩视为刚体,若在桩头施加一个锤击力 $F(t)$,桩土系统势必产生一个阻力 $R(t)$,其方向与锤击力相反。由于在桩头突然施加的是动荷载,桩体产生加速度,形成惯性力,根据力的平衡条件可得:

$$F(t)=R(t)+M\ddot{x}(t) \qquad (8\text{-}40)$$
$$R(t)=R_b(t)+R_s(x,t) \qquad (8\text{-}41)$$

式中:$F(t)$——作用在桩顶上的锤击力,它是时间的函数;
$R(t)$——土对桩贯入的总阻力;
$R_b(t)$——桩尖土的阻力;
$R_s(x,t)$——桩周土的阻力,是位置和时间的函数;
M——桩体质量;
$\ddot{x}(t)$——桩体在动力荷载作用下的加速度。

桩体在一定能量的锤击力作用下,必然会出现位移,设 Δx 为桩体的总位移,e 为桩体的塑性位移(贯入度),e' 为桩体的弹性位移,可得:

$$\Delta x=e+e' \qquad e=\Delta x-e'$$

因为 $R(t)=F(t)-M\ddot{x}(t),\Delta x=e+e'$
故 $R(t)=F(t)-M[e''(t)+(e'(t))''] \qquad (8\text{-}42)$

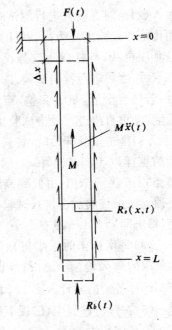

图 8-21 锤击贯入法原理

从上式可看出,在某一特定桩—土体系条件下,当一定值的锤击力 $F(t)$ 使桩产生的贯入度 e 及弹性位移 e' 越大,则 $M[e''(t)+(e'(t))'']$ 的值就越大,而 $R(t)$ 的值就越小;反之,$R(t)$ 值就越大。

一般说来,桩体的贯入度大,表明桩体所遇的阻力小,桩的承载力低;当桩体贯入度小时,表明土对桩的阻力大,桩的承载力高。

锤击贯入法试桩在现场主要测定 e 及 $F_{max}(t)$,并通过桩的动静对比试验,取得桩的动静极限承载力的相关关系,从而提供单桩极限承载力。

二、主要仪器设备

锤击贯入法试桩主要仪器设备见表 8-9。锤击贯入法试桩的现场设备安装如图 8-22。

表 8-9　现场试验仪器设备装置

锤击装置	锤击车(架)、卷场机、落锤、落锤导杆
量测仪器	力传感器、位移传感器、电荷放大器
显示记录仪器	动态应变仪、光线记录示波器、微型计算机、打印机

三、现场测试方法

(1) 首先在室内对各项量测及记录仪器进行一次检验性调试和标定，确认各项仪器为正常工作状态后，方可到现场进行测试。

(2) 当对灌注桩进行测试时，首先要用比桩身砼强度等级高2级的早强快干砼加固桩头，待桩顶头砼强度达到预定要求后，方可进行锤贯试验。对于预制砼桩，若桩身竖直，桩头完整，有足够的休止期，方可直接进行锤击试验。

(3) 锤击试验开始时，将具有一定质量的重锤以不同的落距，一般以 5、10、15、20 cm 为一个档，由低到高逐级锤击桩顶。一根桩的锤击贯入试验应一次做完，每击间隔 3 min 左右。

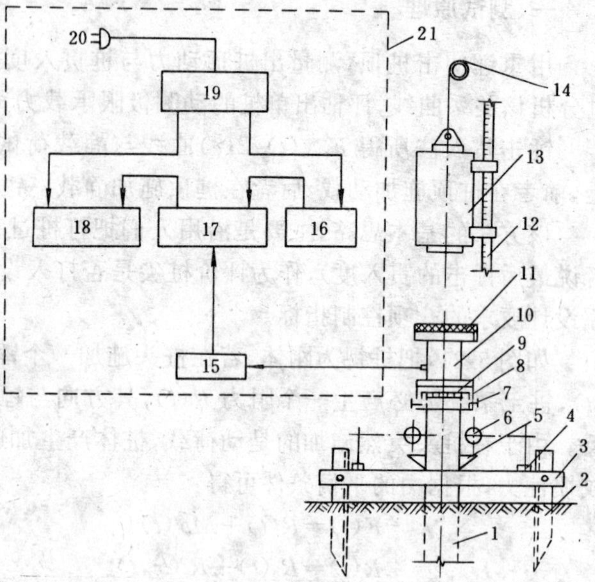

图 8-22　锤击贯入试验设备安装图
1—试桩；2—标桩；3—基准梁；4—磁性表座；5—测量标点；6—百分表(30～50 mm 量程)；7—紧固螺栓；8—桩帽；9—桩垫；10—锤击力传感器；11—锤垫；12—导杆；13—落锤；14—卷扬机；15—电桥盒；16—电源；17—动态应变仪；18—光电示波器(或微机及打印机)；19—调压稳压器；20—220V 交流电源；21—工用间

(4) 每次锤击时采集桩顶锤击力波形曲线的最大峰值 $F_{max}(t)$ 及贯入度 e，依次计算各击的累计入度 Σe，并绘制 $F_{max}(t)$-Σe 关系曲线。

(5) 在锤击过程中，出现下列某种情况要停止锤击：

① 开始数击的 $F_{max}(t)$ 与 e 值基本成线性比例增加，随后相邻数击 $F_{max}(t)$ 的值增加变缓，而 e 值的增加变快，以及陡然急剧增大；

② 每击贯入度 e 大于 2 mm，且累计贯入度 Σe 大于 20 mm；

③ 力传感器达到额定值，桩头已被锤坏，桩头摇摆、偏斜等。

四、资料整理及单桩极限承载力预估

(1) 首先根据现场试验所得数据，绘出 $F_{max}(t)$-Σe 关系曲线，然后仿照静载荷试验 Q-s 关系曲线上用第二拐点法确定单桩极限承载力 Q_u 的方法，在 $F_{max}(t)$-Σe 关系曲线上确定出相应的单桩动测极限荷载 F_u。

(2) 在确定出单桩的动极限荷载 F_u 后，如何变成试桩的静极限承载力呢？下面引入一个重要系数，即桩的动静对比试验系数 K_u：

$$K_u = \frac{F_u}{Q_u} \qquad (8\text{-}43)$$

K_u 是在累积了许多桩的动静对比试验后才能更准确(一般 $K_u=1.3\sim1.6$),于是有:

$$Q_u=\frac{F_u}{K_u} \tag{8-44}$$

第五节 桩的竖向静载荷试验

一、试验目的

采用接近于竖向抗压桩的实际工作条件的试验方法,确定单桩竖向(抗压)极限承载力,作为设计依据或对工程桩的承载力进行抽样检验和评价。当埋设有桩底反力和桩身应力、应变测量元件时,尚可直接测定桩周各土层的极限侧阻力和极限端阻力,这对于桩基理论的研究和发展很有意义。除对于以桩身承载力控制极限承载力的工程桩试验加荷至承载力设计值的 1.5~2.0 倍外,其余试桩均应加荷至破坏。

二、试验加载装置

装置一般采用油压千斤顶加载(图 8-23),千斤顶的加载反力装置可根据现场实际条件取下列三种形式之一:

1. 锚桩横梁反力装置(图 8-23b)

锚桩、反力梁装置能提供的反力应不小于预估最大试验荷载的 1.2~1.5 倍,当采用工程桩作锚桩时,锚桩数量不得少于 4 根,并应对试验过程锚桩上拔量进行监测。

2. 压重平台反力装置(图 8-23a)

压重量不得少于预估试桩破坏荷载的 1.2 倍;压重应在试验开始前一次加上,并均匀稳固放置于平台上。

3. 锚桩压重联合反力装置

当试桩最大加载量超过锚桩的抗拔能力时,可在横梁上放置或悬挂一定重物,由锚桩和重物共同承受千斤顶加载反力。

千斤顶平放于试桩中心,当采用 2 个以上千斤顶加载时,应将千斤顶并联同步工作,并使千斤顶的合力通过试桩中心。

三、检侧荷载与沉降的量测仪表

荷载可用放置于千斤顶上的应力环、应变式压力传感器直接测定,或采用联接千斤顶的压力表测定油压,根据千斤顶率定曲线换算荷载。试桩沉降一般采用百分表或电子位移计测量。对于大直径桩应在其 2 个正交直径方向对

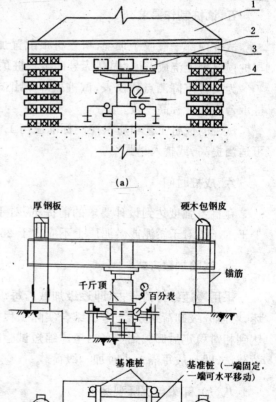

图 8-23 桩的竖向静载试验装置
1—堆载;2—小横梁;3—大梁;4—支墩;

称安置 4 个位移测试仪表,中等和小直径桩径可安置 2 个或 3 个位移测试仪表。沉降测定平面离桩顶距离不应小于 0.5 倍桩径,固定和支承百分表的夹具和基准梁在构造上应确保不受气温、振动及其他外界因素影响而发生竖向变位。

四、试桩、锚桩(压重平台支墩)和基准桩之间的中心距离应符合表 8-10 的规定

表 8-10 试桩、锚桩和基准桩之间的中心距离

反力系统	试桩与锚桩(或压重平台支墩)	试桩与基准桩	基准桩与锚桩(或压重平台支墩)
锚桩横梁反力装置 压重平台反力装置	≥4d 且≥2.0 m	≥4d 且≥2.0 m	≥4d 且≥2.0 m

注:d——试桩或锚桩的设计直径,取其较大者(如试桩或锚桩为扩底桩时,试桩与锚桩的中心距不应小于 2 倍扩大端直径)。

五、试桩制作要求

试桩顶部一般应予加强,可在桩顶配置加密钢筋网 2～3 层,或以薄钢板圆筒做成加筋箍与桩顶混凝土浇成一体,同高标号砂浆将桩顶抹平。对于预制桩,若桩顶未破坏可不另作处理。

为安置沉降测点和仪表,试桩顶部露出试坑地面的高度不宜小于 600 mm,试坑地面宜与桩承台底设计标高一致。

试桩的成桩工艺和质量控制标准应与工程桩一致。为缩短试桩养护时间,混凝土强度等级可适当提高,或掺入早强剂。

六、成桩时间

在桩身强度达到设计要求的前提下,对于砂类土不应小于 10 天;对于粉土和粘性土不应少于 15 天;对于淤泥或淤泥质土不应少于 25 天。

七、试验加载方式

采用慢速维持荷载去(即逐级加载),每级荷载达到相对稳定后加下一级荷载,直到试桩破坏,然后分级卸荷到零。当考虑结合实际工程桩的荷载特征可采用多循环加、卸载法(每级荷载达到相对稳定后卸载到零)。当考虑缩短试验时间,对于工程桩的检验性试验,可采用快速维持荷载法,即一般每隔一小时加一级荷载。

八、加、卸载与沉降观测

1. 加载分级

每级加载为预估极限荷载的 1/10～1/15,第一级可按 2 倍分级荷载加载。

2. 沉降观测

每级加载后间隔 5、10、15 min 各测读一次,以后每隔 15 min 测读一次,累计 1 h 后每隔 30 min 测读一次,每次测读值记入试验记录表。

沉降相对稳定标准:每一小时的沉降不超过 0.1 mm,并连续出现两次(由 1.5 h 内连续三次观测值计算),已达到相对稳定,可加下一级荷载。

3. 终止加载条件

当出现下列情况之一时,即可终止加载:①某级荷载作用下,桩的沉降量为前一级荷载作

用下的沉降量的 5 倍;②桩的沉降量大于前一级荷载作用下沉降量的 2 倍,且经 24 h 尚未达到相对稳定;③已达到锚桩最大抗拔力或压重平台的最大重量时。

4. 卸载与卸载沉降观测

每级卸载值为每级加载值的 2 倍。每级卸载后隔 15 min 测读一次残余沉降,读两次后,隔 30 min 再读一次,即可卸下一级荷载,全部卸载后,隔 3~4 h 再读一次。

九、单桩竖向极限承载力的确定

确定单桩竖向极限承载力时一般应绘出 $s\text{-}\lg t$(图 8-24)曲线和 $Q\text{-}s$ 曲线(图 8-25),以及其他辅助分析所需曲线。当进行桩身应力、应变和桩底反力测定时,应整理出有关数据的记录表和绘制桩身轴力分布、侧阻力分布、桩端阻力-荷载、桩端阻力-沉降关系等曲线。

单桩竖向极限承载力可按下列方法综合分析确定(JGJ 94—94):

①根据沉降随荷载的变化特征,对于陡降型 $Q\text{-}s$ 曲线,取 $Q\text{-}s$ 曲线发生明显陡降的起始点所对应的荷载;

②根据沉降量,对于缓变型 $Q\text{-}s$ 曲线一般可取 $s=40\sim60$ mm 对应的荷载(按 GBJ 7—89 取 $s=40$ mm),对于大直径桩可取 $s=0.03\sim0.06D$(D 为桩端直径,大桩径取低值,小桩径取高值)所对应的荷载值;对于细长桩($l/d>80$)可取 $s=60\sim80$ mm 对应的荷载;

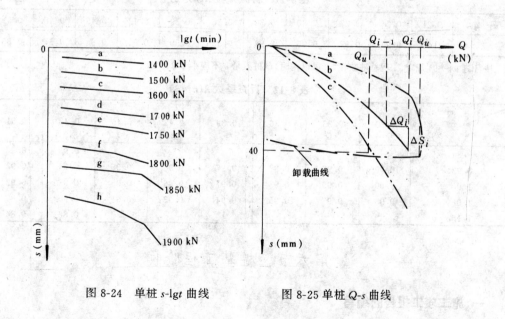

图 8-24 单桩 $s\text{-}\lg t$ 曲线　　图 8-25 单桩 $Q\text{-}s$ 曲线

③根据沉降随时间的变化特征,取 $s\text{-}\lg t$ 曲线尾部出现明显向下弯曲的前一级荷载值。

十、GBJ 7—89 中单桩竖向承载力标准值 R_k 的确定

GBJ 7—89 规定,对于一级建筑物,单桩竖向承载力标准值应通过现场静载荷试验确定。在同一条件下的试桩数不宜小于总桩数的 1%且不应少于 3 根。确定了每条试桩的单桩竖向极限承载力后,将其平均值除以安全系数 K(一般取 $K=2$)即为单桩竖向承载力标准值(要求试桩单桩竖向极限承载力极差与平均值之比不超过 30%);对于承台下桩数为 3 根及 3 根以下时,应将试桩中最小的单桩竖向极限承载力除以安全系数得单桩竖向承载力标准值。

十一、JGJ 94—94 中单桩竖向极限承载力标准值 Q_{uk} 的确定

当各试桩条件基本相同时,单桩竖向极限承载力标准值可按下列步骤与方法确定:
① 按下式计算 n 根试桩实测极限承载力平均值 Q_{um}

$$Q_{um}=\frac{1}{n}\sum_{i=1}^{n}Q_{ui} \tag{8-45}$$

② 按下式计算每根试桩的极限承载力实测值与平均值之比 a_i

$$a_i=Q_{ui}/Q_{um} \tag{8-46}$$

下标 i 根据 Q_{ui} 值由小到大的顺序确定。
③ 按下式计算 a_i 的标准差 S_n

$$S_n=\sqrt{\sum(a_i-1)^2/(n-1)} \tag{8-47}$$

④ 按下式计算 Q_{uk}

$$Q_{uk}=\begin{cases}Q_{um} & \text{当}\ S_n\leqslant 0.15\ \text{时} \\ \lambda Q_{um} & \text{当}\ S_n>0.15\ \text{时}\end{cases} \tag{8-48}$$

式中 λ 为单桩竖向极限承载力标准值折减系数,可根据变量 a_i 的分布查表 8-11 和表 8-12。

表 8-11 折减系数 $\lambda(n=2)$

a_2-a_1	0.21	0.24	0.27	0.30	0.33	0.36	0.39	0.42	0.45	0.48	0.51
λ	1.00	0.99	0.97	0.96	0.94	0.93	0.90	0.91	0.88	0.87	0.85

注:JGJ 94—94 规定,工程总桩数在 50 根以内时,试桩数量 n 不应小于 2。

表 8-12 折减系数 $\lambda(n=3)$

a_2 \ λ \ a_3-a_1	0.30	0.33	0.36	0.39	0.42	0.45	0.48	0.51
0.84							0.93	0.92
0.92	0.99	0.98	0.98	0.97	0.96	0.95	0.94	0.93
1.00	1.00	0.99	0.98	0.97	0.96	0.95	0.93	0.92
1.08	0.98	0.97	0.95	0.94	0.93	0.91	0.90	0.88
1.16							0.86	0.84

第六节 桩基工程验收

一、施工竣工报告的编写

1. 施工竣工报告编写的内容

(1)工程概况:概要介绍工程位置、性质、结构特点、设计要求、业主、设计单位和施工总承包单位的情况,本次施工的内容、供料方式和相互配合等有关责任的划分。

(2)工程完成情况:包括计划进度和实际进度、计划工程量和实际完成工作量、施工队伍组织状况及主要变化,等等。

(3)工程质量:应详细介绍根据工程技术要求采取的技术装备、工艺方法等方面的质量保证措施、全面质量管理的实施情况、质量自检和抽检情况、质监部门监理结果和测试单位的各项检查结果(孔径、孔斜、静载试验、动测与超声波测量、取芯等),逐项分析归纳质量情况(如桩

位偏差、钢筋笼上浮、混凝土强度、桩径桩形变化、废桩等),最后对全部工程桩的质量状况作出评估(优、良、及格、不及格、报废),指出存在的问题。

(4)遗留问题:这部分内容不是每个工程必有的,有时可能在后继工程予以处理的问题,应作交待等。

2. 竣工报告应附的施工技术资料

A册:施工技术资料汇总及竣工图
A—0　目录
A—1　工程质量评定表
A—2　工程质量验收证明单
A—3　工程开工、竣工通知
A—4　设计图纸及设计交底会议纪要
A—5　技术核定单,设计变更通知
A—6　施工资料汇总表
A—7　桩位测量复核验收表
A—8　工程质量一般事故,重大事故报告表
A—9　桩位竣工验收图

B册:技术资料
B—0　目录
B—1　混凝土配方及其坍落度、强度、初凝、终凝时间测定报告
B—2　混凝土试件抗压试验报告
B—3　钢材质量证明单,试验报告
B—4　水泥质量证明单,检验报告
B—5　粗骨料质量证明单,分析报告
B—6　细骨料质量证明单,分析报告
B—7　外加剂质量证明书,检验报告
B—8　钢筋笼制作质量检验单
B—9　钢筋焊接强度抽验试验报告
B—10　孔径、孔斜测量成果图表
B—11　单桩验收单

C册:施工管理资料
C—0　目录
C—1　施工组织设计
C—2　单桩各种施工记录,包括护筒埋设记录、钻孔记录、钢筋笼制作记录、钢筋笼吊放记录、砂石过磅记录、混凝土浇灌记录等。
C—3　施工日记,施工小结
C—4　开工申请书
C—5　混凝土级配通知单

二、工程验交

钻孔灌注桩不是独立的建筑工程,只是建筑物或构筑物的一部分。但是,由于它的隐蔽性和重要性,因此通常要单独进行竣工验收。

在全部单桩均已进行了验收并完成了竣工报告编写、资料整理装订成册之后,才能进行灌注桩工程的竣工验收工作。

工程验收的标准是设计技术要求和有关规范规程的规定。

验收工作应由建设单位或总承包单位主持,邀请上级监理部门、设计单位、质监机构、监理单位、管理单位等有关各方共同进行,如果是护坡桩,还应包括与附近管线、建筑物有关的单位,通过对工程完成情况和质量审查鉴定,最终对工程作出予以验收还是不验收的结论,并经各方代表签字生效。

通常可能在同意验收的同时,还要求进行一些补充工作。例如:充实资料,对极少数尚有疑问的桩再进行复测检验等,也可能包括对事故桩的加固处理,甚至决定补桩。施工单位必须认真履行验收决议中指定的各种补充工作,保证质量,善始善终。

一般情况下在工程签字验收后可实行经济决算,也可待补充工作完成后进行决算,特殊情况下要等整个建筑物峻工后才能进行决算,有关问题也应在验收决议中予以明确。

第九章 桩基工程预算

桩基工程属于基本建设内容中的单位工程（土建工程）中的分部工程（桩基础工程）。

基本建设是国民经济的重要组成部分。国民经济中的基本建设是由若干具体建设项目所组成，而每个基本建设项目又由若干个单项工程所组成，每个单项工程又由若干单位工程所组成，每个单位工程由若干分部工程组成，每个分部工程由若干分项工程组成。

建设项目：行政上独立，经济上实行独立核算，按批准的总体设计施工的建设实体或建设单位，如工（矿）企业、学校等。

工程项目（单项工程）：建设项目中，具有独立的设计文件，竣工后可以独立发挥生产能力或效益的工程。如车间、办公楼、食堂、教学楼、图书馆、学生宿舍、职工住宅等。

单位工程：工程项目中具有独立设计文件，能进行独立施工，但竣工后不能独立发挥生产能力或效益的工程。如生产车间中的厂房建筑（土建工程）、管道工程、电气工程、设备安装工程等。

分部工程：系指单位工程中，为便于工料核算，按照工程的结构部位或主要工种划分的工程分项，如土建工程中的土石方工程、桩基础工程、砌筑工程等。

分项工程：系指分部工程中为确定工程单价，按照施工要求和材料品种规格而划分由专业工种完成的一定计量单位产品。分项工程是最基本的工程计量单位，又称"子目"。

桩基工程预算是根据桩基工程施工图，按照《全国统一建筑工程基础定额》各地区性基价表（估价表）和建筑工程费用定额编制出的桩基工程费用的文件，它是决定工程造价、实行招标投标和签订承包合同的重要基础，它也是施工单位内部实行经济承包、核算的依据。

第一节 桩基工程费用组成

桩基工程费用组成和一般建筑安装工程费用组成相同。根据建设部、中国人民建设银行建标［1993］894号文的规定，桩基工程费用由直接工程费、间接费、计划利润和税金四部分组成。各省、市据此文件分别制定本地区工程费用定额。湖北省鄂建［1996］066号文规定的桩基工程费用组成见表9-1。

一、直接费

直接费由定额直接费、其他直接费、施工图预算包工费、施工配合费、价差等组成。定额直接费是按施工图计算的各分项工程的工程量乘以预算定额基价表中的基价汇总计算出来的。其他直接费用则是在施工过程中必然发生的各种费用。至于施工图预算包干费、施工配合费则是在特定情况下根据施工合同确定的，并不是每个工程都有。价差指人工、材料、机械费结算期价格（或信息价）与全省统一基价表中的取定价格的差价。

1. 定额直接费

由人工费、材料费、施工机械使用费以及构件增值税组成的费用称为定额直接费。

表 9-1 桩基工程价格项目表

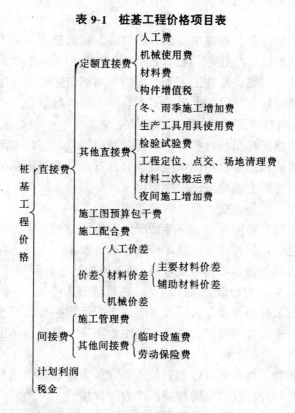

(1) 人工费，指列入基价表的直接从事桩基工程施工的生产工人的基本工资，工资性津贴及属于生产工人开支范围的各项费用。

(2) 材料费，指列入基价表中耗用的构成工程实体的原材料、辅助材料、构配件、零件和半成品的用量，以及周转材料的摊销量按相应的预算价格计算的费用。

(3) 施工机械使用费，指列入基价表的施工机械台班量按相应机械台班费定额计算的施工机械使用费，以及施工机械安装、拆卸和进出场费、大型机械场外运输费等基价表（附录）中所列其他机械费之和。

(4) 构件增值税，鄂建定号 [94] 05 号文规定，对施工企业非施工现场制作的各种预制构件（包括混凝土、铁、木）征收增值税，增值税列入定额直接费，按构件制作定额直接费的 7.47% 计取，并可以计取各项费用。

由人工费、材料费、施工机械使用费组成的定额直接费（目前对非现场生产的铁、木、混凝土构件增加了构件增值税）又称定额基价。由于人工、材料、机械台班单价经常发生变化，因此定额直接费是一定时期、一定范围内的产物。如人工工日单价可能随着工资制度的改革，职工福利待遇的提高，每周工作时间的减少而提高工日单价；材料单价也受市场材料供应情况的缓紧经常在发生波动；机械台班单价也因人工、材料、电力、燃料价格的变动而调整。因此，各地定额管理站为适应这些变化了的新情况，每隔一段时间（一年或两年或更长一段时间）根据《全国统一建筑工程基础定额》制订新的基价表。各地定额管理站还随时结合市场行情，根据国家、省、市有关文件，经常行文对人工费、材料费、机械费在基价表的基础上进行系数调整，形成新的定额直接费。

2. 其他直接费

其他直接费是指在基价表的分项工程定额规定以外，施工过程中必然发生的各种费用，它包括：

(1) 冬、雨季施工增加费：指建筑安装工程在冬、雨季施工，采取防寒保暖和防雨措施所增加的费用，包括材料费、人工费、保温及防雨措施费，排除雨、雪、污水的人工等费用。

(2) 生产工具用具使用费：指施工、生产所需不属于固定资产的生产工具、检验、试验用具等的购置、摊销和维修费，以及支付给工人自备工具的补贴费。

(3) 检验试验费：指对建筑材料、构件和建筑安装物进行一般鉴定、检查所发生的费用。包括自设试验室进行试验所耗用的材料和化学药品费用等，以及技术革新和研究试验费。但不包括新结构、新材料的试验费和建设单位要求对具有出厂合格证明的材料进行检验，对构件进行破坏试验及其他特殊要求检验试验的费用。

(4) 工程定位复测、工程点交、场地清理费用。

(5) 材料二次搬运费：指因场地狭小等情况而发生的材料二次搬运费。湖北省规定，只要满足以下三个条件之一，便可计取此费，否则不能计取。

单位工程的外边线有一长边不能堆放材料（即外墙边线往外移小于3 m）或单位工程四边外线往外推移平均小于5 m可计取二次搬运费；在城镇市区内施工，由于场地狭小，通道无法通过载重汽车时，施工材料须用工人或人力车二次搬运到单位工程现场时，可计取二次搬运费；由于工程急需，进场材料较多，施工现场堆放不下，经建设单位同意发生的二次搬运可计取费用。

(6) 夜间施工增加费：指根据设计施工技术要求，为保证工程质量，需要在夜间连续施工而发生的照明设施摊销费，夜餐补助和降低工效等费用。

(7) 市政工程施工因素增加费，已综合考虑不另计。

其他直接费的取费标准由各省、自治区、直辖市根据各自的不同情况自行制定。湖北省其他直接费取费标准见表9-2。

表9-2 其他直接费取费标准

项目	计费基础	单位	定额直接费	定额人工费
综 合 费 率		%	2.5	14.7
其中	冬、雨季施工增加费	%	0.7	4.5
	生产工具用具使用费	%	1	8
	检验试验费	%	0.2	0.6
	工程定位、点交、场地清理费	%	0.3	1
	材料二次搬运费	%	0.1	按定额规定计算
	夜间施工增加费	%	0.2	0.6

注：①夜间施工增加费指按设计施工技术要求，为保证工程质量而发生的夜间施工增加费。建设单位要求提前工期而发生的夜间施工增加费另行计算。

②计取了施工图预算包干费的工程，应在综合费率中扣减材料二次搬运费。

其他直接费计算公式：

其他直接费＝基数×费率

式中：基数——为定额直接费或定额人工费；

      费率——其他直接费费率共六项，查表9-2，其中综合费率为各项费率之和。

3．施工图预算包干费

指建设单位和施工单位为了明确经济责任，控制工程造价，加快建设速度，建设单位同施工单位在签订施工合同时，根据工程特点具体商定对部分工程费用（某些费用定额中未包括而实际又发生的费用）采用施工图预算加系数包干的结算办法。

湖北省规定：包干费为定额直接费乘以包干系数（包干系数为4%），并规定实行了包干系数的工程，除由于设计变更（应经原设计单位同意）、基础处理增加或减少以及各地定额站统一调整了预算价格可在竣工决算中调整并增减包干费外，所发生的其他工程预算外费用均列入包干内容。

包干费包括下列内容：

①设计变更增减相抵后，净增值在包干费的20%以内（含20%）的设计变更。

②在施工企业购买材料的情况下，材料品种、规格代用造成的量差、价差费用，材料的调剂费用，国家标准允许范围内的材料理论重量与实际重量的差异。

③由于停电、停水每月在工作时间16小时以内（含16小时）的停工、窝工损失。

④由于建设单位原因，设备材料供应不及时而造成的停工、窝工每月在8小时以内（含8小时）的损失。

⑤因场地狭小发生的材料二次搬运费。

⑥基础施工中的施工用水、雨水抽水台班费用。

⑦施工现场进出道口的清扫、保洁费用。

4．施工配合费

施工配合费的收取标准，湖北省规定：施工单位有能力承担的分部分项工程，如铝合金门窗、钢门窗安装、装饰工程等，以及民用建筑中的照明、取暖、通风、给水工程，由建设单位分包给其他单位的，施工单位可向建设单位按外包工程的定额直接费收取3%的费用。施工单位无能力承担的可以收取1%的费用。由施工单位自行完成和分包，不收取此项费用。施工配合费内容包括留洞、补眼、提供脚手架和垂直运输机械，影响进度安排，作业降效等费用。桩基工程通常不收此项费用。

5．价差

建筑产品价格由于受全社会价格体制改革的影响，波动频繁，为了合理确定和有效控制工程造价，建立能够反映市场需求变化，符合价值规律的建筑产品价格体系，根据建设部关于对工程价格实行量、价分离的原则，湖北省制定了建筑工程实施统一取费基价及其价差调整办法。

价差系指建设工程所需人工、材料、机械等费用因价格变动对工程造价产生的相应变化值。价差调整是指从预算编制期至竣工期（结算期），因人工费、机械价格等增减变化，对原批准的设计概算、审定的施工图预算及签订的承包协议价、合同价，按照规定对允许调整的范围所作的合理调整。价差调整分两类：一类为政策性价差调整，包括人工费、辅助材料费、机械费、其他直接费和间接费；一类为价格全面放开的主要材料价差调整。

湖北省规定：人工、材料、机械费价差不进入基价计取其他费用，也不再计取价差管理费，但可计取计划利润。

二、间接费

间接费是指不直接用于建筑安装工程而又实际发生的费用。它由施工管理费和其他间接费组成。

1. 施工管理费

施工管理费用由以下内容组成：

（1）工作人员工资：指施工企业的政治、经济、技术、试验、警卫、消防、炊事和勤杂人员以及行政管理部门汽车司机等的基本工资、工资性津贴（包括粮贴、水电贴、粮油补贴、煤贴、洗理费、书刊费、流动施工津贴、交通贴、房贴、家庭取暖费等）、劳动保护费（包括劳动保护用品的购置费、修理费和防暑降温费、女工卫生费等）及按规定标准计提的职工福利费。不包括材料采购保管费、职工福利费、工会经费、营业外开支的人员的工资。

（2）差旅交通费：指职工因出差、调动工作（包括家属）的差旅费、住勤补助费、市内交通费和误餐补助费、职工探亲路费、劳动力招募费、职工离退休、退职一次性路费、工伤人员就医路费、工地转移费以及行政管理部门使用的交通工具的油料、燃料、养路费、牌照费等。

（3）办公费：指行政管理办公用的文具、纸张、帐表、印刷、邮电、书报、会议、水电、烧水和集体取暖（包括现场临时宿舍取暖）等费用。

（4）固定资产使用费：指行政管理和试验部门使用的属于固定资产的房屋、设备、仪器等折旧、大修理、维修以及租赁费等。

（5）行政工具用具使用费：指行政管理使用的不属于固定资产的工具、用具、家具、交通工具、检验、试验、消防、测绘用具等的购置、摊销和维修费。

（6）工会经费：指企业按职工工资总额2%计提的工会经费。

（7）职工教育经费：指企业为职工学习先进技术和提高文化水平按职工工资总额的1.5%计提并在此范围内掌握开支的费用。

（8）职工养老保险费及待业保险费：指职工退休养老金的积累及按规定标准计提的职工待业保险金。

（9）保险费：指企业财产保险、管理用车辆保险以及生产工人人生安全保险等费用。

（10）定额编制管理费：指按规定支付给工程造价（定额）管理部门的预算定额编制及管理费和劳动定额管理部门的劳动定额测定及管理费。

（11）流动资金贷款利息：指企业为筹集资金而发生的有关费用，包括企业经营期间发生的定额内流动资金贷款利息支出、金融机构手续费等。

（12）税金：指按国家规定应列入管理费的税金，包括车船使用税、房产税、土地使用税、印花税等。

（13）其他费用：指上述项目以外的其他必要的费用支出。包括业务招待费、技术转让费、技术开发费、排污费、绿化费、广告费、公证费、法律顾问费、审计费、咨询费、工程保修费以及除中央在鄂施工企业、省直施工企业以外的施工企业应负担的企业性上级管理费等。

施工管理费一般是按工程的性质和工程的类别，根据各省、市、自治区费用定额文件规定的计费基数（定额直接费、定额人工费、定额人工费+机械费、直接费）按照各自不同的施工管理费率分别计取。各省市在工程类别的划分上、计费基数上及不同工程类别的费率取值上都会有所区别，就是在同一地区也经常在进行调整。

施工管理费计算公式如下:

$$施工管理费 = 基数 \times 施工管理费率$$

湖北省鄂建[1996]066号文规定:桩基工程(打桩工程)和大型(超过3 000 m³)土石方工程属于一类工程,施工管理费率为16%(其中包括流动资金贷款利息费率2.59%及预算定额编制管理费和劳动定额编制管理费的费率),施工管理费计费的基数为定额直接费。

2. 其他间接费

其他间接费包括临时设施费和劳动保险费两项。

(1) 临时设施费:指施工企业为进行建筑安装工程施工所必需的生活和生产用的临时建筑物、构筑物和其他临时设施费用等。

临时设施包括:职工临时宿舍、文化福利及公用事业房屋与构筑物、仓库、加工厂、办公室以及施工现场50 m以内道路、水、电、管线等临时设施(含小型临时设施)。但不包括水井、场外临时水管、线路、道路、铁路专用线、锅炉房、水泵房、变电站以及锅炉、变压器、水泵等项设备。

临时设施费用内容包括:临时设施的搭设、维修、拆除费或摊销费。

临时设施费一般按工程性质、工程类别由各省市制定相应的费率计算。有的省市规定按直接费的百分率计算;有的省市规定按"直接费+间接费"之和的百分率计算;还有的规定按预算成本的百分率或"人工费+机械使用费"的百分率计算。湖北省1996年规定桩基工程临时设施费为定额直接费的2.5%。

临时设施费按工程预算由施工单位开工前向建设单位一次收取,工程竣工结算时最终结清。临时设施的产权属施工单位,费用包干使用。若施工单位用建设单位的房屋设施(不包括新建未交工的)按当地房管部门的标准交付租赁费。

(2) 劳动保险费:指企业按规定支付离退休职工的退休金、各种津贴、价格补贴、医药费、易地安家补助费、职工退职金、六个月以上的病假人员工资、职工及离退休职工死亡丧葬补助费、抚恤费,按规定支付给离退休干部的各种经费。

劳动保险费的计取办法各地都有具体规定。大多数省市以工程性质和企业级别高低,按直接费的百分率计取。湖北省1996年修订的桩基工程劳动保险费率见表9-3。

表9-3 桩基工程劳动保险费率

企业等级 计费基础费率% 定额直接费	国营企业				三级及三级以上集体企业
	一级	二级	三级	四级	
	3.50				3.00

注:① 取费级别按建设主管部门颁发的企业资质等级为准;
② 1983年底以前成立的县级集体施工企业,亦按三级以上集体企业费率计取。

湖北省劳动保险费计算公式如下:

$$劳动保险费 = 定额直接费 \times 劳动保险费率$$

三、计划利润

计划利润指按规定计入建筑安装工程造价的利润。

计划利润一般是根据工程性质和工程类别，按照当地文件规定的计费基数和各自不同的计划利润费率计取。湖北省鄂建［1996］066 号文规定：桩基工程计费基数为工程直接费与间接费之和。桩基工程属一类工程，计划利润费率为 9%。

四、税金

指按国家税法规定的应计入建筑安装工程造价内的营业税、城市维护建设税及教育费附加。税金按直接费、间接费、计划利润三项之和为基数计算，鄂建［1996］066 号文的综合税率见表 9-4。

表 9-4　营业税、城市建设维护税、教育费附加综合税率

纳税人地区	纳税人所在地在市区	纳税人所在地在县城、镇	纳税人所在地不在市区、县城或镇
计税基础	不含税工程造价		
综合税率%	3.41	3.35	3.22

注：①不分国营或集体建安企业，均以工程所在地区税率计取；
②建筑安装企业承包工程实行分包和转包形式的，税金由总承包单位统一计取缴纳。

五、桩基工程价格计算程序

根据《湖北省建筑安装工程费用定额》（鄂建［1996］066 号文），桩基工程价格计算程序见表 9-5。

表 9-5　桩基工程价格计算程序表

序号		费用项目	计算方法	
			以直接费为计费基础的工程	以人工费为计费基础的工程
1		定额基价	Σ分项工程量×分项工程基价	Σ分项工程量×分项工程基价
2		其中：人工费	Σ人工工日×人工工日单价	Σ人工工日×人工工日单价
3	直	构件增值税	构件制作定额直接费×费率	
4	接	其他直接费	(1+3)×费率	2×费率
5		施工图预算包干费	(1+3)×费率	(1+主材用量×主材价格)×费率
6	费	施工配合费	外包工程定额直接费×费率	
7		主要材料价差	主材用量×(市场价格－预算价格)	
8		辅助材料价差	1×费率	
9		人工费调整	按规定计算	
10		机械费调整	按规定计算	
11	间	施工管理费	(1+3)×费率	2×费率
12	接	临时设施费	(1+3)×费率	2×费率
13	费	劳动保险费	(1+3)×费率	2×费率
14		直接费、间接费之和	1+3+4+5+6+7+8+9+10+11+12+13	1+3+4+5+6+7+8+9+10+11+12+13
15		计划利润	14×费率	2×费率
16		营业税	(14+15)×税率	(14+15)×税率
17		含税工程造价	14+15+16	14+15+16

注：①桩基工程属以直接费为计费基础的工程，以人工费为计费基础的工程有安装工程等；
②包工不包料工程，计时工综合费率为人工费的 30%，不再计取其他费用；
③桩基工程费率包括混凝土预制品制作的费用。

第二节 桩基工程预算定额基价

一、建筑工程预算定额和基价表

建筑工程预算定额是以房屋或构筑物的各个分部分项工程或结构构件为标定对象,在正常合理的施工条件下,确定一定计量单位(按标定对象的不同特点而定)所需消耗的人工、材料和施工机械台班的数量标准。预算定额是在编制施工图预算时,确定单位分项工程或结构构件单价的基础。

我国预算定额的编制是采用统一性和差别性相结合的原则。统一性就是由中央主管部门归口,考虑国家的方针政策和经济发展的要求,具体组织和颁发全国统一预算定额,颁发有关的规章制度和条例细则,在全国范围内统一分项、定额名称、定额编号,统一人工、材料和机械台班消耗量的名称及计量单位等。使建筑产品具有统一计价依据;考核设计和施工的经济效果具有统一的尺度,并使预算原始数据更科学化、标准化,为开展和推广微型电子计算机在建筑工程预算编制中的应用创造条件。建设部于 1995 年 12 月颁布了《全国统一建筑工程基础定额》(土建工程)GJD—101—95 和《全国统一建筑工程预算工程量计算规则》GJD_{GZ}—101—95。这是目前统一全国建筑工程(土建部分)预算工程量计算规则、项目划分、计量单位的依据,是编制建筑工程(土建部分)地区单位估价表,确定工程造价的依据。差别性就是在统一性的基础上,各部门和地区可在管辖范围内,根据各自的特点,依据国家规定的编制原则,编制各部门和地区性预算定额,颁发补充性的条例细则,并对预算定额实行经常性管理。

基价表是以货币形式表达建筑工程预算定额中每个分项工程或结构构件的定额单价的计算表。它是根据全国统一建筑工程基础定额或各省、自治区、直辖市预算定额,结合地区建筑工人的日工资标准、建筑材料预算价格和施工机械台班预算价格编制的。由于各地区的人工日工资标准和材料(预算)价格不相同,因此编制的单位产品预算基价也各不相同,所以基价表也叫地区单位估价表。它是现行建筑工程基础(预算)定额在某个城市或地区的具体表现形式,是该城市或地区编制施工图预算时确定单位建筑安装产品直接费用的文件。

目前,大多数省市是按《全国统一建筑工程基础定额》中的人工、材料、机械三种消耗量标准分别乘直辖市和省会(或省属地市)所在地的日工资标准、材料预算价格和机械台班单价计算出一定计量单位建筑安装产品基价,并按一定顺序汇编成册,成为地区性基价表(或估价汇总表),如《全国统一建筑工程基础定额湖北省统一基价表》。

二、建筑工程预算定额基价表的组成内容

一般建筑工程预算定额基价表或地区单位估价汇总表(目前称为建筑工程基础定额基价表)主要由四大部分组成,即目录、总说明、各分部工程定额和有关附录。现分述如下:

1. 目录

基础定额基价表一般均按建筑结构、施工顺序、工程内容及使用材料等分成若干章,每一章又按工程内容、施工方法、使用材料等分成若干节,每一节再按工程性质、材料类别等分成若干定额项目(定额子目)。为了查阅方便,章、节、子目都有固定的编号。编号的方法通常有"三符号"和"二符号"两种。

(1) 三符号编号格式如下：

△—△—△
｜ ｜ ｜
章 节 定额子目

章按一、二、三……顺序排列，一般表示分部工程。节在相应章的后面用1.2.3.……的阿拉伯数字排列，并与章的编号用"—"连接。子目在每章按统一的阿拉伯数字编号表示，并与节的编号连接。

(2) 二符号编号格式如下：

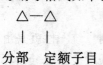

分部 定额子目

二符号编号法的第一符号是表示分部工程的序号，第二符号是表示定额子目的序号。子目在每一分部按统一的阿拉伯数字编号表示。二符号编号省去了中间的分节编号。《全国统一建筑工程基础定额》（土建工程）和《全国统一建筑工程基础定额湖北省统一基价表》（简称《湖北省统一基价表》）采用二符号编号法。例如：打桩长为18 m的预制方桩，属于打桩分部工程，在湖北省统一基价表中排在第二分部，桩长18 m以内编在第2子目内，定额编号为：2—2。

目录列出统一基价表所包含的单位工程（如土建工程）、分部工程（如打桩工程）及分项工程名称和其他内容以及编排的顺序、页码。

《湖北省统一基价表》的目录列出了12个分部工程，见表9-6。每个分部又列出若干节和分项以备查用。各地统一基价表目录内容编排不同，定额编号的意义就不相同。在编制预算时，预算书内是没有目录的，全靠定额编号确定其内容，故必须注意和熟悉目录中的分部分项工程编号。

表9-6 全国统一建筑工程基础定额湖北省统一基价表目录

分部工程编号	分部工程名称	分部工程编号	分部工程名称
一	土、石方工程	八	楼地面工程
二	桩基础工程	九	屋面及防水工程
三	脚手架及垂直运输工程	十	防腐、保温、隔热工程
四	砌筑工程	十一	装饰工程
五	混凝土及钢筋混凝土工程	十二	金属结构制作工程
六	构件运输及安装工程	十三	混凝土、砂浆配合比表
七	门窗及木结构工程	附录	

2. 总说明

基础定额基价表的总说明一般包括以下内容：
(1) 编制定额的依据；
(2) 定额的作用和适用范围；
(3) 对定额中有关材料设备的规定，如木材、混凝土、石灰膏、砂浆、垂直起吊机械等的规定要求；
(4) 使用定额时有关费用计算的规定；
(5) 查用定额时应注意的有关事项和有关问题的说明，如已作考虑和未作考虑的因素，允许换算的内容，查用要求等。

3. 分部工程定额

各分部工程定额由分部工程说明，工程量计算规则，定额项目表等组成。

（1）分部说明：它是分部工程定额的重要组成内容，它阐述该分部工程的一些具体规定和要求、定额的换算方法，是正确查用分部定额所必须掌握的首要内容。

（2）工程量计算规则：它明确该分部工程在计算工程量时，应采取的计算方法，尺寸数据的取定规则，应增应减的范围等。它是正确计算工程量的重要条文，必须熟练掌握。

（3）定额项目表：它是基础定额基价表的主要内容，由工作内容说明和项目表（表内列定额编号、定额子目名称、计量单位及各工程项目所需消耗的工、料、机用量及其取费基价等）组成。项目表反映了一定计量单位分项工程的预算价值（定额基价）以及人工费、材料费、机械使用费，反映了人工、材料和机械台班消耗标准。有些地区的基础定额基价表在项目表下面列有附注，说明当设计项目与定额不符时，如何调整和换算定额。

4. 有关附录

这些附录都是在使用时需要进行换算、查对所使用的资料。如：混凝土和砂浆等配合比表，常用大型机械安拆和场外运输费用表，建筑材料预算价格参考表，建筑机械台班费用定额表，建筑材料规格质量表等。

三、桩基础工程预算定额基价表

在《湖北省统一基价表》中，桩基础工程属于第二分部，它由分部说明、工程量计算规则、定额项目表三部分组成。

1. 分部说明

（1）本定额适用于一般工业与民用建筑的桩基基础，不适用于水工建筑、公路桥梁工程、室内打桩工程。

（2）本定额中的土壤级别已综合考虑，在执行中不得另行换算。

（3）本定额中打预制钢筋混凝土方桩、液压静力压预制钢筋混凝土方桩等，未包括接桩费用，如需接桩应另按接桩定额计算。

（4）人工挖孔桩、钻（冲）孔桩，对于岩层划分为强风化岩、中风化岩、微风化岩三类。强风化岩不作入岩计算；中风化岩和微风化岩作入岩计算。

（5）每个单位工程的打（灌）桩工程量在表9-7规定数量以内的为小型工程，其人工使用量和机械使用量按相应定额项目乘以1.25计算。

（6）焊接桩接头钢材用量，设计与定额用量不同时，可按设计用量换算。

（7）打试验桩按相应定额项目的人工、机械乘以系数2计算。

（8）打桩孔、桩间净距小于4倍桩径（桩边长）的按相应定额项目中的人工、机械乘以系数1.13。

（9）定额以打直桩为准，如打斜桩斜度在1∶6以内者，按相应定额项目乘以1.25，如斜度大于1∶6者，按相应定额项目中的人工、机械乘以系数1.43。

（10）定额以平地（坡度小于15°）打桩为准，如在堤坡上（坡度大于15°）打桩时，按相应定额项目中的人工、机械乘以系数1.15。如在基坑内（基坑深度大于1.5 m）打桩或在地坪上打坑槽内（坑槽深度大于1 m）桩时，按相应定额项目中的人工、机械乘以系数1.11。

（11）定额各种灌注的材料用量中，均已包括规定的充盈系数和材料损耗，其中灌注砂石桩除充盈系数和损耗率外,还包括级配密实系数1.334。

(12)压桩间补桩或强夯后的地基打桩时,按相应定额项目中的人工、机械乘以系数1.15。

(13)金属周转材料中包括桩帽、送桩器、桩帽盖、活瓣桩尖、钢管、料斗等属于周转性使用的材料。

(14)本定额未包括送桩后孔洞填土和隆起土壤的处理费用,如发生另行计算。

(15)本定额未包括施工场地和桩机行驶路面的平整夯实,发生时另行计算。

(16)场内发生运方桩、管桩,套用运距400米以内子目,超过400米,按《湖北省统一基价表》第六章构件运输有关子目执行。

表9-7 小型工程工程量界限值

项 目	单位工程的工程量	项 目	单位工程的工程量
钢筋混凝土方桩	150 m³	打孔灌注砂、石桩	60 m³
钢筋混凝土管桩	50 m³	钻孔灌注混凝土桩	100 m³
钢板桩	50 m³	灰土挤密桩	100 m³
打孔灌注混凝土桩	60 m³		

2. 工程量计算规则

(1)打钢筋混凝土预制桩的体积,按设计桩长(包括桩尖不扣减桩尖虚体积)乘以桩截面面积计算(管桩的空心体积应扣除)。如管桩的空心部分按设计要求灌注混凝土或其他填充材料时,应另行计算。

(2)接桩:电焊接桩按设计接头,以个计算;硫磺胶泥接桩按桩断面以平方米计算。

(3)送桩:按桩截面面积乘以送桩长度(即自桩顶面至自然地坪面另加0.5 m)计算。

(4)打拔钢板桩按钢板桩重量以吨计算。

(5)打孔灌注桩:

①砂桩、碎石桩的体积,按设计规定的桩长(包括桩尖,不扣除桩尖虚体积)乘以钢管管箍外径截面面积计算。

②打孔前先埋入预制混凝土桩尖,再灌注混凝土者,桩尖按钢筋混凝土章节中规定计算体积,灌注桩按设计长度(自桩尖顶面至桩设计顶面高度)增加0.25 m,乘以钢管管箍外径截面面积计算。

③复打桩的体积按单桩体积乘以复打次数计算。

④打孔灌注混凝土桩的钢筋笼按设计规定以吨计算。

(6)钻孔灌注桩按设计桩长(包括桩尖,不扣除桩尖虚体积)增加0.25 m乘以设计断面面积计算。

(7)人工挖孔桩(混凝土护壁)按设计桩(桩芯加混凝土护壁)的横断面面积乘挖孔深度以立方米计算(设计桩为圆柱体或分段圆锥体)。如设计混凝土强度等级及种类与定额所示不同时可以换算。

(8)人工挖孔桩(红砖护壁)按设计桩(混凝土桩芯加红砖护壁)的横断面面积乘以挖孔深度以立方米计算(设计桩为圆柱体或分段圆锥体)。在红砖护壁内灌注混凝土,如设计强度等级及种类与定额所示不同时,可以换算。

(9)红砖护壁内浇混凝土桩芯按设计混凝土桩芯的横断面面积乘以设计深度以立方米计算。

(10)夯扩桩单桩体积为[设计桩长+(夯扩投料长度-0.2×夯扩次数)×0.88]+0.25 m 乘以外钢管管箍外径截面面积以立方米计算(夯扩投料长度为:夯扩次数的投料累计长度)。

(11)粉喷桩按设计桩长乘以设计断面面积计算。

(12)钢筋笼吊焊接头按钢筋笼重量以吨计算。

(13)泥浆运输工程量按钻孔体积以立方米计算。

(14)安拆导向夹具,按设计图纸规定的水平延长距离以米计算。

(15)液压静力压桩的体积按设计桩长(包括桩尖,不扣除桩尖虚体积)乘以桩截面面积计算。

(16)灰土挤密桩的体积按设计桩长(包括桩尖,不扣除桩尖虚体积)乘以钢管下端最大外径的截面面积计算。

(17)预制方桩和灌注桩(或钻孔桩)凿桩头体积按预制方桩截面积乘以凿断长度和按灌注桩(或钻孔桩)截面积乘凿断长度以立方米计算。

3. 定额项目表

表 9-8 至表 9-18 均摘自 1997 年《全国统一建筑工程基础定额湖北省统一基价表》。

表 9-8 柴油打桩机打预制钢筋混凝土桩定额表

工作内容:(1)准备打桩机具,移动打桩机及打桩轨道、吊桩定位、安卸桩帽、校正、打桩。(2)准备接桩工具、对接上下节桩、桩顶垫平、放置接桩、筒铁、钢板、焊接、焊制、安放、拆卸夹箍等。

定额序号	工程项目	工程单位	基价	其中			人工合计工日
				人工费	材料费	机械费	
			元				19.50
2—1	柴油打桩机打预制方桩桩长在(m以内)	10 m³	12	5 605.05	335.99	2 976.80	2 292.86	17.23
2—2			18	5 423.13	225.23	2 976.80	2 221.10	11.55
2—3			30	5 387.99	152.69	2 976.80	2 258.80	7.83
2—4			30 以外	5 149.33	106.86	2 976.80	2 065.67	5.48
2—5	柴油打桩机打预制管桩桩长在(m以内)		16	14 784.66	281.19	11 086.39	3 417.08	14.42
2—6			24	14 357.86	244.92	11 086.39	3 026.55	12.56
2—7			32	14 552.68	231.66	11 086.39	3 234.63	11.88
2—8			40	15 380.44	226.20	11 086.39	4 067.85	11.60
2—9	柴油打桩机送预制方桩、送桩桩长在(m以内)		12	3 356.69	420.03	71.33	2 865.33	21.54
2—10			18	3 350.93	301.86	71.33	2 977.74	15.48
2—11			30	3 817.42	236.73	71.33	3 509.36	12.14
2—12			30 以外	3 720.08	178.43	71.33	3 470.32	9.15
2—13	场内运方桩、管桩	m³	运距 400m 以内	79.55	23.40		56.15	1.20
2—14	电焊接桩	10个	包角钢	6 257.97	357.83	1 541.08	4 359.06	18.35
2—15			包钢板	6 600.87	373.62	2 089.10	4 138.15	19.16
2—16	硫磺胶泥接桩	m²		1 357.83	187.98	303.93	883.92	9.64

注:①预制管桩为取费价,包括模板、混凝土及钢筋,如购买价与取费价有差价作价差处理;
②预制钢筋混凝土方桩价格未包括钢筋价格;
③角钢、钢板含量可按设计图纸计算调整。

表 9-9 打孔灌注混凝土桩定额表

工作内容：(1)准备打桩机具、移动打桩机及其轨道、桩尖安放、用钢管打桩孔、运砂石料、过磅、搅拌、运输、灌注混凝土、拔钢管、振实、混凝土养护。

定额序号	工程项目	工程单位	基价	其中 人工费	其中 材料费	其中 机械费	人工 合计 工日 19.50	现浇混凝土 C20 m³ 177.05
			元					
2—34	柴油打桩机打桩桩长在(m以内)	10 m³	6 079.29	1 170.78	2 337.31	2 571.20	60.04	12.68
2—35	10		4 735.60	731.64	2 337.31	1 666.65	37.52	12.68
2—36	15		4 401.40	604.50	2 337.31	1 459.59	31.00	12.68
2—37	18 / 18以外		3 876.60	439.34	2 337.31	1 099.95	22.53	12.68
2—38	钢筋笼制和安装	t	3 375.30	233.03	3 083.26	59.01	11.95	

表 9-10 钻(冲)孔灌注混凝土桩定额表

工作内容：(1)护筒埋设及拆除。(2)准备钻孔机具、钻孔出渣、加泥浆和泥浆制作。
(3)清桩孔泥浆。(4)导管准备及安拆。(5)搅拌及灌注桩身混凝土。

定额序号	工程项目	工程单位	基价	其中 人工费	其中 材料费	其中 机械费	人工 合计 工日 19.50	水下混凝土 C30 m³ 202.43
			元					
2—39	钻(冲)孔桩桩径(在cm内) 60	10 m³	6 825.09	1 690.26	3 152.35	1 982.48	86.68	13.19
2—40	80		6 111.59	1 426.82	3 000.84	1 683.93	73.17	13.19
2—41	100		5 596.79	1 224.80	2 925.62	1 446.37	62.81	13.19
2—42	120		5 253.00	1 080.11	2 885.81	1 287.08	55.39	13.19
2—43	钻(冲)孔桩入岩增加费桩径(在cm内) 60	m³	8 875.18	1 311.18		7 564.00	67.24	
2—44	80		6 187.81	914.16		5 273.65	46.88	
2—45	100		4 999.88	738.66		4 261.22	37.88	
2—46	120		4 139.28	611.52		3 527.76	31.36	

表 9-11 泥浆运输定额表

工作内容：装卸泥浆、运输、清理场地。

定额序号	工程项目	工程单位	基价	其中 人工费	其中 材料费	其中 机械费	人工 合计 工日 19.50	机械 泥浆运输车 4000L 台班 304.92	机械 泥浆泵 φ100以内 台班 160.38
			(元)						
2—47	泥浆运输 远距在5km以内	10 m³	811.67	145.08		666.59	7.44	1.86	0.62
2—48	每增加1km	m³	51.84			51.84		0.17	

表9-12.1 人工挖孔桩定额表
混凝土护壁(包括桩芯)

工作内容：(1)挖土、提土、运土于50 m内，排水沟修造、修正桩底。(2)安拆护壁模具、搅拌、灌浇护壁和桩芯混凝土。(3)抽水、吹风、坑内照明，安全设施搭拆。

定额编号	工程项目	工程单位	基价	其中 人工费	其中 材料费	其中 机械费	人工 合计 工日	材料 混凝土C25 m³	材料 混凝土C20 m³
			(元)				19.50	176.14	166.43
2—73	桩径140 cm内 挖孔深度(m)	10 m³	3 584.77	1 378.85	1 834.64	371.28	70.71	2.79	7.46
2—74			3 941.90	1 720.10	1 844.64	377.16	88.21	2.79	7.46
2—75			4 441.44	2 141.69	1 854.64	455.11	109.83	2.79	7.46
2—76			5 025.30	2 652.59	1 859.64	513.07	136.03	2.79	7.46
2—77	桩孔180 cm内 挖孔深度(m)		3 500.67	1 306.31	1 823.08	371.28	66.99	2.61	7.62
2—78			3 839.27	1 629.03	1 833.08	377.16	83.54	2.61	7.62
2—79			4 317.36	2 029.17	1 843.08	455.11	104.06	2.61	7.62
2—80			4 874.21	2 513.16	1 848.08	513.67	128.88	2.61	7.62
2—81	桩孔180 cm外 挖孔深度(m)		3 422.01	1 234.74	1 815.99	371.28	63.32	2.17	8.06
2—82			3 742.29	1 539.14	1 825.99	317.16	78.93	2.17	8.06
2—83			4 197.56	1 916.46	1 835.99	445.11	98.28	2.17	8.06
2—84			4 727.80	2 373.74	1 840.99	513.07	121.73	2.17	8.06

工程项目列深度值：15m内、20m内、25m内、25m外（对应每组四行）。

注：①入岩每m³增加250.74元；②安全设施包括落梯、井盖、井口栏杆、井下挡板防漏、电装置试探桩孔内是否有毒气体等；③挖流砂、流泥土方另行计算。

表9-12.2 人工挖孔桩定额表
红砖护壁内浇混凝土

工作内容：(1)检查孔径、安装混凝土输送管。
(2)搅拌、运输、浇灌混凝土。
(3)输送管逐节提升及拆除。

定额编号	工程项目	工程单位	基价	其中 人工费	其中 材料费	其中 机械费	人工 合计 工日	材料 混凝土C20 m³
			(元)				19.50	166.43
2—105	桩直径120 cm 以内深度 15m内	10 m³	2 039.83	218.40	1 709.56	111.87	11.20	10.15
2—106	20m内		2 052.12	230.69	1 709.56	111.87	11.83	10.15
2—107	25m内		2 063.43	242.00	1 709.56	111.87	12.41	10.15
2—108	30m内		2 078.05	256.62	1 709.56	111.87	13.16	10.15

表 9-12.3 人工挖孔桩定额表
红砖护壁(不包括桩芯)

工作内容: (1)挖土、提土、运土于 50 m 以内,排水沟修造,修正桩底;(2)搅拌砂浆,砖砌护壁;(3)抽水、吹风、坑内照明、安全设施搭拆。

定额编号	工程项目	工程单位	基价	其中 人工费	其中 材料费	其中 机械费	人工 合计 工日 19.50	材料 标准砖 千块 202.29	材料 水泥砂浆 50 m³ 116.19
			(元)						
2—85	桩直径 100 cm 内挖孔深度 (1/4 砖护壁)		1 395.37	881.60	348.52	165.25	45.21	1.301	0.33
2—86			1 696.62	1 076.60	353.52	266.50	55.21	1.301	0.33
2—87			1 907.50	1 271.60	363.52	272.38	65.21	1.301	0.33
2—88			2 275.95	1 564.60	371.33	340.33	80.21	1.301	0.33
2—89			2 738.91	1 954.10	376.52	408.29	100.21	1.301	0.33
2—90	桩直径 100 cm 内挖孔深度 (1/2 砖护壁)	10 m³	1 680.00	919.43	595.32	165.25	47.15	2.096	1.07
2—91			1 981.25	1 114.43	600.32	266.50	57.15	2.096	1.07
2—92			2 192.13	1 309.43	610.32	272.38	67.15	2.096	1.07
2—93			2 560.58	1 601.93	618.32	340.33	82.15	2.096	1.07
2—94			3 023.54	1 991.93	623.32	408.29	102.15	2.096	1.07
2—95	桩直径 120 cm 内挖孔深度 (1/4 砖护壁)		1 299.00	827.97	305.78	165.25	42.46	1.123	0.272
2—96			1 590.50	1 013.22	310.78	266.50	51.96	1.123	0.272
2—97			1 791.63	1 198.47	320.78	272.38	61.46	1.123	0.272
2—98			2 145.46	1 476.35	328.78	340.33	75.71	1.123	0.272
2—99			2 588.92	1 846.85	333.78	408.29	94.71	1.123	0.272
2—100	桩直径 120 cm 内挖孔深度 (1/2 砖护壁)		1 550.17	862.68	522.24	165.25	44.24	1.841	0.885
2—101			1 841.67	1 047.93	527.24	266.50	53.74	1.841	0.885
2—102			2 042.80	1 233.18	537.24	272.38	63.24	1.841	0.885
2—103			2 396.63	1 511.06	545.24	340.33	77.49	1.841	0.885
2—104			2 840.09	1 881.56	550.24	408.29	96.49	1.841	0.885

表 9-13 无桩靴端夯扩现场灌注混凝土桩

工作内容: 1. 准备打桩机具,移动打桩机及其轨道。 2. 桩位处放置干混凝土,打桩成孔。3. 投料夯扩,搅拌、运输、灌注混凝土,安放钢筋骨架,混凝土养护。

定额编号	工程项目	工程单位	基价	其中 人工费	其中 材料费	其中 机械费	人工 合计 工日 19.50	机械 现浇混凝土 C20(20mm) m³ 117.05	机械 夯扩打桩机 锤重 2.5t 台班 562.45
			(元)						
2—109	无桩靴端夯扩灌注砼桩	桩长 10 (m以内)	5 454.42	1 221.09	2 338.36	1 894.97	62.62	12.68	2.59
2—110		15	4 822.20	980.85	2 340.38	1 500.97	50.30	12.68	2.05
2—110		18	4 728.79	945.36	2 342.50	1 440.93	48.48	12.68	1.97

注:①单桩载荷按设计要求达标准值 1 200kN 时,夯扩打桩机允许使用 4 吨锤与定额中 2.5 吨锤的差价,按价差处理;
②每根桩使用 0.2 m 厚半干硬性混凝土一块(C20)费用为 6.90 元,进入定额直接费。

表 9-14 粉 喷 桩

工作内容:准备粉喷桩的机具,钻孔桩就位,钻孔搅拌、提升喷粉、复搅。

定额编号	工程项目	工程单位	基价	其中			人工合计工日	材料	
				人工费	材料费	机械费		水泥325#	PH-5喷粉机
								t	台班
				(元)			19.50	240.00	406.62
2—112	粉喷桩水泥掺量每米 55 kg	10 m³	1 148.16	79.37	709.34	359.45	4.07	2.802	0.68
2—113	水泥掺量每米增减 5 kg		61.20		61.20			0.255	

注:设计图纸要求使用水泥标号不同时,容许换算,进入定额直接费。

表 9-15 钻(冲)挖孔桩钢筋笼接头吊焊、凿钢筋混凝土桩头

工作内容:1. 吊车起吊、就位,扶正临时固定、焊接检查完工定位。2. 按图纸规定要求凿去桩头多余混凝土。

定额编号	工程项目		工程单位	基价	其中			人工合计工日
					人工费	材料费	机械费	
					(元)			19.50
2—114	钻(冲)挖孔桩钢	绑条焊	t	626.01	64.74	201.80	359.47	3.32
2—115	筋笼接头吊焊	搭接焊	t	354.69	35.10	25.34	294.25	1.80
2—116	凿钢筋混凝土桩头		10 m³	585.00	585.00			30.00

注:如施工中按施工组织设计(经甲方认可)使用汽车式起重机与定额中型号规格不同时,允许换算,但定额含量不变,台班单价的差价按价差处理。

表 9-16 碎石砼配合比表

坍落度 170~180　　石子最大粒径 40 mm　　单位:m³

定额序号	砼强度等级	基价(元)	水 泥 (kg)					中粗砂(m³)	碎石(m³)粒径40mm	水(m³)
			325#	425#	525#	625#	725#			
			0.24	0.25	0.27	0.29	0.31	49.22	56.53	1.00
13—281	C7.5	152.42	317					0.57	0.85	0.23
13—282	C10	158.99	352					0.51	0.87	0.23
13—283	C15	173.41	422					0.45	0.88	0.23
13—284	C20	179.06		430				0.45	0.87	0.23
13—285	C25	190.60		486				0.40	0.87	0.23
13—286	C30	202.43		541				0.43	0.81	0.23
13—287	C35	207.12			513			0.39	0.87	0.23
13—288	C40	210.62				488		0.40	0.87	0.23
13—289	C45	220.38				527		0.38	0.86	0.23
13—290	C50	227.02					511	0.39	0.87	0.23
13—291	C55	235.62					544	0.38	0.85	0.23

表 9-17 常用大型机械场外运输费用表(25 km 以内)

序号	项目	单位	基价(元)	其中				人工合计工日
				人工费(元)	材料费(元)	机械费(元)	回程费(元)	
8	走管式及轨道式打桩机(锤重2.5 t以内)	台次	7 219.34	702.00	179.02	5 511.58	826.74	36
9	轨道式打桩机(锤重5 t以内)		10 927.09	819.00	235.88	8 584.53	1 287.68	42
10	履带式打桩机(锤重2.5 t以内)		7 048.90	390.00	151.33	5 658.76	848.81	20
11	履带式打桩机(锤重5 t以内)		13 753.64	975.00	214.08	10 925.70	1 638.86	50
21	静力压桩机(液压)160 t以内		16 845.35	702.00	198.54	13 865.05	2 079.76	36
22	静力压桩机(液压)200 t以内		18 447.47	702.00	198.54	15 258.20	2 288.73	36
23	静力压桩机(液压)300 t以内		20 661.92	780.00	198.54	17 115.98	2 567.40	40
24	静力压桩机(液压)400 t以内		23 578.36	780.00	198.54	18 973.76	2 846.06	40
25	工程钻机 φ1 500以内		2 775.93	195.00	129.65	2 131.55	319.73	10

注:此表摘自1997年《湖北省统一基价表》附录中的附表一。

表 9-18 常用大型机械每安装和拆卸一次费用表

序号	项目	单位	基价(元)	其中			人工合计工日
				人工费(元)	材料费(元)	机械费(元)	
7	履带式打桩机(锤重2.5 t以内)	台次	4 167.59	702.00	144.19	3 321.40	36
8	履带式打桩机(锤重5 t以内)		9 446.87	1 014.00	206.06	8 226.81	52
9	走管式及轨道式打桩机(锤重2.5 t以内)		5 405.45	994.50	148.55	4 262.40	51
10	轨道式打桩机(锤重4 t以内)		8 455.81	1 287.00	206.06	6 962.75	66
15	静力压桩机(液压)160 t以内		7 438.48	936.00	86.49	6 415.99	48
16	静力压桩机(液压)200 t以内		8 193.92	1 092.00	90.81	7 011.11	56
17	静力压桩机(液压)300 t以内		9 127.64	1 248.00	95.14	7 784.50	64
18	静力压桩机(液压)400 t以内		9 956.74	1 404.00	99.46	8 453.28	72
22	工程钻机 φ1 500以内		2 728.29	585.00	237.80	1 905.49	30

注:此表摘自1997年《湖北省统一基价表》附录中的附表一。

从表 9-8 至表 9-18 可以看出定额项目表的内容主要有工作内容、定额编号、工程单位、预算价值(或基价)、人工费、材料费、机械费等。

(1)工作内容:它是指为完成某一分项工程,按照施工规范和操作规程所应进行的施工过程内容。如表 9-10 完成 10 m³ 的钻(冲)孔灌注桩应进行的施工工作内容包括:护筒埋设及拆除、准备钻孔机具、钻孔出渣、加泥浆和泥浆制作、清桩孔泥浆、导管准备及安拆、搅拌及灌混凝土等。这些工作所需人工、材料、机械耗用量均包括在定额内,除此以外的其他工作应根据分部说明或注解另行处理。

(2)定额编号:定额编号是指某工程项目在预算定额表中的具体位置,它可供查用定额和编写预算书使用。如在表 9-10 中桩径在 60 cm 以内的钻(冲)孔灌注桩的定额编号是"2—39",其中"2"表示第二分部(是桩基础工程在《全国统一建筑工程基础定额湖北省统一基价表》目录中的编号),"39"表示该分部中第 39 个子项。

(3)工程单位:定额表中计算某一分项工程预算基价的计量单位。常用的工程单位有"m"、"m²"、"m³"、"kg"、"t"、"个"等。目前有些预算定额用扩大的方法来计量,即"10 m"、"100 m"、"10 m²"、"100 m²"、"10 m³"、"100 m³"等。

(4)基价:指一定计量单位的工程项目所需要的综合预算单价。

$$基价＝人工费＋材料费＋机械费$$

(5)人工费:它是指为完成一定计量单位的工程项目所需要付出的人工工资。

$$人工费＝人工合计工日×地区日工资标准$$

(6)材料费:它是指为完成一定计量单位的工程项目所耗用的各种规格材料,按预算材料单价计算的材料费用之和。

$$材料费＝\Sigma(主要材料耗用量×材料预算单价)＋其他材料费$$

(7)机械费:它是指为完成一定计量单位的工程项目所需使用的各种施工机械台班使用费之和。

$$机械费＝\Sigma(施工机械台班×台班单价)$$

四、建筑工程预算定额基价表的应用

建筑工程预算定额基价表是编制施工图预算,确定工程造价的主要依据,定额应用正确与否直接影响建筑工程造价。在编制施工图预算时,使用定额基价表通常会遇到以下三种情况,即定额基价的套用、换算和补充。

1. 预算定额基价的套用

在应用预算定额基价表时,要认真地阅读和掌握定额的总说明,各分部工程说明以及附注说明等,了解定额的适用范围,已经考虑和没有考虑的因素。当分项工程的设计要求与预算定额条件完全相符时,则可直接套用定额,这种情况属于编制施工图预算中的大多数情况。

套用预算定额的方法:首先根据施工图纸,对分项工程施工方法、设计要求等了解清楚,选择套用相应的定额项目。在套用时对分项工程与预算定额项目必须从工程内容、技术特征、施工方法及材料规格上进行仔细核对,然后才能正式确定相应的预算定额套用的项目,这是正确套用定额的关键。例如湖北省统一基价表的桩基础工程中,在人工挖孔桩工程项目内有三种分项:(1)混凝土护壁(包括桩芯)(见表 9-12.1);(2)红砖护壁(不包括桩芯)(见表 9-12.3);(3)红砖护壁内浇混凝土(见表 9-12.2)。在套用预算定额时,则需要根据施工图的具体做法,才能决定套用的定额项目。人工挖孔桩是混凝土护壁的套表 9-12.1,是红砖护壁的套表 9-12.2 和表 9-12.3。

2. 预算定额基价的换算

当设计要求与定额的工程内容、材料规格、施工方法等条件不完全相符时,则不可直接套用定额基价,而应根据预算定额总说明、分部工程说明等有关规定,在定额范围内加以调整换算。

定额基价换算的实质就是按定额规定的换算范围、内容和方法,对某些分项工程预算单价的换算。通常只有当设计选用的材料品种规格同定额规定有出入,并规定允许换算时才能换算。在换算过程中,定额单位产品材料消耗量一般不变,仅调整与定额规定的品种或规格不相同的材料的预算价格。经过换算的定额编号在下端应写个"换"字。

定额的换算主要有:砂浆强度等级的换算、混凝土强度等级的换算、按定额说明的有关规定进行换算(包括定额乘系数换算和定额其他换算)。

(1)砂浆强度等级的换算:砂浆一般分为砌筑砂浆和抹灰用砂浆。无论砌体工程和抹灰工程,各分项工程预算价格(定额基价),通常是按某一强度等级砌筑砂浆或按某一配合比砂浆的预算单价编制的。如果设计要求与定额规定的砂浆强度等级或配合比不同时,预算定额基价需要经过换算才可套用。其换算公式：

$$所换砂浆强度等级的基价 = 原定额基价 + (所换的砂浆强度等级的单价 - 原定额\\规定的砂浆强度等级的单价) \times 砂浆的消耗量$$

(2)混凝土强度等级的换算：现浇和预制的钢筋混凝土工程，由于混凝土强度等级不同而引起定额基价变动时，必须对定额基价进行换算。目前，各地区确定混凝土及钢筋混凝土工程各子目定额基价，通常采用两种形式：一种是定额基价按某一强度等级混凝土单价确定的，其换算方法同砂浆标号的换算；另一种是定额基价用不完全价格表示，即定额基价不含混凝土单价，其换算方法可由下式表示：

$$换算后的定额基价 = 定额不完全价格 + 应补充混凝土定额用量 \times 相应\\混凝土强度等级预算单价$$

湖北省混凝土的定额基价是按某一强度等级混凝土单价确定的，当工程设计的混凝土强度等级与定额不同时，采用第一种方法换算。

【例 9-1】 湖北某地打钻孔灌注桩用 C20 混凝土，试求桩径为 600 mm 时，10 m³ 灌注桩的定额基价。

【解】 (1)查表 9-10 钻(冲)孔桩定额表，定额编号 2—39，计量单位为 10 m³，定额基价 = 6 825.09 元，材料费 = 3 152.35 元，水下混凝土 C30，定额消耗量为 13.19 m³。

(2)由于工程设计的砼强度等级为 C20 与定额 C30 不同，故需换算定额基价。换算计算公式：
所换砼强度等级的基价 = 原定额基价 + (所换砼强度等级的单价 - 原定额规定的砼强度等级单价)
$\times$ 砼的消耗量

查"混凝土配合比表"(表 9-16)，C20 砼的单价 = 179.06 元/m³，C30 单价 = 202.43 元/m³，则：

$$2-39_{换} = 6\ 825.09 + (179.06 - 202.43) \times 13.19$$
$$= 6\ 825.09 - 23.37 \times 13.19$$
$$= 6\ 516.84\ 元/10\ m^3$$

其中：人工费 = 1 690.26 元/10 m³(未变)

材料费 = 3 152.35 - 23.37 × 13.19 = 2 844.10 元/10 m³(换算)

机械费 = 1 982.48 元/10 m³(未变)

(3)按定额说明的有关规定进行换算：在预算定额总说明及分部说明统一规定中，规定了当设计项目与定额规定内容不符时，定额基价需要换算。其换算通常有两种情况：

①定额乘系数的换算：凡定额说明规定，按定额工、料、机或工程量乘以系数的分项工程，应将系数乘在定额基价上(或乘在人工费、材料费、机械费某一项费用上)或工程量上。系数分定额系数和工程量系数，其中定额系数乘定额基价；而工程量系数乘工程量。

②定额其他换算：即根据定额说明的有关规定，将预算基价或其中的人工、材料、机械费增减某一个数值来调整预算基价。

3. 预算定额基价的补充

当分项工程的设计要求与定额条件完全不相符时，或者由于设计采用新结构、新材料及新的工艺施工方法，在预算定额中没有这类项目，属于定额缺项时，可编制补充预算定额基价。

编制补充预算定额基价通常有两种方法：一种是按预算定额的编制方法，先计算人工、各种材料和机械台班消耗量指标，然后乘以地区人工日工资标准、材料预算价及机械台班使用费，并汇总即得补充预算定额基价，这种方法用在没有任何定额项目参考或换算的情况。另一种方法用在补充的定额项目具有可比性时，可将补充定额项目的人工、机械台班消耗量，以同类型工序、同类型产品定额水平消耗的工时、机械台班标准为依据，套用相近似的定额项目，而材料消耗量按施工图纸进行计算或实际测定,或人工、材料、机械台班消耗量参考同类产品其他地区定额项目,再乘当地日工资标准,材料预算价和机械台班费计算出补充定额项目基价。

编制好的补充定额必须按各地区规定的审批程序报批后才能使用。补充定额单价(基价)分为一次性使用及多次重复使用两种情况,其中一次性使用的情况较多,一般情况下,价格不大的一次性使用的补充定额,经建设单位及建行审查同意后就可使用;对于价值比较高及多次重复使用的定额,须经当地定额主管部门审批后才能使用。定额主管部门要备案,以便今后再制定或补充定额项目时作为参照依据。

补充定额的编号一般写成:

  章—节—补$_{1,2}$……

或 章—补$_{1,2}$……

第三节 桩基工程施工图预算的编制

一、桩基工程施工图预算编制程序

桩基工程施工图预算编制程序见图 9-1:

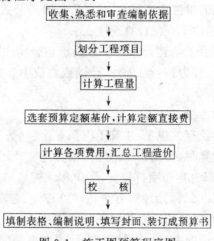

图 9-1 施工图预算程序图

桩基工程施工图预算的编制步骤和顺序为:首先做编制的准备工作,如收集和整理设计图纸、预算定额、取费标准以及设备、材料的最新价格信息等资料;熟悉施工图纸,参加图纸会审和技术交底,及时解决图纸上的疑难问题;了解和掌握施工现场的施工条件和施工组织设计(或施工方案、施工技术)的有关内容。第二步是确定分部分项工程的划分,列出工程细目。第三步按工程细目依次计算各分项工程量。第四步套用预算定额基价,需要时还应编制经审批使用的补充定额单价、计算合价和作定额直接费小计,进行工、料、机分析。第五步计算桩基工程总造价。第六步是复核,最后编写说明并装订签章。

二、编制桩基工程施工图预算的具体步骤和方法

1. 收集、熟悉编制桩基工程施工图预算的基础文件和资料

(1)收集编制桩基工程施工图预算的基础文件和资料,主要包括:

①施工图纸、说明书和有关标准图集:施工图纸是计算工程量和进行预算列项的主要依

据。预算必须具备经建设单位、设计单位和施工单位共同会审的全套施工图纸和设计变更通知单，要有经上述三方签章的图纸会审记录，以及有关的标准图集。

②施工组织设计或施工方案：施工组织设计是确定单位工程进度计划、施工方法、主要技术措施以及施工现场平面布置等内容的文件。它确定了土方和深基础的施工方法；钢筋混凝土构件、木结构件、金属构件是现场就地制作还是预制厂制作，运距多少；构件吊装的施工方法，采用何种大型机械等。

③预算定额（基价表或单位估价表）及地区材料预算价格：现行的预算定额（基价表或估价表）是编制预算时确定分项工程造价，计算工程直接费，确定人工、材料和机械等实物消耗量的主要依据。预算定额中所规定的工程量计算规则、计量单位、分项工程内容及有关说明，都是编制预算和计算工程量时的主要依据。地区材料预算价格是定额换算与补充不可缺少的依据。

④建筑工程费用定额（即取费标准）和价差调整的有关规定：国家或地方颁发的建筑工程费用定额是编制预算时计算其他直接费、施工管理费、其他间接费、计划利润、税金及其他费用等的依据。价差调整的有关规定是编制预算时计算材料实际价格与预算价格综合差额的依据。

⑤预算工作手册：工程量计算和补充定额的编制，要用到一系列的系数、数据、计算公式和其他有关资料，如钢筋及型钢的单位理论重量，各种形体计算公式，各种材料容重等。这些资料汇编成手册，以备查用，可以加快工程量计算速度。

⑥工程合同或协议：施工企业与建设单位签订的承包合同或协议是双方必须遵守和履行的文件，它明确了双方的责任、权力、利益。因此，合同或协议中有关施工图预算的决定，也是编制施工图预算的依据。

⑦设计概算，可在预算时参考。

(2)熟练地掌握预算定额及有关规定：建筑工程预算定额（基价表）是确定工程造价的主要依据。因此，编制桩基工程预算时，必须正确地应用预算定额及其有关规定。必须熟悉现行预算定额桩基础工程分部的全部内容和项目划分，了解和掌握定额子目的工程内容、施工方法、材料价格、质量要求、计量单位、工程量计算方法与计算规则、各项目之间的关系、调整换算的一些规定、条件及方法，以便能够熟练地查找和正确地使用。

(3)熟悉设计图纸和设计说明书：设计图纸和设计说明书是编制工程预算的重要资料。图纸和说明书反映或表达了工程的构造、材料的做法、材料品种及其规格、质量、尺寸等内容，并为编制工程预算，确定分项工程项目，选择套用定额子目，取定尺寸和计算各分项工程量提供了重要数据。因此，必须对设计图纸和设计说明书进行认真阅读和审查。

熟悉图纸和说明书的重点，是检查图纸是否齐全，设计要采用的标准图集是否具备，图示尺寸是否有误。建筑图、结构图、细部大样和各种图纸之间是否相互对应。如有设计变更通知单，属于全局变更的，应装订在图纸前面，属于局部变更的，则列在有关变更部分的图纸前面。如果设计图纸和设计说明书的规定要求与预算定额（基价表）内容不相符时，或材料品种、规格、质量不同及定额缺项时，应把换算的或补充的分项工程记录下来，以便编制预算时进行换算调整或补充。

(4)了解和掌握施工组织设计的有关内容：编制桩基预算要了解施工组织设计的有关内容，如地貌、土质、水文、施工条件、施工方法、施工进度安排、技术组织措施、施工机械、设备、材料供应情况以及施工现场的总平面布置，自然地坪标高、挖土方式、吊装机械的选用等情况，使编制出的施工图预算符合施工实际。

2. 正确划分预算子项,排列工程项目

在熟悉施工图纸和施工组织设计,掌握预算定额(基价表)和现场施工条件的基础上,首先要正确地划分预算分项,排列工程预算细目。划分预算分项应根据桩基的类型和施工方法的具体情况,按照桩基础工程分部中各分项工程的定额号排序来划分拟编制的桩基预算工程的分项。

划分分项时,必须使所划分的分项既要符合拟建工程的实际情况,又要使确定的分项工程名称、内容、范围和排序等能满足预算定额(基价表)的相应规定和要求。如果工程中存在有预算定额(基价表)中的缺项,可暂定名称记入相应的分项,并待编制其补充定额或单位估价表后,再按确定的分项名称和新定的定额号,列入预算分项细目。此外,在划分工程预算细目时,应注意不允许有漏项、错项、重项。确定的工程预算细目所反映的工作内容和施工工作量,应包括拟建工程的全部工作量,从而保证计算分项工程量、套用预算定额基价和确定工程预算造价的准确性和精确度。

3. 准确计算各分项工程量

正确计算工程量,是确定分项工程定额直接费,确定桩基工程施工图预算造价的中心环节,也是确定建筑产品预算价格的前提条件。同时,工程量指标是编制施工作业计划,合理安排施工进度,组织劳动力和材料供应,调配机械设备等必不可少的基本数据。

计算各分项工程量应根据施工图确定的工程预算项目和预算定额规定的分项工程量计算规则计算。各分项工程量计算完毕经复核无误后,按预算定额(基价表)规定的分部分项工程顺序,逐项汇总,调整列项,填写进"工程量计算表"(见表 9-19)内,按照表内的内容填入定额编号、分部分项工程名称、计算单位、计算式和工程数量,以便于审查和校对,并为套用预算单价提供方便。

表 9-19 工程量计算表

序号	定额编号	分项工程名称	单位	工程量	计算式

4. 套预算定额基价,计算定额直接费

桩基工程预算表的格式见表 9-20。把桩基工程中确定的计算项目及其相应的工程量填入工程预算表内,然后套用相应的预算定额,再把计算项目的定额编号、计量单位、预算定额基价(单价)以及其中的人工费、材料费、机械台班使用费填入工程预算表中,即可算出各分项工程的定额直接费。其公式为:

$$某分项工程定额直接费 = 某分项定额基价 \times 某分项工程量$$

最后将各分项工程的定额直接费汇总,即为桩基工程的定额直接费,其公式为:

$$桩基工程定额直接费 = \Sigma(分项定额基价 \times 分项工程量) + 构件增值税$$

通常将定额直接费中的人工费、材料费、机械费单独列出以便审核时分析对比。

表 9-20 工程预算表

工程名称:_____ 建筑面积:_____ m²

顺序号	定额号	工程或费用名称(项目名称)	计量单位	工程数量	预算价值(元)				
					单价	合计	其中(单价/合计)		
							人工费	材料费	机械费

在此环节由于预算定额基价的套用、换算和补充是否正确,对保证定额直接费的准确性极为重要,故套用预算定额时,必须根据施工图纸、设计要求、使用说明来选择定额的相应套用项目。对实际工程项目与预算定额项目必须从工程内容、技术特征和施工方法上进行仔细核对,然后才能正式确定套用的预算定额项目。在定额套用时还应注意,分项工程设计的要求与定额内容不完全相符,但定额又规定不允许调整,此时还是应该直接套用定额。

定额换算时,必须根据总说明、分部工程说明或附注说明等规定,在定额范围内加以换算。不能强调特殊原因而不按定额规定换算。当分项工程设计的要求与定额的内容完全不相符时,或由于采用新结构、新材料或新的施工方法,在定额中缺项,应编制补充定额。补充定额须经地方有关部门或建设银行同意后执行。

5. 计算其他各项费用,汇总桩基工程造价

桩基工程定额直接费确定以后,还需根据本地区规定的各种费用定额以定额直接费(或定额人工费)为基础(各地根据本地区费用定额规定的取费基数为基础),计算出其他费用,如其他直接费、间接费、计划利润、税金等,最后汇总出桩基工程造价。湖北省其他各项费用计算程序按表9-5。

6. 校核

校核是指桩基工程预算编制出来之后,必须由有关人员对编制的预算各项内容进行检查核对,以便及时发现差错,提高工程预算的准确性。在核对中,应对所列项目、工程量计算公式、数字结果、套用的预算定额基价以及采用的各种费用定额等进行全面核对。

7. 填制表格、编制说明、填写封面、装订成预算书

编制工程预算应按规定表格填写并进行说明,反映工程造价各有关内容。一份完整的预算书应包括以下内容:①建筑工程预算书封面;②工程预算书编制说明;③工程预算汇总表;④单位工程预算费用表;⑤工程直接费汇总表;⑥单位工程预算表;⑦工程量汇总表;⑧工程量计算表;⑨钢筋调整计算表;⑩补充单位估价分析表或预算定额单价换算表;⑪工料分析汇总表。应将有关内容分别填入各表格。

编制说明一般包括以下几项内容:

(1)工程概况:通常要写明工程编号、工程名称、结构形式、建筑面积、层数、装修等级等内容。

(2)编制依据:编制预算时所采用的施工图名称、标准图集、材料算法表及设计变更文件;采用的定额、材料预算价格及各种费用定额等资料。

(3)其他有关说明:通常是指在施工图预算中无法表示,需要用文字补充说明的。例如,某分项工程定额中需要的材料无货,用其他材料代替,其价格待结算时另行调整,就需用文字补充说明。

工程预算封面通常需填写的内容有:工程编号及名称、建设单位名称、建筑结构形式、建筑面积、工程预算造价和单位造价、编制单位及日期等。

最后,把工程预算封面、编制说明、工程预算费用表、工程预算表、工程量计算表、补充预算单价等,按顺序编排并装订成册,请有关单位审阅,签字加盖单位公章后,桩基工程施工图预算才最后完成。

第四节 桩基工程预算方法

一、桩基工程项目划分

在编制桩基预算工作中,正确确定与预算定额分项内容相适应的工程细目和准确地计算工程量,不出现漏项、错算、冒算等错误是确保预算数字准确的一个很关键的环节。

桩基工程为分部工程,湖北定额在第二分部,名为"桩基础工程"。桩基工程按成桩工艺的不同,分为若干类型,每一种类型的桩基又分若干分项(子目)见表 9-21。

表 9-21 几种常见类型的桩基础工程分项表

序号	桩型	适用范围	定额名称	分项工程	定额子目编号	工程量单位
1	预制桩	①方桩 ②管桩	柴油打桩机打预制钢筋混凝土桩 液压静力压桩 机压预制砼方桩	打桩或压桩	2—1～2—8 或 2—17～2—20	10 m³
				送桩	2—9～2—12 或 2—21～2—24	10 m³
				场内运方桩、管桩	2—13	m³
				接桩	2—14～2—16	m² 或个
				大型机械安拆和场外运输	《常用大型机械安拆和场外运输费用表》	台次
2	沉管灌注桩	①锤击沉管灌注桩 ②振动沉管灌注桩	打孔灌注混凝土桩	打孔、灌注砼	2—34～2—37	10 m³
				预制砼桩尖	5—39	10 m³
				钢筋笼制作安装	2—38	t
				大型机械安拆和场外运输	《常用大型机械安拆和场外运输费用表》	台次
3	钻孔灌注桩	①正循环 ②反循环 ③冲击	钻(冲)孔桩	钻孔成桩	2—39～2—42	10 m³
				钻孔入岩增加费	2—43～2—46	10 m³
				钢筋笼制安、吊焊	2—38,2—144～115	t
				大型机械安拆和场外运输	《常用大型机械安拆和场外运输费用表》	台次
				泥浆池、沟工料	1—1～1—46	100 m³
				泥浆外运	2—47～2—48	10 m³
4	人工挖孔桩	砼护壁	人工挖孔桩	成孔、成桩	2—73～2—84	10 m³
				钢筋笼制作安装	2—38	t
		红砖护壁		成孔	2—85～2—104	10 m³
				成桩	2—105～2—108	10 m³
				钢筋笼制作安装	2—38	t

注:定额子目编号为《全国统一建筑工程基础定额湖北省统一基价表》鄂建[1997]113 号文内定额子目编号。

1. 预制桩

凡在施工设计图和施工组织设计中,指明桩基结构采用预制钢筋混凝土桩而未特别说明打桩方法者,肯定是动力机械打桩。大多数省、市定额按柴油打桩机编制分项,也有的省、市定额综合考虑了其他类型的打桩机械,一般在分部说明中均有交待。

如果桩的截面是方形,定额分项就命名为"打预制钢筋混凝土方桩"或"柴油打桩机打预制钢筋混凝土方桩"。如果桩的横截面是空心圆管柱形,定额分项就命名为"打预制钢筋混凝土管桩"或"打预应力管桩"。

静力压桩一般均在施工设计图或施工组织设计中指明静压力大小和压桩控制时间,它也是针对预制钢筋混凝土桩而言,不过是采用无声无震下的下压而不是冲打。定额命名为"液压静力压桩机压钢筋预制混凝土方桩"。

接桩和送桩均针对预制钢筋混凝土桩而言。因为有些桩基础,由于土层原因设计得比较深,而预制钢筋混凝土桩又因运输和吊装等方面的困难,不能预制得很长,故一般是分段预制,分节吊打。在施工中采用一些具体接头措施(电焊连接或硫磺胶泥连接),打完一段做一个接头来连接上一段,直至全桩完成。这种做接头的过程称为接桩。

如果桩尖没有打到设计深度,而又没有必要进行接桩,这时就可利用事先准备的"冲桩",放在原桩上面继续往下冲打,直至设计深度,这一过程称为送桩。

预制桩工程量主要由打桩(或静力压桩)、送桩、场内运方桩、接桩、大型机械安拆和场外运输等工程量组成。

2. 沉管灌注桩

灌注桩是先成孔然后立即浇灌混凝土或钢筋混凝土,预算定额是按成孔方法不同进行分类的。

成孔方法用得较多的有三种,一是冲打式成孔(如柴油打桩机、蒸气打桩机或振动打桩机锤击或振动沉管);二是人工挖孔(有混凝土护壁、红砖护壁和钢管护壁三种);三是钻机成孔。对于冲打式成孔,一般全国及省、市定额均不加打桩机械名称,而直接命名为"打孔灌注混凝土桩";对于人工挖孔,定额中一般命名为人工挖孔桩;对于钻机成孔,定额中命名为"潜水钻机钻孔灌注混凝土桩"(湖北定额称"钻(冲)孔桩")或"长螺旋钻孔灌注混凝土桩"。

沉管灌注桩即前面所述冲打式成孔的打孔灌注桩,定额中一般称为打孔灌注混凝土桩。该种桩是用钢管作打孔冲杆,成孔后从钢管内灌注混凝土或钢筋混凝土,灌一段,将钢管上拔一段,直至完成。工程量由打孔和灌注砼、预制砼桩尖、钢筋笼制作安装、大型机械安拆和场外运输等工程量组成。

3. 钻孔灌注桩

钻孔灌注桩使用钻机成孔,按成孔工艺有正循环、反循环、冲击回转、螺旋钻、旋挖等。工程量由钻孔成桩、钻孔入岩增加、钢筋笼制作安装和吊焊、大型机械安拆、大型机械场外运输、泥浆池(沟)的工料、泥浆外运等工程量组成。

4. 人工挖孔桩

人工挖孔桩分砼护壁和红砖护壁两种类型。砼护壁工程量由成孔、成桩工程量和钢筋笼制作与安装工程量组成。红砖护壁工程量由成孔工程量、成桩工程量和钢筋笼制作安装工程量组成。

5. 其他桩

打孔灌注砂(碎石或砂石)桩、打拔钢板桩、夯扩灌注桩、粉喷桩、灰土挤密桩均可按《湖北省统一基价表》进行分项和计算工程量。

二、桩基工程预算实例

1. 预制桩

【例 9-2】 按施工设计图,有 400×400 mm 方桩,其设计桩长为 18 m,计 42 根,每根桩有一个接头(采用硫磺胶泥接桩),每根桩需送入土中1.2 m,试计算工程量,并绘制工程预算表。

【解】

(1)进行工程项目划分:根据题目条件该桩基属定额中"柴油打桩机打预制钢筋混凝土方桩",其总工程量由下列各分项工程量组成:打桩、接桩、送桩、场内运方桩、大型机械场外运输和机械安拆一次。

(2)按分部说明和计算规则的规定计算分项工程量:根据第二节中介绍的工程量计算规则进行计算。

①打桩工程量=设计桩长×桩截面面积×打桩根数×损耗系数
$$= 18 \text{ m} \times (0.40 \text{ m})^2 \times 42 \times 1.02 = 123.38 \text{ m}^3$$

②硫磺胶泥接桩工程量=桩截面面积×接头个数×打桩根数
$$= (0.40 \text{ m})^2 \times 1 \times 42 = 6.72 \text{ m}^3$$

③送桩工程量=(桩送入深度+0.5m)×桩截面面积×送桩根数
$$= 1.7 \text{ m} \times (0.40 \text{ m})^2 \times 42 = 11.42 \text{ m}^3$$

④场内运方桩按运距400 m以内计算。

⑤对于本工程,桩的入土深度及地质条件和施工单位的设备情况选择3.5 t履带式打桩机一台。

⑥机械场外运输按25 km内计算。

(3)绘制工程预算表,套预算定额、计算定额直接费基价:根据表9-8、9-17、9-18绘制工程预算表即表9-22。由于打桩工程量只有123.38 m³,小于表9-7中的150 m³,属于小型工程,表9-22中的人工使用量和机械使用量按表9-8相应定额乘以1.25。

表9-22 打预制钢筋混凝土方桩工程预算表

定额编号	项目名称	计量单位	工程量	基价(元) 单价	基价(元) 金额	其中:人工费(元) 单价	其中:人工费(元) 金额	其中:材料费(元) 单价	其中:材料费(元) 金额	其中:机械费(元) 单价	其中:机械费(元) 金额
2-2	打预制方桩	10m³	12.338	6 034.7	74 456.13	225.2×1.25	3 473.15	2 976.80	36 727.76	2 221.1×1.25	34 254.92
2-10	送　桩	10m³	1.142	4 170.83	4 763.09	301.9×1.25	430.96	71.33	81.46	2 977.7×1.25	4 250.67
2-13	场内运方桩	m³	123.38	99.44	12 268.91	23.40×1.25	3 608.87			56.15×1.25	8 659.73
2-16	接　桩	m²	6.72	1 643.81	11 046.40	187.98×1.25	1 579.03	303.93	2 042.41	883.92×1.25	7 424.93
序8	装备安拆	台次	1	9 446.87	9 446.87	1 014.00	1 014.00	206.06	206.06	8 226.81	8 226.81
序11	机械场外运输	台次	1	13 753.64	13 753.64	975.00	975.00	214.08	214.08	10 925.70	10 925.70
	合　计				125 735.04		11 081.01				

注:方桩内未包括钢筋价值。

(4)编制工程造价表

通过工程预算表算出了此工程的基价合计金额后,按表9-5的计算程序即可算出整个工程价格(略)。

2. 沉管灌注桩

【例9-3】 设有100根直径为0.4 m的灌注桩,设计桩长为20 m。钢筋笼采用φ6 mm的螺旋箍筋,螺距为0.18 m,主筋为6—φ14 mm,钢筋保护层为25 mm,桩身通长配筋,每隔2 m配一φ8 mm圆形箍筋。采用振动沉管桩机施工,套管为活瓣式尖头。试计算工程量并编制工程预算表。

【解】

(1)划分工程项目:根据题目条件该桩基属定额中"打孔灌注混凝土桩",其总工程量由打孔灌注混凝土、钢筋笼制作安装、机械设备安拆、机械设备场外运输等工程量组成。

(2)按分部说明和工程量计算规则计算分项工程量:根据第二节中介绍的工程量计算规则进行计算。

$$\text{打孔灌注桩工程量} = 0.785 \times L \times D^2 \times N \times (1+M) \text{ m}^3$$

式中:L——桩的计算长度(m),大多数省、市规定,设计桩长包括桩尖长度,桩尖虚体积不扣减,少数省、市还规定计算长度包括桩尖长度,并且还增加一定系数。这是因为打桩工具不同,各有所考虑。1997年《湖北省统一基价表》规定,桩的计算长度为桩的设计长度(包括桩尖)加0.25 m;

D——套管管箍外径(m);

N——桩的根数;

M——复打次数。

①打孔灌注桩工程量 $= 0.785 \times L \times D^2 \times N \times (1+M)$

$\qquad = 0.785 \times (20+0.25) \text{ m} \times (0.4 \text{ m})^2 \times 100 \times (1+0) = 254.34 \text{ m}^3$

钢筋笼的形式主要有两种,一种是圆形箍筋扎直立主筋,如图 9-2(a)所示;另一种是螺旋箍筋扎立主筋(当钢筋笼总长超过 4 m 时,每隔 2 m 再加一道圆形箍筋),如图 9-2(b)所示。它们的工程量按下式计算:

$\qquad$ 钢筋笼工程量 = 主筋重量 + 箍筋重量

式中:主筋重量 = 直立筋长(加弯钩及搭接长度) × 根数 × 钢筋单位重量

$\qquad$ 其中:钢筋单位重量 = 钢筋每米体积 × 钢筋密度

$\qquad\qquad = 0.006\,17 d^2 \text{ kg/m}$

式中:d 为钢筋直径;钢筋密度为 $7.85 \times 10^3 \text{ kg/m}^3$。

钢筋单位重量可根据钢筋直径计算好,需要时可直接查表 9-23。

表 9-23 钢筋单位重量表

直径(mm)	φ4	φ6	φ8	φ10	φ12	φ14	φ16	φ18	φ20	φ22	φ25	φ28	φ30	φ32
每米重量(kg/m)	0.098	0.222	0.395	0.617	0.888	1.21	1.58	2.00	2.17	2.98	3.85	4.83	5.55	6.31

箍筋分两种(即圆形和螺旋形):

圆形箍筋重量 = (圆形箍筋周长 + 搭接长) × 根数 × 钢筋单位重量

螺旋箍筋重量 = 螺旋箍筋长 × 单位重量

$\qquad = \dfrac{\text{螺旋箍筋总高}}{\text{螺距}} \times \sqrt{\text{螺距}^2 + (\pi \text{螺旋直径})^2}$

$\qquad \times$ 钢筋单位重量

$\qquad = \text{螺旋箍筋总高} \times \sqrt{1^2 + \left(\dfrac{\pi \text{螺旋直径}}{\text{螺距}}\right)^2}$

$\qquad \times$ 钢筋单位重量

$\qquad =$ 螺旋箍筋总高 × 每米高螺旋筋重量

其中:每米高螺旋筋重量 $= \sqrt{1^2 + \left(\dfrac{\pi \text{螺旋直径}}{\text{螺距}}\right)^2} \times$ 钢筋单位重量

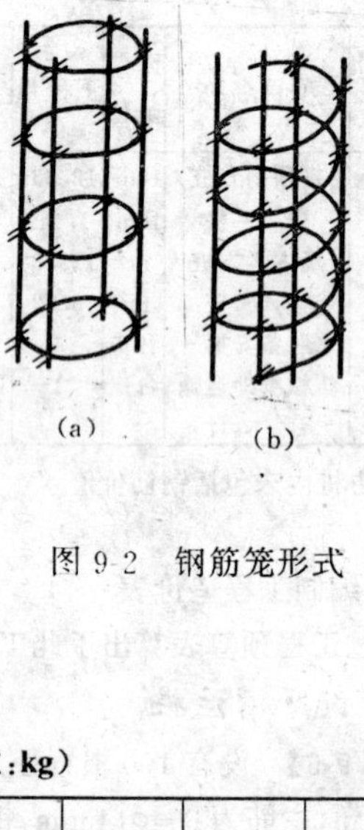

图 9-2 钢筋笼形式

为计算方便,上述两种箍筋重量分别可查表 9-24 或表 9-25。

表 9-24 每根圆形箍筋重量表 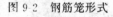 (单位:kg)

桩身直径(mm)	250	300	350	400	450	500	550	600	650	700	800
φ6 筋	0.166	0.201	0.236	0.271	0.306	0.340	0.375	0.411	0.444	0.480	0.550
φ8 筋	0.310	0.373	0.434	0.497	0.558	0.621	0.683	0.745	0.807	0.869	0.994
φ10 筋	—	—	—	0.801	0.898	0.995	1.092	1.189	1.285	1.382	1.577
φ12 筋				1.190	1.328	1.468	1.607	1.747	1.887	2.026	2.305

注:①箍筋重量 = [π(圆桩直径 − 保护层) + 搭接长] × 钢筋单位重量;

②保护层 = 2 × 25 mm;

③搭接长 = 20d(d 为钢筋直径)。

表 9-25 每米高的钢筋笼螺旋形箍筋重量表 （单位：kg）

桩径 钢筋直径 箍筋螺距	300(mm)		400(mm)		500(mm)		600(mm)		700(mm)	
	φ6	φ8	φ6	φ8	φ6	φ8	φ6	φ8	φ6	φ8
100(mm)	1.757	3.124	2.451	4.357	3.146	5.593	3.841	6.830	4.538	8.067
120(mm)	1.469	2.613	2.046	3.637	2.625	4.666	3.203	5.695	3.783	6.726
150(mm)	1.184	2.104	1.642	2.920	2.103	3.740	2.566	4.562	3.029	5.385
180(mm)	0.993	1.766	1.373	2.443	1.757	3.124	2.142	3.807	2.528	4.495
200(mm)	0.900	1.599	1.239	2.204	1.584	2.816	1.930	3.432	2.278	4.049
220(mm)	0.823	1.463	1.131	2.011	1.443	2.565	1.757	3.124	2.072	3.683
250(mm)	0.732	1.300	1.001	1.780	1.274	2.265	1.550	2.756	1.827	3.248
280(mm)	0.661	1.175	0.900	1.599	1.142	2.031	1.387	2.466	1.633	2.903
300(mm)	0.622	1.106	0.843	1.500	1.069	1.900	1.297	2.307	1.527	2.714

注：每米高螺旋筋重量 $=\sqrt{1+\left[\dfrac{\pi(D-50)}{a}\right]^2}\times$ 钢筋单位重量　式中：D 为桩直径；a 为螺距。

本题设钢筋笼分两节制作，两节钢筋笼主筋之间采用单面焊缝，搭接长度为 $20\,d$，主筋上部伸入承台 $30\,d$（d 为钢筋直径），则：

单根主筋长 $=20\text{ m}+(20+30)\times 0.014\text{ m}=20.70\text{ m}$

查表 9-23，φ14 mm 钢筋单位重量为 1.21 kg/m。于是：

主筋重量 $=20.70\text{ m}\times 6\times 100\times 1.21\text{ kg/m}=15\ 028\text{ kg}=15.028\text{ t}$

查表 9-25，φ6 mm 螺距 180 的螺旋箍筋（每 m 钢筋笼高）重量为 1.373 kg/m。于是：

螺旋形箍筋重量 $=1.373\text{ kg/m}\times 20\text{ m}\times 100=2.746\text{ t}$

查表 9-24，φ8 mm 的圆形箍筋每根 0.497 kg/根，每条桩有 20 m/2m+1=11 根圆形箍筋，则：

圆形箍筋重量 $=11\times 100\times 0.497=0.547\text{ t}$

②钢筋笼工程量＝主筋重量＋箍筋重量＝15.028 t＋2.746 t＋0.547 t＝18.321 t

③设备安拆按锤重 2.5 t 以内走管式打桩机。

④机械设备场外运输按 25 km 内。

(3) 绘制工程预算表，套预算定额，计算定额直接费基价。查表 9-9、表 9-17、表 9-18 编制如表 9-26 所示的工程预算表。

表 9-26 沉管灌注桩工程预算表

定额编号	项目名称	计量单位	工程量	基价(元)		其中：人工费		其中：材料费		其中：机械费	
				单价	金额	单价	金额	单价	金额	单价	金额
2—37	打孔灌砼桩	10m³	25.434	3 876.6	98 597.44	439.34	11 173.16	2 337.31	59 446.89	1 099.95	27 977.40
2—38	钢筋笼制、安	t	18.321	3 375.30	61 838.87	233.03	4 269.34	3 083.26	56 488.41	59.01	1 081.12
序9	大型设备安拆	次	1	5 405.45	5 405.45	994.50	994.50	148.55	148.55	4 262.40	4 262.40
序8	大型设备场外运输	台次	1	7 219.34	7 219.34	702.00	702.00	179.02	179.02	5 511.58	5 511.58
合计					173 061.10		17 139.00				

(4) 编制工程造价表：通过工程预算表算出此工程的基价合计金额后，按表 9-5 的计算程序即可算出整个工程价格(略)。

3. 钻孔灌注桩

【例 9-4】 某工程有如图 9-3 所示的钻孔灌注桩 100 条,桩的设计直径为 $\phi800$ mm,设计长度为 36.1 m,钢筋笼分四节制作,主筋之间单面焊,搭接长度为 10 d,圆形箍筋焊接长度为其直径的 10 倍,砼强度等级 C30,钢筋保护层为 50 mm,试计算工程量,编制工程预算表和费用表(要求夜间施工,设备 3 台套)。

【解】

(1)进行工程项目划分:根据题目条件该桩基属"钻(冲)孔桩",其总工程量由钻孔灌注桩、钢筋笼制作安装及吊焊、大型机械安拆及场外运输、泥浆池及泥浆沟工料及泥浆外运等工程量组成。

(2)按分部说明和计算规则计算分项工程量

①钻孔灌注桩工程量 $= 100 \times \dfrac{\pi}{4} \times (0.80 \text{ m})^2$
$\times (36.1 + 0.25)\text{m} = 1\,827.15 \text{ m}^3$

根据图 9-3 所示的钢筋规格,主筋 8—$\phi18$,圆形箍筋 $\phi12@2\,000$,螺旋筋 $\phi8@200$,则:

单根主筋长度 $= 26 + 0.7 + 2 \times 10 \times 0.018 = 27.06$ m

主筋重量 $= 100 \times 8 \times 27.06 \text{ m} \times \dfrac{\pi}{4} \times (0.018 \text{ m})^2$
$\times 7.85 \text{ t/m}^3 = 43.244$ t

单根圆形箍筋长度 $= \pi(0.80 \text{ m} - 2 \times 0.05 \text{ m} - 2 \times 0.018 \text{ m} - 0.012 \text{ m}) + 10 \times 0.012 \text{ m} = 2.168$ m

圆形箍筋重量 $= 100 \times \left(\dfrac{26\,000 \text{ mm}}{2\,000 \text{ mm}} + 1\right) \times 2.168 \text{ m} \times \dfrac{\pi}{4}$
$\times (0.012 \text{ m})^2 \times 7.85 \text{ t/m}^3 = 2.695$ t

螺旋形箍筋重量 $= 100 \times \dfrac{26\,000 \text{ mm}}{200 \text{ mm}}$
$\times \sqrt{(0.2 \text{ m})^2 + [\pi(0.80 \text{ m} - 0.1 \text{ m} + 0.008 \text{ m})]^2} \times \dfrac{\pi}{4}$
$\times (0.008 \text{ m})^2 \times 7.85 \text{ t/m}^3 = 11.456$ t

②钢筋笼工程量 = 主筋重量 + 箍筋重量
$= 43.244 \text{ t} + 2.695 \text{ t} + 11.456 \text{ t}$
$= 57.395$ t

③设备安拆及场外运输按工程钻机。

④设采用正循环方法成孔,泥浆泵用流量 $Q = 108 \text{ m}^3/\text{h}$ 的 3PN 离心泵,按第五章第一节的要求,挖泥浆池 3 个,每个长×宽×深 $= 8 \text{ m} \times 6 \text{ m} \times 1.5 \text{ m}$,则:

人工挖土方工程量 $= 8 \text{ m} \times 6 \text{ m} \times 1.5 \text{ m} \times 3 = 216 \text{ m}^3$

设现场正循环泥浆沟总长 300 m,断面为深×宽 $= 0.6 \text{ m} \times 0.5 \text{ m}$,则:

人工挖沟槽工程量 $= 300 \text{ m} \times 0.6 \text{ m} \times 0.5 \text{ m} = 90 \text{ m}^3$

⑤泥浆运输按运距 5 km 以内计。

各分项工程量计算出结果后,填写工程量计算表如表 9-27 所示。

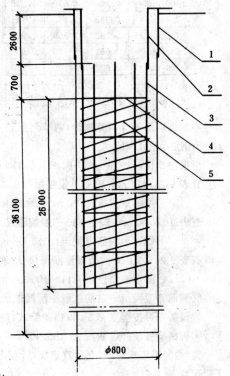

图 9-3 钻孔灌注桩
1—护筒;2—吊筋;3—主筋 8—$\phi18$;
4—箍筋 $\phi12@2\,000$;5—螺旋筋 $\phi8@200$

表 9-27 钻孔灌注桩工程量表

序号	项目名称	单位	数量	计算式
1	钻孔灌注桩	m³	1 827.15	灌注桩体积=桩设计断面积×(设计桩长+0.25m)×桩数,即: $\frac{\pi}{4} \times 0.8^2 \times (36.1+0.25) \times 100 = 1\,827.15$
2	钢筋笼制作安装	t	57.395	钢筋重量=钢筋截面积×钢筋密度×钢筋长度×根数×桩数 主筋 $\phi 18$: $\frac{\pi}{4} \times 0.018^2 \times 7.85 \times 27.06 \times 8 \times 100 = 43.244$ 圆形箍筋 $\phi 12$: $\frac{\pi}{4} \times 0.012^2 \times 7.85 \times 2.168 \times 14 \times 100 = 2.695$ 螺旋箍筋 $\phi 8$: $\frac{\pi}{4} \times 0.008^2 \times 7.85 \times 290.3 \times 1 \times 100 = 11.456$ 小计:57.395
3	人工挖土方	m³	216	土方体积=泥浆池宽×深×长×个数 6×1.5×8×3=216
4	人工挖沟槽	m³	90	沟槽体积=沟槽宽×深×长 0.5×0.6×300=90
5	泥浆运输	m³	1 827.15	同本表序号1
6	钢筋笼吊焊	t	57.395	同本表序号2
7	大型机械设备安拆	台次	3	
8	大型机械场外运输	台次	3	

(3)套预算定额、绘制工程预算表、计算定额直接费基价。查表 9-9、9-10、9-11、9-15、9-17、9-18 及《湖北省统一基价表》等,编制工程预算表如表 9-28。

表 9-28 钻孔灌注桩工程预算表(单位:元)

定额编号	项目名称	计量单位	工程量	基价(元) 单价	基价(元) 金额	其中:人工费 单价	其中:人工费 金额	其中:材料费 单价	其中:材料费 金额	其中:机械费 单价	其中:机械费 金额
1—1	人工挖土方	100m³	2.16	351.98	760.28	351.98	760.28	—	—	—	—
1—14	人工挖沟槽	100m³	0.9	661.45	595.31	657.93	592.14			3.52	3.17
2—38	钢筋笼制、安	t	57.395	3 375.30	193 725.34	233.03	13 374.76	3 083.26	176 963.71	59.01	3 386.88
2—40	钻孔灌注桩	10m³	182.72	6 111.59	116 709.73	1 426.82	260 708.55	3 000.84	548 313.48	1 683.93	307 687.69
2—47	泥浆运输	10m³	182.72	811.67	148 308.34	145.08	26 509.02	—	—	666.59	121 799.32
2—115	钢筋笼吊焊	t	57.395	354.69	20 357.43	35.10	2 014.56	25.34	1 454.38	294.25	16 888.48
序22	大型设备安拆	台次	3	2 728.29	8 184.87	585.00	1 755.00	237.80	713.40	1 905.49	5 716.47
序25	大型设备场外运输	台次	3	2 775.93	8 327.79	195.00	585.00	129.65	388.95	2 131.55	6 394.65
	合计				1 496 969.1		306 299.31				

(4)编制钻孔灌注桩工程造价表。根据表 9-28 及 1996 年《湖北省建筑工程费用定额》编制钻孔灌注桩价格表如表 9-29。

表 9-29 钻孔灌注桩工程费用计算表

序号	项目名称	取费标准	计算式	金额(元)
1	定额直接费(基价)	Σ分项工程量×定额基价		1 496 969
2	冬、雨季施工增加费	定额直接费的0.7%	(1)×0.7%	10 479
3	生产工具、用具使用费	定额直接费的1%	(1)×1%	14 970
4	检测试验费	定额直接费的0.2%	(1)×0.2%	2 994
5	工程定位、点交、场地清理费	定额直接费的0.3%	(1)×0.3%	4 491
6	材料二次搬运费	⑥、⑧项只能计其中一项	此题计第(8)项	
7	夜间施工增加费	定额直接费的0.2%	(1)×0.2%	2 994
8	施工图预算包干费	定额直接费的4%	(1)×4%	59 879
9	施工配合费		不计此项	
10	价差	按规定	此题略	
11	施工管理费	定额直接费的16%	(1)×16%	239 515
12	临时设施费	定额直接费的2.5%	(1)×2.5%	37 424
13	劳动保险费	定额直接费的4.8%	(1)×4.8%	71 855
14	直接费与间接费之和		(1)+(2)+…+(13)	1 941 570
15	计划利润	(直接费+间接费)×9%	(14)×9%	174 741
16	营业税	不含税工程造价×3.41%	(14+15)×3.41%	72 166
17	含税工程造价		(14)+(15)+(16)	2 188 477
18	单位费用	工程造价÷工程量	2 188 477÷1 827.2	1 197.7 元/m^3

注:①调整系数因时因地而异,预算时以当地定额管理部门最近公布的数字计算,此表未考虑调整系数;材料价差按实计算,故此题也未考虑;
②劳动保险费率按企业为国营一级企业;
③营业税费率按纳税人所在地在市区为准。

主 要 参 考 文 献

曹建春等，1993，夯扩桩基础的开发与应用，武汉：岩土力学，2，P85～91。
陈希哲，1989，土力学地基基础，北京：清华大学出版社。
"地基处理手册"编委会，1988，地基处理手册，北京：中国建筑工业出版社。
段新胜，1991，影响钻孔灌注桩单桩垂直承载力的工艺因素分析，北京：探矿工程，3，P32～33。
段新胜、顾湘，1997，悬臂式桩排支护结构水平位移分析实例，北京：工程勘察，6，P14～17。
"工程地质手册"编委会，1993，工程地质手册，北京：中国建筑工业出版社。
黄熙龄等，1993，地基基础，北京：中国建筑工业出版社。
机械电子工业部勘察研究院，1992，高层建筑岩土工程勘察规程（JGJ 72—90），北京：中国建筑工业出版社。
蒋琼珠等，1986，连续运输机，北京：人民交通出版社。
交通部第一公路工程局，1990，桥涵，北京：人民交通出版社。
交通部第一公路工程总公司，1991，公路桥涵施工技术规范（JTJ 041—89），北京：人民交通出版社。
林宗元，1993，岩土工程治理手册，辽宁：辽宁科学技术出版社。
林宗元等，1994，岩土工程试验监测手册，辽宁：辽宁科学技术出版社。
刘金砺，1990，桩基础设计与计算，北京：中国建筑工业出版社。
吕福庆、林卓英，1993，武汉市钻孔灌注桩静载荷试验结果的研究与讨论，武汉：岩土力学，3，P1～14。
上海市建筑工程局，1985，地基与基础工程施工及验收规范（GBJ 202—83），北京：中国建筑工业出版社。
沈杰，1988，地基基础设计手册，上海：上海科学技术出版社。
史如平、韩选江等，1990，土力学与地基工程，上海：上海交通大学出版社。
屠厚泽等，1987，钻探工程学（下册），武汉：中国地质大学出版社。
岩土工程手册编委会，1994，岩土工程手册，北京：中国建筑工业出版社。
叶书麟，1988，地基处理，北京：中国建筑工业出版社。
冶金工业部建筑研究总院，1991，地基处理技术，北京：冶金工业出版社。
殷永安，1986，土力学及基础工程，北京：中央广播电视大学出版社。
谢树彬，1993，喷粉桩工程中的若干问题，土工基础，1，P13～18。
谢尊渊、方先和等，1988，建筑施工，北京：中国建筑工业出版社。
徐攸在、刘兴满，1989，桩的动测新技术，北京：中国建筑工业出版社。
中国建筑科学研究院，1985，工业与民用建筑灌注桩与验收规程（JGJ 4—80），北京：中国建筑工业出版社。
中国建筑科学研究院，1990，建筑地基基础设计规范（GBJ 7—89），沈阳：辽宁科学技术出版社。
中国建筑科学研究院，1992，软土地基工程地质勘察规范（JGJ 83—91），北京：中国建筑工业出版社。
中国建筑科学院，1992，建筑地基处理技术规范（JGJ 79—91），北京：中国计划出版社。
中华人民共和国建设部，1995，岩土工程勘察规范，北京：中国建筑工业出版社。
中国建筑科学研究院，1995，建筑桩基技术规范（JGJ 94—94），北京：中国建筑工业出版社。
中国建筑科学研究院，1997，普通混凝土配合比设计规程（JGJ/T 55—96），北京：中国建筑工业出版社。
中国建筑工业出版社，1996，混凝土工程标准规范选编，北京：中国建筑工业出版社。
"桩基工程手册"编委会，1995，桩基工程手册，北京：中国建筑工业出版社。
地矿部勘查技术司，1996，桩基低应变动力检测规程（JGJ/T93—95），北京：中国建筑工业出版社。
建设部标准定额司，1995，全国统一建筑工程基础定额（GJD—101—95），北京：中国计划出版社。
湖北省建筑安装定额管理站，1996，湖北省建筑安装工程费用定额（内），武汉。
湖北省建设工程造价管理总站，1997，全国统一建筑工程基础定额湖北省统一基价表（内），武汉。

图书在版编目(CIP)数据

桩基工程/段新胜,顾湘编著.—3版.—武汉:中国地质大学出版社,1998.4(2015.7重印)
ISBN 978-7-5625-0950-9

Ⅰ.①桩…
Ⅱ.①段…②顾…
Ⅲ.①桩基础-教材
Ⅳ.①TU473.1

中国版本图书馆CIP数据核字(2014)第159932号

桩基工程	段新胜　顾　湘　编著
责任编辑:刘先洲	责任校对:胡义珍
出版发行:中国地质大学出版社(武汉市洪山区鲁磨路388号)	邮政编码:430074
电　话:(027)67883511　　　　传真:67883580	E-mail:cbb@cug.edu.cn
经　销:全国新华书店	http://www.cugp.cug.edu.cn
开本:787毫米×1092毫米 1/16	字数:500千字　印张:20
版次:1998年4月第1版　2014年7月第3版	印次:2015年7月第6次印刷
印刷:荆州市鸿盛印务有限公司	印数:17001—18 000册
ISBN 978-7-5625-0950-9	定价:30.00元

如有印装质量问题请与印刷厂联系调换